“十二五”国家重点图书出版规划项目

材料科学技术著作丛书

离子聚合物-金属复合材料变形机理及其基本特性

陈花玲　朱子才　常龙飞　王延杰　著

科学出版社

北　京

内 容 简 介

本书是作者所在科研团队近十年来从事“离子聚合物-金属复合柔性功能材料变形机理及其基本特性”的科研工作总结。书中内容以本科研团队的相关研究成果为主线，同时梳理了1990年至今该领域国内外的代表性工作，对IPMC的性能特点、制备工艺、功能机制、理论建模以及影响其力电响应特性的主要因素进行详细介绍，并介绍该功能材料的典型应用研究案例，从而为读者正确认识该类材料、设计及应用该新型功能材料提供借鉴。

本书既可以作为高等院校高年级本科生、研究生教学的辅助教材，也可以作为研究单位、相关企业了解IPMC智能材料的参考书。

图书在版编目(CIP)数据

离子聚合物-金属复合材料变形机理及其基本特性/陈花玲等著. —北京：科学出版社，2016.6

(材料科学技术著作丛书)

“十二五”国家重点图书出版规划项目

ISBN 978-7-03-049274-6

Ⅰ.①离… Ⅱ.①陈… Ⅲ.①离子聚合物-金属复合材料-研究 Ⅳ.①O631②TB331

中国版本图书馆CIP数据核字(2016)第147814号

责任编辑：牛宇锋 罗 娟 / 责任校对：桂伟利

责任印制：张 倩 / 封面设计：蓝正设计

科学出版社 出版

北京东黄城根北街16号

邮政编码：100717

http://www.sciencep.com

北京凌奇印刷有限责任公司 印刷

科学出版社发行 各地新华书店经销

*

2016年6月第 一 版 开本：720×1000 1/16

2016年6月第一次印刷 印张：18

字数：348 000

POD定价： 110.00元

(如有印装质量问题，我社负责调换)

《材料科学技术著作丛书》编委会

前　言

进入21世纪以来，随着科学技术的发展，先进材料的开发成为全球可持续发展的一个重要议题。在仿生材料的研究基础上，智能材料（intelligent material）作为一种能感知外部刺激，并可以执行相应功能的先进材料，其概念一经提出便引起全世界不同领域专家的广泛关注。这类材料由于能利用自身内部的质量传递或微观结构衍变实现电能或化学能与机械能之间的相互转化，可以实现高效化、微小化、集成化，从而为其在要求质量轻、小型化等设备中的应用带来希望，因而成为推动科学技术进步，促进国民经济发展的研究热点。

电活性聚合物（electroactive polymer，EAP）是近年来发展起来的一类新型柔性智能材料，是软物质领域的重要分支。由于具有应变大、柔韧性好、质量轻等独特性质，EAP在航天航空、仿生机械、生物医学等多个领域极具应用前景。以潜在技术的市场分析研究著称的IDTechEx公司在其分析报告*Electroactive Polymers and Devices* 2013-2018：*Forecasts*，*Technologies*，*Players*中指出，EAP是未来最有潜力的技术之一，并预测到2018年，与EAP相关的产品市场将达到22.5亿美元，尤其是在致动器领域，与医疗设备和仿生机器人等相关的研究将成为重点发展领域。

根据换能机制的不同，EAP材料可以分为电场型（高压型）和离子型（低压型）两种。前者依靠高电压强电场作用在材料内部产生静电应力或者引起分子构型改变而发生大变形，主要包括电介质弹性体、铁电聚合物、电致伸缩嫁接聚合物和液晶聚合物等；后者则依靠低电压驱动材料内部的离子及溶剂重新分布而产生大变形，主要类型有电响应离子凝胶、巴基凝胶、导电聚合物和离子聚合物-金属复合材料等，其中最具代表性的是离子聚合物-金属复合材料（ionic polymer-metal composites，IPMC）。

总体来看，EAP材料的研究属于前沿学科及交叉学科的研究范畴，该领域目前仍属于一个并不成熟且正在积极探索的研究领域。但鉴于其具有巨大的学术价值和广阔的应用前景，本书以离子聚合物-金属复合材料为代表，侧重于电致动特性，介绍IPMC的主要性能特点、制备工艺、功能机制及建模理论，其目的一是为了推动IPMC的实用化进程，二是为其他类型的电活性聚合物材料的研发提供借鉴。

全书由陈花玲教授组织编写，负责所有章节的编校及全书的统稿工作，书中第1、6、7、8章主要由西安交通大学朱子才博士编写，第2、3、9章主要由合肥工业大学常龙飞博士编写，第4、5、10、11章主要由河海大学王延杰博士编写。

在编写的各章内容中，部分内容采纳了课题组罗斌硕士、刘佳煜硕士等的实验结果；在课题研究过程中，得到了西安交通大学李涤尘教授、周进雄教授、贾书海教授、王永泉副教授的协助与帮助；在本书的编写中，西安交通大学理学院张志成教授对书稿进行了审阅，并提出了很多宝贵意见和建议，在此作者一并表示感谢。

由于本书是作者所在科研团队近十年来从事“离子聚合物-金属复合(IPMC)柔性功能材料变形机理及其基本特性”的科研工作总结，在研究过程中得到国家自然基金重点项目“结构/功能一体化精准制造技术研究(51290294)”、国家自然科学基金创新群体项目“轻质非均匀介质的力学行为(11321062)”、国家自然基金面上项目“介电弹性功能材料机电耦合失效机理及行为研究(10972174)”、教育部博士点基金项目“离子聚合物变形机理研究(20090201110037)”及“介电弹性材料的力电耦合非线性动力学行为研究(20120201110030)”等项目的资助，对这些资助表示感谢。此外，本书在编写过程中也参考了大量相关领域的书籍和资料，也对这些作者也表示感谢。

由于作者水平有限，书中难免存在疏漏和不足之处，恳请广大读者给予指正。

作　者

2016 年 4 月

目　录

第 1 章　离子型电活性聚合物材料概述

继结构材料和功能材料之后，材料的发展进入了智能材料的时代。智能材料(intelligent materials)是一种能感知外部刺激，能够判断并执行一定任务的功能材料，是现代高技术新材料发展的重要方向之一。开发智能材料，无论对于推动科学技术的进步，还是促进国民经济的发展，都具有重大的战略意义。

电活性聚合物(electroactive polymer，EAP)材料在外界电激励下可以显著改变自身形状尺寸，外界电激励撤消后，又能恢复到原始的形状尺寸；此外，这种效应也是可逆的，即材料在外力作用下发生形变，能产生相应的电信号。因此，EAP 材料是近二十年发展起来的一种具有传感和致动双重功能的新型柔性智能材料。由于 EAP 材料的致动变形及弹性回复特性与生物肌肉相仿，因此也被誉为人工肌肉材料[1]。如图 1.1 所示，2005 年在美国加利福尼亚州举行的一次国际会议上，科学家采用 EAP 材料制造的人工手臂与人类之间进行了一场臂力竞赛，虽然当时人工手臂的力量还无法与人类手臂匹敌，但这次较量首次显示了 EAP 材料在这一方向的发展潜力。

(a) 人工肌肉示意图

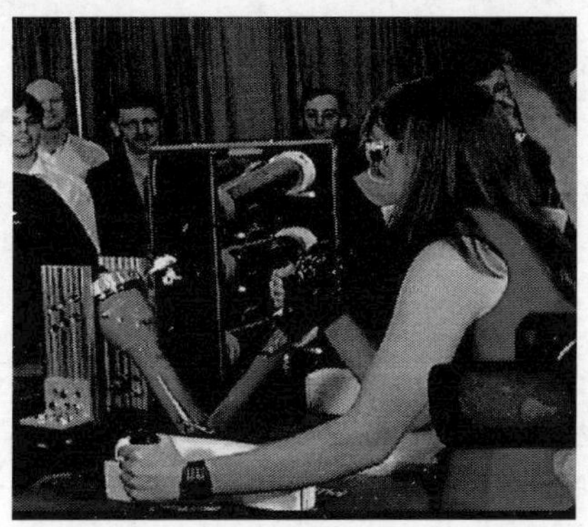

(b) 竞赛现场

图 1.1　人工肌肉材料手臂与人类臂力竞赛

表 1.1 所示为压电陶瓷和形状记忆合金与 EAP 材料驱动变形特性的比较。由表可以看出，相对于传统智能材料，EAP 材料具有应力、应变响应范围大、响应快速、质量轻、能耗低、柔韧性好等突出优点，从而显示出更为广阔的发展潜力。

表 1.1 EAP 与传统智能材料性能比较[2]

性能	EAP	压电陶瓷	形状记忆合金
应变	＞10％	0.1％～0.3％	＜8％
应力/MPa	0.1～3	30～40	700
响应速度	10^{-6}～1s	10^{-6}～1s	1s～1min
密度/(g/cm^3)	1～2.5	6～8	5～6
驱动电压	1～5V 或 10～100V/μm	50～800V	—
功耗能级	毫瓦	瓦	瓦
断裂韧性	柔性	脆性	弹性

EAP 材料的研究历史可以追溯到 20 世纪早期，然而很多年来，由于 EAP 材料的驱动性能有限和种类较少，一直没有得到足够关注。直到 20 世纪 90 年代，美国国家航空航天局(NASA)在日益增长的任务和实验需求中，面临对设备的质量、功率、体积和成本等方面的限制，提出研究新型高效小型驱动器，要求这类驱动器具有质量轻、体积小和能耗低的特点，以满足太空探索装备需要[2]。这些新型驱动器主要用于机械臂、太空释放机构、天线和仪器部署、位置控制、相机孔开闭和太空建筑的热膨胀实时补偿等。在此背景下，由美国国家航空航天局喷气推进实验室 Yoseph Bar-Cohen 领导的研究组率先开展了对 EAP 的应用研究，也吸引了越来越多不同学科的研究者进入这一领域。

经过 20 多年的发展，EAP 材料已经发展成为一类广泛的柔性电活性智能材料，不仅在材料驱动性能上有很大提升，而且随着材料机理认识的深入，新的材料种类不断涌现出来。目前，EAP 材料可以分为电场型和离子型两大类型，如图 1.2 所示。电场型 EAP 材料依靠高电压强电场作用下在材料内部产生的静电应力或者引起分子构型改变而发生大变形，主要包括电介质弹性体、铁电聚合物、电致伸缩嫁接聚合物和液晶聚合物等，最有代表性的是电介质弹性体；而离子型 EAP 材料则依靠低电压驱动材料内部的离子及溶剂重新分布而产生大变形，主要类型有电响应离子凝胶、离子聚合物-金属复合材料、巴基凝胶材料和导电聚合物材料等，其中最具代表性的是离子聚合物-金属复合材料。

由于具有柔性和大变形的特点，EAP 材料有着传统智能材料不可取代的优势[3,4]，在太空探索、军事探测、生物医学、仿生机械、光学器件、微机电系统等多个领域展现出广泛的应用前景。

电场型和离子型 EAP 材料的工作方式和驱动性能各有特色，本书主要介绍离子型 EAP 材料，而本章主要对离子型 EAP 材料的分类、变形机制分析的理论方法及其研究进展进行概括介绍。

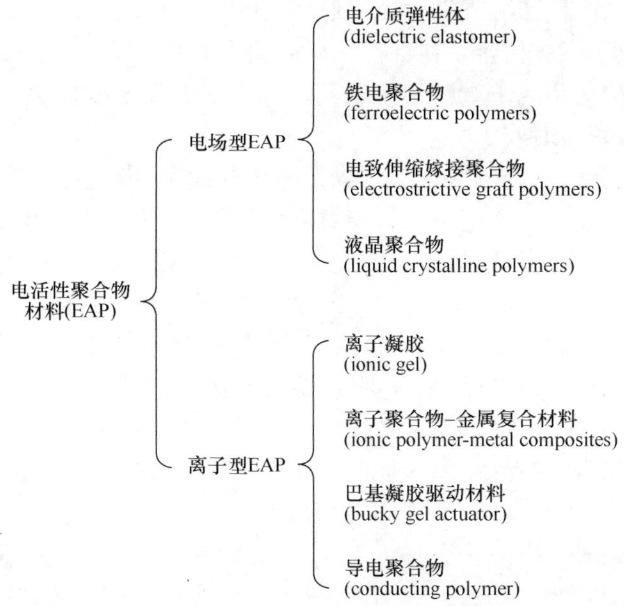

图 1.2　EAP 材料的主要类型

1.1　离子型 EAP 基本概念及分类

一般来讲,离子型 EAP 材料通常由电极和芯层材料组成,材料内部含有可以移动的离子,在 1～5V 电压作用下,离子迁移引起内部电荷和质量的重新分布,从而产生宏观大变形。由于离子型 EAP 种类较多,实际上,不同材料的组成和变形机理存在一定的差异。根据材料的组成结构和变形物理机制不同,可将离子型 EAP 材料分为以下四大类,即电响应离子凝胶材料、离子聚合物-金属电极复合材料、巴基凝胶材料、导电聚合物材料等。下面对这四种离子型 EAP 材料进行简单介绍。

1.1.1　电响应离子凝胶材料

聚合物凝胶通常由交联聚合物和填充在聚合物网络孔隙中的液体组成,长链分子形成框架保持凝胶的固体形态,而内部液体则使得凝胶材料柔软且能经受大变形。凝胶驱动材料能够在外部物理场(压力、温度、光、电和酸碱等)的驱动下,使内部液体或者电荷能够与外界物质发生交换或者重新分布,从而发生力学响应。其中,离子凝胶(ionic gel)或者聚电解质凝胶(polyeletrolyte gel)是一种特殊的聚合物凝胶材料,其分子链末端上含有一些离子键,在液体环境下固定离子与游离离子分离，能够在低电压作用下发生大变形，将这种在电场作用下可以发生变形的凝胶称为电响应离子凝胶材料。在各种外界刺激条件中，由于电场很容易施加且易于调控，所以电响应型离子凝胶相比于其他类型智能性水凝胶更具有优势[5]。下面仅介绍电响应离子凝胶。

电响应离子凝胶材料电致变形过程如图 1.3 所示，即将电响应离子凝胶材料浸泡在电解质溶液中，两个电极与凝胶材料保持一定距离，施加电压后，由于水电解在阴阳两电极上发生不同的电化学反应，产生离子浓度梯度，引起溶液和凝胶内部的离子和水分子的迁移和交换，导致凝胶材料发生弯曲变形[6]，其主要变形机制包括：静电力机制，即电场力驱动可移动离子，与此同时也对带电主链网络产生作用，从而将凝胶拉向一侧电极；电渗机制，即离子移动也引起水分子的移动，水分子的迁移引起局部溶胀或收缩；离子富集和耗散机制，即离子的迁移引起凝胶和溶液界面处离子的富集或者耗散，离子强度的变化导致局部溶胀和收缩。因此，在这些机制的共同作用下离子凝胶产生弯曲变形。

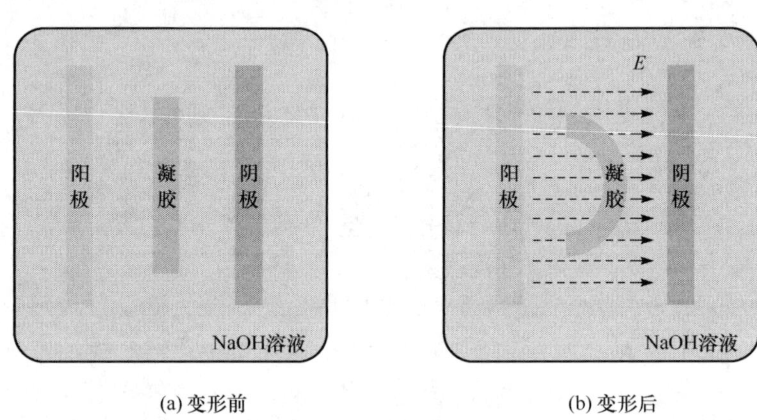

(a) 变形前　　(b) 变形后

图 1.3　条状电响应离子凝胶在盐溶液中的电致变形示意图

电响应离子凝胶材料主要有离子聚乙烯醇(PVA)凝胶、聚丙烯酰胺(PAAm)凝胶、聚丙烯酸钠(PAANa)凝胶和聚甲基丙烯酸(PMAA)等。变形性能以具有—COONa末端离子键的 PAANa 凝胶为例，将尺寸为 70mm×7mm×7mm 的凝胶放入 0.02mol/L 氢氧化钠溶液中，在 10V/cm 的电场作用下 80s 后能够弯曲成半圆形状，最大应变能够达到 12%[7]。值得注意的是，电响应离子凝胶材料受到 pH、离子强度和大小以及是否和电极接触等因素的影响，可以发生弯曲、局部收缩和扩展等复杂变形。

与下面其他离子型 EAP 材料相比，电响应离子凝胶的主要特点是：电极与凝胶分离，溶液与聚合物也是分离的两相；在变形过程中，除了凝胶内部离子和水分子的迁移，发生在凝胶和溶液之间的离子和水分子交换也影响着材料的变形性能。

在离子型 EAP 材料发展过程中，电极与凝胶逐渐结合成一体，构成复合材料。在一定程度上，电响应离子凝胶材料是一种过渡性的智能结构。然而，由于电响应离子凝胶具有对电场响应及丰富的变形效果以及一些独特的应用（电响应型药物输送），所以仍然是一个热点研究方向。

1.1.2　离子聚合物-金属复合材料

离子聚合物-金属复合材料（ionic polymer-metal composites，IPMC）是一种典型的离子型 EAP 材料，通常是在离子交换膜（ionic exchange membrane，IEM）上下表面各沉积一层电极而形成的三明治结构复合材料。电极主要为各种贵金属材料，如铂、钯、金和银等；而离子交换膜主要有杜邦公司的 Nafion 膜和日本旭硝子公司的 Flmeion 膜。在离子交换膜内，通常含有一定的水分和电离的离子，因此 IPMC 可以看作由聚合物主链网络、电极、水和离子组成的四元复合材料。值得注意的是，电极和离子膜的界面特性对于 IPMC 变形特性十分重要，通常可对离子交换膜表面进行打磨处理，然后对糙化后离子膜采用浸泡还原的方法沉积电极层，所获得的电极和离子膜相互渗透，可极大提高电极和离子膜接触面积。

IPMC 组成及电致变形过程如图 1.4 所示。一般来讲，当给 IPMC 加载直流电压时，IPMC 首先向阳极快速弯曲，然后向阴极方向发生松弛变形。通常认为其物理机制为：IPMC 的变形是内部离子和水分子的迁移分布造成的，加电瞬间芯层膜内部的阳离子首先向阴极迁移，主要以水合作用的形式携带部分水分子向阴极迁移，导致阴极区域的水分子较多，产生溶胀而使 IPMC 向阳极弯曲；随着加电过程的持续，阴极区域的电荷和水分子聚集产生复杂的内部应力，在静电力和渗透压力等多种内力作用下，水分子向阳极缓慢迁移而造成阴极区域水分子减少，从而产生变形松弛现象。除此之外，IPMC 的变形及松弛还与离子膜及其含水量相关，主要特性和机制将在第 6 章介绍。

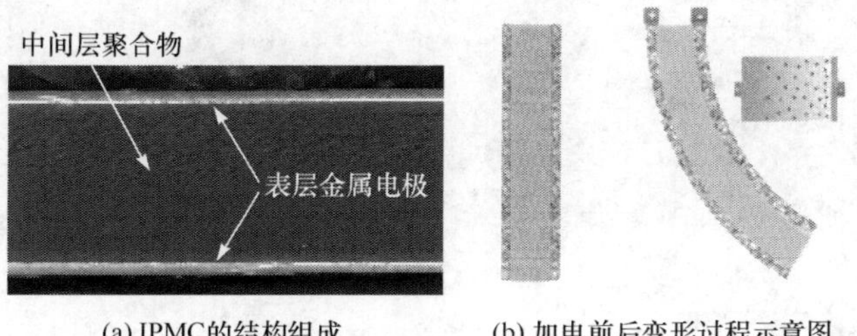

(a) IPMC的结构组成　(b) 加电前后变形过程示意图

图 1.4　IPMC 组成及加电前后变形过程示意图

以铂或者钯为电极、Nafion-117 材料为芯层的 IPMC，弹性模量与含水量有关，通常在 100～500MPa。当给 30mm×5mm×0.2mm 大小的饱和含水 IPMC 条状样品施加 2～3V 电压时，末端变形可以达到 10mm；通过调整 IPMC 的含水量，在同样电压作用下 IPMC 可以弯曲成半圆状态且没有松弛现象产生[8]。IPMC 的变形取决于离子迁移，因此工作频率范围相对较低，通常在 0～100Hz。

总体来讲，以贵金属为电极、以 Nafion 或者 Flemion 离子膜为芯层的 IPMC 是一类非常典型的离子型 EAP 材料，其变形主要取决于芯层材料内部的离子电荷和溶剂分子的迁移和分布，基于这一原理可以发展出多种改进型 IPMC。

1.1.3　巴基凝胶驱动材料

巴基凝胶(bucky gel)是室温下离子液体和碳纳米管的胶状混合物，碳纳米管出色的力学和电学性能与离子液体的高电导率和稳定性使得这种混合物在智能材料和结构领域非常具有吸引力，巴基凝胶驱动材料(bucky gel actuator，BGA)同样是一种三层复合材料。电极由巴基凝胶和一种支撑聚合物网络构成，芯层由同样的支撑聚合物网络和离子液体构成，通常以 PVDF 聚合物作为支持骨架。巴基凝胶驱动器以日本 Asaka 研究组的开发最具代表性，芯层不再使用单一离子可以移动的离子膜材料，以具有两种可移动离子的离子液体为工作介质，如图 1.5 所示。当施加 1～4V 电压时，巴基凝胶驱动器向阳极弯曲变形，改变电压极性，变形方向也随之改变。

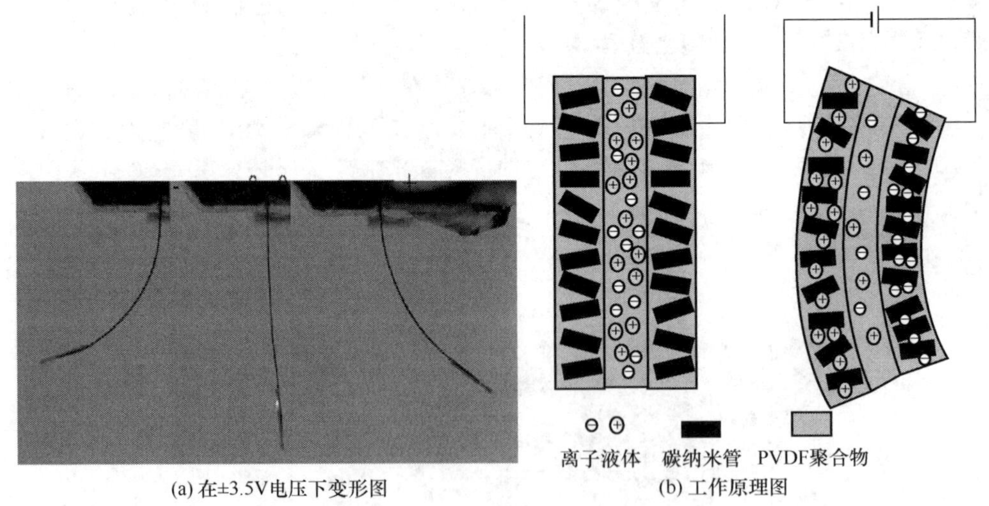

(a) 在±3.5V电压下变形图　　(b) 工作原理图

图 1.5　巴基凝胶驱动材料[9]

巴基凝胶驱动器变形的微观物理机制通常认为有两种[10]，一种是电荷注入机制，当在电极上加载电压时，电极电子转移会引起碳纳米管中碳-碳键长的变化，一侧伸长一侧收缩从而导致弯曲变形[11]；另一种是离子迁移机制，电压作用下材料内部离子液体电离产生的阴阳离子分别迁移，阳离子向阴极区域聚集使得材料向阳极弯曲，而阴离子向阳极聚集使得材料向阴极弯曲，因此，阴阳离子的大小和迁移速度等特性最终影响材料的总体变形。后一机制与 IPMC 十分相似，不同的是，巴基凝胶驱动器的电极层具有多孔结构特点，且厚度与芯层相当，通常认为离子迁移不仅发生在芯层，离子还会深入电极层孔隙内部，因此电极的孔隙特征会大大影响材料性能[9]。

巴基凝胶驱动材料能够长时间在空气中工作，通过调节材料的组成成分和各层厚度，材料的有效弹性模量变化范围为 30～600MPa、电极电导率为 0.1～2S/cm、有效电容为 1～100mF。通常在 2～3V 电压作用下，最大输出力在 10mN 量级，工作频率范围为 0～100Hz。

总体看来，巴基凝胶驱动材料的结构特点是以离子液体为工作介质，芯层材料通常是一种多孔的中性聚合物骨架，其变形性能不仅与芯层材料内部的离子电荷传递特性有关，而且取决于电极的孔隙结构和电导率等特征对离子渗入电极过程的影响。

1.1.4　导电聚合物驱动材料

导电聚合物驱动材料(conducting polymer actuator，CPA)是以导电聚合物为电极的驱动材料，通常用到的导电聚合物有聚苯胺(PANI)、聚吡咯(PPy)和聚乙撑二氧噻吩(PEDOT)等。如图 1.6 所示，导电聚合物的驱动器有伸缩型和弯曲型两种变形形式[12]：图(a)中导电聚合物驱动器与电响应离子凝胶类似，需要工作在电解质溶液环境中，加电条件下离子进出导电聚合物电极产生伸缩变形(在导电聚合物电极一侧结合一层被动变形的衬底材料，也能产生单侧弯曲变形)；图(b)中两层导电聚合物电极和芯层固体电解质构成三明治结构，其组成结构和工作机制类似于电化学反应型巴基凝胶型驱动材料。一方面，导电聚合物作为电极给芯层固体电解质施加电场，引起内部离子的迁移运动；另一方面，电压作用下导电聚合物能够发生可逆氧化还原反应，促进离子的迁移运动，二者共同导致离子重新分布

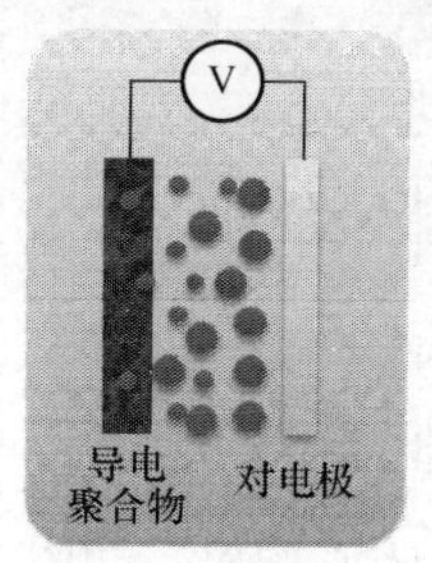

(a) 电致伸缩型导电聚合物驱动器

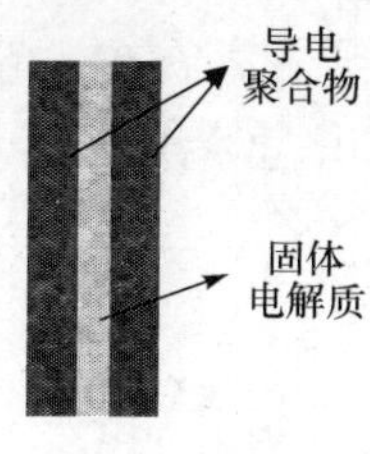

(b) 电致弯曲型导电聚合物驱动器

图 1.6　导电聚合物驱动器

进而产生弯曲变形。

以聚吡咯为例，如图 1.7 所示，电化学反应改变聚吡咯的氧化状态，分子骨架结构中会加入离子并促进离子在两电极之间的传输[13]，离子的传输也会伴随着溶剂分子的传输。在此过程中会发生较多的物理化学变化，例如，聚合物骨架的碳-碳键长改变，聚合物分子链中相邻的分子单体之间角度变化，聚合物分子链和溶剂相互作用力变化，分子链折叠等，当然最主要的还是离子嵌入分子链之间引起的体积变化。

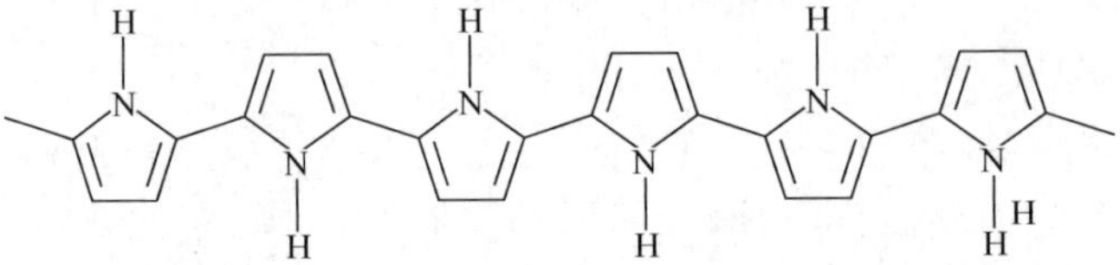

(a) 初始状态

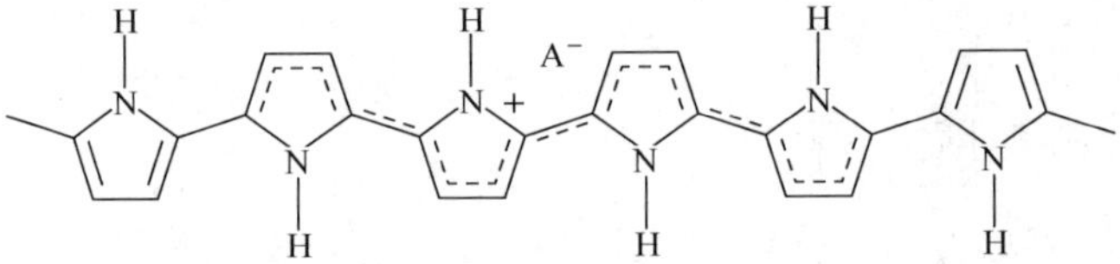

(b) 氧化状态

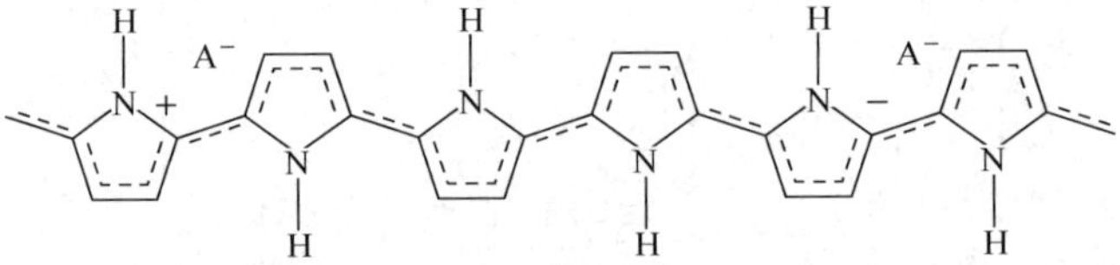

(c) 高度氧化状态

图 1.7　聚吡咯在不同氧化状态下结合不同数量的负离子

当聚吡咯被还原时，氧化状态的聚吡咯结合的阴离子发生的变化取决于阴离子的大小：①阴离子较小时，阴离子容易迁移，主要发生方程(1-1)的反应而脱离聚合物分子链骨架返回阴极，阳极收缩；②阴离子较大时，阴离子不容易脱离聚合物分子链，由于阴离子的存在进一步吸引阳离子进入阳极，主要发生方程(1-2)的反应，阳极进一步扩张；③当阴离子体积中等时，两个反应同等发生，阳极不发生明显变形。

$$PPy^{+}(A^{-})+e \longrightarrow PPy^{0}+A^{-} \tag{1-1}$$

$$PPy^{+}(A^{-})+e+C^{+} \longrightarrow PPy^{0}(AC) \tag{1-2}$$

导电聚合物的电化学反应起始电压很低(1～2V)，但产生的驱动应变很大，以 EAMEX 公司生产的聚吡咯型导电聚合物驱动器为例[14]，电导率为 80～200S/m；1.5V 条件下高伸缩型驱动器伸缩率可达 20%～40%，输出压力为 2～10MPa；高输出力型驱动器伸缩率可达 12%～15%，输出压力为 49MPa。与 IPMC 相比，导电聚合物的特点是大输出力低响应速度。

导电聚合物驱动材料的主要特点是采用导电聚合物作为电极材料，芯层可为电解质溶液或者基于离子液体的固体电解质，其驱动性能主要与导电聚合物的电化学氧化还原反应有关，力和位移输出较大但响应速度较慢。

1.2　离子型 EAP 材料电致变形过程分析的理论方法

一般而言，离子型 EAP 材料通过电化学过程将电能直接转化成机械能，因此也被称为电化学驱动器。图 1.8 表述离子型 EAP 材料的一般化结构模型，根据电化学理论中关于电极总过程的描述以及内部应力应变的产生，描述离子型 EAP 材料在电场作用下变形的物理化学过程可归纳为四个过程，即质量传输过程、电极边界吸附过程、电化学反应过程及力学作用过程。下面对这四个过程分析的理论方法分别介绍。

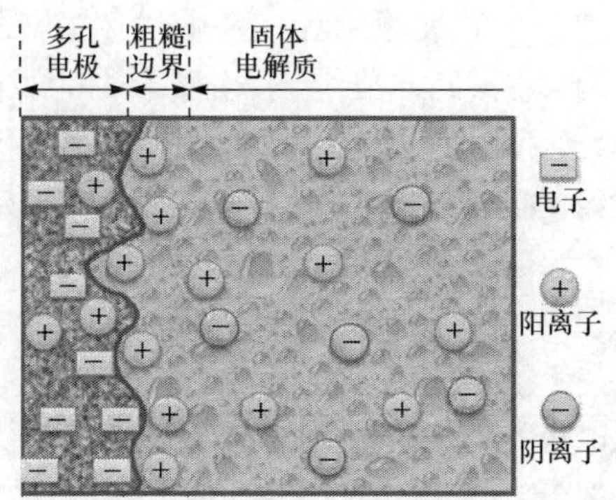

图 1.8　离子型 EAP 材料一般化的结构模型

1.2.1　质量传输过程

如图 1.8 所示，电极表面电子电荷传递形成电场，芯层体相内部固体电解质层离子向电极附近聚集或者耗散，同时引起内部溶剂分子的传递分布，这一现象发生在所有离子型 EAP 材料中。对于离子型 EAP 材料，质量传递过程的复杂性体现在以下几个方面：①芯层中存在两种或以上的可移动离子迁移和相互耦合传递现象；②电极中离子的传递过程，例如，在巴基凝胶驱动和导电聚合物驱动材料中，电极厚度和阻抗不能忽略，电极电势不是均一分布，离子在电极内部也发生传递过程；③电化学反应，电化学反应生成离子产物，改变离子浓度，反应动力学过程影响离子电荷的质量传递过程。

在离子凝胶和 IPMC 的理论模型中，主要采用不同建模方法来描述离子和溶剂分子的质量传递过程，其中，Donnan 离子交换平衡理论和 Nernst-Planck(NP)质量传递理论的应用较为普遍。第 6 章和第 7 章将以 IPMC 为例深入介绍电激励作用下内部离子和水分子的二元组分传递过程分析理论。

1.2.2 电极边界吸附过程

离子和溶剂分子在电极边界界面发生吸附或者脱附，主要发生在如图 1.8 所示的粗糙边界部分，这一现象也发生在所有离子型 EAP 材料中。电极形貌特征(粗糙和多孔特性)和电极构成比例(巴基凝胶驱动器中电极层占材料组成 1/2 以上)不同，则发生在电极边界界面吸附或者脱附也不同。因此，电极的形貌结构特性不仅对于电荷储存数量十分重要，而且对变形过程的响应速度也很关键。

传统用于描述电极-电解质溶液系统的双电层理论根据离子和溶剂分子分布特点，将电极边界处分为致密层和扩散层，扩散层内离子分布服从质量传递理论，而紧密层内的分布十分复杂，与电极种类的物理化学性质有关，因此，准确描述双电层电容一直是双电层理论中的难题。图 1.8 中描述的离子型 EAP 材料电极系统由电极-聚合物-电解质溶液三元成分组成，粗糙形貌的吸附面积、多孔电极的有效比表面积、吸附离子的体积、离子的溶剂化特性和电极表面发生的特性吸附等因素，使得离子型 EAP 材料的电极边界问题十分复杂。在第 9 章中将对电极界面影响理论进行初探。

1.2.3 电化学反应过程

电极表面或者多孔电极孔隙内表面发生可逆的氧化还原反应，主要发生在如图 1.8 所示的多孔电极部分，这一现象仅发生在导电聚合物、金属氧化物和超长碳管等氧化还原反应电极上。电化学反应过程的认识及分析对于开发新型高性能离子型 EAP 材料十分重要。目前，对于电化学反应的动力学过程，Butler-Volmer 方程可以描述电极电流与电极电势关系，但总体来看，定量理论和模型研究方面不多。

1.2.4 力学作用过程

离子型 EAP 材料的力学作用过程一是体现在内部离子电荷和溶剂分子分布的化学场产生的内部应力应变，即本征应力应变；二是体现在离子型 EAP 材料的应力分布对化学场分布的反向作用。

本征应力应变在整个材料内部聚合物网络、溶液和电极内部都能形成，其产生主要有两方面的原因：一方面，由于电荷和质量的分布不均衡，例如，IPMC 中离子电荷的不均匀分布产生静电力，溶液浓度不均匀产生渗透压力和水分子与聚合物网络之间的毛细管压力；另一方面，离子嵌入电极分子结构引起分子构型的改变、化学键长的变化、相邻聚合物单体分子之间的角度等。第8章将详细给出分析IPMC这一特定材料本征应力的理论方法。

综上所述,描述完整的离子型EAP材料的电致变形响应过程包括四个方面,涉及电、化和力三个物理领域,完整地描述全部物理过程十分困难。但是,对于某一特定材料,其中仅有几个物理化学过程是起主导作用的。例如,对于IPMC,不需要考虑电化学反应过程;对于巴基凝胶驱动材料,由于芯层很薄,芯层内部的传递细节可以采用近似描述;而对于电化学反应型离子型EAP材料,电化学反应主导决定了内部的离子电荷通量,而扩散过程可以忽略。因此,对不同类型的材料建立其变形过程分析模型仍然具有可行性。目前理论研究方面,传质过程的研究和认识较多,而在电极边界和多孔特性以及可逆氧化还原反应方面,形貌结构的描述和物理化学过程还较为缺乏,因此,深入的物理模型研究是IPMC发展的一个重点方向。

1.3 离子型EAP材料的研究进展

一般来讲,离子型EAP材料由聚合物网络、电极、驱动离子和溶剂四个组分构成,本节将首先对离子型EAP材料研究中这四种组分的研究进展进行介绍,然后对目前离子型EAP材料的学术动态进行介绍。

1.3.1 驱动离子和溶剂的研究进展

由于驱动离子和溶剂对IPMC性能影响最大,所以,关于驱动离子和溶剂的研究重点也聚焦在IPMC中。

驱动离子的类型早期常使用碱金属小离子,后期材料中常与离子液体类型有关。相对而言,人们在驱动离子对IPMC变形特性影响的认识上比较清楚。Shahinpoor的研究表明:离子的电荷数、水合数和离子半径是影响离子在IPMC内部传递的主要因素,进而会对材料饱和含水量,最终变形的速度、大小和松弛等现象产生重要影响。半径小的离子响应迅速,直流电压作用下变形容易出现松弛现象,交流电作用下变形大;而半径大的离子响应慢,直流电压作用下变形大且无松弛现象,交流变形小,选择不同驱动离子可以调节IPMC交直流作用下变形性能[15]。

由于水作为IPMC内部溶剂在其电致变形过程中表现出优良特性,所以早期研究中,人们将水作为主要溶剂。为了解决水作为溶剂时,在空气中易散失以及水解电压制约驱动电压,进而限制材料驱动能力提升空间的问题,人们提出研究替代溶剂,主要包括有机溶剂和离子液体。Nemat-Nasser等分别研究使用了乙二醇、甘油和冠醚三种溶剂的IPMC,提高了IPMC的驱动电压,同时可以长时间在空气中甚至低温条件下工作,与水溶剂相比,其响应速度明显减小[16]。Nam等比较了重水、二甲基亚砜(DMSO)、甲基吡咯烷酮(NMP)、二甲基甲酰胺(DMF) 和聚乙二醇 200(PEG 200)作为溶剂时 IPMC 的性能,结果表明重水和 DMSO 能够提高材料的电解稳定性,但是材料变形性能相比水有所降低[17]。尽管某些有机溶剂能提高 IPMC 在空气中工作的稳定性,但其分子比水分子大,离子的电迁移过程受到限制,从而使 IPMC 的响应速度明显变慢,因此,近年来研究逐渐减少。而离子液体在常温下不易挥发,稳定性好,且可以提高 IPMC 驱动电压范围,因此,逐渐成为当前研究热点之一。Bennett 等[18]、Lim 等[19]、Kikuchi 等[20]分别研究了 EMI-Tf、EMI-IM、[EtMeIM][TA]、BMIPF6、BMIBF4 和 EMIBF4 等多种离子液体作为溶剂时 IPMC 的性能。实验证明,离子液体型 IPMC 稳定性和工作电压范围有所提高,直流电压作用下的松弛现象有所改善,但是同时响应速度也明显降低,且湿度环境对变形性能仍然存在影响。

总体来看,驱动离子的类型早期常使用碱金属小离子,后期材料中常与离子液体类型有关;溶剂的发展经历了从水溶剂到有机溶剂、再到离子液体的过程,目前新型离子型 EAP 材料的开发以离子液体为主导。

1.3.2　聚合物网络材料的研究进展

离子型 EAP 材料芯层材料主要包括两类,分别为离子聚合物和中性聚合物,下面对其进展分别介绍。

1. 离子聚合物材料

显然,一般电响应离子凝胶材料和离子聚合物-金属电极复合材料采用离子聚合物材料作为芯层材料。

绝大多数电响应离子凝胶材料的聚合物网络中含有化学键结合的离子化基团,因此这种凝胶往往是由具有离子基团的合成高分子或天然高分子通过化学或物理交联制备得到的。电响应离子凝胶材料以碳氢链为主链,吸水性能好,但较为柔软,力学性能较差,通常会采取共聚或共混的方法来提高力学性能,文献[5]对此进行了详细介绍。

离子交换膜在 IPMC 功能特性中也起着重要作用,其中高分子主链主要决定材料的力学性能,而带有离子基团的侧链则主要决定材料的电学特性,离子膜的含水量和离子交换容量对材料的电致动行为有直接联系[21]。

离子交换膜改性研究主要包括两方面。

1) 掺杂

掺杂工艺是通过在离子型树脂溶液中加入功能颗粒,然后以铸膜的方法获得改性的离子膜,通过改善离子膜的传输性能和力电参数来提高材料的力学输出性能。以 Nafion 膜为基础的掺杂研究较多,Nguyen 等在 Nafion 膜中掺杂硅酸盐化合物，期望通过改善离子膜的硬度和离子含量来提高力学性能。结果表明，采用一定量经过表面改性的气相二氧化硅进行掺杂，一定程度上能够同时提高 IPMC 的变形和输出力[22]；何青松等通过对 Naifon 膜掺杂二氧化硅形成杂化离子膜，在提高力学性能的同时，通过提高芯层的保水性能，改善了 IPMC 在空气中持续工作的性能[23]。Loqman 等[24]将制备工艺简单、成本较低的聚苯乙烯磺酸（SPS）添加到 Nafion 中得到 SPS-Nafion 复合电解质薄膜，与未添加 SPS 的 IPMC 相比，SPS-Nafion 型 IPMC 在驱动电流、响应速度和变形性能等方面均大幅优于前者。

较为突出的研究还有 Lian 通过掺杂氧化石墨试图提高芯层材料的扩散能力和力学特性[25]，Jung 等分别通过掺杂石墨和富勒烯提高芯层离子膜的导电性和弹性模量[26,27]。研究显示，含 0.5%富勒烯的基底膜与 IPMC 相比，抗拉强度和弹性模量都提高了一倍，同时薄膜的质子电导率和含水量均得到了显著的增加，在低频区的响应能力也得到了显著提高，几乎为未改性 IPMC 的两倍，可见，富勒烯掺杂能够明显改善 Nafion 膜内离子簇结构。

Lee 等[28]、Oh[29]和 Liu[30]则通过掺杂碳纳米管（CNT）来改善离子膜的导电性进而提高其变形能力，结果表明碳纳米管的直径和掺杂含量等对 IPMC 变形和输出力十分关键。Liu 发展了一种较为出色的 IPMC 改进型材料——离子聚合物导体网络复合材料（ionic polymer conductor network composite，IPCNC）[31,32]，与 IPMC 相比，这种材料的特征主要在于导体网络复合层。如图 1.9 所示，有两种类型，一种是 Nafion 溶液与二氧化钌纳米颗粒混合，另一种是 Nafion 溶液与有序排列的碳纳米管混合，通过蒸发成膜获得导体网络复合层。首先在 Nafion 膜两侧结合导体网络复合层，然后在两侧表面贴上金箔电极，构成五层结构的复合材料。图 1.9(a)中使用的二氧化钌常用于超级电容器的电极中，能够显著增大电容器的电荷储存能力，通过提高离子电荷的转移和储存，来提高材料的驱动能力。Nafion 膜内离子通道的连通结构通常是随机的，而图 1.9(b)使用沿厚度方向有序排列的碳纳米管可以改进离子传输的通道结构，加快离子的传输速度；另外，利用这种有序排列结构可以减小材料厚度方向的应变而增大平面方向的应变，进一步提高材料的变形性能。

2) 新型离子膜材料的开发

除了商业离子膜，研究者也在实验室中积极开发新型离子膜材料。例如，Il-Kwon 研究小组先后开发了 SSEBS、SPSE、SPEI、PSMI-PVDF 共聚物以及 SPEEK-PVDF 共聚物离子膜，并以此为基础进行了新型 IPMC 的开发与性能研究[33,34]；Jeong 等通过合成一系列氟化丙烯酸离子聚合物进而开发新型 IPMC[35]；Lee 则通过辐射嫁接方法开发了 PVDF-co-HFP、PE-co-TFE 和 PTFE-co-HFP 等新型芯层材料，并测试了相应 IPMC 的变形性能[36]；Lee 不仅基于 SSPB 离子膜制备了新型 IPMC，而且用磺化蒙脱石对这种离子膜进行了掺杂，膜的内部形成了纳

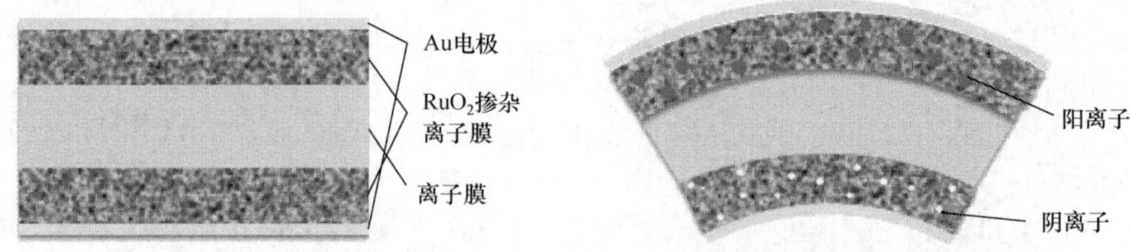

(a) 二氧化钌掺杂型组成结构及弯曲变形示意图

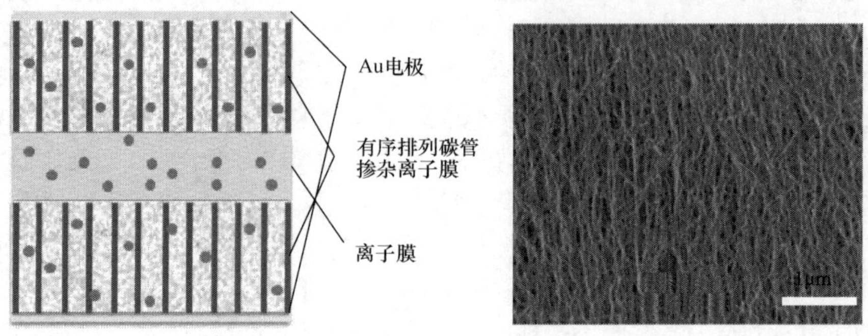

(b) 有序排列碳纳米管型组成结构及碳管电镜图

图 1.9 离子聚合物导体网络复合材料的构成

米级的微孔道,其中磺化苯乙烯形成了供水和离子通过的孔道,玻璃状的聚对叔丁基苯乙烯和橡胶状的乙烯丙烯无规共聚物增强了膜的机械强度和韧性,材料的驱动力和位移表现优良[37]。另外,Dai 对 PVA/PAMPS 离子膜型 IPMC 的传递特性进行了优化研究[38];Zhang 等以提高材料的输出力为目的,开发了高弹性模量的离子膜并制备了相应的 IPMC[39]。Duncan 等在文献[40]中对各种离子膜进行了较为全面的综述介绍。

在离子聚合物的研究中,独具一格的是韩国学者 Kim 的研究,他采用不同纸来取代离子膜,开发了电活性纸材料(electro-active paper,EAPap)[41,42]。纸张主要由天然纤维素构成,纤维素表层无序区域具有类似离子膜的网络结构,如图 1.10所示。通常以预处理后的纤维素纸张为基体,通过溅射沉积的方式形成一层金箔电极。当施加电压时,由于内部离子和水分子的迁移,同样可以产生较大弯曲变形。由于以纯纤维素纸为基础的 EAPap 材料变形小、对湿度敏感以及寿命短等缺点,该研究组进一步结合 PEO/PEG、壳聚糖、海藻酸钠、导电聚合物和离子液体等材料组分来改进材料,获得纤维素-聚吡咯-离子液体复合的 EAPap 材料。由于纤维素具有成本低取材广的特点,EAPap 的成本可以大大减少。

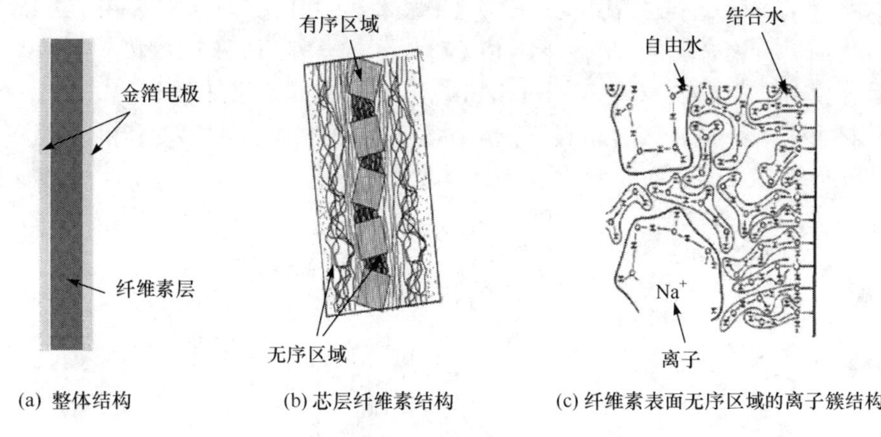

(a) 整体结构　(b) 芯层纤维素结构　(c) 纤维素表面无序区域的离子簇结构

图 1.10　EAPap 材料的宏观和微观结构

2. 中性聚合物网络

从 IPMC 过渡到巴基凝胶驱动材料，主要变化之一是芯层采用中性聚合物骨架和离子液体的复合固体电解质。最常用的中性聚合物骨架是聚偏氟乙烯-六氟丙烯[PVdF(HFP)]，不同型号的 PVdF(HFP)在物理参数上存在差别，制备的驱动器材料变形性能也存在优劣，现有研究表明 Arkema Chemicals 公司的 KynarFlex2801 型 PVdF(HFP)聚合物表现最佳[43]。与之相比，聚偏氟乙烯(PVdF)具有相似的分子结构，与离子液体的亲和性更佳，也是一种良好的骨架材料。另外，一些研究中采用壳聚糖作为一种聚合物骨架材料[44,45]，制备的驱动材料具有良好的生物兼容性。

导电聚合物驱动器的芯层材料也常采用离子液体体系的复合固体电解质，与巴基凝胶驱动材料相近，而芯层材料进一步演变发生在导电互穿插聚合物网络(conducting interpenetrating polymer networks，conducting IPN)材料中。导电聚合物的缺点主要表现在力电耦合效率低(<1%)和响应速度慢，主要归因于受到聚合物和电解质溶液的阻力影响，离子在导电聚合物电极中的吸收和排出过程十分缓慢；另外，导电聚合物驱动器三层结构常常存在分层现象，这些缺点影响到导电聚合物驱动器的使用。为了解决导电聚合物力学性能，一种有效的方法是引入 IPN，其通常由两种或以上聚合物网络构成。法国 Vidal 研究组开发了一种 conducting IPN，这种材料以 PEDOT 导电聚合物材料为电极材料，特点在于利用 IPN 材料解决前述问题[46]。

如图 1.11 所示，IPN 通常由一种弹性聚合物网络和聚氧化乙烯网络构成，文献中弹性聚合物网络有聚丁二烯、聚四氢呋喃或者丁腈橡胶，例如，采用聚丁二烯(PB)和线性聚合物聚氧化乙烯(PEO)可以构成 PB/PEO semi-IPN 材料。将制得的 IPN 浸泡在 3,4-乙烯二氧噻吩(EDOT)单体中一段时间,然后采用 $FeCl_3$ 溶液作为氧化剂进行聚合反应,制备得到 PEDOT 在 PB/PEO semi-IPN 材料从表面到内部呈梯度分布的复合材料,即 conducting IPN 材料,进一步浸泡离子液体便制得驱动材料[47,48]。这种复合材料不仅解决了多层导电聚合物驱动器的分层问题,而且在变形性能方面也有一定改善。

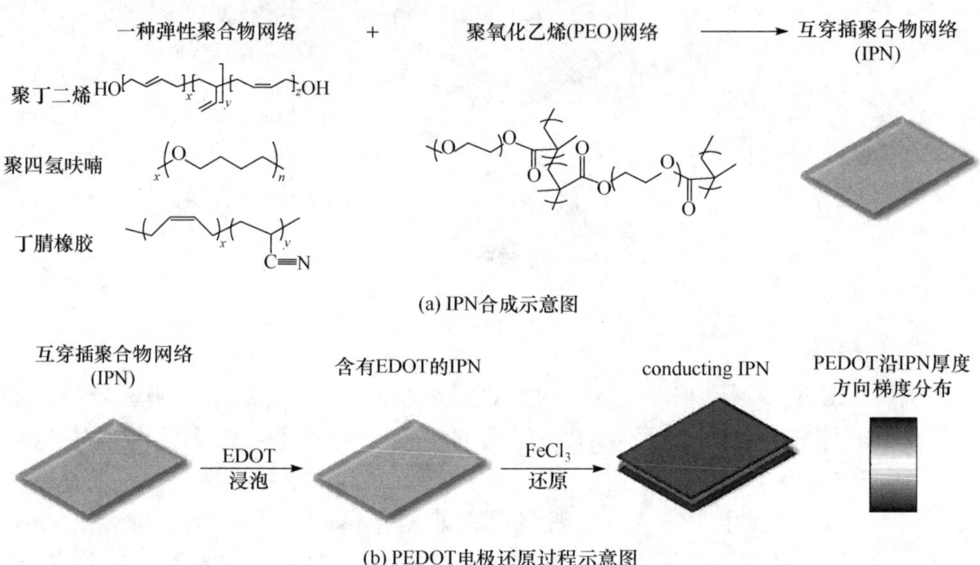

图 1.11 PEDOT/IPN 构成的导电 IPN 驱动材料合成示意图

聚合物网络为离子型 EAP 材料提供结构支撑,决定材料的力学性能,同时也决定了材料内部的离子传输环境,对驱动性能而言十分重要。因此,聚合物网络与离子液体的相互作用在材料设计中越来越受到重视。

1.3.3 电极材料及其形貌结构的研究进展

电极的演变是离子型 EAP 材料发展过程中的另一个重要方向,电极的形貌结构和吸附特性一直是研究过程中的重要关注点。

1. 电极形貌结构的演变

在离子凝胶驱动器中,电极是一个独立的部分,常使用固体金属电极,由于电响应离子凝胶电极与聚合物材料分开,很少有人关注该电极材料形貌结构问题。而在其他离子型 EAP 材料中,由于平面电极不利于与电极层和芯层的结合,且影响电荷在电极附近的吸附,一般很少采用。

实际上,也有极少数离子型 EAP 材料使用平面电极,例如,由于热压工艺所限,EAPap 材料中采用金属箔片作为电极,它就是一种平面电极。除此之外,在其他离子型 EAP 材料中,多孔电极的研究一直是一个非常活跃的研究方向。电极的多孔特性和下面介绍的电极-芯层界面粗糙特性常常同时存在,研究具有多孔特性电极是期望电极能够吸收储存更多的离子电荷提高驱动性能。

在 IPMC 及其改进型材料的研究中,主要关注电极-芯层界面的电极形貌,但也有一些研究使用了多孔电极。Aabloo 研究组提出使用多孔活性炭电极[49],以 TiC 基和椰壳基两种活性炭为导电粉末,将粉末与 Nafion 溶液混合均匀获得电极原浆,然后将电极原浆直接涂布于 Nafion 膜材料两侧,烘干后在两侧采用热压的方法各贴上一层金箔,实验表明 TiC 基活性炭电极的 IPMC 性能更为优异。类似地,Yang 等[50]研制了一种以多壁碳纳米管-石墨烯作为复合电极的 IPMC,制备了电极中多壁碳纳米管和石墨烯比例不同的 IPMC 样品。实验表明,以纯 MWCT 作为电极的 IPMC 表现出了比传统 Pt-IPMC 更大的输出位移,当复合电极中石墨烯含量增加时,IPMC 输出位移呈现下降趋势。

碳纳米管和碳化合物作为电极材料也广泛应用于巴基凝胶驱动材料中,因此巴基凝胶驱动材料及其改进型也称为碳驱动(carbon actuator)材料。其中,单壁型、多壁型和超长型碳纳米管等作为电极主要成分,TiC 基活性炭、炭黑、介孔二氧化硅、气相生长碳纤维、金属氧化物和聚苯胺等多种化合物作为电极添加剂在碳驱动材料中得到了广泛的研究[51-54]。另外,石墨烯及其衍生物由于其良好的力学和电学性能,在碳驱动材料中也正逐步受到重视[55,56]。多孔特性是以碳纳米管为基础的巴基凝胶电极的基本特征,如图 1.12 所示。以多壁碳纳米管电极为参照,不同添加剂掺杂的电极具有不同的微观孔隙结构和吸附特性,很大程度上影响多孔电极对离子电荷的吸附性能。因此,孔隙尺寸分布特点和连通性至关重要,而且电极本身的吸附特性也非常关键。

除了多孔电极结构,在 IPMC 电极中,最主要的特征是电极与离子膜的接触界面具有相互渗透的粗糙特性,它影响界面面积,而界面面积的大小影响吸附离子电荷的多少。因此,对离子膜表面进行打磨糙化处理和化学还原沉积过程的工艺参数控制,是获得理想界面特征乃至优良的变形性能的关键。图 1.13 所示为三种以 Nafion 离子交换膜为基体,通过不同工艺参数获得的 Pd 电极 IPMC 的电极界面电镜图及其在 2V 直流电压作用下的变形曲线。由图可以发现,三种不同的电极界面形貌具有三种完全不同的变形规律,有的几乎没有阳极变形,有的松弛变形大大超过阳极变形。这种现象表明,电极-芯层的界面形貌结构不仅直接影响变形过程中电极界面对离子电荷的吸附能力,而且间接影响离子传递对水分子运动的耦合作用。

(a) 多壁碳纳米管电极　　(b) 聚苯胺掺杂

(c) 介孔二氧化硅掺杂　　(d) 少量介孔二氧化硅掺杂

图 1.12　不同掺杂类型的巴基凝胶驱动器电极电镜图[51]

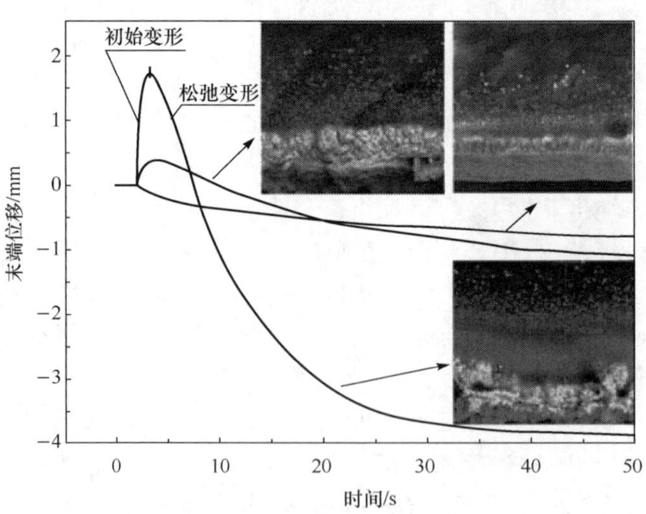

图 1.13　不同电极特性的 IPMC 位移响应及其界面电镜图

理论上讲，多孔电极与芯层固体电解质的界面特性也十分重要，但由于碳驱动器常采用多层热压工艺制备，其界面特性控制具有一定困难。在此方向上，中国科学院陈韦研究组以石墨烯电极研究为特色，在电极和芯层界面的可控形貌研究方面尤为突出[55,57]。

如图1.14所示，碳电极的发展首先经历了从普通一维多壁碳纳米管（MWCNT）电极发展到二维平面还原氧化石墨烯（RGO）电极。传统巴基凝胶驱动材料主要以各种碳纳米管为多孔电极核心材料，然而，理论上石墨烯具有优异的力学和电学性能，表现出更出色的量子力学应变和双电层应变，而且成本低，容易大规模制备，在多孔电极方面更具潜力。实验表明，低频下基于RGO电极的驱动器表现出优异的驱动性能，而由于离子迁移进入石墨烯的片层之间空隙较为困难，高频下石墨烯电极的驱动器变形性能较差。

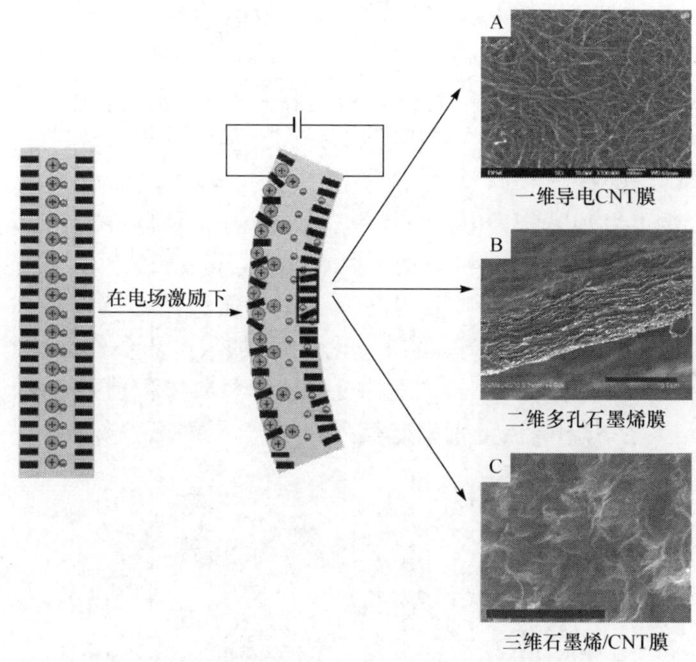

图1.14　碳驱动材料中不同孔隙特征的碳电极[57]

因此，碳纳米管与石墨烯混合的复合三维结构电极（RGO/MWCNT）应运而生。相比二维石墨烯结构，碳纳米管与石墨烯的混合结构中，碳纳米管撑开石墨烯片层结构空隙，具有更大的孔隙特征，因此，具有三维多孔结构的RGO/MWCNT表现出更好的高频变形特性，且性能稳定性更好，在低频区域其变形也比单一的MWCNT电极驱动器材料好。通过电极多孔结构的形貌控制可以调控离子的传递特性，进一步提高材料的变形性能，因此，研究人员又进一步开发了基于石墨相氮化碳电极的驱动器材料[58]。

2. 氧化还原电极

除了电极形貌结构，电极的改进还有一个重要的研究方向——添加氧化还原型颗粒，利用添加剂的可逆氧化还原反应来提高离子电荷的迁移和储存，目的是提高驱动材料性能。这些改进型材料又分为三类。

1）金属氧化物型

与 IPMC 的改进型类似，在电极中添加二氧化钌或者二氧化锰等特殊金属氧化物，能够提高巴基凝胶驱动材料的赝电容，即提高材料的储存电荷能力[59]。加载电压条件下阳极和阴极分别发生如下的电化学反应。

$$\text{阳极：}Ru(OH)_2 \rightleftharpoons RuO_{\delta}(OH)_{2-\delta} + \delta H^+ + \delta e \tag{1-3}$$

$$\text{阴极：}RuO_2 + \delta H^+ + \delta e \rightleftharpoons RuO_{2-\delta}(OH)_{\delta} \tag{1-4}$$

阳极反应中产生 H^+，在电场作用下，H^+ 向阴极迁移并参与阴极反应，H^+ 的迁移过程使得材料内部离子电荷转移，能够提高巴基凝胶驱动材料的变形性能。

2）导电聚合物型

导电聚合物可以独立作为电极材料制备离子型 EAP 材料，也可以作为电极的添加材料[60]。导电聚合物有多种类型，常见的有聚苯胺（PANI）、聚吡咯（PPy）和聚乙撑二氧噻吩（PEDOT）（或者采用高分子电解质聚苯乙烯磺酸（PSS）掺杂的 PEDOT[61]）等。图 1.15 是聚苯胺的质子化过程，加载电压条件下，原始的聚苯胺分子变成质子化的分子结构，分子链结构变化引起材料体积扩张，这个过程是可逆的氧化还原反应，在阴阳两极分别引起扩张和收缩，提高巴基凝胶驱动材料的整体性能。

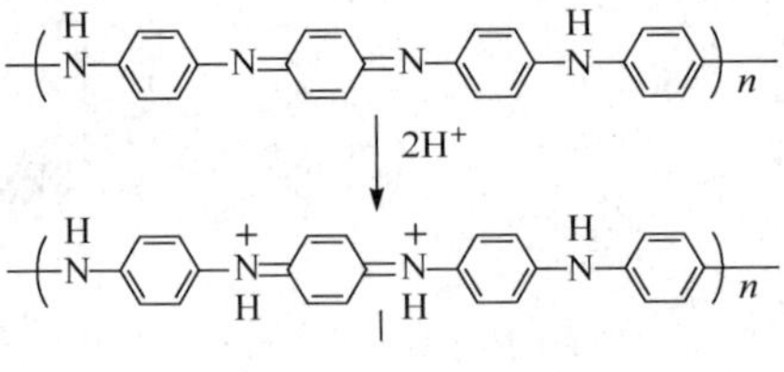

图 1.15　聚苯胺分子加电后质子化过程

3）超长碳管型

超长碳管具有电导率高和成膜性能好的特点，用于制作电极材料不需要聚合物骨架，而且驱动过程中表现出可逆氧化还原特性，不仅极大提高巴基凝胶材料的变形性能，而且工作频率可以达到 100Hz，是一种优异的电极材料[62]，其氧化还原反应过程为

$$SG\text{-}SWNT^{n+}(TFSI^-)_n + n(EMI^+) + ne \longrightarrow SG\text{-}SWNT^*(TFSI^-)_n(EMI^+)_n \tag{1-5}$$

导电聚合物驱动器中电极与前述离子型 EAP 材料不同，电极本身发生氧化还原反应，对于提高驱动器的变形和输出力有很大帮助，但存在响应速度慢的缺点。然而，超长碳纳米管作为电极的巴基凝胶型驱动材料，同样发生可逆氧化还原反应，不仅变形大，而且响应速度快。表明电化学反应不一定意味着响应速度慢，而与具体的电极材料类型有关。因此，开发高导电性和具有快速氧化还原反应类型的电极是未来高性能离子型 EAP 材料发展方向之一。

综上所述，目前离子型 EAP 材料的研发主要表现在两个方面：一是在工程技术层次上，依靠工艺技巧改进和参数优化获得性能优异和稳定性的驱动材料；二是在基础研究层次上，依靠聚电解质芯层和电极新材料的研发。在具有良好的力学特性基础上，新型聚电解质芯层的离子传输和其与溶剂的相互作用特性是主要关注点。电极材料方面则不仅在结构形貌上不断演变，提高其在电极-芯层的有效接触面积和电极体的吸附体积比表面积，而且在电极的物理化学特性上提高其活性吸附位点，通过提高储存电荷的能力来提高变形性能。然而，在目前化学能向机械能转化效率低下的情况下，要在驱动力和速度上达到与生物肌肉相媲美的性能，上述两个方面的改进对于材料驱动性能的提高仍然有限。因此，离子型 EAP 材料发展的第三个方向是依靠化学和力学能量转换机制的认知，进一步提高材料的能量转化效率，这有赖于对材料机理深刻认识和理论方面的深入研究。

但是，经过二十多年的发展，正如弗吉尼亚理工大学的 Robert Moore 教授在讨论其最新的研究成果时指出的一样：我们仍然处在 IPMC 研究的初期阶段，还有相当多的机理问题需要我们探索和解密[63]。因此，离子型 EAP 材料在学术界以及产业界仍然充满活力，是新型智能材料研究热点之一。

1.3.4　离子型 EAP 材料的发展前景

由于具有驱动电压低、变形大、响应灵活和柔性不易损坏等诸多优点，离子型 EAP 材料一直吸引着众多优秀研究机构参与到这一领域研究中来，也正在逐渐延伸到工程应用领域，部分研究机构和公司也在积极探讨该材料的产业化过程。

1. 研发团队

如前所述，20 世纪 90 年代在 NASA 提出研发轻质小型驱动器背景下，喷气推进实验室 Bar-Cohen 领导的研究团队率先对各种 EAP 材料性能展开研究。为了促进 EAP 材料的研究和应用，在 Bar-Cohen 的推动下，国际光学工程学会(SPIE)于 1999 年成立“EAP 作动器和装置”(EAPAD)分会，其中，离子型 EAP 材料的研究一直是会议重点议题之一。在北美大学和研究机构，也长期活跃着从事离子型 EAP 材料的一些研究团队，比较有代表性的团队包括：在 IPMC 方面有缅因大学的 Shahinpoor 和内达华大学的 Kim 领导的研究团队，他们最早系统地研究 Pt 电极 IPMC,目前正积极开展 IPMC 在医疗装置方面的应用;宾夕法尼亚州立大学的 Zhang 研究组在 IPMC 改进型材料 IPCNC 方面有突出表现;弗吉尼亚理工大学的 Donald 和密歇根州立大学的 Tan 分别在 IPMC 的工艺开发和机器鱼应用方面有独到之处;在开发碳纳米管驱动器方面,得克萨斯大学的 Baughman 研究组是这一方向的代表性团队;而在导电聚合物方面,有马里兰大学的 Elisabeth 和英属哥伦比亚大学的 Madden 研究团队。

在欧盟内部,不同国家的研究机构关于 EAP 材料的研究计划较多,已逐步形成完善的学术体系。2005 年,由欧洲六所研究机构共同提出的"运动控制用传感/致动器离子聚合物-金属智能材料"(ISAMCO)计划也得到欧盟的资助,其目的在于用 IPMC 柔性智能材料研制出具有运动感知功能的人工肌肉装置。2012 年在英国建立了欧洲人工肌肉研究的科学网络(European Scientific Network for Artificial Muscles,ESNAM)组织[64],其成员来自欧洲各个地区的大学、研究中心和企业等单位,核心会员近 200 人,包括了 Danfoss PolyPower、Philips Research、Bayer Material Science、BAE Systems、Ossur、FIAT Research Centre 等工业界的研究人员。因此,他们的研究与工业界联系紧密,共同致力于 EAP 材料的研究和工业应用。另外,在欧盟 Horizon 2020 计划支持下,2015 年欧盟的创新训练网络(The Innovative Training Network,ITN)启动一项"Microactuators"(MICACT) 计划,在以 EAP 材料微型驱动器为核心的智能柔性系统领域,通过资助欧盟内部不同国家学术和工业研究机构的年轻学者和研究员相互交流,促进 EAP 材料学术研究和工业化应用,保持欧盟在这一领域的领先地位。

在亚洲范围内,较为发达国家和地区的大学及研究机构也积极开展了离子型 EAP 材料的研究。日本是最早从事凝胶材料研究也是最早发现 IPMC 的国家之一,目前主要以产业技术综合研究所的 Kinji Asaka 研究组及其相关合作团队为代表,在 Au-IPMC 和巴基凝胶驱动材料方面的工作最为突出,并积极推进离子型 EAP 材料的产业开发。在韩国主要以 IL、Kwon Oh 和仁荷大学的 Kim 为代表。而在国内,西安交通大学、中国科技大学、南京航空航天大学、哈尔滨工程大学、东北大学等高校和中国科学院下属研究机构也积极开展离子型 EAP 材料的研究工作。

2. 应用领域

EAP 材料的飞速发展一开始便是以工程应用为背景的,在材料基础研究的同时,也伴随着大量的应用开发。在这二十多年的发展过程中,离子型 EAP 材料的应用正在从概念设计阶段朝着商业应用方向发展。

在早期 NASA 提出开发用于航天工程的高效轻质小型驱动器的背景下,2002 年俄亥俄航天局的 Anthony Colozza 和新墨西哥大学从事 IPMCs 研究的 Shahinpoor 等共同提出一项极具吸引力的概念飞行器 SSA(solid state aircraft)设计,用于地球、火星和金星的高空活动[65]。如图 1.16 所示，SSA 具体的设计特点在于，IPMC 与驱动能源结合形成新的复合材料结构。最上层是薄膜太阳能光伏材料，将太阳能转化成电能；第二层是锂离子电池材料，也被设计成薄膜结构，可以储存电能，控制光伏转化电能和 IPMC 消耗电能之间的平衡；第三层和第五层是电极网格，用于控制和激励第四层的 IPMC，这种新型材料的复合结构设计能够自行解决能源问题。该项研究在行星大气环境和太阳能密度、飞行能耗、任务载荷和扑翼空气动力学分析上进行了初步比较研究。尽管离子型 EAP 材料性能存在一定差距，但这项魅力设计仍然激励许多学者开展柔性飞行领域的研究工作。

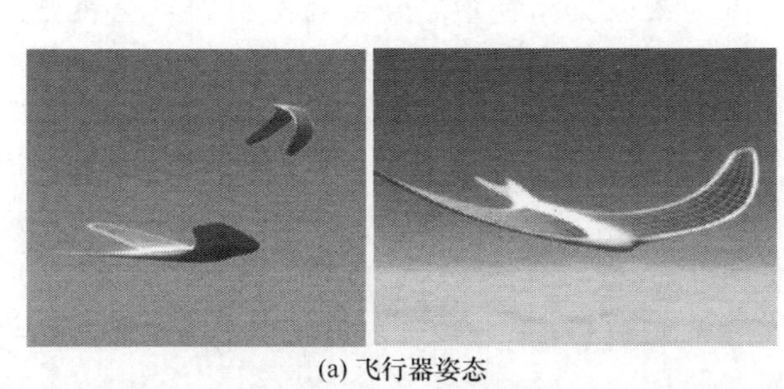

(a) 飞行器姿态

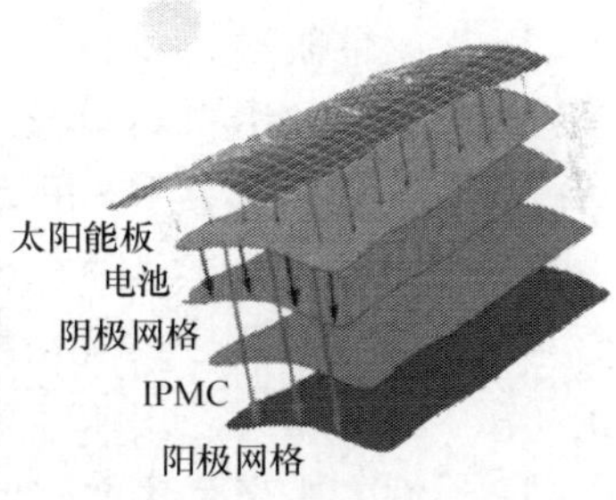

(b) 飞行器机翼复合材料结构

图 1.16　SSA[65]

2000 年成立的日本 EAMEX 公司一直是离子型 EAP 材料产业开发的领导者，主要从事 IPMC 和导电聚合物驱动材料的商业开发[14]。2002 年该公司成功开发一种用于观赏的机器鱼产品，如图 1.17 所示。通过底部电磁线圈以无线输电的方式为机器鱼供电，并驱动尾部的 IPMC 产生弯曲变形，使机器鱼能够不断地游动，效果十分逼真。这一产品是离子型 EAP 材料发展过程中一个重要里程碑，也引导许多学者积极从事功能性机器鱼的研究开发。

图 1.17　日本 EAMEX 公司开发的基于 IPMC 驱动的观赏机器鱼

十几年来，以电激励柔性变形和驱动为特征的柔性机械，不仅是学术研究热点，更成为产业开发的前沿领域。与传统刚性机械电子不同，以功能聚合物或者聚合物基复合材料为基础的机械电子具有轻质、柔软和便携的特征。在柔性电子领域，以柔性电子印刷、柔性电子芯片、柔性显示屏(OLED)、柔性电池(太阳能和锂电池)以及柔性储能(超级电容器)等为代表的相关产业已经或正在逐步形成,这为发展电致动柔性机械提供了良好的技术条件。在这一背景下,EAP 材料的柔性驱动及传感特性将成为发展柔性机电装备的关键材料。

相比其他 EAP 材料而言,离子型 EAP 材料具有低电压驱动和离子感应的力学传感优势,在电致动柔性机械方向主要行业领域将包括以下几方面。

(1) 柔性医疗器械。离子型 EAP 材料以安全的低电压及柔性大变形为驱动特点,可以实现现代医疗器械中各种装置在人体内的主动定位、导向和运动功能,包括各种手术镊、内窥镜、胶囊镜、微创手术操作臂,甚至心血管手术中使用的各种主动导管等。

(2) 以柔性驱动为核心的小/微型柔性机电装置。聚合物基材料具有良好的加工性能,有利于制作微小型操作装置,例如,利用柔性智能材料改变镜头形状或位置的主动变焦光学装置,可以发展简单便携的主动光学器件;利用柔性智能材料驱动控制液体流动的柔性微流控芯片,可以制作芯片实验室用于生化分析、药物缓释器等;此外,还可用于柔性操作器械(爪、钳)、3D 图形显示器(盲文显示器、机械秘钥)等。

(3) 柔性人机交互界面。EAP 材料可以以柔性方式感知人体生理/动作信号传输给机器,并通过柔性材料刺激皮肤通过力反馈传递环境信息给人体,以触觉提高人的临场感,这一技术可广泛用于汽车和消费电子行业。

(4) 以柔性传感功能为核心的医疗、健康和运动监测产品。利用 EAP 材料可设计与人体更亲和、更舒适的便携医疗装置,从可穿戴的心率、呼吸率实时监测仪和压力鞋垫,到医疗座椅和监测床垫,柔性和低频区高灵敏度的特点使其适用于人体动作和动态力学分布测量。

(5) 机器人行业。在仿生柔性机器人中,离子型 EAP 材料易于模拟生物的柔性驱动过程,以此为基础发展的机器人技术产品具有质量轻、体积小和能耗低的特点,在航空航天领域也具有重大应用价值。

作为一种未来具有重要产业价值的智能材料,离子型 EAP 材料在产业界越来越受到关注。本书将在第 11 章进一步详细介绍一些离子型 EAP 材料的应用研究和现状。

1.4 本章小结

本章首先对离子型 EAP 材料的基本概念进行了介绍,并分别介绍了电响应离子凝胶材料、离子聚合物-金属电极复合材料、巴基凝胶材料、导电聚合物材料等四种基本类型离子型 EAP 材料的基本组成、工作原理和典型性能等。然后对离子型 EAP 材料电致变形过程的分析理论进行了一般性的概括,基于一般化电极模型,指出电致变形过程主要包括电场作用下聚合物芯层内部的质量传递过程、离子和溶剂在电极边界或者多孔电极内部的吸附过程、氧化还原型电极的电化学反应过程和质量与电荷再分布引起的力学过程。最后按照离子型 EAP 复合材料的组成成分分别介绍了各自近年来的研究进展。

IPMC 是一种典型的离子型 EAP 材料，在材料开发方面，以传统金属电极 Nafion-IPMC 为基础，进行电极界面特征结构的调控，以及在电极和芯层中引入各种功能掺杂剂提高其性能等均可以在其他类型离子型 EAP 材料找到相似之处；在理论研究方面，由于金属电极 Nafion-IPMC 具有最简单的组成，其电致变形机制和物理模型研究较为成熟，对于具有更复杂组成成分和变形机制的其他离子型 EAP 材料，IPMC 理论和模型可以作为研究基础，因此，在离子型 EAP 材料的研究发展过程中，IPMC 一直占据重要的地位。整体看来，IPMC 在工艺开发、理论研究方面已形成了比较全面的发展体系，因此，本书以 IPMC 为主介绍离子型 EAP 材料的变形机理及应用。

参考文献

[1] WorldWide Electroactive Polymer Actuators. http://ndeaa.jpl.nasa.gov/nasa-nde/lommas/eap/EAP-web.htm[2015-9-20]

[2] BarCohen Y, Xuea T, Shahinpoor M, et al. Low-mass muscle actuators using electroactive polymers(EAP). SPIE Conference on Smart Materials Technologies, 1998, 3324:218-223

[3] Peng H M, Hui Y, Ding Q J, et al. IPMC gripper static analysis based on finite element analysis. Frontiers of Mechanical Engineering in China, 2010, 5(2):204-211

[4] Chen Z, Um TI, Bart-Smith H. A novel fabrication of ionic polymer-metal composite membrane actuator capable of 3-dimensional kinematic motions. Sensors and Actuators A-Physical, 2011, 168(1):131-139

[5] 尚婧，陈新，邵正中．电场敏感的智能性水凝胶．化学进展，2007，19(9)：1393-1399

[6] Glazer P J, van Erp M, Embrechts A, et al. Role of pH gradients in the actuation of electro-responsive polyelectrolyte gels. Soft Matter, 2012, 8:4421-4426

[7] Shiga T. Deformation and viscoelastic behavior of polymer gels in electric fields. Advances in Polymer Science, 1997, 134:131-163

[8] Zhu Z, Chang L, Asaka K, et. al. Comparative experimental investigation on the actuation mechanisms of ionic polymer-metal composites with different backbones and water contents. Journal of Applied Physics, 2014, 115(12):124903

[9] Mukai K, Asaka K, Kiyohara K, et al. High performance fully plastic actuator based on ionic-liquid-based bucky gel. Electrochimica Acta, 2008, 53:5555-5562

[10] Takeuchi I, Asaka K, Kiyohara K, et. al. Electromechanical behavior of fully plastic actuators based on bucky gel containing various internal ionic liquids. Electrochimica Acta, 2009, 54:1762-1768

[11] Baughman R H, Cui C X, Zakhidov A A, et al. Carbon nanotube actuators. Science, 1999, 284(5418): 1340-1344

[12] Alexander Madden P G. Development and Modeling of Conducting Polymer Actuators and the Fabrication of a Conducting Polymer Based Feedback Loop. Boston: Massachusetts Institute of Technology, 2003

[13] Smela E. Conjugated polymer actuators for biomedical applications. Advanced Materials, 2003, 15: 481-494.

[14] EAMEX. http://www.eamex.co.jp/features/koubunshi/koubunsi/[2015-8-21]

[15] Shahinpoor M, Kim K J. Experimental study of ionic polymer-metal composites in various cationforms: Actuation behavior. Science and Engineering of Composite Materials, 2002, 10(6): 423-436

[16] Nemat-Nassera S, Zamani S, Tor Y. Effect of solvents on the chemical and physical properties of ionic polymer-metal composites. Journal of Applied Physics, 2006, 99(10): 104902

[17] Nam B K, Yoo Y. Study on bending behavior of ionic polymer metal composites with various organic solvents and cationic species. Smart Structures and Materials 2005: Electroactive Polymer Actuators and Devices(EAPAD), 2005, 5759: 525-533

[18] Bennett M D, Leo D J. Ionic liquids as stable solvents for ionic polymer transducers. Sensors and Actuators A-Physical, 2004, 115(1): 79-90

[19] Lim H T, Lef J W, Yoo Y T. Actuation behavior of a carbon nanotube/nafion(TM) IPMC actuator containing an ionic liquid. Journal of the Korean Physical Society, 2006, 49(3): 1101-1106

[20] Kikuchi K, Miwa M, Tsuchitani S. Evaluation of basic operating characteristics of ion conductive polymer actuator using ionic liquid. SICE 2008 - 47th Annual Conference of the Society of Instrument and Control Engineers of Japan, 2008: 1092-1095

[21] Shahinpoor M, Kim K J. Ionic polymer-metal composites: I. fundamentals. Smart Materials and Structures, 2001, 10(4): 819-833

[22] Nguyen V K, Lee J W, Yoo Y. Characteristics and performance of ionic polymer-metal composite actuators based on nafion/layered silicate and nafion/silica nanocomposites. Sensors and Actuators B-Chemical, 2007, 120(2): 529-537

[23] 何青松，张昊，于敏，等．氧化硅掺杂的全氟磺酸聚合物膜在 IPMC 中的应用．中国科技论文在线，2010，5(4)：312-318

[24] Luqman M, Yoo Y T. Sulfonated polystyrene-based ionic polymer-metal composite(IPMC) actuator. Journal of Industrial and Engineering Chemistry, 2011, 17: 49-55

[25] Lian Y, Liu Y, Jiang T, et al. Enhanced electromechanical performance of graphite oxide-nafion nanocomposite actuator. The Journal of Physical Chemistry C, 2010, 114(21): 9659-9663

[26] Jung J H, Jeon J H, Sridhar V, et al. Electro-active graphene-nafion actuators. Carbon, 2011, 49(4): 1279-1289

[27] Oh I K,Jung J H,Jeon J H,et al. Electro-chemo-mechanical characteristics of fullerene-reinforced ionic polymer-metal composite transducers. Smart Materials and Structures,2010,19(7):075009

[28] Lee D Y,Park I S,Lee M H,et al. Ionic polymer-metal composite bending actuator loaded with multi-walled carbon nanotubes. Sensors and Actuators A-Physical,2007,133(1):117-127

[29] Oh I K,Jung J Y. Biomimetic nano-composite actuators based on carbon nanotubes and ionic polymers. Journal of Intelligent Material Systems and Structures,2008,19(3):305-311

[30] Liu S,Liu Y,Cebeci H,et al. High electromechanical response of ionic polymer actuators with controlled-morphology aligned carbon nanotube/nafion nanocomposite electrodes. Advanced Functional Materials,2010,20(19):3266-3271

[31] Liu S,Montazami R,Liu Y,et al. Influence of the conductor network composites on the electromechanical performance of ionic polymer conductor network composite actuators. Sensors and Actuators A-Physical,2010,157:267-275

[32] Liu Y,Liu S,Lin J,et al. Ion transport and storage of ionic liquids in ionic polymer conductor network composites. Applied Physical Letters,2010,96:223503

[33] Jeon J H,Kang S P,Lee S,et al. Novel biomimetic actuator based on SPEEK and PVDF. Sensors and Actuators B-Chemical,2009,143(1):357-364

[34] Wang X L,Oh I K,Kim J B. Enhanced electromechanical performance of carbon nano-fiber reinforced sulfonated poly(styrene-b-[ethylene/butylene]-b-styrene) actuator. Composites Science and Technology,2009,69(13):2098-2101

[35] Jeong H M,Woo S M,Lee S,et al. Effect of molecular structure on performance of electroactive ionic acrylic copolymer-platinum composites. Journal of Applied Polymer Science,2006,99(4):1732-1739

[36] Lee J Y,Wang H S,Yoon B R,et al. Radiation-grafted fluoropolymers soaked with imidazolium-based ionic liquids for high-performance ionic polymer-metal composite actuators. Macromolecular Rapid Communications,2010,31(21):1897-1902

[37] Lee J W,Hong S M,Kim J,et al. Novel sulfonated styrenic pentablock copolymer/silicate nanocomposite membranes with controlled ion channels and their IPMC transducers. Sensors and Actuators B-Chemical,2012,162(1):369-376

[38] Dai C A,Chang C J,Kao A C,et al. Polymer actuator based on PVA/PAMPS ionic membrane:Optimization of ionic transport properties. Sensors and Actuators A-Physical,2009,155(1):152-162

[39] Hatipoglu G,Liu Y,Tigelaar D,et al. Fabrication and electromechanical performance of a novel high modulus ionogel micro actuator. Procedia Engineering,2011,25:1337-1340

[40] Duncan A J,Leo D J,Long T E. Beyond Nafion:Charged macromolecules tailored for performance as ionic polymer transducers. Macromolecules,2008,41(21):7765-7775

[41] Kim J,Seo Y B. Electro-active paper actuators. Smart Materials and Structures,2002,11:

355-360

[42] Kim J, Yun S, Mahadeva S K, et al. Paper actuators made with cellulose and hybrid materials. Sensors, 2010, 10: 1473-1485

[43] Terasawaa N, Ono N, Hayakawa Y, et al. Effect of hexafluoropropylene on the performance of poly(vinylidene fluoride) polymer actuators based on single-walled carbon nanotube-ionic liquid gel. Sensors and Actuators B-Chemical, 2011, 160: 161-167

[44] Li J, Ma W, Song L, et al. Superfast-response and ultrahigh-power-density electromechanical actuators based on hierarchal carbon nanotube electrodes and chitosan. Nano Letter, 2011, 11: 4636-4641

[45] Lu L, Chen W. Biocompatible composite actuator: A supramolecular structure consisting of the biopolymer chitosan, carbon nanotubes, and an ionic liquid. Advanced Materials, 2010, 22: 3745-3748

[46] Vidal F, Plesse C, Teyssié D, et al. Long-life air working conducting semi-IPN/ionic liquid based actuator. Synthetic Metals, 2004, 142: 287-291

[47] Plesse C, Khaldi A, Soyer C, et al. PEDOT based conducting IPN actuators. Effects of electrolyte on actuation. Advances in Science and Technology, 2013, 79: 53-62

[48] Khaldi A, Plesse C, Vidal F, et al. Smarter actuator design with complementary and synergetic functions. Advanced Materials, 2015, 27: 4418-4422

[49] Palmre V, Brandell D, Mäeorg U, et al. Nanoporous carbon-based electrodes for high strain ionomeric bending actuators. Smart Materials and Structures, 2009, 18: 095028

[50] Yang W, Choi H, Choi S, et al. Carbon nanotube-graphene composite for ionic polymer actuators. Smart Materials and Structures, 2012, 21: 055012

[51] Sugino T, Kiyohara K, Takeuchi I, et al. Actuator properties of the complexes composed by carbon nanotube and ionic liquid: The effects of additives. Sensors and Actuators B-Chemical, 2009, 141: 179-186

[52] Takeuchi I, Asaka K, Kiyohara K, et al. Electromechanical behavior of a fully plastic actuator based on dispersed nano-carbon/ionic-liquid-gel electrodes. Carbon, 2009, 47: 1373-1380

[53] Torop J, Palmre V, Arulepp M, et al. Flexible supercapacitor-like actuator with carbide-derived carbon electrodes. Carbon, 2011, 49: 3113-3119

[54] Palmre V, Torop J, Arulepp M, et al. Impact of carbon nanotube additives on carbide-derived carbon-based electroactive polymer actuators. Carbon, 2012, 50: 4351-4358

[55] Lu L, Liu J, Hu Y, et al. Highly stable air working bimorph actuator based on a graphene nanosheet/carbon nanotube hybrid electrode. Advanced Materials, 2012, 24: 4317-4321

[56] Lu L, Liu J, Hu Y, et al. Graphene-stabilized silver nanoparticle electrochemical electrode for actuator design. Advanced Materials, 2013, 25(9): 1270-1274

[57] Kong L, Chen W. Carbon nanotube and graphene-based bioinspired electrochemical actuators. Advanced materials, 2014, 26: 1025-1043

[58] Wu G, Hu Y, Liu Y, et al. Graphitic carbon nitride nanosheet electrode-based high-perform-

ance ionic actuator. Nature Communications, 2015, 6: 7258

[59] Terasawa N, Mukai K, Asaka K. Superior performance of a vapor grown carbon fiber polymer actuator containing ruthenium oxide over a single-walled carbon nanotube. Journal of Materials Chemistry, 2012, 22: 15104 -15109

[60] Sugino T, Kiyohara K, Takeuchi I, et al. Improving the actuating response of carbon nanotube/ionic liquid composites by the addition of conductive nanoparticles. Carbon, 2011, 49: 3560-3570

[61] Ikushima K, John S, Ono A, et al. PEDOT/PSS bending actuators for autofocus micro lens applications. Synthetic Metals, 2010, 160: 1877-1883

[62] Giménez P, Mukai K, Asaka K, et al. Capacitive and faradic charge components in high-speed carbon nanotube actuator. Electrochimica Acta, 2012, 60: 177-183

[63] http://www.nist.gov/public_affairs/techbeat/tb2010_0427.htm[2015-9-21]

[64] European Scientific Network for Artificial Muscles. http://www.esnam.eu/[2015-9-24]

[65] Colozza A, Shahinpoor M, Jenkins P, et al. Solid state aircraft concept overview. 2004 NASA/DoD Conference, Evolvable Hardware, 2004: 318-324

第 2 章　IPMC 基本制备工艺

如前所述,IPMC 是一种三明治结构,由中间离子交换基体膜及两个表面的金属电极构成,因此,IPMC 制备工艺的核心目标就是实现电极和基体膜的有效结合。本章将详细介绍 IPMC 制备工艺的具体过程以及各工艺步骤对电极形成的影响。

2.1　概　　述

IPMC 结构材料的最早雏形可以追溯到 1939 年,有研究者在预处理的聚合物基体材料上沉积一层 Ag 胶体制备出类似这种复合结构的材料,但由于这种工艺制成的金属层和聚合物层存在分层现象而没有得到足够的重视[1]。到 20 世纪 70 年代后期,陶氏化学的研究人员发现,采用化学还原剂 $NaBH_4$ 或者 N_2H_4,在某些具有选择渗透性的离子膜表面,通过还原不同种类金属离子,可以初步解决制备过程中的分层现象[2]。直到 1992 年 Sadeghigpour[3] 和 Oguro[4] 分别发现这种复合结构的传感和致动功能,IPMC 才开始作为一种新型柔性智能材料逐渐引起了各领域科学家的关注。到 90 年代中期,美国的 Mojarrad 和 Shahinpoor 以及日本的 Oguro 等,分别进行了大量的实验工作,通过优化制备工艺寻求改善 IPMC 致动性能。2000 年 Oguro 在网上公开发表了其关于 IPMC 制备工艺的研究成果[5],同年 Shahinpoor 也申请了有关 IPMC 制备方法的专利[6],标志着 IPMC 的基本制备工艺基本形成。

IPMC 的基本制备工艺主要采用的是化学方法,包括还原剂渗透法(reductant permeation plating,RPP)、浸泡还原镀法(impregnation-reduction plating,IRP)和自催化还原法(autocatalytic plating,ACP)或这三种方法的有机组合[6-8]。随着研究的深入进行,不同的研究团队也探索了物理方法制备 IPMC 的可能性,主要的研究成果包括电镀[9]、物理气相沉积法(physical vapor deposition,PVD)[10]、逐层自组装技术(layer-by-layer self-assembled process,LBLAP)[11]、直接组装工艺(direct assembly process,DSP)[12]等。其中电镀和 PVD 方法由于不能形成界面渗入电极,通常只用作后期增厚表面电极的辅助工艺。而 LBLAP 和 DSP 方法实现了对界面渗入颗粒体积分数的控制,有利于实现批量化生产,但鉴于对设备的要求以及便捷性的考量,目前并没有得到推广。

由于化学方法不需要复杂的仪器设备,不仅制作效果好,而且自成一套独立的制备工艺，是 IPMC 研究较为理想的制备方法。目前，使用浸泡还原镀法和自催化还原方法的组合形式是大部分研究团队采用的主流方法。采用该方法制备 IPMC 可以细分为基体膜预处理、浸泡还原镀、自催化还原镀和材料后处理四个过程[13]。下面将以 Pd 电极型 IPMC 为例，对其制备工艺展开介绍。

2.2　实验原材料和设备

2.2.1　IPMC 制备原材料和设备

制备过程中所需要的原材料主要有基体材料、金属盐、还原剂，以及各种添加剂和辅助试剂，详见表 2.1。设备包括称量仪器、清洗仪器、温控和搅拌仪器以及去离子水制备仪器，详见表 2.2。

表 2.1　Pd-Nafion 型 IPMC 制备工艺原材料

名称	试剂或材料	用途
基体膜	Nafion-117	IPMC 基体材料
主盐	$[Pd(NH_3)_4]Cl_2$	提供钯阳离子，最后被还原成钯金属电极
还原剂	$NaBH_4$	浸泡还原镀阶段的还原剂
	$N_2H_4 \cdot H_2O$(水合肼)	自催化还原镀阶段的还原剂
络合剂	NH_3H_2O	控制钯离子还原速度
稳定剂	Na_2EDTA	提高镀液稳定性
扩散剂	PVP	使得表面电极颗粒在自催化还原镀过程中均匀分布
辅助试剂	HCl、NH_3H_2O、NaOH	用于清洗基体、稳定试剂和离子置换

表 2.2　Pd-Nafion 型 IPMC 制备工艺仪器设备

仪器设备名称	用途
电子天平	用于制备过程中的精确称量
数控超声波清洗器	用于材料的清洗及主镀过程
水浴锅	用于制备过程中的温度控制
磁力搅拌器	使镀液组分均匀，帮助快速排出反应气体
反渗透去离子纯水机	提供去离子水

2.2.2　原材料的化学性质

本小节将详细介绍制备原材料中几种重要材料的化学性质，以及使用过程中的注意事项。

1. 基体膜

适合 IPMC 使用的基体膜材料应具有离子交换特性和机械强度。不同的离子交换膜在含水量、弹性模量、离子交换能力、离子传导率等参数指标上存在较大的差异，这些差异也导致其变形性能的不同。

一般来说，离子交换膜微观结构由高分子主链和带有离子基团的侧链组成，高分子主链主要决定材料的力学性能，而带有离子基团的侧链则决定电学特性，现有的离子交换膜中，Nafion 膜和 Flemion 膜是最早用于 IPMC 的膜材料。由于后者较难获得，加之直流电压下阳极变形存在飘升现象，所以研究较少。近年来，研究者也在不断尝试寻找其他性能更好的新型离子膜以取代现有材料，但到目前为止，Nafion 膜由于具有质子电导率高和化学稳定性好等优点，仍为 IPMC 领域研究最为广泛的基体膜材料。它是一种全氟化磺酸型阳离子交换膜，其分子结构如图 2.1 所示，侧链末端的磺酸基通过离子键与阳离子结合，磺酸基是一种超强酸，因此，末端离子在有水存在的条件下可以离解成可移动离子。Nafion 117 是该系列产品中制备 IPMC 时最常用的基体膜，表 2.3 给出了 Nafion 117 膜的性能参数。

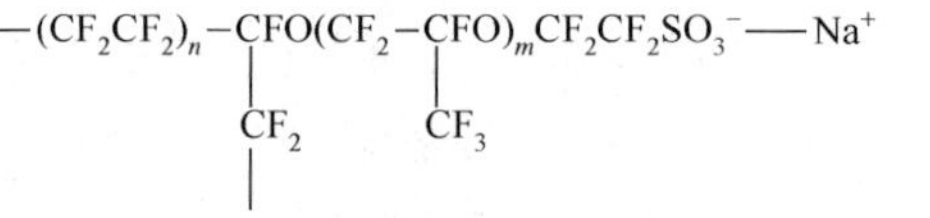

$$—(CF_2CF_2)_n-\underset{\underset{|}{CF_2}}{\underset{|}{C}}FO(CF_2-\underset{CF_3}{\underset{|}{C}}FO)_mCF_2CF_2SO_3^-—Na^+$$

图 2.1 Nafion 膜分子结构(反离子为 Na^+)[14]

表 2.3 Nafion 117 膜性能参数(RH50%，23℃)

参数	厚度/μm	EW 值/[g/mol(SO^{3-})]	电导率/(S/cm)	吸水率/%	拉伸模量/MPa
数值	183	1100	0.083	38%	249

2. 主盐

主盐被还原后用于提供电极材料的金属原子目前采用化学方法制备 IPMC 主要采用的是金属电极，其中金、铂、钯被证明是综合性能最好的 IPMC 电极材料。

以钯电极为例，制备过程中通常选择 $Pd(NH_3)_4Cl_2$ 作为还原主盐。$Pd(NH_3)_4Cl_2$ 为黄橙色晶体，可溶于水，也可溶于氨水。它在合适的条件下会分解为 $Pd(NH_3)_2Cl_2$ 和 NH_3，而 $Pd(NH_3)_2Cl_2$ 属于微溶物，在水溶液中会析出成黄色沉淀。当使用 $Pd(NH_3)_4Cl_2$ 的水溶液来浸泡基体膜时，随着时间的延长，溶液会逐渐从无色透明转变为淡黄色，并产生轻微浑浊。最终制备出的 IPMC 表面有大量悬浮状不稳定电极颗粒。添加氨水可以改善这个情况，但如果氨水过量，又会使离子交换时钯阳离子不能充分地被交换。通常采用 1.2mol/L 左右浓度的氨水来制备四氨钯盐溶液比较合适[15]。从 IPMC 截面光学显微图片(图 2.2)可见,$Pd(NH_3)_4Cl_2$的氨水溶液有利于钯阳离子向基体膜中的渗入,从而有利于钯电极与基体的结合。

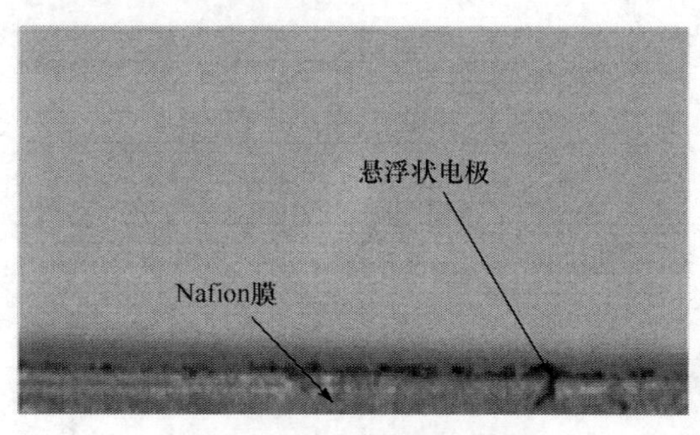

(a) $Pd(NH_3)_4Cl_2$水溶液浸泡制备

(b) $Pd(NH_3)_4Cl_2$氨水溶液浸泡制备

图 2.2　IPMC 截面光学显微图片

3. 还原剂 $NaBH_4$

$NaBH_4$是一种强还原剂,是浸泡还原镀阶段的主还原剂。它在固态时为白色结晶粉末,带有轻微刺激性气味,且具有吸湿特性,需要避光密封保存。前人的研究表明,$NaBH_4$的水溶液在没有催化剂的条件下也会迅速发生自发水解反应。水解机制有如下两种:

$$NaBH_4 + 2H_2O \longrightarrow NaBO_2 + 4H_2 \uparrow \tag{2-1}$$

$$NaBH_4 + H_2O \longrightarrow BH_3 + NaOH + H_2 \uparrow \tag{2-2}$$

Kreevoy 和 Jacbosno 等的研究成果表明,其水解速度与环境温度以及溶液 pH 之间有如下关系:

$$\lg t_{1/2} = pH - (0.034T - 1.92) \tag{2-3}$$

式中,$t_{1/2}$是 $NaBH_4$的半衰期(min),即其在水溶液中分解完 1/2 所耗费的时间;T为环境的热力学温度(K);pH 为溶液的酸碱度[16]。上海交通大学贾超等由该式计算了不同 pH 和不同温度下 $NaBH_4$水溶液的半衰期,见表 2.4。

表 2.4 pH 和温度对 $NaBH_4$ 半衰期的影响[17]

温度/℃	pN	半衰期/min
0	8	4.32×10^{0}
	10	4.32×10^{2}
	12	4.32×10^{4}
	14	4.32×10^{6}
25	8	6.19×10^{-1}
	10	6.19×10^{1}
	12	6.19×10^{3}
	14	6.19×10^{5}
50	8	8.64×10^{-2}
	10	8.64×10^{0}
	12	8.64×10^{2}
	14	8.64×10^{4}
75	8	1.22×10^{-2}
	10	1.22×10^{0}
	12	1.22×10^{2}
	14	1.22×10^{4}
100	8	1.73×10^{-3}
	10	1.73×10^{-1}
	12	1.73×10^{1}
	14	1.73×10^{3}

由表可见，在中性水溶液中，即使常温下，$NaBH_4$ 在 0.5min 左右就由于自水解消耗掉一半。这对 ZPMC 制备工艺中还原剂浓度的控制是很不利的。而碱性溶液有利于 $NaBH_4$ 的保存。通常制备 IPMC 时配置 $NaBH_4$ 溶液应添加适量氨水，使得添加后溶液的 pH>13。

4. 还原剂 $N_2H_4 \cdot H_2O$

水合肼($N_2H_4 \cdot H_2O$)又称为水合联氨，也是一种强还原剂，纯品为无色透明的油状液体，有淡氨味，具有强碱性和吸湿性，能与水混溶。在高温下可以分解成 N_2、NH_3 和 H_2；在空气中可吸收 CO_2，产生烟雾。

水合肼是自催化还原镀过程中使用的主还原剂。它可以在钯金属的催化下将 $[Pd(NH_3)_4]^{2+}$ 还原成 Pd，使钯金属外表面再覆盖一层钯颗粒。由于使用量较小，每次配置完后应该低温避光保存，以备下次使用。

2.3　基体膜预处理工艺

预处理是对基体膜进行糙化、清洗表面，去除杂质离子以使其充分溶胀的过程。具体流程如图 2.3 所示。

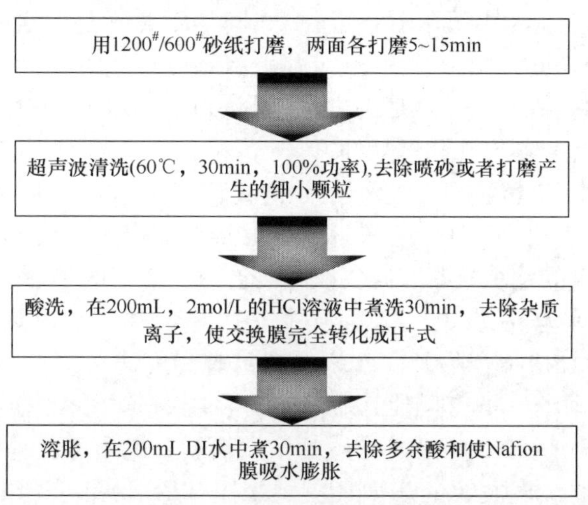

图 2.3　基体膜预处理流程图

1. 基体膜糙化

基体膜糙化的目的是为了使基体膜表面变粗糙，以增加电极和基体的接触面积，同时便于还原反应中气体的排出。砂纸打磨前后 Nafion 膜表面如图 2.4 所示。糙化的方法主要有砂纸手工打磨、喷砂处理、化学刻蚀、等离子体处理四种，各个方法特点如下。

(a) 糙化前

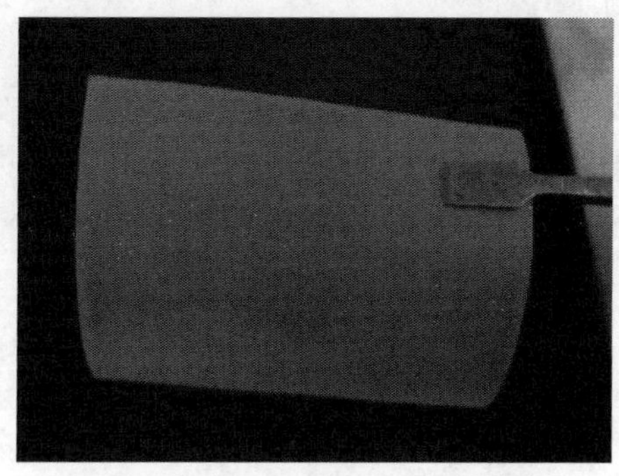

(b) 糙化后

图 2.4　Nafion 117 离子交换膜糙化前面表面状态

(1) 砂纸手工打磨：通常使用 600# 或 1200# 砂纸，手工打磨基体膜表面，打磨过程中在灯光下观察打磨粗糙均匀度，观察表面变粗糙且没有明显亮点，即认为打磨达到均匀效果。砂纸打磨属于去除材料加工方法，在砂纸反复磨削过程中，手指压迫砂砾沿着不同方向移动，部分材料被刮擦脱离基体膜表面，形成纵横交错的沟壑，同时还有大量黏附在表面的残余材料，砂纸打磨后 Nafion 117 膜的微观形貌如图 2.5(a)所示。从图中可以看出，沟壑之间的距离不是恒定的，其深浅也不一致，这主要是由于打磨方向和力度无法精确控制。

对于小面积制备，砂纸打磨最为方便、经济，且制备的 IPMC 性能较好。其缺点是难以保证打磨的均匀性和重复性。

(2) 化学刻蚀：化学处理一般采用萘-钠处理液对 Nafion 膜表面处理 5min 左右，通过提高表面活化程度来改善其黏结性并形成一定的粗糙度。萘-钠处理液通常是由等物质的量的钠和精萘在四氢呋喃、乙二醇、二甲醚等活性醚中溶解或络合而成。其腐蚀原理为：在以上试剂混合过程中，萘阴离子自由基与 Na^+ 形成离子对，形成深绿色的加成络合物。这些络合物具有高度的反应活性，在与 Nafion 膜接触时，钠能破坏 C—F 键，使表面脱氟形成一个粗糙疏松的处理层[18]。图 2.5(b)给出了处理后 Nafion 117 膜的微观形貌。由图可以看出，化学糙化方式可以获得均匀的类似微裂纹的表面形貌。采用 TESCAN 公司的 EDX 分析工具对 Nafion 膜进行形貌观察及表面元素分析，比较薄膜处理前后基体膜表面 C、F 元素百分含量的变化，发现基体膜处理前后 C 元素的百分含量从 23.69%升高到 35.23%，而 F 元素的百分含量从 43.03%降低到 23.21%。可见，钠-萘处理液对 Nafion 膜表面的 C—C 键和 C—F 键都发生了作用，但其主要作用是破坏膜表面的 C—F 键，将 F 原子从膜表面剥离下来，导致膜表面 F 元素的相对百分含量下降，而 C 元素的相对百分含量升高。同时，表面也可能引入—OH、—CO、—COOH等极性基团，对 Nafion 膜表面进行间接改性。该方法破坏了表层分子结构，对后续形成界面渗入电极不利，目前很少使用。

(3) 等离子体处理：等离子处理是干法刻蚀中最常见的一种形式，其原理是暴露在电子区域的气体产生电离气体和释放高能电子组成的气体，从而形成了等离子或离子。电离气体原子通过电场加速时，会释放足够的力量与表面紧紧黏合，将基体膜表面的高分子链打断，并释放臭氧以提高高分子材料表面的活性[19]。该方法属于纳米级糙化，需要专用的设备，处理后利用肉眼观测，材料表面并无明显变化。采用 Oxford System100 ICP-180，氧气作为刻蚀气体，刻蚀压强设置为 50mTorr($1Torr=1.33322\times10^2Pa$)，刻蚀时间为 9min，刻蚀后基体膜的表面形貌如图 2.5(c)所示。由图可以看出，等离子体刻蚀后基体膜表面布满针状颗粒且颗粒分布相对均匀，获得了比较均匀的粗糙度。这种糙化方式实验参数一经确定，即可重复进行，每次获得的表面形貌基本一致，但等离子体刻蚀后的 Nafion 膜表面发生了化学反应,改变了 Nafion 的结构并且生成新物质,进而可能影响制备的 IPMC 性能,使其致动效果并不理想[20]。

(4) 喷砂处理:喷砂处理方法是目前应用较为广泛的表面处理方法。喷砂设备主要由空气压缩机和喷砂机组成,空气压缩机提供高压强的压缩空气,将喷料(玻璃砂、铜矿砂、石英砂、金刚砂、铁砂、海南砂等)高速喷射到需要处理的工件表面,使工件外表面的外表或形状发生变化,由于磨料对工件表面的冲击和切削作用,使工件的表面获得一定的粗糙度。对 Nafion 117 基体膜进行表面喷砂(玻璃珠)糙化,喷射压力为 0.5MPa,糙化后表面如图 2.5(d)所示。由图可见,由于喷料的强力作用,基体膜表面局部开裂,产生少量的凹坑和凸起,其余部位则伴有大量微裂纹出现。喷砂糙化方法效率高,可以较好地保证表面的均匀性,在批量制备 IPMC 时具有显著优势。但由于喷砂处理时,钢砂在压力作用下喷在离子膜上,会有少数嵌在膜内。这部分砂粒很难清理,后处理需要的时间相对比较长。另外,当喷砂压力设置不当时,可能会造成表面深裂纹。残余的砂粒和深裂纹可能会影响最终制得的 IPMC 性能,致使致动性能比较差。因此,在使用喷砂糙化方法时应谨慎选择砂粒材料、尺度、喷砂压力等参数。

(a) 砂纸处理　(b) 化学刻蚀

(c) 等离子刻蚀　(d) 喷砂处理

图 2.5　不同糙化方式获得的表面形貌

2. *超声波清洗*

将糙化之后的 Nafion 117 膜进行超声波清洗,其目的是清除糙化过程中残留的杂质颗粒。

3. 高浓度盐酸煮洗

用 200mL、约 2mol/L 接近沸腾的盐酸将表面清洗后的 Nafion 117 膜煮洗约 30min。其作用是,清除膜内的杂质离子和其他杂质(如 Fe 等),同时也纯化Nafion 膜内的反离子,将其转化为单一的 H^+ 式,从而有利于浸泡还原镀中离子交换的进行。

4. 去离子水煮洗

Nafion 膜的含水量随着浸泡水温度增加而增加,而其最大溶胀度由其所承受的最高温度决定[21]。因此,用去离子水煮洗 Nafion 膜可以使其充分溶胀,增加 IPMC 的储水能力。同时,由于上一步骤中盐酸的浓度较高,由 Donnan 平衡理论可知,高浓度盐酸煮洗时,非交换吸入不可忽略,必然会给 Nafion 膜内带入大量 Cl^- 和多余的 H^+。这部分离子会给后续的工艺过程带来不利影响,因此需要通过去离子水煮洗去除。

2.4 浸泡还原镀工艺

浸泡还原镀主要包括两个过程,离子交换过程和离子还原过程。即通过离子交换,首先使 Nafion 膜内阳离子置换成铵络合金属阳离子,再放入强还原剂 $NaBH_4$溶液中,通过还原剂和金属盐阳离子的相向运动,在基体膜两个近表面区域各形成一层渗入电极。为接下来的自催化还原镀做好准备。

2.4.1 浸泡还原镀工艺过程

钯金属型 IPMC 浸泡还原镀具体工艺流程如图 2.6 所示。以下将以制备 60mm×60mm 大小的 IPMC 样片为例,对其施镀方法详细介绍。工艺参数可随具体要求加以调整,下述给出参数仅供参考。

1. 离子交换过程

以镀钯量为单面 $2mg/cm^2$ 为例,可使用 0.34g $Pd(NH_3)_4Cl_2$ 溶于 230mL 去离子水中,并加入 18mL 氨水(25%)。将预处理的 Nafion 膜浸入盐溶液,设定磁力搅拌器转速 100r/min 进行离子交换,室温下浸泡。离子交换原理及实验平台如图 2.7所示。

如图 2.7(a)所示,离子交换是将 Nafion 膜浸泡在 $Pd(NH_3)_4Cl_2$ 盐溶液中,离子交换膜侧链中的 H^+ 将被交换成 $[Pd(NH_3)_4]^{2+}$,该过程可以表示为[22]

$$2HR+Pd(NH_3)_4Cl_2 \rightleftharpoons [Pd(NH_3)_4]R_2+2HCl \tag{2-4}$$

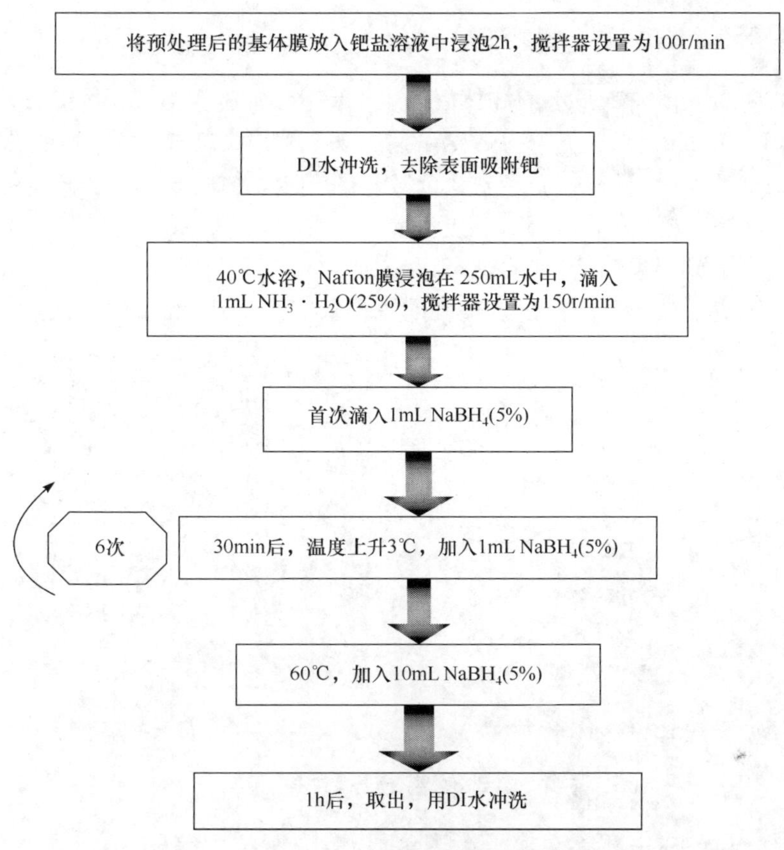

图 2.6　浸泡还原镀操作流程图

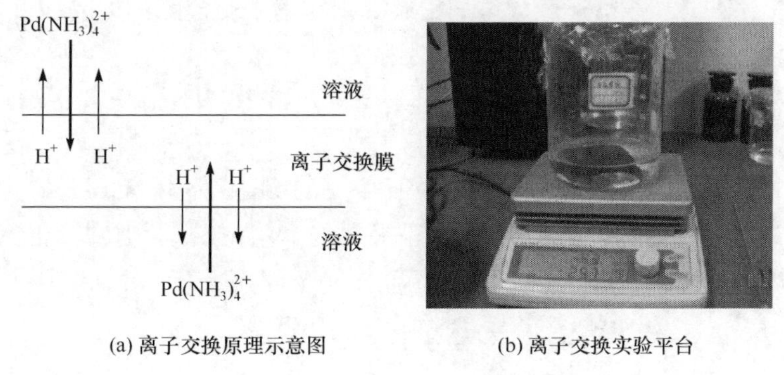

(a) 离子交换原理示意图　　(b) 离子交换实验平台

图 2.7　离子交换原理及实验平台

式中，R 表示 Nafion 膜的固定链结构。这个过程中，离子交换膜中一价的反离子被二价的反离子取代，树脂的溶胀度将减小，离子交换膜的体积大大减小[22]。

2. 离子还原过程

将盛有 250mL 去离子水的烧杯放入水浴锅中，加热至 40℃，调整磁力搅拌器转速约为 150r/min。将经过离子交换的 Nafion 膜用去离子水冲洗后，放入烧杯中，滴加 1mL $NH_3 \cdot H_2O$[25%（质量分数）]的氨水，并滴入 1mL、5%（质量分数）的 $NaBH_4$溶液。之后每隔 0.5h，温度升高 3℃左右，滴加 1mL、5%（质量分数）的 $NaBH_4$溶液，直到温度升至 60℃。最后添加 10mL、5%（质量分数）的 $NaBH_4$溶液，以确保钯离子被充分还原。该过程的原理及实验平台如图 2.8 所示。

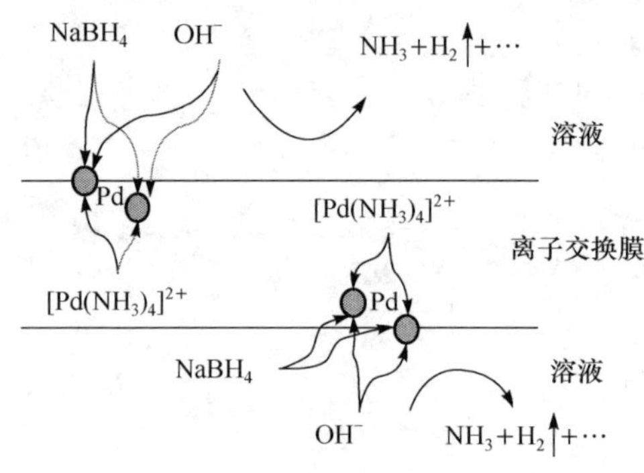

(a) 离子还原示意图

(b) 离子还原实验平台

图 2.8　离子交换过程

在这个过程中，由离子交换平衡理论可知，由于浓度差驱动，$[Pd(NH_3)_4]^{2+}$将从膜内向溶液中运动，$NaBH_4$和 OH^-从溶液中向离子膜内扩散，两种粒子相遇的时候，$[Pd(NH_3)_4]^{2+}$被还原成金属 Pd，沉积在离子交换膜的近表面。这个过程中发生的主化学反应为[23]

$$NaBH_4 + 4[Pd(NH_3)_4]^{2+} + 8OH^- \longrightarrow 4Pd + 16NH_3 + NaBO_2 + 6H_2O \tag{2-5}$$

Shahinpoor 等认为，假设式(2-5)中所需要的 OH^-都由 $NaBH_4$的水解提供，认为还原 4 个需要 9 个 $NaBH_4$分子[24]。根据这个结论，并考虑到其他水解损耗，确定 5%$NaBH_4$用量为

$$V(NaBH_4) = \frac{n([Pd(NH_3)_4]^{2+})}{4} \times 9 \times \frac{38}{5\%} \times (2 \sim 3)(\text{损耗系数}) \tag{2-6}$$

式中，$n([Pd(NH_3)_4]^{2+})$为每次浸泡交换入膜内的$[Pd(NH_3)_4]^{2+}$的物质的量，假定每次浸泡交换量相同而估算得出。

关于浸泡还原镀时间，特别是离子交换时间，不同的文献给出的参考值从 1h 到 24h 以上变化，相差很大，事实上 Nafion 膜在室温条件下在水中浸泡 0.5h 可以接近饱和溶胀；在 100r/min 的搅拌速度下，90%以上的离子交换在前 0.5h 内已进行完毕，浸泡 1h 后，膜的尺寸几乎不再发生宏观可测变化，表明离子交换已经基本接近平衡，2h 时已完全稳定，离子还原过程也有类似规律，如图 2.9 所示[15]。因此，为了提高 IPMC 制备效率，同时减少不必要的还原剂自损耗量，离子交换和还原时间通常设定为 2h 左右即可。

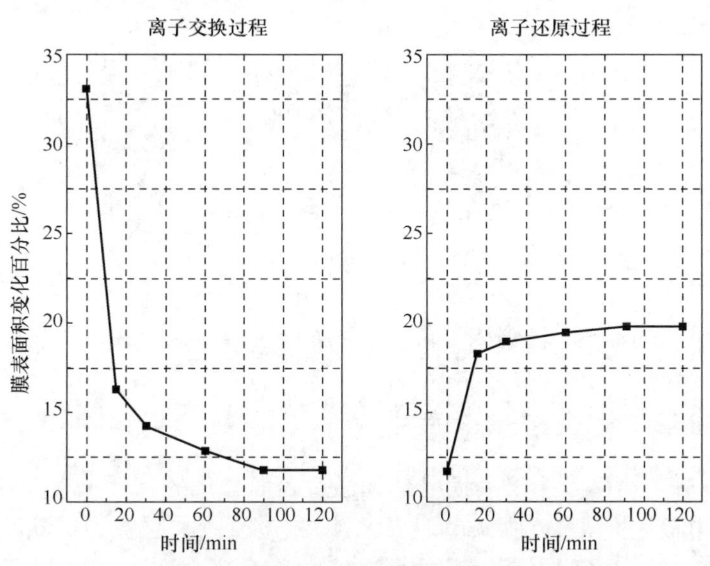

图 2.9　浸泡还原镀过程中膜的尺寸随时间的变化

通常为了增加渗入电极，浸泡还原镀过程要重复进行 2～4 次。为了节约原材料，可将一次配置的钯盐溶液进行多次浸泡。由离子交换平衡理论可知，钯阳离子不可能在一次浸泡中全部被交换到基体膜内。若将经过一次浸泡还原镀之后的材料继续放入残余的钯盐溶液中浸泡，在式(2-4)所示的交换体系中，反离子将变成 H^+、Na^+ 和 $[Pd(NH_3)_4]^{2+}$ 三种，由离子交换动力学理论可知，离子交换膜对高价离子的亲和性随着外部溶液的稀释将迅速增加[22]。因此，随着钯盐浓度的降低，在一价和二价反离子共存的交换体系中，Nafion 膜对二价离子即 $[Pd(NH_3)_4]^{2+}$ 的亲和性和交换选择性将大大增加，这就从理论上解释了钯盐溶液重复利用的可行性。在实验中，用 $NaBH_4$ 溶液检验每次浸泡后钯盐溶液的剩余情况，随着黑色沉淀颜色变浅，表明钯盐浓度随着浸泡次数增加而逐渐较低，大约三次后，溶液中的钯阳离子几乎消耗完全，如图 2.10 所示。

该方法使得钯盐能充分利用从而降低成本，同时也保证了浸泡还原镀过程中镀钯量计算的可控性。此外，由图中表示的工艺过程中的膜面积变化比例(实时测量的膜面积相对糙化前初始状态膜面积的变化比)来看，该方法可以适度缓解整个浸泡还原镀过程中由膜的收缩和溶胀造成的电极内应力。

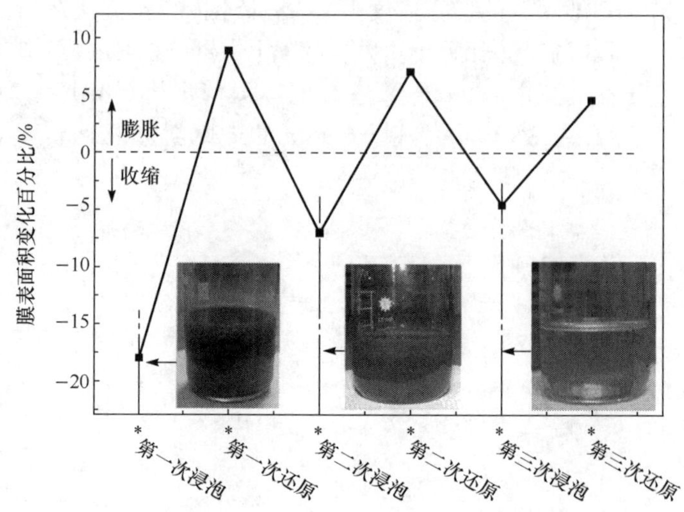

图 2.10　用 $NaBH_4$ 溶液检验重复利用钯盐溶液时三次浸泡还原镀中钯盐溶液消耗情况

2.4.2　浸泡还原镀形成的电极表面特征

图 2.11 分别给出了未经表面糙化和经过表面糙化的 Nafion 膜经过浸泡还原镀后形成的电极表面 SEM 图。由图可见，浸泡还原镀中晶粒为球状生长，粒径为 50～100nm。未打磨经过浸泡还原镀的样片表面较为致密，有明显的裂纹（5～50μm），高倍电镜下可看出有大量的孔洞；打磨后经过浸泡还原镀的样片表面呈鳞片起伏，带片状末梢，有 10～30μm 的打磨痕迹，看不出明显孔洞；此外，糙化对颗粒粒径有一定的影响，基体膜糙化后浸泡还原镀形成的颗粒粒径稍大。

(a) 未经表面糙化样片　　(b) 经过表面糙化样片

图 2.11　浸泡还原镀形成的电极表面 SEM 图

因此可以认为：打磨一方面缓解了制备过程中溶胀造成的表面裂纹，且有利于还原镀过程中 H_2 的排出；另一方面也使表面粗糙度增加，有可能会增加材料的表面电阻。

除了基体膜糙化，浸泡还原镀的主盐浓度、还原剂浓度、还原温度等工艺参数也会造成 IPMC 表面形貌的差异。此外，由于钯具有极高的透氢性，常温下一个体积的钯可以吸收 350～850 个体积的氢气，且吸氢能力随着温度升高而降低[25]。这个独特的性质会使得化学方法制备钯电极过程中存在很多困难，例如，吸入钯膜的氢气会使钯膜变脆，而氢气释放的过程又会使材料表面产生很多气孔，从而使表面电阻增加。因此，对于钯电极型 IPMC 来说，应该降低浸泡还原镀中离子还原的时间，同时在保证还原反应充分进行的前提下，应减少还原剂的添加量(即减少氢气产生)。另外，在离子还原过程中使用超声搅拌，促进氢气的排出，可以使浸泡还原镀形成的表面更加平整，减少表面孔洞的产生。

2.4.3　浸泡还原镀形成的电极界面特征

图 2.12 给出了浸泡还原镀形成的电极界面形貌特征 SEM 图。图 2.12(a)～(c)为在同样糙化程度下不同施镀次数的样片截面，图 2.12(d)为同样施镀工艺下基体膜未经糙化的样片截面。由图可以看出，通过浸泡还原镀可以形成厚度为

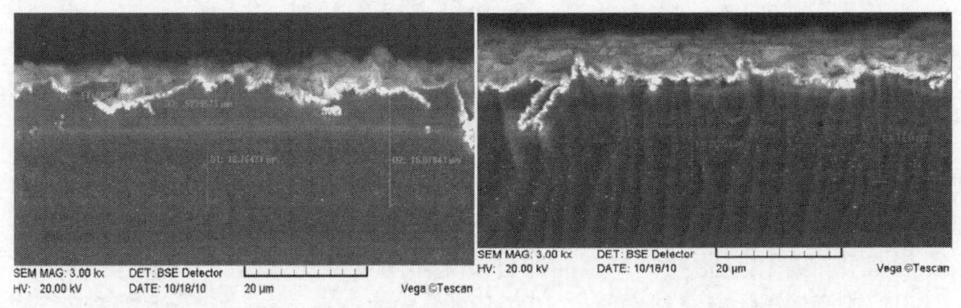

(a) 糙化后一次浸泡还原镀样片　(b) 糙化后两次浸泡还原镀样片

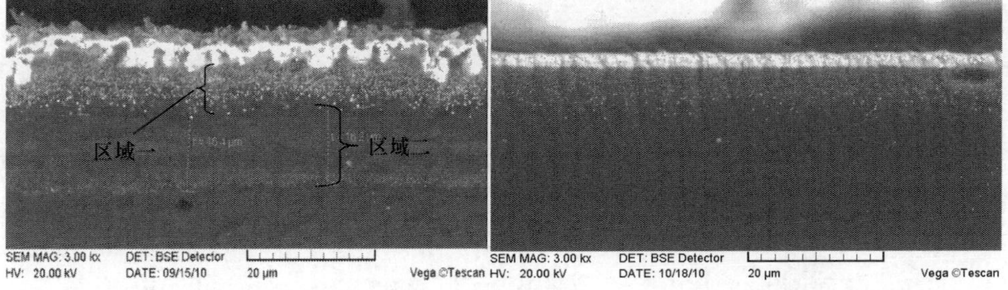

(c) 糙化后三次浸泡还原镀样片　(d) 未糙化三次浸泡还原镀样片

图 2.12　不同浸泡还原镀次数形成的电极界面形貌特征 SEM 图

10μm 左右的基体膜膜内渗入电极和 1μm 左右的膜外电极。糙化后，进行 1～3 次浸泡还原镀时，表层电极厚度依次为 0.57μm、0.69μm、0.93μm，电极的渗入深度依次为 16.1μm、16.6μm、16.7μm。可见，在不改变浸泡还原镀工艺参数的情况下，第一次还原镀基本决定了电极的渗入深度，后续的还原镀对电极渗入深度的影响很小，却使表层电极的厚度和内层电极的密实度显著增加，浸泡还原镀次数增加到 2 和 3 的时候，表层电极厚度相对于一次还原镀分别增加了 19.3%和 63.2%。

另外，从糙化后经过三次还原镀的样片截面[图 2.12(c)]可以清晰地看出，膜内电极形成了两个区域，在近膜表面 5～10μm 厚度的区域一，电极密实度要明显高于渗入更深的区域两部分的电极颗粒。造成这种现象的原因是：随着表层电极厚度的增加，还原剂向膜内的渗入变得越来越困难，从而使还原出的钯金属越来越靠近膜表面。而基体膜未经糙化经过多次还原镀后，也会在膜内表面形成两个不同特征的电极区域。然而，未打磨样片的区域一的厚度不到 1μm，比起经过打磨制备的 IPMC 样片要小得多。这是因为未经打磨的样片表面致密，使得后续的还原镀工艺中，还原剂的渗入更加困难。

2.5 自催化还原镀工艺

经过浸泡还原镀后，表层电极还达不到理想厚度，而此时由于 Nafion 膜表面已经沉积了一层较薄的钯金属层，不利于离子交换的继续进行，因此，继续进行浸泡还原镀将降低制备效率，且难以取得预期的效果。为了改善电极表面特性，增厚电极层，降低材料表面电阻，通常在浸泡还原镀基础上需要再进行自催化还原镀。

自催化还原镀是指在材料表面的自催化作用下沉积金属的方法。方法是将主盐、还原剂、络合剂、稳定剂按照一定的比例配置成镀液，将经过浸泡还原镀后的离子膜浸泡在该镀液中，在升温条件下分次添加低浓度还原剂水合肼使 Pd 离子在预镀膜上被还原并沉积。采用这个方法时，还原剂和金属盐同时处于溶液中，因此络合剂、稳定剂的使用尤为重要。

2.5.1 自催化还原镀工艺过程

自催化还原镀使用的还原剂为 N_2H_4，以单面施镀量 1.2mg Pd/cm^2 为例，自催化还原镀的工艺参数参考量为：钯盐的摩尔浓度为 0.0025mol/L，需要用 200mg 的 $Pd(NH_3)_4Cl_2$ 盐溶于 320mL DI 水中，并加入 43mL 氨水(25%)，2.56g Na_2EDTA，1.5g PVP。还原剂浓度为 2%，分为七次添加，每次添加 0.2mL。

具体工艺流程如图 2.13 所示，该步骤根据需要通常重复进行 2 或 3 次。

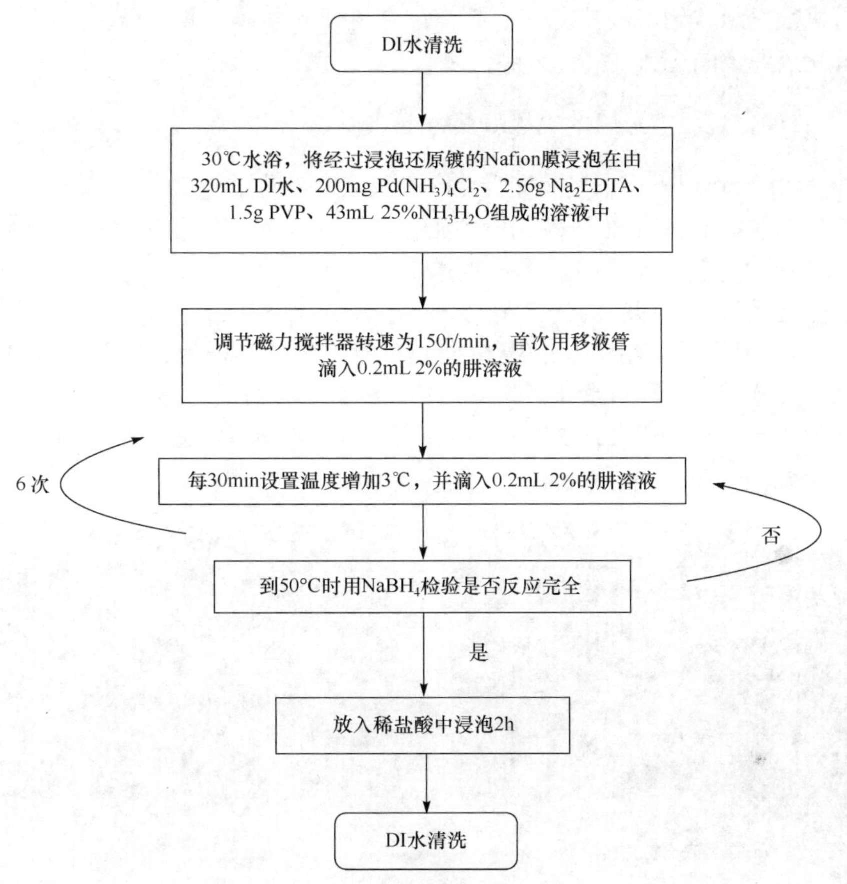

图 2.13　自催化还原镀工艺流程图

在这个过程中，发生的化学反应主要为[26]

$$N_2H_4+2[Pd(NH_3)_4]^{2+}+4OH^- \longrightarrow 2Pd+8NH_3+N_2+4H_2O \quad (2\text{-}7)$$

还原剂的理论用量按此化学式计算而得，实际用量为理论用量乘以损耗系数。自催化还原镀过程中，如果还原剂添加量过大，会造成溶液不稳定，形成灰色沉淀，添加量稍小，会使溶液反应不完全，因此损耗系数需要较为严格的控制，通常为 3 左右[13]。前人的研究表明，常温和较低的初始肼添加速度有利于无缺陷超薄钯膜的形成[26]；同时，自催化还原镀过程中还原剂肼分多次添加，有利于维持工艺过程中还原剂浓度的稳定，可改进膜的质量[27]。因此，施镀应从低温开始，随着温度递增，将还原剂分多次加入镀液中。

此外，由于自催化还原镀过程中必然伴随着$[Pd(NH_3)_4]^{2+}$被交换入离子交换膜内，而膜表面的金属层阻碍了膜的面积收缩，因此会给 IPMC 样片带来很大的内应力，致使材料变硬。在自催化还原镀结束后，应将膜放入稀盐酸中浸泡 2h，该步骤可以很好地软化镀层，缓解内应力，且将离子交换膜交换成 H^+，有利于下一次自催化还原镀的进行。

2.5.2 自催化还原镀形成的电极表面特征

图 2.14 分别给出了未经表面糙化和经过表面糙化的 Nafion 膜在经过自催化还原镀后形成的电极表面 SEM 图。由图可见，未经表面糙化和经过表面糙化的 Nafion 膜经过自催化还原镀后形成的电极颗粒有很大的差异。糙化基体膜对自催化还原镀后的表面形貌仍然有很大影响，未糙化制备的样片自催化还原镀后表面较为平整，但是表面存在脆性裂纹；而经过打磨糙化的样片，自催化还原镀后表面的糙化痕迹变浅，此外，糙化后的样片晶粒稍大于未打磨样片。

将图 2.14(b)与图 2.11(b)比较可知，自催化还原镀形成的晶粒粒径为 0.1μm 至几微米，它比浸泡还原镀形成的晶粒粒径要大得多。

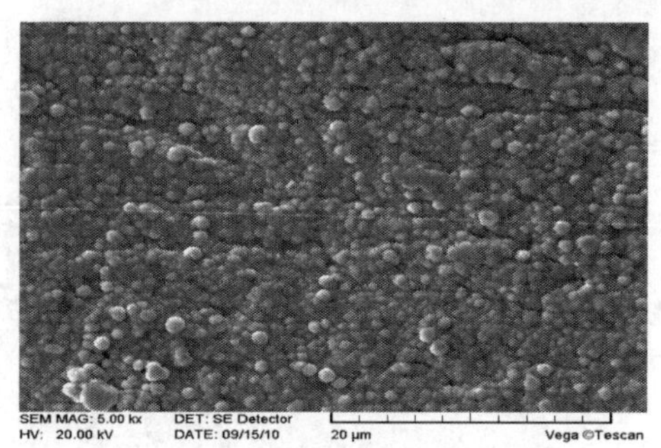

(a) 未经表面糙化样片

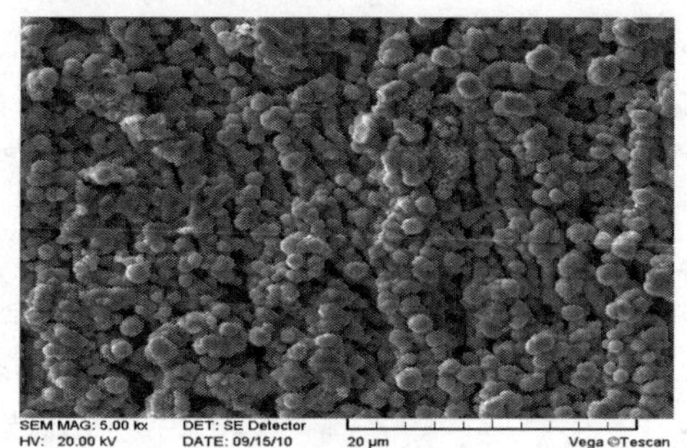

(b) 经过表面糙化样片

图 2.14 自催化还原镀形成的电极表面 SEM 图

类似于浸泡还原镀工艺，除了基体膜糙化，自催化还原镀采用的主盐浓度、还原剂浓度、还原温度、添加剂浓度等工艺参数也会造成表面电极形貌的差异。

2.5.3 自催化还原镀形成的电极界面特征

图 2.15 给出了自催化还原镀形成的电极界面形貌特征的 SEM 图。图 2.15(a)～(c)为在同样糙化程度下不同施镀次数的样片截面，图 2.15(d)为同样施镀工艺，基体膜未经糙化的样片截面。由图可见，自催化还原镀在样片表面形成了一层大颗粒的粗糙电极。随着自催化还原镀次数的增加，表层电极厚度大致呈线性增加，而电极渗入深度几乎没有变化。由前述分析可知，在自催化还原镀过程中，还原剂和金属盐同时处于溶液中，因此，在表面还原反应的同时必然也伴随着还原剂和主盐分子同时向膜内的渗入。然而，由于样片表面已预先形成了一层电极，且该步骤使用的主盐浓度要远远低于浸泡还原镀，使得自催化还原镀对渗入电极的影响较小。

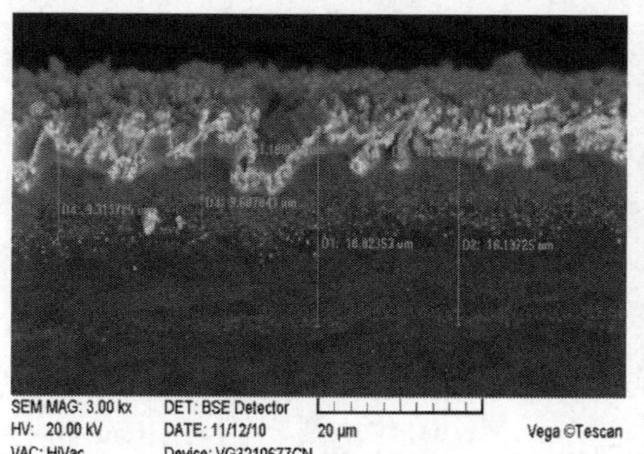

(a) 糙化后一次自催化还原镀样片

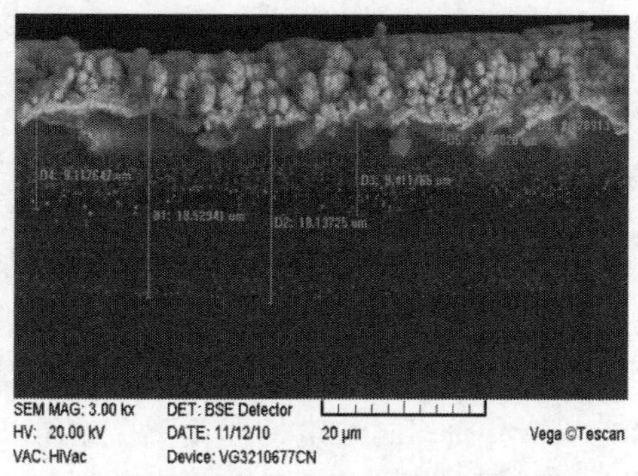

(b) 糙化后两次自催化还原镀样片

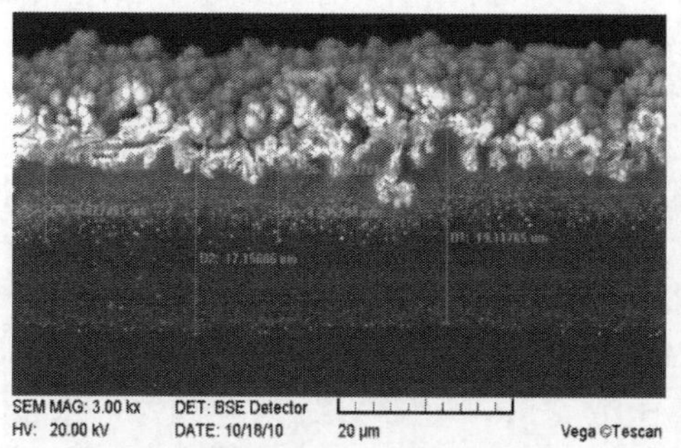

(c) 糙化后三次自催化还原镀样片

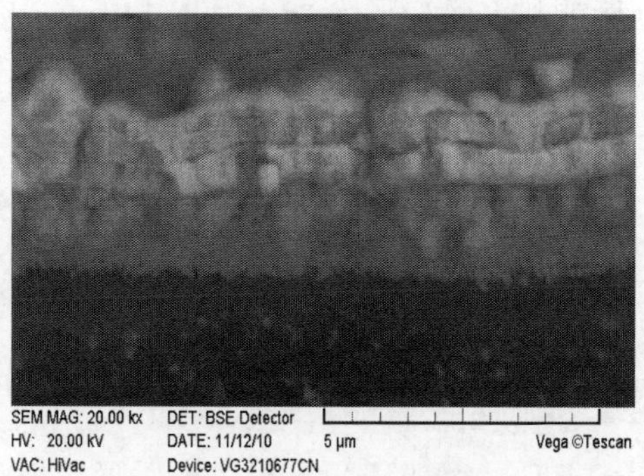

(d) 未糙化三次自催化还原镀样片

图 2.15　不同自催化还原镀次数形成的电极界面形貌特征 SEM 图

由图 2.15(d)可见，基体膜未经糙化三次自催化还原镀后电极明显地分为三层。由于层与层之间没有很好地结合，在某些区域会造成表面电极的脱离和电极的局部折断现象，如图 2.16 所示。

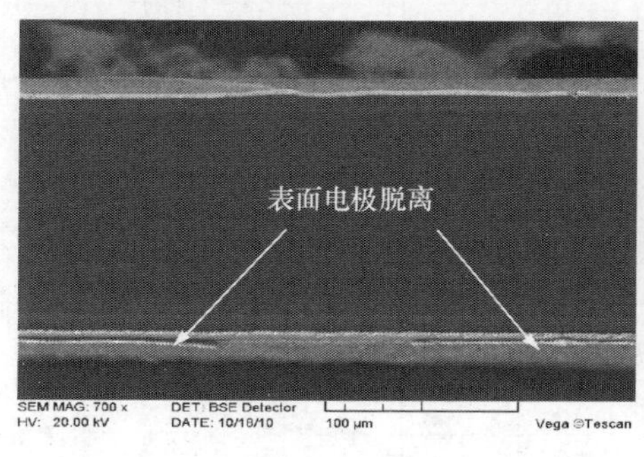

(a) 表面电极脱离图

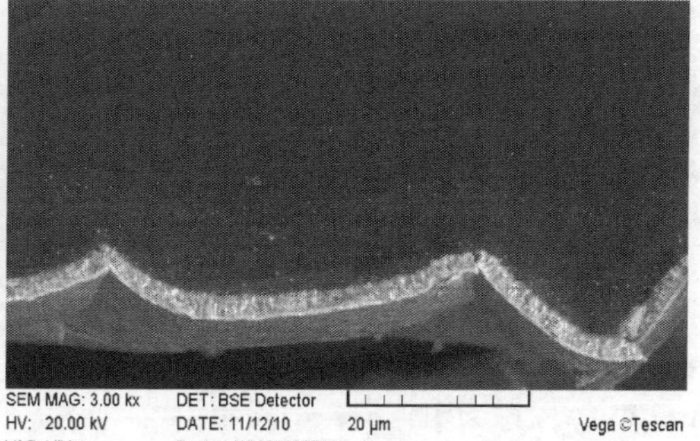

(b) 局部电极折断图

图 2.16　表面电极脱离和局部电极折断现象 SEM 图

2.6 材料后处理

材料后处理是指对 IPMC 进行驱动离子交换和切割处理。

驱动离子交换是为了将 IPMC 基体膜中的反离子交换成具有较好致动作用的阳离子。不同驱动离子类型对材料的性能影响已经有了明确的结论，对碱金属一族来说，同一浓度下不同驱动离子浸泡的材料的驱动性能依次为 $Li^{+}>Na^{+}>K^{+}>Cs^{+}$；而不同浓度的驱动离子溶液浸泡后 IPMC 的含水量不同，浓度越高，材料的含水量越低，从而表现出不同的变形性能，因此使用过程中经历的离子交换也会影响材料的变形性能。根据 Donnan 离子交换平衡分析，设芯层离子膜内固定离子浓度为 C_0，浸泡的 NaOH 溶液浓度为 C_1，由膜内外离子浓度积平衡计算可得膜内 Na 离子浓度为

$$C_{Na}=\frac{C_0}{2}+\sqrt{\left(\frac{C_0}{2}\right)^2+C_1^2} \tag{2-8}$$

当外部浸泡溶液浓度 C_1 趋于 0 时，离子膜内 Na 离子浓度 C_{Na} 与固定离子浓度 C_0 相同；当 C_1 升高时，C_{Na} 会略大于 C_0，意味着膜内除了与固定离子电平衡的 Na 离子，还吸附少量的溶质 NaOH，浸泡的离子浓度最终会影响材料内部的含水量。同一 Pd 电极型 IPMC 样片先后通过 0.2mol/L、0.4mol/L、0.6mol/L、0.8mol/L 的 NaOH 浸泡，对应浓度下材料的变形大小如图 2.17 所示。由图可见，IPMC 的变形性能随着浓度增加也呈现出先增加后减小的趋势，用 0.6mol/L NaOH 后材料的性能最好。

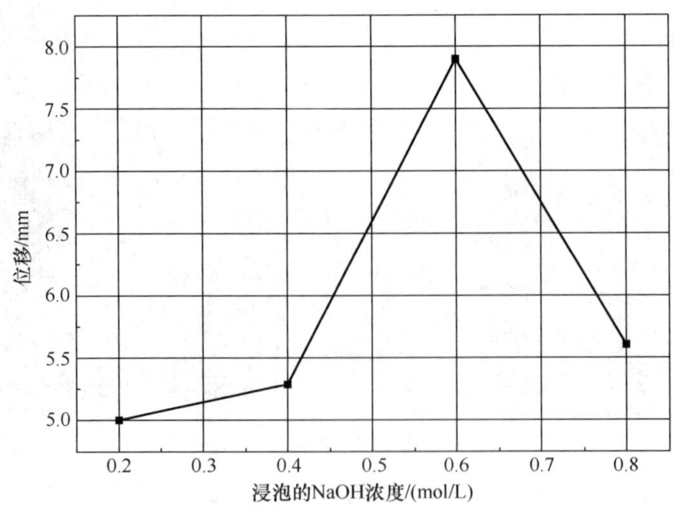

图 2.17 不同浓度 NaOH 浸泡下材料的变形性能

切割处理是为了使上下电极隔离,避免在电致动时造成短路;此外,根据实际研究或应用的 IPMC 几何尺寸需要,将制备成的 IPMC 切割成合适尺寸。

2.7 IPMC 制备工艺优化

电极的沉积工艺本身对 IPMC 的性能有着重要影响。通过工艺控制电极的生长方式能够较大程度上改善电极颗粒大小、裂纹、与离子膜接触面积、渗入离子膜深度等形貌特点,从而提高材料驱动性能。

如前所述,浸泡还原镀和自催化还原镀是 IPMC 制备流程中的两个核心步骤,影响其性能的因素也很多,为了获得性能优良的 IPMC,必须对这两个制备工艺的工艺参数进行优化。本节以增加 IPMC 的输出位移为目标,介绍其工艺优化方法。鉴于浸泡还原镀和自催化还原镀两个工艺步骤相对独立,可分别对这两个工艺步骤选择合适的优化参数,利用正交实验方法进行多参数优化[28]。

2.7.1 浸泡还原镀工艺参数优化

浸泡还原镀工艺中,离子交换阶段的主要工艺参数有浸泡温度、钯盐浓度、浸泡时间、搅拌速度、氨水浓度;还原阶段的主要工艺参数有还原温度、还原剂浓度、还原时间、氨水浓度、搅拌速度。其中浸泡时间、还原时间的选择主要是为了保证交换和反应的完全,氨水浓度(交换及还原)为了保证主盐的溶解性以及还原反应的有效进行,这些参数均已通过前期的探索实验予以确定[29]。而搅拌速度主要影响交换与反应速度,出于稳定性考虑,选用低速搅拌(分别为 100r/min 和 150r/min)。因此本节将钯盐浓度、离子交换浸泡温度、还原剂浓度和还原温度确定为优化参数,制备中在其他参数保证严格一致的前提下,进行四参数三水平的正交优化实验,实验安排根据正交实验表,共需九次实验,如表 2.5 所示。

表 2.5　浸泡还原镀优化实验安排

实验号	因素			
	钯盐浓度/(mol/L)	浸泡温度/℃	还原剂浓度/(g/L)	还原温度/℃
1	0.002	室温	0.25	30～50
2	0.002	40	0.55	40～60
3	0.002	60	0.85	50～70
4	0.006	室温	0.55	50～70
5	0.006	40	0.85	30～50
6	0.006	60	0.25	40～60
7	0.01	室温	0.85	40～60
8	0.01	40	0.25	50～70
9	0.01	60	0.55	30～50

准备九片相同尺寸的 Nafion 117 膜，进行相同的前处理后，按照表 2.5 所示的实验参数进行浸泡还原镀，分别重复三次。

将所制备样片进行相同的后处理后分别测试其在 2V、0.1～1Hz 频段下的位移响应幅值。各测试五次，分别求平均值。再将位移对频率求均值后作为优化目标，分析优化参数极差值及效应曲线，得出不同参数的影响水平及规律。经过三次浸泡还原镀的样片位移响应均值如图 2.18 所示。

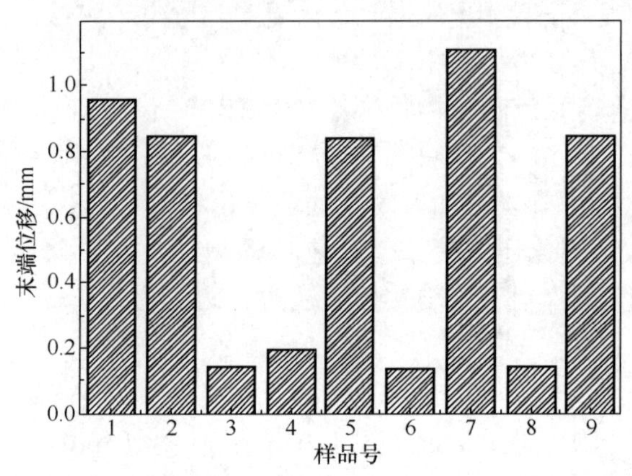

图 2.18　浸泡还原镀优化实验样片在 2V、0.1～1Hz 频段下的位移响应幅值平均值

针对钯盐浓度、浸泡温度、还原剂浓度和还原温度四个工艺优化参数求极差值，依次为 0.306、0.382、0.288、0.721。由图可见，在这四个工艺参数中，浸泡温度和还原温度为主要影响因素，钯盐浓度和还原剂浓度为次要影响因素。

此外，得到该优化实验的效应曲线如图 2.19 所示。由图可见，最优的工艺参数应该为：钯盐浓度为 0.01mol/L，浸泡温度为室温，还原剂浓度为 0.85g/L，还原温度为 30～50℃。

2.7.2　自催化还原镀工艺参数优化

与浸泡还原镀优化过程类似，自催化还原镀的主要工艺参数为镀钯量、还原剂浓度、氨水浓度、钯盐浓度、络合剂（Na_2EDTA）浓度、扩散剂（PVP）浓度、还原温度。其中镀钯量可以通过还原次数来调节，通常选择 1.25g/cm^2。由于在镀钯量一定的情况下，还原剂浓度和钯盐浓度相互关联，所以只能选择其一为优化参数。此外，氨水在本章所述的自催化还原镀中也是一种络合剂，但由于其主要的作用是维持镀液的 pH，防止钯盐析出，维持其浓度一致即可。因此，最终选取钯盐浓度、还原温度、络合剂浓度和扩散剂浓度四个工艺参数作为最终的优化参数，进行四参数三水平的正交优化实验，实验安排如表 2.6 所示。

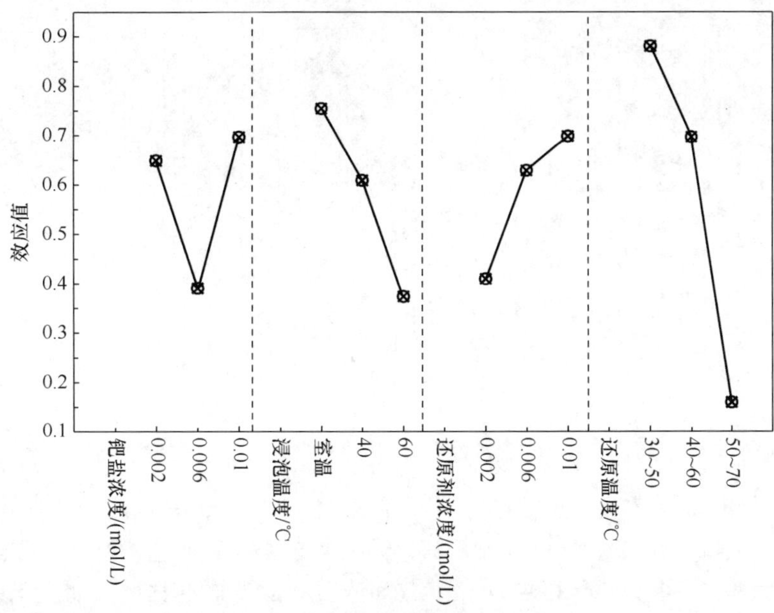

图 2.19　浸泡还原镀优化实验效应曲线图

表 2.6　自催化还原镀优化实验安排

实验号	因素			
	钯盐浓度/(mol/L)	还原温度/℃	络合剂浓度/(g/L)	扩散剂浓度/(g/L)
1	0.0015	20～40	4	2.5
2	0.0015	30～50	8	3.75
3	0.0015	40～60	12	5
4	0.0025	20～40	8	5
5	0.0025	30～50	12	2.5
6	0.0025	40～60	4	3.75
7	0.0035	20～40	12	3.75
8	0.0035	30～50	4	5
9	0.0035	40～60	8	2.5

准备九片 Nafion 膜，根据浸泡还原镀优化结果，以最优的浸泡还原镀工艺参数，各进行三次浸泡还原镀，之后根据如表 2.6 所示的九组不同自催化还原镀工艺参数，分别进行两次自催化还原镀。九片经过三次浸泡还原镀两次自催化还原镀的样片位移响应均值如图 2.20 所示。

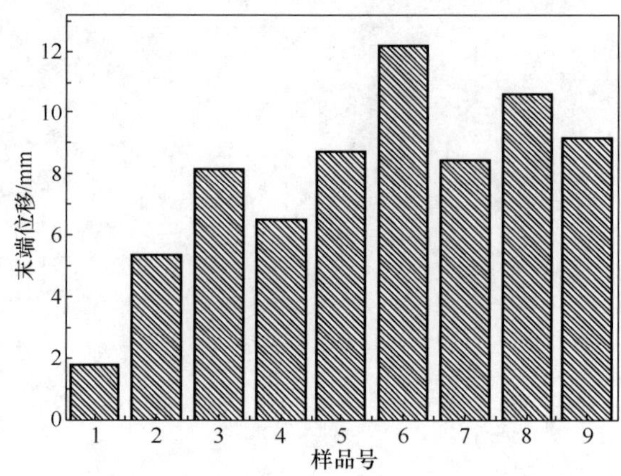

图 2.20　自催化还原镀优化实验样片在 2V、0.1～1Hz 频段下的位移响应幅值平均值

同样，针对钯盐浓度、还原温度、络合剂浓度和扩散剂浓度四个工艺参数求极差值，依次为 4.31、4.284、1.447、2.117。可见，在这四个工艺参数中，钯盐浓度和还原温度为主要影响因素，络合剂和扩散剂浓度为次要影响因素。此外，通过效应曲线(图 2.21)可见：钯盐浓度越大，还原温度越高，材料的位移响应越大。对于络合剂和扩散剂，其浓度对优化目标的影响并不是线性的。最优工艺参数应该为：钯盐浓度 0.0035mol/L，还原温度 40～60℃，络合剂浓度 12g/L，扩散剂浓度 3.75g/L。其中，钯盐浓度过高会致使自催化还原镀时溶液体积较小，不利于搅拌和形成均匀的镀层，而 0.0025mol/L 和 0.0035mol/L 对最后的样片性能影响不大，因此，使用 0.0025mol/L 的钯盐施镀更加合理。

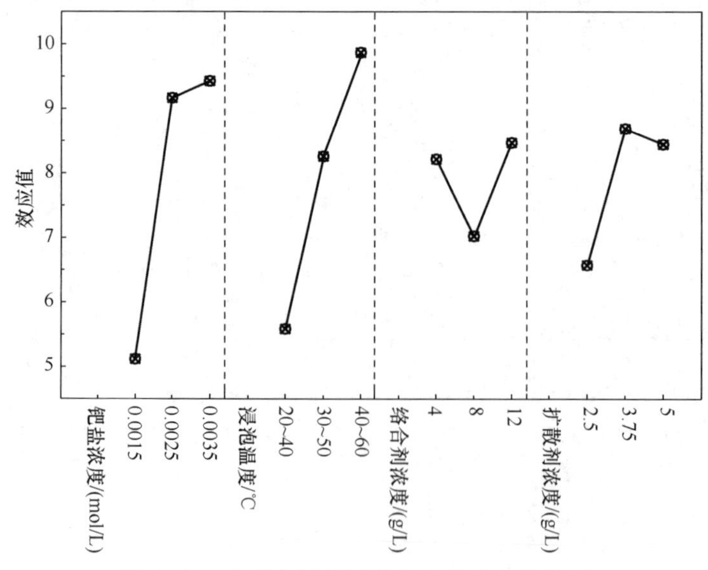

图 2.21　自催化还原镀优化实验效应曲线图

2.7.3　优化结果检验

为了验证工艺优化的效果，比较了优化方法确定的最优工艺参数制备的 Pd-IPMC。图 2.22 是优化后工艺制备的 Pd-IPMC 与美国 ERI 公司购买的 Pd-IPMC 及 Pt-IPMC 在 2V 电压、0.1～1Hz 驱动下的位移响应比较。由图可见，最优工艺制备的 Pd-IPMC 的位移响应不仅远远高于美国 ERI 公司生产的 Pd-IPMC，同时也高于其生产的 Pt-IPMC。因此，充分证明了该优化方法的有效性以及 Pd 用于大变形 IPMC 电极的可行性。

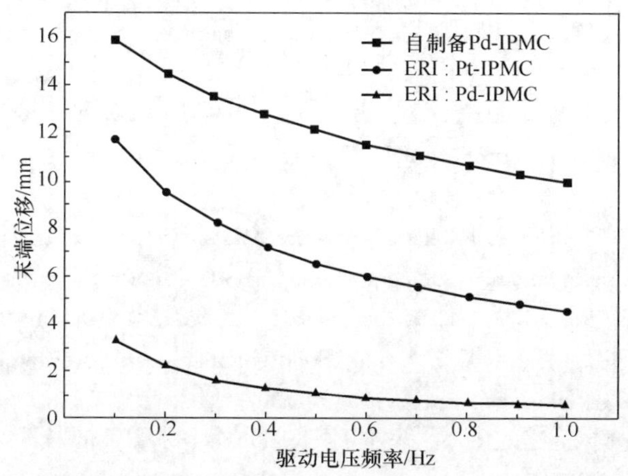

图 2.22　优化后的 Pd-IPMC 与 ERI 公司购买的 IPMC 的位移响应比较

2.8　本章小结

目前，化学方法是制备 IPMC 的主流方法。本章主要是以 Pd 电极型 IPMC 为例，详细说明了 IPMC 的化学方法制备工艺及其核心工艺步骤在电极形成过程中所起的作用。

首先介绍了制备 IPMC 所需的原材料及设备，并介绍了几种重要原材料的特性，特别说明了在镀电极过程中所使用的金属盐和还原剂的溶液稳定性问题。然后按照基体膜预处理、浸泡还原镀、自催化还原镀和材料后处理的顺序，详细说明了制备 IPMC 的工艺流程，分析了每个工艺步骤中的化学行为以及对电极形成的影响，指出基体膜预处理对形成渗入电极和结合良好、柔软的表层电极有重要作用，浸泡还原镀主要形成渗入电极和较薄的表层电极，自催化还原镀主要起增厚表层电极、密实近表面渗入电极的作用。

本章最后介绍了 IPMC 工艺优化的基本方法，以及各项参数对材料性能的影响规律。

参 考 文 献

[1] Bar-Cohen Y. Electroactive Polymer(EAP) Actuatorsas Artificial Muscles-Reality, Potential and Challenges: Ionic Polymer-Metal Composite (Ipmc). Bellingham: SPIE Press, 2004: 139-191

[2] Nemat-Nasser S, Thomas C W. Ionomeric Polymer-Metal Composites//Bar-Cohen Y. Electroactive Polymer(EAP) Actuators as Artificial Muscles. 2nd Ed. Bellingham: SPIE Press, 2004: 171-175

[3] Sadeghipour K, Salomon R, Neogi S. Development of a novel electrochemically active membrane and "smart" material based vibration sensor/dampler. Smart Materials and Structures, 1992, 1(2): 172-179

[4] Oguro K, Kawami Y, Takenaka H. Bending of an ion-conducting polymer film-electrode composite by an electric stimulus at low voltage. Journal of Micromachine Society, 1992, 5: 27-30

[5] Oguro K. Prep. Proc. Ion-Exchange Polymer Metal Composites(IPMC) Membranes. http://ndeaa.jpl.nasa.gov/nasande/lommas/eap/IPMC_PrepProcedure.htm[2004-8-1]

[6] Shahinpoor M, Mojarrad M. Soft actuators and artificial muscles: USA, 6109852. 2000

[7] Takenaka H, Torikai E, Kawami Y, et al. Solid polymer electrolyte water electrolysis. International Journal of Hydrogen Energy, 1982, 7: 397-403

[8] Millet P, Pineri M, Durand R. New Solid polymer electrolyte composites for water electrolysis. Journal of Applied Electrochemistry, 1989, 19: 162-166

[9] Shahinpoor M, Kwang J K. Novel ionic polymer-metal composites equipped with physically loaded particulate electrodes as biomimetic sensors, actuators and artificial muscles. Sensors and Actuators A, 2002, 96: 125-132

[10] Oh I K, Jeon J H, Lee Y G. Multiple electrode patterning of ionic polymer metal composite actuators//Bar-Cohen Y. SPIE International Conference, Smart Structures and Materials Symposium: Electroactive Polymer Actuators and Devices(EAPAD). San Diego, CA, USA: International Society for Optical Engineering: 2006, (6168): 281-288

[11] Liu S, Montazami R, Liu Y, et al. Layer-by-layer self-assembled conductor network composites in ionic polymer metal composite actuators with high strain response. Applied Physics Letters, 2009, 95: 023505

[12] Akle B J. Bennett M D, Leo D J, et al. Direct assembly process: a novel fabrication technique for large strain ionic polymer transducers. Journal of Materials Science, 2007, 42: 7031-7041

[13] 陈花玲,常龙飞,朱子才,等. 钯电极型离子聚合物-金属复合材料的制备工艺:中国, ZL201110085960.9.2011

[14] Kwang J K, Shahinpoor M. Ionic polymer-metal composites: II. Manufacturing techniques. Smart Materials and Structures, 2003, 12: 65-79

[15] 常龙飞. 基于钯电极的离子聚合物-金属复合材料制备工艺及电极特性研究. 西安:西安交通大学硕士学位论文,2011

[16] Brown H C, Brown C A. New highly active metal catalysts for the hydrolysis of borohydride. Journal of the American Chemical Society,1962,84:1493-1944.

[17] 贾超. $NaBH_4$ 溶液水解产氢催化剂的研究. 上海:上海交通大学,2009

[18] 李子东,于敏. 钠-萘处理液的制备及其对聚四氟乙烯的处理. 化学与粘合,1995(3):139-141

[19] Zhang C, Chen H, Wang Y, et al. Comparison of plasma treatment and sandblast preprocessing for IPMC actuator. SPIE Smart Structures and Materials+Nondestructive Evaluation and Health Monitoring. International Society for Optics and Photonics,2014:905635-905635-9

[20] 金宁,王帮峰,卞侃,等. 表面粗化工艺对 IPMC 的制备及性能的影响. 功能材料. 2008,11(29):1933-1936

[21] Wu Y X. Experimental characterization and modeling of ionic polymer-metal composites as biomimetic actuators, sensors, and artificial muscles. San Diego: University of Califorlia,2005

[22] 陶祖贻,赵爱民,郑成法. 离子交换平衡及动力学. 北京:原子能出版社,1989:11

[23] Shahinpoor M, Kim K J. Ionic polymer-metal composites:I. Fundamentals. Smart Materials and Structures,2001,10(4):819-833

[24] Rashid T, Shahinpoor M. Force optimization of ionic polymeric platinum composite artificialmuscles by means of orthogonal array manufacturing method//Bar-Cohen Y. SPIE International Conference, Smart Structures and Materials Symposium: Electroactive Polymer Actuators and Devices(EAPAD). San Diego, CA, USA: International Society for Optical Engineering. 1999,(3669):289-298

[25] 柴国墉. 化工百科全书(第二卷). 北京:化学工业出版社,1991:68

[26] 顾马来,余强. 改进的化学镀法制备钯/α-Al_2O_3无机复合膜的研究. 南昌大学学报,2001,23(1) :26-30

[27] 张宝树. 化学镀法制备 Pd/多孔不锈钢复合膜的相关基础研究. 天津:河北工业大学硕士学位论文,2008

[28] 常龙飞,陈花玲,朱子才,等. 钯型离子聚合物-金属复合材料的制备工艺参数优化研究. 功能材料,2014,7:45

[29] 陈花玲,吴九汇,朱子才. 一种离子聚合物-金属复合材料的制备方法:中国,ZL200810150783.6.2008

第 3 章　IPMC 的物理参数及力电响应特性

IPMC 性能主要由其表面电阻率、介电特性等电学参数，弹性模量等力学参数及其力电响应特征来表征。本章主要介绍其力电参数及响应特征的测试方法，并以 Pd-Nafion 型 IPMC 为例介绍这些参数的基本特性。

3.1　概　　述

IPMC 的致动性能与其物理属性息息相关。物理属性包括了材料组分及材料微结构等基本特征、力学参数及电学参数等基本物理参数，以及宏观电流、电压及位移和力等力电响应。基本特征是材料分类的依据；物理参数描述了材料的基本性能，是建立材料物理模型和进行机理分析的必要条件；而宏观力电响应性能是其应用的基础。

物理属性主要包含以下几个部分[1,2]。

1）材料成分

主要包含基体材料种类和离子交换能力、溶剂种类和含量、驱动离子的种类和含量以及电极种类和含量，它们决定了 IPMC 的基本特性。

2）材料微结构

主要指电极的表面形貌和与芯层结合的界面形貌，以及芯层离子交换膜的微结构。这些特性主要由制备工艺和材料自身决定，与材料力电性能关系非常密切。

3）力学参数

主要指随含水量和驱动离子含量变化而变化的材料密度、溶胀系数和弹性模量，它们由构成 IPMC 各组分、含量、比例及制备工艺决定，直接影响材料的力学性能。

4）电学参数

主要指材料电极的表面电阻以及材料的介电性能，它们同样由构成 IPMC 各组分、含量、比例及制备工艺决定，影响 IPMC 的电流分布、驱动特性及力电转换效率。

5）电致动性能

材料电致动性能实际上是宏观输入与输出的关系，显然它与 IPMC 构成的具体材料结构有关。一般来讲，IPMC 的应用是薄膜状，大多数实验研究都采用悬臂梁结构，即测量该结构在一定电压作用下材料内部的响应电流、结构给定位置的输出位移和输出力响应，通过它们反映 IPMC 致动性能。需要说明的是，虽然 IPMC 变形大小与电压有着非常紧密的关系，但由于 IPMC 输入电压受水电解电压限制，所以存在着极值电压，一般水溶剂型 IPMC 激励电压小于 5V；此外，由于 IPMC 在电场作用下内部离子运动属于机械运动，所以材料工作频率也受到限制，一般工作在0～100Hz。

（1）响应电流。

由于 IPMC 在电场作用下的变形是由于材料内部电荷重分布，显然，通过测量电流响应，与输入电压相比较可以了解材料的电阻抗特性以及输入电能。

（2）输出位移。

IPMC 在不受外力作用时，在电场作用下的变形能力是一个重要特征，通过测量最大变形位移并计算材料变形曲率或者应变，能够获得材料所具有的机械能。

（3）输出力。

IPMC 在悬臂梁结构夹持下，自由端完全约束，这时测量自由端产生的阻滞力可以表征材料的驱动能力，通过计算可以了解材料内部的应力分布情况。

通过上面分析可知，描述 IPMC 驱动性能的参数比较多，各个参量之间的关系如图 3.1 所示。另外，材料工作环境和性能的稳定性也是描述材料性能的一部分。本章将主要介绍 IPMC 的物理参数及力电响应特征，关于材料的组成及微结构等基本特征，以及材料的稳定性等内容将在其他章节介绍。

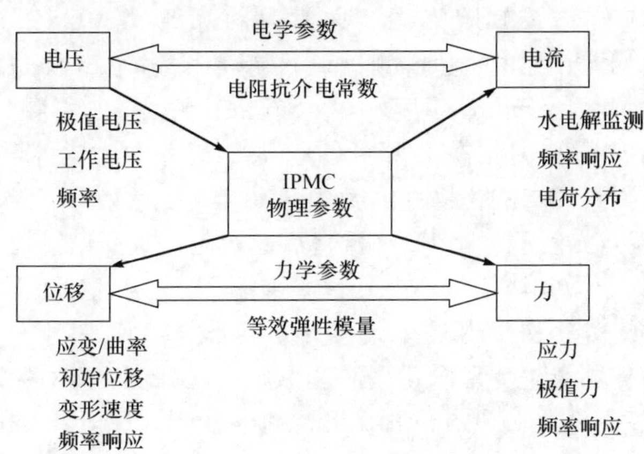

图 3.1　IPMC 性能参数关系

3.2　IPMC 弹性模量

弹性模量是表征材料或结构抵抗变形能力的参数。IPMC 弹性模量越小，表明其越柔软，对增加其电致响应位移有利，但在相同的电压激励下，弹性模量小会使得其电致力响应变小。IPMC是由芯层的离子交换膜以及通过化学镀方法沉积的表面电极构成的复合材料，因此，其弹性模量不是单一材料确定的。一般来讲，需要通过测量样品在力作用下的响应并经过计算获得其弹性模量。

3.2.1 测试方法

IPMC弹性模量测量方法目前主要有以下几种：①拉伸法测量材料的有效拉伸弹性模量；②动态力学分析仪（DMA）法测量材料的动态复模量[3]；③梯度法测量表观弯曲弹性模量[4]；④等效法测量相同加载条件下的变形和输出力计算弯曲弹性模量[5]；⑤悬臂梁自由衰减法通过测量共振频率计算弯曲弹性模量[6]。其中，方法①和②测量的是拉伸模量，方法④和⑤测量弯曲模量。方法③可以计算两种弹性模量，但是要求知道样片的截面电极分布，参数获取方法较为复杂。

IPMC是一种表层硬芯层软的复合材料，拉伸模量和弯曲模量存在差异。由于IPMC工作时呈弯曲变形，且主要工作在低频范围，所以本书建议采用等效法测量相同加载条件下的变形和输出力或者自由衰减法来表征IPMC的静态等效弯曲弹性模量。

1. 测量方法介绍

这两种方法均是在悬臂梁模式下进行测量，使用这两种方法时需要测量IPMC的电致响应位移或其阻滞力。通常是将条形IPMC一端夹持，形成如图3.2(a)所示的悬臂梁结构，材料测试试件参考尺寸为：全长$L=35\text{mm}$，自由长度$l=30\text{mm}$，宽度$h=5\text{mm}$，厚度$t\approx 0.20\text{mm}$。图3.2(b)和(c)是实际实验图，末端位移为在末端自由状态下采用激光位移传感器（参考型号：Keyence LK-G80）进行非接触测量；末端阻滞力由微力传感器（参考型号：Transducer Tech. GSO-10）进行末端点接触测量（测量平台将后面给出详细介绍）。

位移测量中由于激光测量点不在悬臂梁末端，与固定夹持点距离为$d(d<l)$，测出的位移不能真实反映IPMC末端变形。假设IPMC属于面内各向同性材料[7]，受电致应力作用产生变形满足平面变形假设，因此发生弯曲变形后形状为圆弧。通过自由长度l、激光测量点位置d和测量点变形$w(d,t)$，可以计算出悬臂梁末端位移[8]。

如图3.3(a)所示，通过激光传感器测量点位置d和测量点变形$w(d,t)$可以计算出t时刻IPMC的变形曲率半径R：

$$\sin\alpha=\frac{w(d,t)}{\sqrt{w^2(d,t)+d^2}}=\frac{\sqrt{w^2(d,t)+d^2}/2}{R} \tag{3-1}$$

$$R=\frac{d^2+w^2(d,t)}{2w(d,t)} \tag{3-2}$$

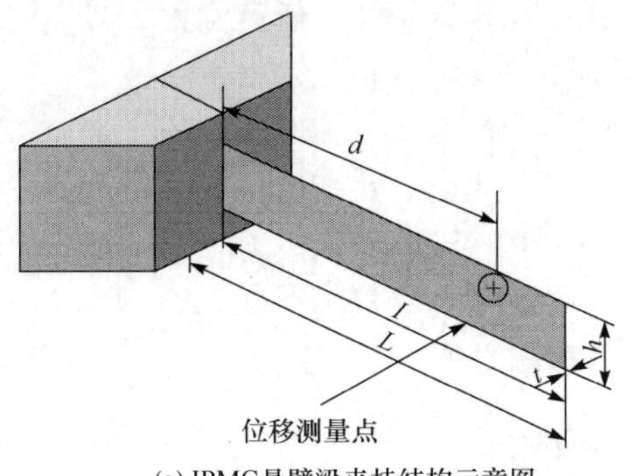

(a) IPMC悬臂梁夹持结构示意图

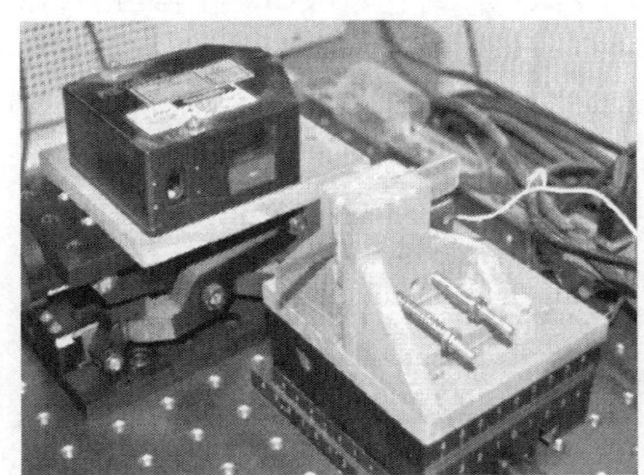

(b) IPMC位移响应测试实际操作图

(c) IPMC力响应测试实际操作图

图 3.2　IPMC 电致动测试实验

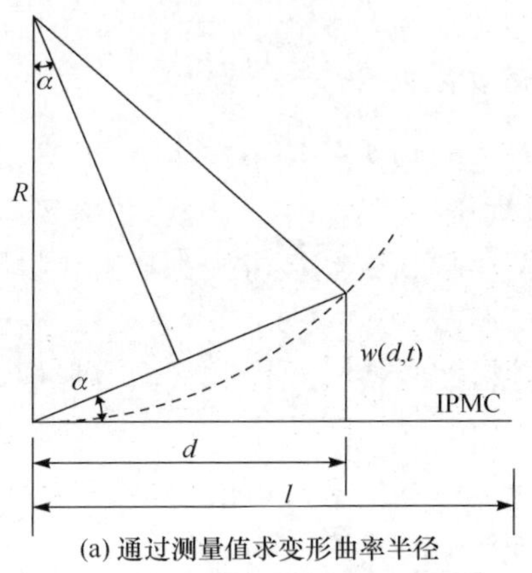

(a) 通过测量值求变形曲率半径

(b) 通过曲率半径求末端位移

图 3.3　通过测量点变形修正末端位移关系图

假设材料不可压缩，在 t 时刻 IPMC 上任意位置 x 处变形之后，弯曲弧长仍为 x，如图 3.3(b)所示，则可求出材料实际变形 $w(d,t)$：

$$\varphi=x/(2R) \tag{3-3}$$

$$w(x,t)=2R\sin^2\varphi \tag{3-4}$$

因此，IPMC 末端变形为 $x=l$ 时变形，即

$$w(l,t)=2R\sin^2(l/2R) \tag{3-5}$$

式(3-5)可用来修正末端位移测量值。

2. 等效法测量弹性模量

IPMC 在电压作用下，材料收缩侧由于离子缺失或者静电吸引产生压应力，而在伸长侧由于离子聚集或者静电排斥产生拉应力，因此理论上这种应力梯度只与厚度方向有关，从而可以把这种导致变形的电致应力等效成弯矩 M_e，如图 3.4 所示。也就是说，认为实验测量中 IPMC 的变形是外弯矩 M_e 作用的结果，而且最大弯矩对应材料最大变形；如果在端部测量输出力，由于力传感器阻止其端部变形，相当于给端部施加一外部力。

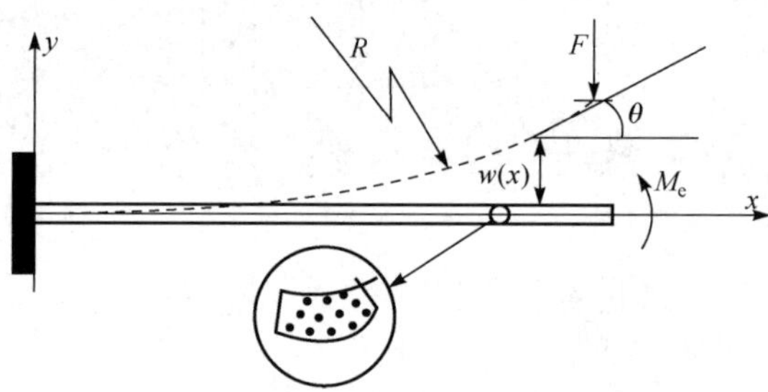

图 3.4　IPMC 等效受力分析

悬臂梁结构 IPMC 处于自由状态时，在电致应力作用下产生变形，当末端被微力传感器约束时，电致应力表现为输出力，理论上讲这两个过程中的电致应力应该相等。由于阳极输出力过小而测不准，因此主要讨论阴极方向力学特性。

1) 自由变形

测量 IPMC 自由变形时，$F=0$，基于材料面内各向同性和平面变形假设，弯曲变形曲率为

$$\frac{1}{R}=\frac{M_e}{EI_z} \tag{3-6}$$

式中，E 为材料的弹性模量；I_z 为材料 z 轴(垂直纸面方向)惯性矩，材料的最大变形曲率可以通过激光传感器测量点的位置 d 及其最大变形 $w(d)_{\max}$ 计算：

$$\frac{1}{R}=\frac{2w(d)_{\max}}{d^2+w(d)_{\max}^2} \tag{3-7}$$

2) 完全约束

测量 IPMC 末端最大输出力时，材料受等效外弯矩和传感器约束力作用，$w(l)=0$，材料为小变形状态，因此有

$$w(x)=\frac{1}{EI_z}\left(\frac{M_e x^2}{2}-\frac{Flx^2}{2}+\frac{F}{6}x^3\right) \tag{3-8}$$

通过积分和边界条件 $x=0,w=0;x=l,w'=0$ 可以确定悬臂梁末端变形为

$$w(l)=\frac{l^2}{EI_z}\left(\frac{M_e}{2}-\frac{Fl}{3}\right) \tag{3-9}$$

由于末端受约束变形为 0，可得

$$M_e=2Fl/3 \tag{3-10}$$

因此，通过式(3-6)和式(3-10)可以计算 IPMC 的等效抗弯刚度 EI_z：

$$EI_z=\frac{2FlR}{3} \tag{3-11}$$

I_z为材料 z 轴惯性矩，只与材料截面尺寸有关：

$$I_z=\int_A y^2\mathrm{d}A=\int_{-t/2}^{t/2} y^2 h\mathrm{d}y=\frac{1}{12}ht^3 \tag{3-12}$$

因此材料的弹性模量为

$$E=\frac{EI_z}{I_z} \tag{3-13}$$

该方法测量的弹性模量与电压大小有关。在低电压驱动(0～1V)时，受最大阴极变形曲率拟合函数零点的影响出现波动，而实际实验过程中加载电压后最大阴极曲率不可能为零，因此波动由测量误差和拟合误差所致；电压在 1～3V 求得的 EI_z值基本不变，与电压无关，所以可以将 EI_z值随电压增大的极限看作材料的等效抗弯刚度，从而求得弹性模量。

3. 自由衰减法

自由衰减法测量弹性模量时，样片夹持方式与位移响应测试是相同的，均在悬臂梁模式下。不加电的情况下，在材料末端给定一个微小的初始位移，然后测试材料在自由振动下的位移随时间的变化曲线，并对其进行快速傅里叶变换(FFT)，从而从位移的频率响应中识别出 IPMC 在悬臂梁下的固有振动频率 f。基于 Euler-Bernoulli 梁理论，可由式(3-14)求出材料的等效弹性模量。

$$E=\left(\frac{2\pi}{3.52}\right)^2\frac{mf^2l^3}{I}=3.87\,\frac{\pi^2 mf^2l^3}{ht^3} \tag{3-14}$$

式中，m 为 IPMC 自由端的质量。

该方法对测量条件要求最少，方法最为简单方便，在对弹性模量精确度要求不高的情况下推荐使用。

3.2.2 弹性模量变化规律

IPMC 的弹性模量通常在 50～2000MPa，具体取值随着材料内部含水量、电极沉积状态的变化而不同。

为了了解 IPMC 弹性模量随含水量的变化规律，Kim 等使用 Instron 1011 型材料实验机，以 2.33s^{-1}应变速率拉伸 9mm×55mm 的标准试件，通过计算得到，干态 Nafion 117 膜弹性模量为 220～260MPa，含水的 Nafion 117 膜弹性模量为 50～100MPa，由于外层电极的作用，含水的 Pt-Nafion 型 IPMC 弹性模量比含水的 Nafion 117 膜略高[9]。Sia 等通过自制的小型材料拉伸机测量 IPMC 弹性模量与含水量和离子关系，表明 Cs^+ 驱动的 Pd-Nafion(117)型 IPMC 在含水量饱和的情况下弹性模量约为 200MPa，随着材料的含水量减小，材料弹性模量明显增加，干态下的弹性模量甚至超过湿态下 10 倍[10]。

图 3.5 所示是 IPMC 样片弹性模量随着浸泡还原镀和自催化还原镀电极沉积次数的变化规律。由图可见，随着浸泡还原镀和自催化还原镀次数的增加，由于 Pd 电极的不断生长，弹性模量都会逐渐增加。而使用相同施镀工艺的样片，打磨后的样片比未打磨的样片弹性模量要小很多。特别地，经过 1、2、3 次自催化还原镀的样片，弹性模量相对于未经过自催化还原镀的样片分别增加了 18%、73%和 115%；而对未打磨样片来说，增长率则分别为 62%、248%和 350%。由此也可推测，粗糙的基体表面更有利于形成柔软有韧性的电极层[6]。

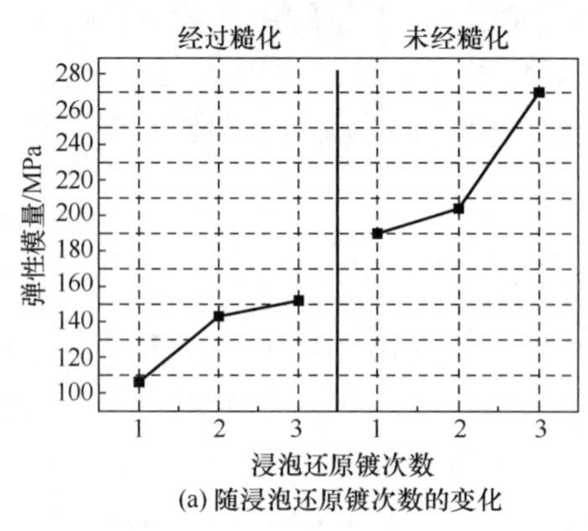

(a) 随浸泡还原镀次数的变化

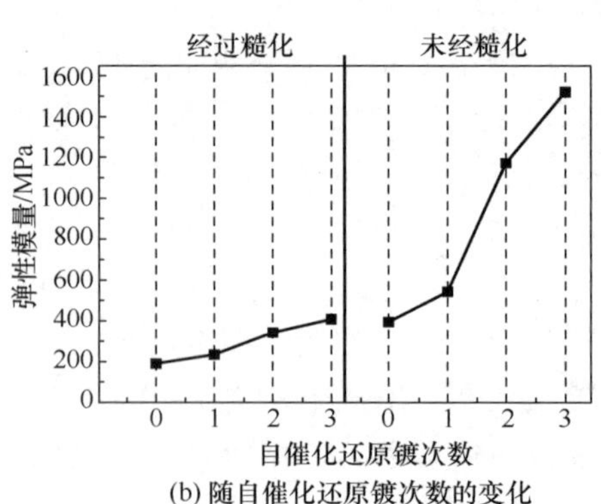

(b) 随自催化还原镀次数的变化

图 3.5 IPMC 弹性模量的变化

3.3　IPMC 表面电阻率

IPMC 的表面电阻率是材料电阻抗特性的重要组成部分，表征了 IPMC 电极的导电性，是影响 IPMC 驱动特性的重要因素之一。

3.3.1　测试方法

IPMC 的电极层起着传导电压的作用，电极的电导率对材料的变形性能有重要影响。然而，一方面由于受电极的不平整性和渗透层的影响，难以确定电极层的准确厚度；另一方面由于 IPMC 的芯层是一种离子导体，也具有一定的电子导电能力，因此准确测量电极电导率具有一定难度。鉴于 IPMC 的电极层很薄，而薄层的面电导率是一个与厚度无关的电学参数，为了排除由于电极厚度无法确定给体电阻率测量带来的麻烦，通常采用四电极法测量面电阻率来表征 IPMC 电极的电导率。

四电极法测量仪器可采用 MCP-T360，如图 3.6 所示。表面电阻率测试不需要特别制备样片，只需准备较大完整表面的试样即可。注意样片需保证边缘平整。由于化学方法沉积的表面电极难免存在不均匀性，因此需要在表面进行多点重复测试。测试过程中应尽量保证手执用力的一致性。

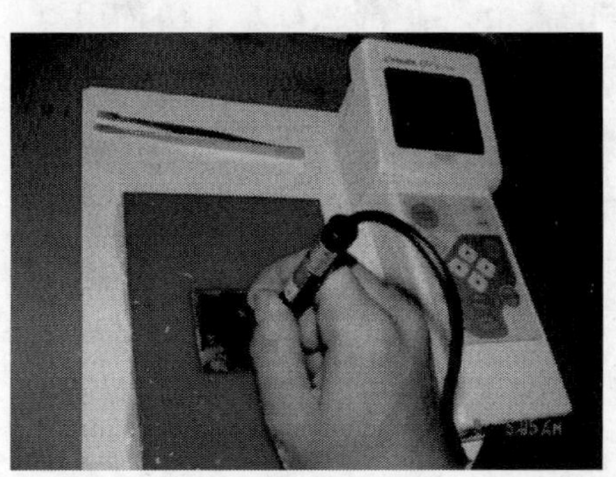

图 3.6　IPMC 表面电阻率测试实验实际操作图

3.3.2　表面电阻率变化规律

早在 2000 年左右，Shahinpoor 等就通过实验研究了 Pt-Nafion 型 IPMC 电极表面电阻抗与材料力学性能关系，表明表面电阻的减小对材料最终的力电响应有利[9,11]。IPMC 表面阻抗特性主要与电极的种类、表面形貌和施镀量有关。电极材料研究最多且性能较好的是 Pt、Pd、Au 等贵金属电极，而表面形貌和施镀量与工艺过程相关，它们与电阻抗关系的确立有助于进一步研究电阻抗与驱动性能之间的关系。以 Pd-Nafion 型 IPMC 为例，其随着浸泡还原镀和自催化还原镀工艺次数的逐渐增加，经过糙化和未经糙化样片的表面电阻率的变化规律如图 3.7 所示。

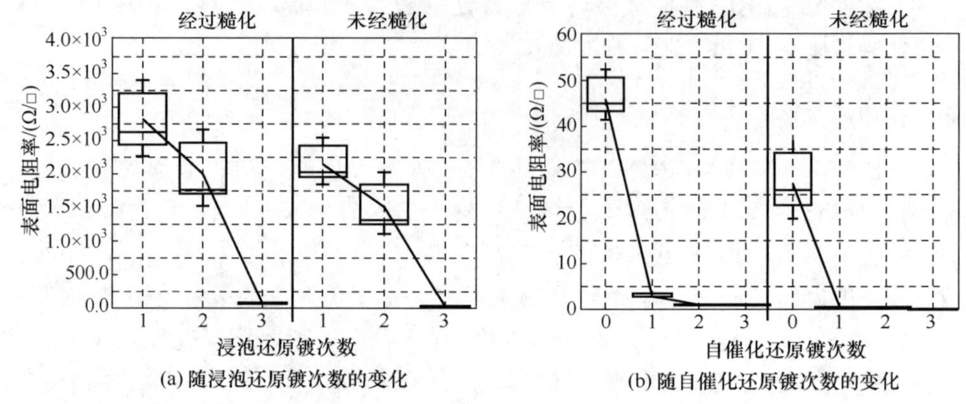

图 3.7 IPMC 表面电阻率的变化

由图可见，表面电阻率随着浸泡还原镀次数的增加而显著降低。对于糙化后的样片，第二和第三次浸泡还原镀使表面电阻相对于一次浸泡还原镀样片分别下降了 30%和 90%。而对于未糙化样片，下降比例分别为 30%和 95%。对照第 2 章中的电极界面特征，可推测电阻率的降低是由表面电极的增厚和渗入电极密度的增加引起的[10,12]。此外，经过一次自催化还原镀的样片，表面电阻率会降至很低(糙化后和未糙化的样片分别为 3Ω/□和 0.4Ω/□)。经过第二次和第三次自催化还原镀后，表面电阻率继续降低，逐渐接近金属导体的表面电阻率。由此可知，自催化还原镀使得表面电极厚度快速增加，使其比浸泡还原镀降低表面电阻率的效率更高。经过同样浸泡还原镀和自催化还原镀工艺的样片，打磨的样片表面电阻率要始终高于未打磨的样片，这是由于前者表面均匀性较差，且表层电极厚度较低。

3.4 IPMC 介电常数

IPMC 的介电常数也是该材料的重要电学特性参数，该参数表征了材料储存电荷的能力，不仅对于理解电场作用下微观物理机制有重要意义，也是建立物理模型的重要参数。

3.4.1 测试方法

早期的测量方法中，假定 IPMC 的介电常数在工作电压条件下恒定不变，将材料样品等效为平板电容器，通过测量直流电压下样品的电流响应，计算出电极累积的电荷从而得到有效介电常数，然而这一研究方法获得的相对介电常数为 $10^6 \sim 10^{10}$，差异极大[13-15]。Akle 的研究指出，IPMC 的介电常数在通常低频工作范围内并不是恒定不变的，而是随频率变化，且差异很大[16]。

因此，本章介绍一种宽频介电谱测试仪(参考型号：Concept 80)测量 IPMC 介电常数，该仪器基于点频扫描的方法测量不同频率下的材料介电常数 ε'，其方法如下：

$$\mathrm{j}\omega C=\frac{I(\omega)}{U(\omega)} \tag{3-15}$$

$$C=\varepsilon_r C_0=\varepsilon_r \varepsilon_0 \frac{\pi D^2}{4d} \tag{3-16}$$

$$\varepsilon_r=\varepsilon'-\mathrm{j}\varepsilon'' \tag{3-17}$$

式中，D 为 IPMC 电极表面直径，d 为材料厚度，两者都需要在实际实验前分别用直尺和螺旋测微仪实时测试；C_0 为真空电容值。测试时，通过输入样片的实时表面直径及厚度，仪器会通过测量不同频率下的电压及电流响应，并计算给出所需的介电性能参数。测试夹具如图 3.8 所示，由于 IPMC 的基体膜属于弹性体，测试过程中同样要尽量保证夹持用力的一致性，避免压缩变形造成测量误差。主要测试频率为 $10^{-2} \sim 10^7$ Hz，测试时采用正弦激励扫频测量方式，为避免水电解产生的影响，电压幅值应不高于 1V。

图 3.8　IPMC 介电测试实验实际操作图

用于介电测试的样品通常为直径 20mm 左右的圆形样片。视测试要求不同，样品应在对应的湿度条件下切割，减少因干燥或溶胀带来的尺寸误差。

3.4.2　IPMC 的弛豫机制

IPMC 是一种表面镀有金属层的聚合物膜-溶液组成的复合材料，根据聚合物膜-溶液系统的一般介电理论,从低频到高频极化机制主要包括 α、β 和 γ 这三类弛豫机制[17],如图 3.9 所示。由图可见,在低频区域(10～10^4 Hz)的主要弛豫机制是在膜-溶液体系界面处的离子极化,也就是 α 弛豫;在中间频率范围(10^4～10^7 Hz)的主要弛豫机制是不同物质相之间的 Maxwell-Wagner 极化,如多孔膜内部不同组成成分的极化,即 β 弛豫;在更高频率范围(>10^7 Hz),主导弛豫机制为聚合物网络分子和水分子的偶极子极化等,即 γ 弛豫。由于 γ 弛豫对应的频率范围远远超过 IPMC 工作频率范围,并且受到测量仪器的限制,γ 弛豫很少受到关注。对于 IPMC 一般介电特性的研究,测量频率范围最大通常取为 10^{-2}～10^7 Hz,主要包括 α 和 β 弛豫。

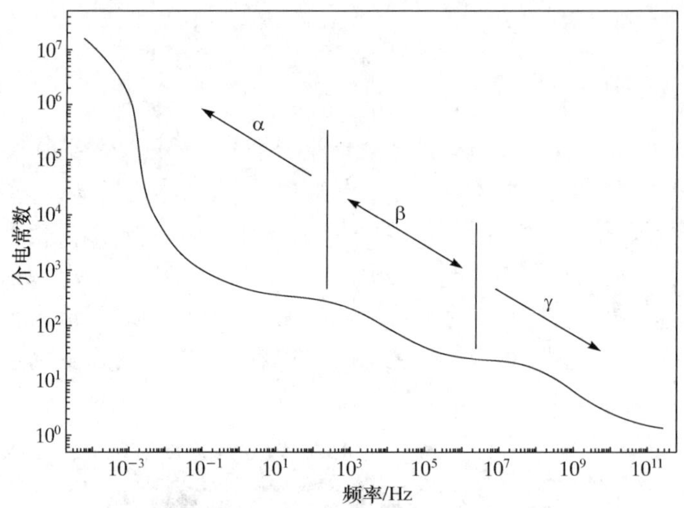

图 3.9　一般高分子-溶液系统不同频率下极化机制示意图

图 3.10 给出了 Nafion 膜和 IPMC 样品在干湿态下的介电谱图。其中,图(a)、(b)和(c)分别对应 Nafion 117 膜样品介电谱的实部、虚部和模;而图(d)、(e)和(f)分别对应 IPMC 样品介电谱的实部、虚部和模,Dry、Wet 和 Norm 分别对应于干态、湿态和未经处理的样品。

从图 3.10(a)～(c)可以看出,湿态纯 Nafion 膜的介电频谱可以从特征频率 10^4 Hz 左右分为两个部分,参考一般介电理论并利用图(c)可以将低频部分定义为 α 弛豫区,而高频部分定义为 β 弛豫区。Mauritz 曾对在 $ZnSO_4$ 溶液中 Nafion 膜的介电谱虚部与频率关系进行实验测量[18]。研究发现存在与图 3.10(b)中湿态结果相似的特性,因此可以认为在低频区主导的弛豫机制是可移动离子在离子簇之间的离子跳跃,而在高频区则主要是离子簇内部的离子电荷极化效应,它们分别对应于 α 和 β 弛豫。对比图 3.10(a)～(c)和图 3.10(d)～(f)可以发现,湿态 IPMC 的介电谱与 Nafion 膜十分相似,因此,可以借鉴 Nafion 膜的相关结论来解释 IPMC 内部的弛豫机制。

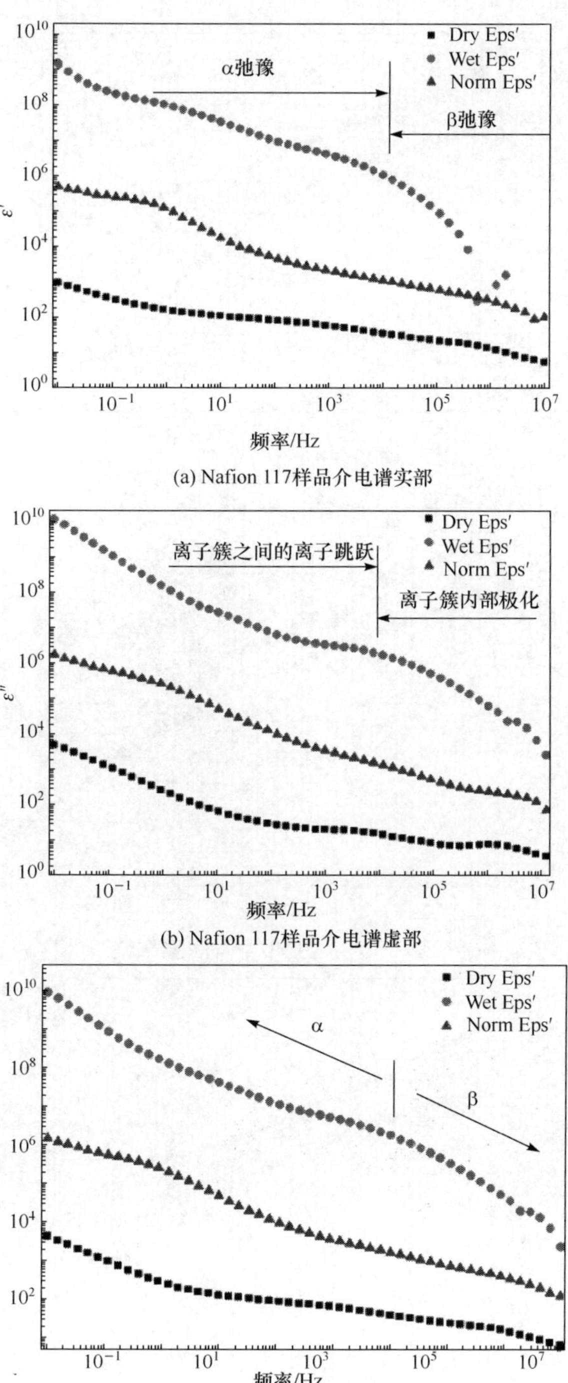

(a) Nafion 117样品介电谱实部

(b) Nafion 117样品介电谱虚部

(c) Nafion 117样品介电谱的模

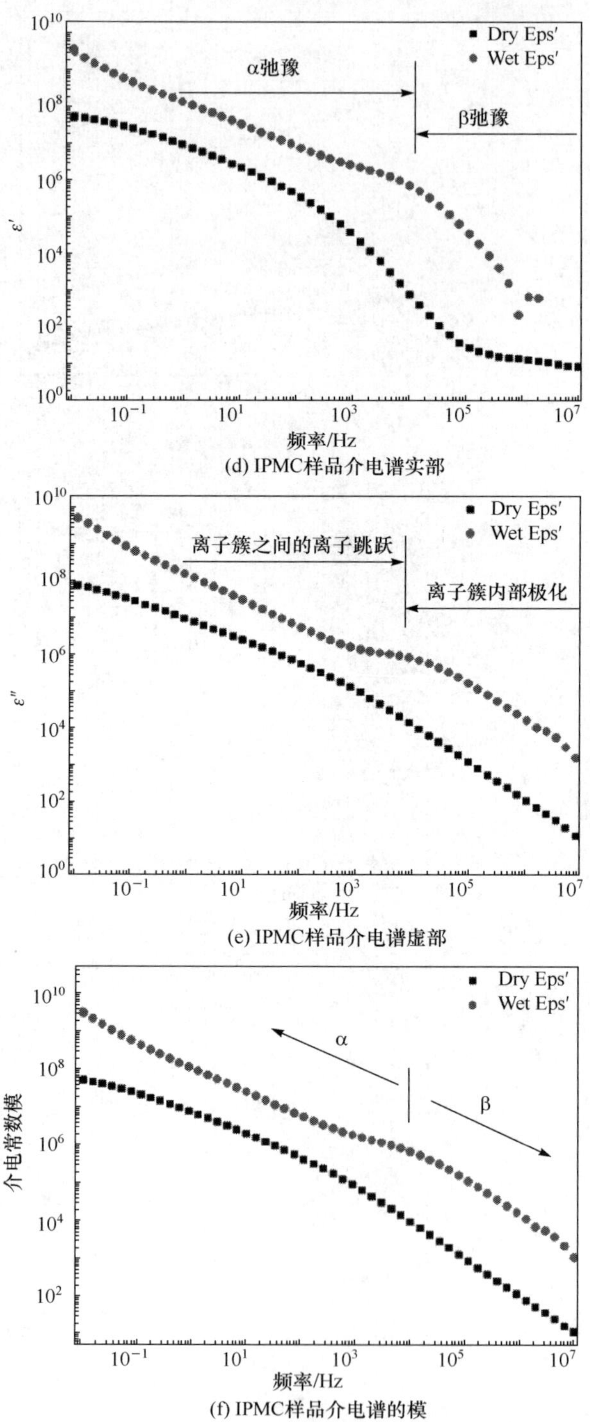

(d) IPMC样品介电谱实部

(e) IPMC样品介电谱虚部

(f) IPMC样品介电谱的模

图 3.10　纯 Nafion 117 膜和 IPMC 样品的介电谱

在低频区域内($10^{-2}\sim10^{4}$ Hz)，IPMC 内部的可移动离子有足够的时间响应外部交变电场激励，并在电极-离子膜界面处累积形成双电层；当频率升高时($10^{4}\sim10^{7}$ Hz)，可移动离子来不及在离子簇之间进行迁移运动，而只能在离子簇内部进行短距离的离子电荷极化。通常 IPMC 的工作频率在 $10^{-2}\sim10^{2}$ Hz，对应于 α 弛豫，这也间接表明了 IPMC 的变形机制主要依赖于离子电荷的迁移和分布，而离子簇内部的电荷极化、高分子网络和水分子的偶极子极化贡献极小。

另外，含水量对 Nafion 膜及 IPMC 样品的介电谱都有重要影响。对 Nafion 膜而言，湿态介电谱比干态要高出 4～6 个数量级，未经处理的样品居于中间，说明常态下 Nafion 膜含有一定量的水。而对于 IPMC 样品，湿态介电谱与 Nafion 膜相当，然而干态介电谱要远大于经过相同处理后的 Nafion 膜，表明电极可能对保持含水量有一定的帮助。

3.4.3　不同电极 IPMC 的介电特性

由上面分析可知，电极对 IPMC 介电特性具有一定影响，图 3.11 给出了不同电极的 IPMC 的介电特性，即浸泡还原镀和自催化还原镀工艺次数与 IPMC 介电常数的变化规律。

由图可见，无论只经过浸泡还原镀过程的样片还是随后又经过了自催化还原镀工艺的样片，总的来说，在低频段，糙化过的样片介电常数比未经糙化的样片要高。对比电极界面形貌不难理解，粗糙的界面增加了电极的有效表面积，有利于电荷的累积。此外，随着浸泡还原镀次数和自催化还原镀次数的增加，两种样片的介电常数均有升高趋势，增长范围在一个数量级以内。

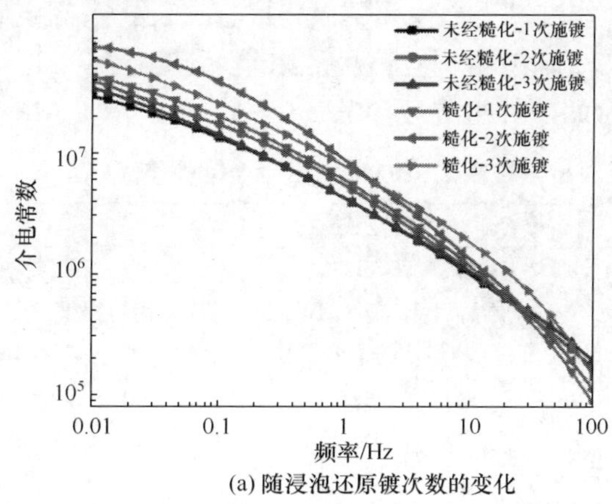

(a) 随浸泡还原镀次数的变化

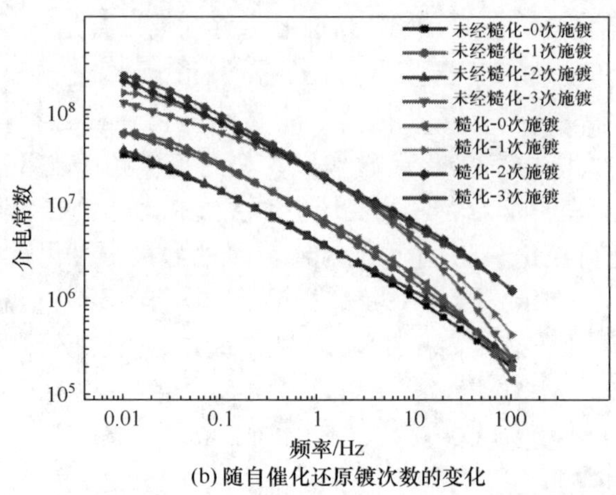

(b) 随自催化还原镀次数的变化

图 3.11 IPMC 介电常数随电极沉积工艺的变化

3.5 IPMC 力电响应特性

IPMC 的电致动性能可由其在电压作用下的位移响应、力响应以及响应时间来表征。本节首先介绍 IPMC 力电响应测试方法，然后以尺寸为 35mm×5mm 的 Pd-IPMC 样品为对象，在悬臂夹持条件下测量其力电响应特性，并分析制备工艺对其力电性能的影响。

3.5.1 电致动测试仪器及平台

IPMC 电致动性能测试平台主要用以完成直流、交流、固定频段扫频信号的输出及激励电压和电流、位移、力响应信号的采集，同时也可以进行致动图像实时采集等工作。测试平台的硬件组成可参考表 3.1。

表 3.1 IPMC 测试平台硬件组成

仪器设备名称	参考型号	用途
隔振台	港东：GSZT-5	隔除桌面的低频振动
位移平台	华维浩润：BP50-1/ BS60-1	提供三个方向的平行移动
数据采集卡	凌华：DAQ2214	产生激励信号；进行模拟信号采集
任意信号功率源	HAMEG：HM8143	用于对激励信号进行功率放大
可编程直流电源	数英：SK3323	给电流测量电路提供恒压电源
激光位移传感器	Keyence：LK-G80	测量 IPMC 的变形位移
微力传感器	Transducer Techniques：GSO-10	测量 IPMC 的输出力
CMOS 相机	048SM	实时采集致动图象
电流测量电路	自制	采集并放大电流信号

测量平台控制流程如图 3.12 所示，它通过 LabVIEW 编程控制，使用多功能数据采集卡完成驱动信号的输出及驱动电压、电流响应、位移和输出力信号的采集过程。测量中，首先由采集卡产生激励信号，经过功率放大电路后驱动实验台上夹持的 IPMC，继而将 IPMC 产生相应的电流、力和位移响应通过传感器或者测量电路转化成电压信号，并由采集卡进行采集。为了更好地保证测量的一致性，减少外界环境振动干扰，实验装置通常应放置在隔振台上，并用三向位移平台控制传感器和夹具的移动。平台实物连接图如图 3.13 所示。

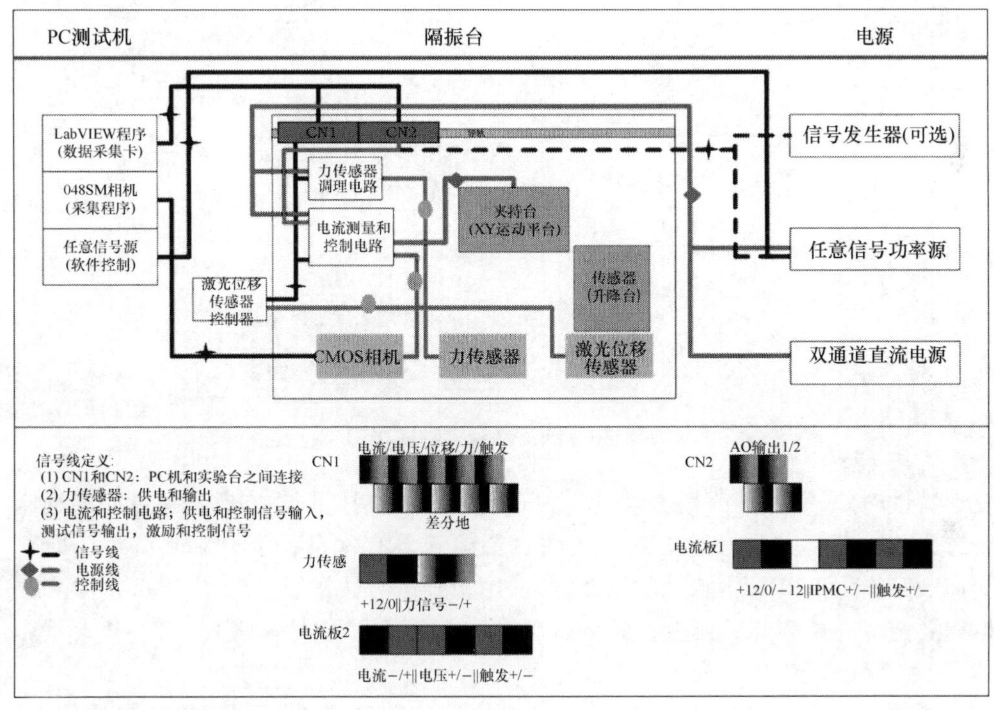

图 3.12　IPMC 测试平台控制流程示意图

平台的组成需要包括激励、感测和采集记录三个部分。

1）激励部分

测试平台采用计算机 LabVIEW 程序输出模拟激励信号，通过功率放大器放大后驱动 IPMC 测试样件。数据采集卡主要完成激励信号产生和数据采集两个功能，因此需要选择一款既有模拟信号输出又具有模拟信号输入的多功能数据采集卡。采集卡输出激励信号用于控制 IPMC 变形，根据材料驱动要求需要产生不同频率(直流～几百赫兹)、任意波形(如方波、锯齿波等)、不同电压(≤10V)的电信号。而由图 3.12 可知，采集卡至少应保证可以同时测量四路信号，每路采样频率需要达到 1kHz 左右，采集信号幅值在 10V 以内。研究直流激励作用下 IPMC 的

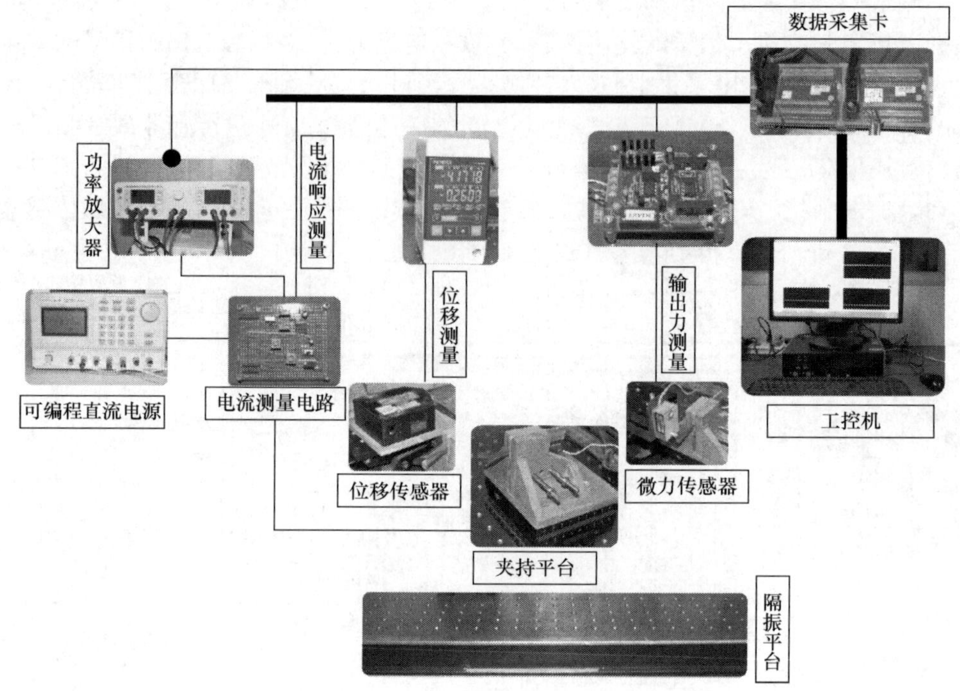

图 3.13 测试平台实物连接图

变形特性时，采用激励信号通常设置为 0.5～2V，采用低频方波实现持续时间通常设置为 40～60s，这种激励方式产生的直流电压具有优良的上升和下降沿。研究交流激励作用下 IPMC 的变形特性时，采用激励信号通常设置为 0.5～2V，频率根据需要选择为单频测试或者扫频测试（通过 LabVIEW 软件实现）。

2）感测部分

测试平台中采用 Kyence 公司的激光位移传感器测量 IPMC 的末端位移，精度和量程满足大变形的测试需要；采用 Transducer Techniques 公司的微力传感器测试末端阻滞力；采用基于 AD620 单芯片仪表放大器制作的测量电路用于测试 IPMC 的驱动电流，测量电路本底电流（约 0.15mA）要远小于采集卡的分辨率（0.5mA），能够很好地抑制环境干扰。为了保证上述传感器在测试过程中与样片的垂直度不变以及平移距离的准确性，可以使用多方面位移平台（手动或电动）对传感器进行移动。

3）采集记录部分

位移、力和电流信号通过数据采集卡采集并保存到计算机中，通常采样频率设为 1kHz。

测试操作步骤和数据处理程序都需要进行规范化，尽可能保障测试环境和激励的一致性，以快速获得准确可信的测试结果。通常测试在室温(15～25℃)下进行，实验室环境湿度在 40%～50%RH。特殊情况下，应对测试环境进行必要的处理，如建立封闭实验腔，改变实验环境的温湿度等。

如 3.2 节中所述，用于电致动测试和弹性模量测试的样品通常为 35mm×5mm 左右的长条状试样。为了减少手工切割的误差，保证每次切割尺寸的一致性，可以使用简单的样品切割模具，如图 3.14(a)所示，切割出来的测试样品如图 3.14(b)所示。

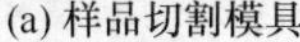
(a) 样品切割模具

(b) 电致动测试样品

图 3.14　电致动测试样品准备

3.5.2　IPMC 在直流激励条件下的力电响应规律

如前所述，IPMC 力电响应性能受电压大小的影响，考虑到驱动电压受水电解电压的限制，一般驱动电压取为 1～3V。

1. IPMC 自由端变形

IPMC 在不同阶跃电压作用下的自由端变形特征如图 3.15 所示。其中图(a)为 2.5V 阶跃电压条件下测量的末端位移响应。由图可见，加电瞬间 IPMC 迅速向阳极变形，约 0.15s 后开始向阴极松弛，经过一段时间后阴极变形达到稳定；断电瞬间，IPMC 继续向阴极偏移，然后向平衡位置恢复变形。

这个变形过程可以通过内部水合阳离子和水分子在电场作用下的迁移机理来解释：对于加电过程，加电瞬间水合阳离子在电场作用下迅速向阴极迁移，从而形成阳极变形，当变形达到最大时，离子迁移形成的内电场与外部电场形成平衡，但水合离子迁移引起水分子重分布，从而引起自由水分子的向阳极迁移，产生较大的负向位移。对于断电过程，断电瞬间水合阳离子迅速向阳极迁移以恢复电平衡，形成瞬间负向位移增大，然后水分子重新分布恢复到平衡位置。

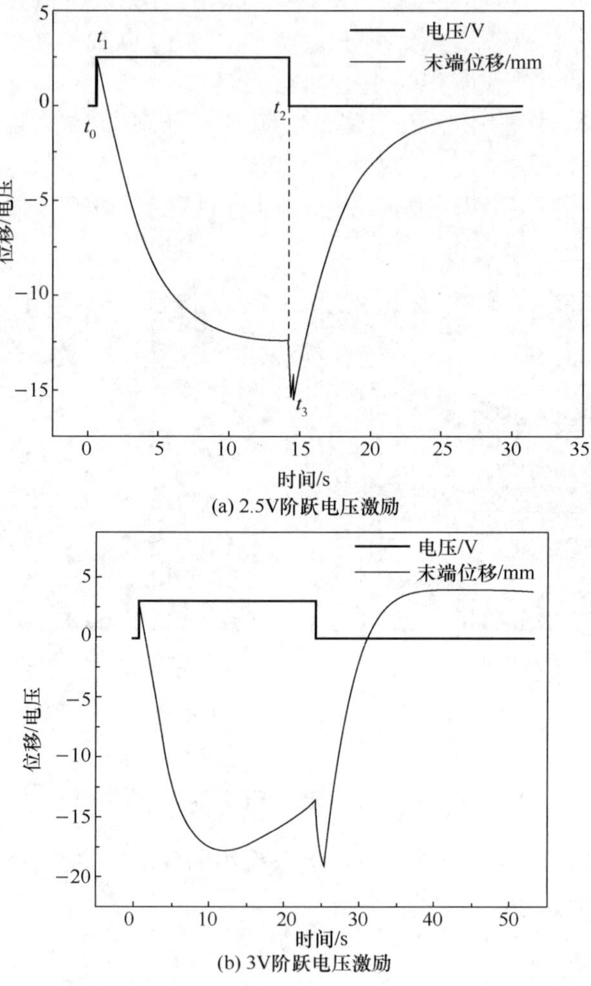

图 3.15　阶跃电压作用下 Pd-Nafion 型 IPMC 位移响应

当电压为 3V 时，IPMC 发生水电解现象，它不仅影响材料正常阳极变形趋势，而且影响材料的响应速度。3V 阶跃直流电压作用下材料的末端位移响应如图 3.15(b)所示，与图(a)相比可知，相同之处是它也分为四个阶段，即离子迁移引起的阳极变形、水分子重分布引起的松弛变形、断电后离子恢复平衡引起的阴极变形以及水分子恢复平衡引起的阳极变形；不同之处是加电和断电过程中水分子引起的变形，其中松弛变形达到最大后再次向阳极恢复变形，使得变形不稳定；断电过程中的恢复平衡变形超过了平衡位置。整个过程与阴极和阳极的电解反应有关，同时伴随着水分蒸发流失，作用机制十分复杂。

不同电压作用下材料阳极最大变形和阴极稳定位移如图 3.16 所示，由图可以看出:①无论阳极最大变形,还是阴极稳定变形,电压越大,变形越大,这是由于电压越大,迁移离子所受动力越大;②变形性能与施加电压存在近似二次关系。

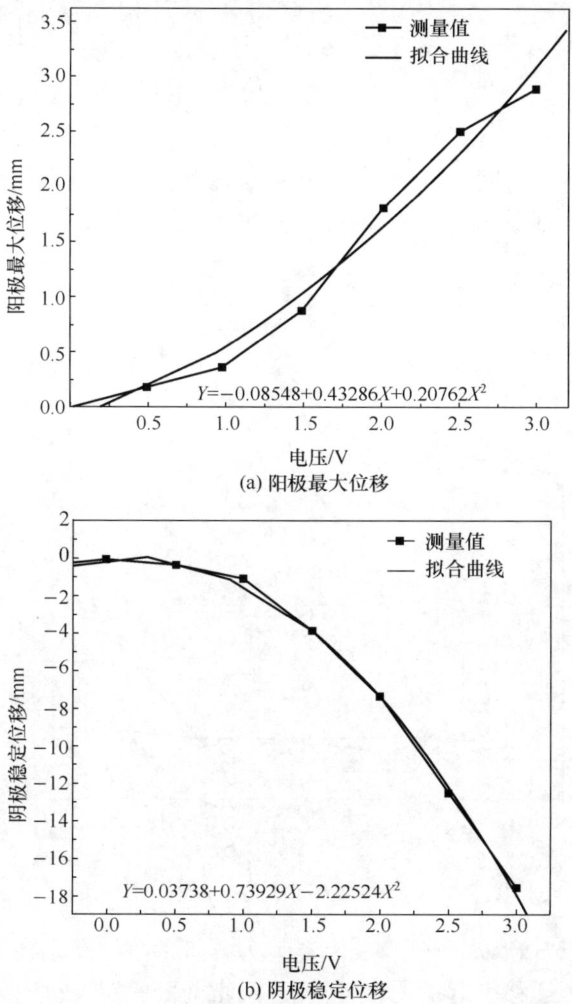

(a) 阳极最大位移

(b) 阴极稳定位移

图 3.16　直流电压作用下材料阳极最大位移和阴极稳定位移

需要说明的是,上述变形规律仅是针对某一具体 IPMC 样片的测量结果,实际上,IPMC 的位移响应特征在很大程度上受到电极界面特性以及内部含水量的影响,具体情况将在后续章节中详细介绍。

2. 不同电压下 IPMC 响应时间

如果定义加电时刻到达最大阳极变形时刻之间的时间段为上升时间 t_r(即 t_1-t_0),断电时刻到达材料阴极变形最大时刻为下降时间 t_f[即图 3.15(a)中 t_3-t_2]。

上升时间是水合阳离子向阴极迁移引起向阳极变形的过程，而下降时间是水合阳离子恢复到平衡位置引起变形的过程，对同一片材料来说，所含离子数目不变，这两个过程作用时间理论上应该相等。实际测量的不同电压下材料的上升与下降时间如图 3.17所示。由图可以看出，不同电压作用下上升和下降时间基本相同，但电压较高时存在反常现象。即当电压为 3V 时上升时间增大，这可能是上升过程受到电解电流影响，从而使位移响应变慢；当电压为 2.5V 和 3V 时，下降时间不仅比低电压作用下下降时间长，而且相比相应电压作用下上升时间长，说明这两个电压下下降过程不仅都受电解电流影响，而且电解现象随时间推移而加剧，从而使下降时间延长。

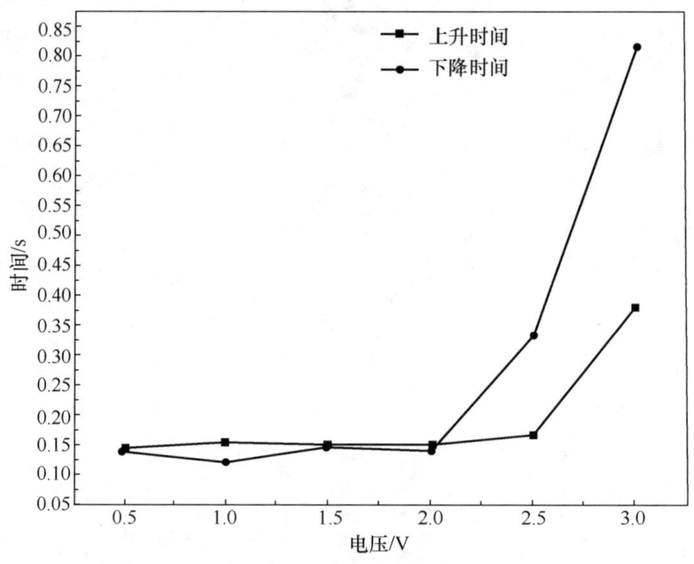

图 3.17　不同电压下上升时间和下降时间

从图中还可以发现，离子迁移引起的运动响应时间，即上升时间和下降时间，要远小于由水分子迁移引起的阴极变形稳定时间和平衡恢复时间，同时离子迁移运动是水分子运动的诱因，因此可以认为高频交流电作用下离子迁移将起主导作用，低频交流电作用下水分子运动作用才表现明显。

综上所述，可以发现以下规律。

(1) IPMC 在直流电作用下位移响应可分为四个过程，主要机理是水合离子和水分子的迁移作用。

(2) 材料的阳极最大变形和阴极稳定变形与电压的关系近似为二次函数。

(3) 变形过程中，水合离子的快速响应决定材料的高频性能，水分子迁移决定材料的低频性能。

(4) 电压较大时水的电解现象是影响材料性能稳定性的关键因素之一。

3. 不同电压下 IPMC 输出力

不同电压作用下 IPMC 样片末端最大阻滞力测量结果如图 3.18 所示。由图可见,阴极最大输出力与加载电压也近似为二次函数关系。

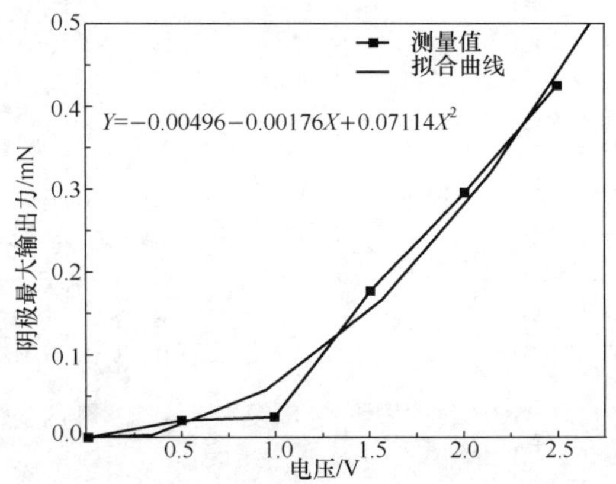

图 3.18　直流电作用下材料阴极方向最大输出力

3.5.3　IPMC 力电响应与电极沉积过程的关系

1. 响应位移

图 3.19 与图 3.20 分别给出了 IPMC 样片在 2V、0.1～1Hz 电压驱动时的位移响应与浸泡还原镀和自催化还原镀电极施镀次数的关系,图中 1、2、3 分别表示施镀的次数。

由图 3.19 可见,无论是否经过糙化处理,电致变形均随着浸泡还原镀次数的增加而增加,且对于只经过浸泡还原镀的样片,未经糙化的样片的性能优于经过糙化的样片。这是因为在浸泡还原镀工艺中,在电极沉积初期,表面电阻率急剧下降,使得电压的利用率急剧上升,而弹性模量的增长并不足以限制材料的变形。同时,未打磨样片由于表面电阻率处于显著优势,因此在只经过浸泡还原镀的样片中,变形比经过糙化的样片大得多。

图 3.20 为经过三次浸泡还原镀和不同次数自催化还原镀制备出的 IPMC 样片。由图可见,对于糙化后样片,自催化还原镀使 IPMC 的性能有了飞越性的提高,其中经过两次自催化还原镀的样片性能最优。而对未糙化样片来说,随着自催化还原镀次数的增加,性能则持续降低。这是因为,对于糙化样片,自催化还原镀在大幅降低表面电阻方面体现的优势使材料电致动性能有了显著提高,而未糙化样片在经过三次浸泡还原镀后表面电阻率已然很低,可以提高的空间较小,而其脆

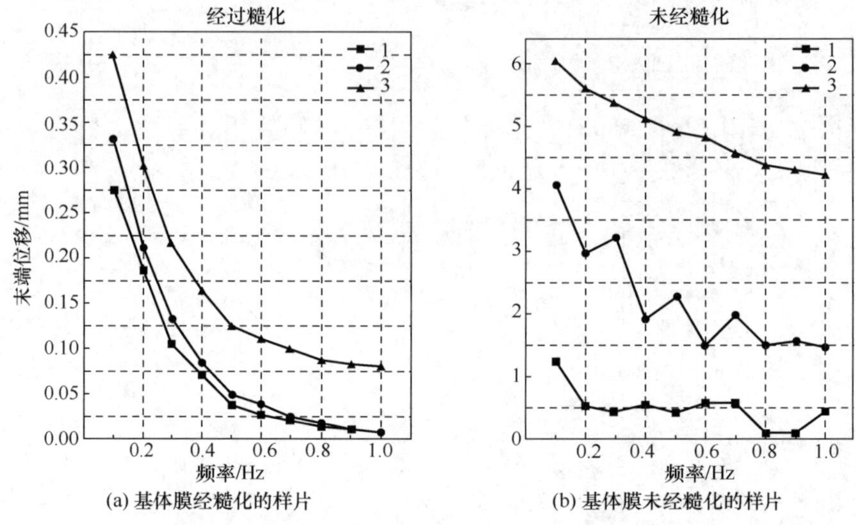

(a) 基体膜经糙化的样片　　(b) 基体膜未经糙化的样片

图 3.19　IPMC 电致动位移随浸泡还原镀次数的变化

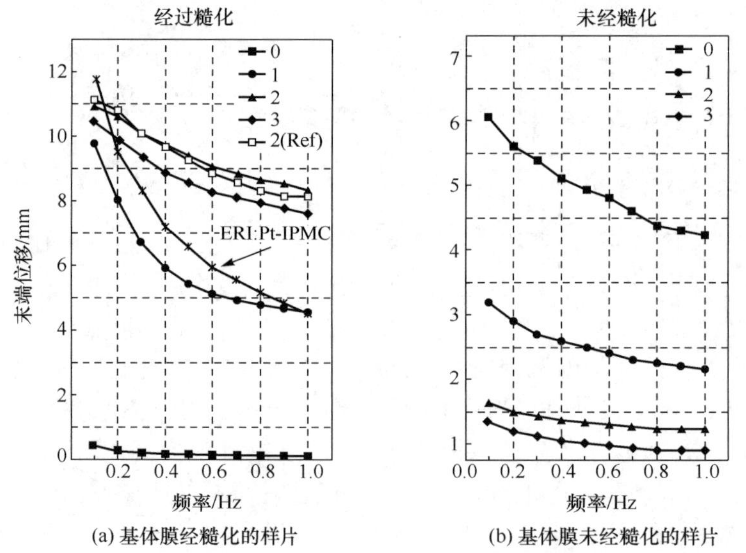

(a) 基体膜经糙化的样片　　(b) 基体膜未经糙化的样片

图 3.20　IPMC 电致动位移随自催化还原镀次数的变化

性电极的生长使得材料整体有效弹性模量急剧增大，在很大程度上成为阻碍样片变形的决定性因素。此外，图 3.20(a)中 2(Ref)与 2 为相同工艺，相同工艺制备的样品性能相近表明工艺的可重复性较高；另外，图中标记 ERI:Pt-IPMC 的曲线为从美国 ERI 公司购买的 Pt 电极型 IPMC 的测量结果，可见 Pd 电极型 IPMC 在合适的制备工艺下完全具有超越 Pt 电极型材料的可能性。

2. 响应力和响应时间

根据不同制备工艺可获得四种不同电极界面的样片(此处标记 1、2、3、4 分别表示不同的样品号),其工艺组合过程如表 3.2 所示。这四种样片在 2V 直流驱动下的力响应和响应时间如图 3.21 所示,ERI 公司购买的 Pt 电极型 IPMC 的测量结果也展现在图中作为对比。

表 3.2 不同电极特性 IPMC 样品的工艺组合

样片号	糙化处理	浸泡-还原镀次数	自催化还原镀次数
1	糙化	3	0
2	不糙化	3	0
3	糙化	3	3
4	不糙化	3	3

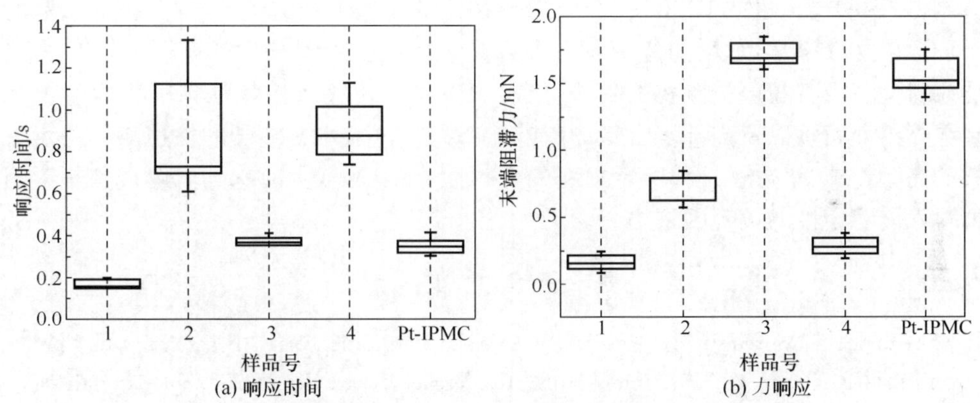

(a) 响应时间 (b) 力响应

图 3.21 四个典型界面样片以及 ERI:Pt-IPMC 的响应时间和输出力对比

图 3.21(a)中,四个样片以及从 ERI 购买的 Pt-IPMC 样片的响应时间分别为 0.16s、0.89s、0.38s、0.91s 和 0.34s。由图可见,无论是否经过自催化还原镀工艺,糙化工艺均可以有效地缩短响应时间,原因可能在于经过糙化后,沉积的电极颗粒更加疏松,且糙化导致的芯层材料厚度减小,导致内部质量传输的距离有所降低。此外,糙化使响应时间的一致性增强,也就是说,响应的稳定性有所提高。而同样的表面,经过自催化还原镀后响应时间延长。可见,电极厚度和渗入电极的密实度增加会致使电致动响应变慢。

这五片样片的阻滞力分别为 0.16mN、0.72mN、1.74mN、0.27mN 和 1.58mN。可见,经过糙化的样片,自催化还原镀会使阻滞力增加,而未经糙化样片,由于自催化还原镀会使电极过硬,变形较小,从而阻滞力也有所降低。另外,经过三次浸泡还原镀和三次还原镀的 Pd-IPMC 的输出力可以超越 ERI 的 Pt-IPMC。

3.6 本章小结

IPMC 性能主要由材料成分、材料微结构、弹性模量、表面电阻率、介电常数等决定，其特性主要体现在响应电流、输出位移、输出力等电致动性能。本章重点介绍了 IPMC 的弹性模量、表面电阻率、介电特性以及力电特性的测试方法及其变化规律，同时分析了制备工艺对这些物理参数变化规律的影响。

本章指出：IPMC 弹性模量随着浸泡还原镀和自催化还原镀电极沉积次数增加而逐渐增加，且在其他工艺条件相同时，打磨的样片比未打磨样片的弹性模量要小得多；表面电阻随着施镀次数的增加显著降低，其中自催化还原镀对于增加表面电极厚度、降低表面电阻率的效率比浸泡还原镀高。本章还介绍了 IPMC 的弛豫机制，并说明糙化过的 IPMC 的介电常数在低频段比未经糙化的要高，施镀次数的增加会增加介电常数，增加范围在一个数量级以内。本章最后介绍了 IPMC 力电响应特性以及其与电极沉积的关系，指出 IPMC 的位移响应特征在很大程度上受到电极界面特性以及内部水含量的影响；变形过程中，水合离子的快速响应决定材料的高频性能，水分子迁移决定材料的低频性能；电压较大时水的电解现象是影响材料性能稳定性的关键因素之一。

参考文献

[1] Fernández D, Moreno L, Baselga J. Towards standardization of EAP actuators test procedures//Bar-Cohen Y. SPIE International Conference, Smart Structures and Materials Symposium: Electroactive Polymer Actuators and Devices(EAPAD). San Diego, CA, USA: International Society for Optical Engineering, 2005, (5759): 274-282

[2] Fernández D, Espinosa R, Moreno L, et al. Characterization of IPMC actuators using standard testing methods//Bar-Cohen Y. SPIE International Conference, Smart Structures and Materials Symposium: Electroactive Polymer Actuators and Devices(EAPAD). San Diego, CA, USA: International Society for Optical Engineering, 2006, (6168): 181-187

[3] Park I S, Kim S M, Kim K J. Mechanical and thermal behavior of ionic polymer-metal composites: effects of electroded metals. Smart Materials and Structures, 2007, 16: 1090-1097

[4] 安逸，熊克，顾娜. 采用梯度功能方法的 IPMC 弹性模量改进模型. 复合材料学报，2009，26(6)：5

[5] Zhu Z C, Chen H L, Li B, et al. Characteristics and elastic modulus evaluation of Pd-Nafion ionic polymer-metal composites. Advanced Materials Research, 2010, 97-101: 1590

[6] Chang L F, Chen H L, Zhu Z C, et al. Manufacturing process and electrode properties of pal-

ladium-electroded IPMC. Smart Materials and Structures,2012,21:065018

[7] 唐运军,唐华平,殷陈锋. 一种离子交换树脂金属复合材料(IPMC) 的力学参数测定. 高技术通讯,2007,17(5):508-511

[8] 朱子才. 离子聚合物-金属复合材料(IPMC)制备和性能研究. 西安:西安交通大学硕士学位论文,2008

[9] Kwang J K,Shahinpoor M. Ionic polymer-metal composites:II. Manufacturing techniques. Smart Materials and Structures,2003,12:65-79

[10] Nemat-Nasser S,Wu Y X. Comparative experimental study of ionic polymer-metal composites with different backbone ionomers and in various cation forms. Journal of Applied Physics,2003,93(9):5255-5267

[11] Shahinpoor M,Kim K J. The effect of surface-electrode resistance on the performance of ionic polymer-metal composite(IPMC) artificial muscles. Smart Materials and Structures,2000,9(4):543-551

[12] Kim S J,Kim S M,Kim K J,et al. An electrode model for ionic polymer-metal composites. Smart Materials and Structures,2007,16:2286-2295

[13] Tadokoro S,Yamagami S,Takamori T,et al. Modeling of Nafion-Pt composite actuators (ICPF) by ionic motion. Proceeding of SPIE,2000,3987:92-102

[14] Branco P J C,Dente J A. Derivation of a continuum model and its electric equivalent-circuit representation for ionic polymer-metal composite(IPMC) electromechanics. Smart Materials and Structures,2006,15(2):378-392

[15] Farinholt K M,Leo D J. Modeling the electrical impedance response of ionic polymer transducers. Journal of Applied Physics,2008,104:014512

[16] Akle B J,Leo D J,Hickner M A,et al. Correlation of capacitance and actuation in ionomeric polymer transducers. Journal of Materials Science,2005,40(14):3715-3724

[17] 赵孔双. 介电谱方法及应用. 北京:化学工业出版社,2008

[18] Mauritz K A. Dielectric relaxation studies of ion motions in electrolyte-containing perfluorosulfonate ionomers. 4. Long-range ion transport. Macromolecules, 1989, 22(12): 4483-4488

第 4 章　IPMC 基体膜制备工艺

第 2 章介绍 IPMC 制备工艺中,主要采用的是商用 Nafion 成品膜。目前,Nafion系列离子交换膜的型号包括 Nafion 117、Nafion 115、Nafion 112 、Nafion 101 和 Nafion 1110 等,膜厚度 50～250μm 变化不等。显然,在某些特殊场合,这些给定厚度的商用 Nafion 成品膜可选择性较小,限制了 IPMC 的应用,人们必须根据实际应用需求制备不同厚度和形状的 Nafion 材料。为此,本章专门介绍采用 Nafion溶液制备 Nafion 膜,尤其是厚离子交换基体膜的制备工艺,并深入讨论温度以及四种典型的高沸点添加剂对厚基体膜的微观特性及物理属性的影响,在此基础上制备不同加厚基体膜的 IPMC,讨论其力电性能对高沸点添加剂的依赖关系,为制备具有良好力电性能的多种厚度和形状的 IPMC 奠定基础[1]。

4.1　概　　述

如前所述,DuPont 公司生产的 Nafion 膜是目前最常使用的 IPMC 基体膜,如图 4.1(a)所示。Nafion 离子膜吸水之后,膜内部分子链末端固定阴离子自发聚集形成球形离子簇,离子簇中间是包含阳离子的水溶液,如图 4.1(b)所示,这些离子簇之间通过微通道连通,形成固液两相结构。

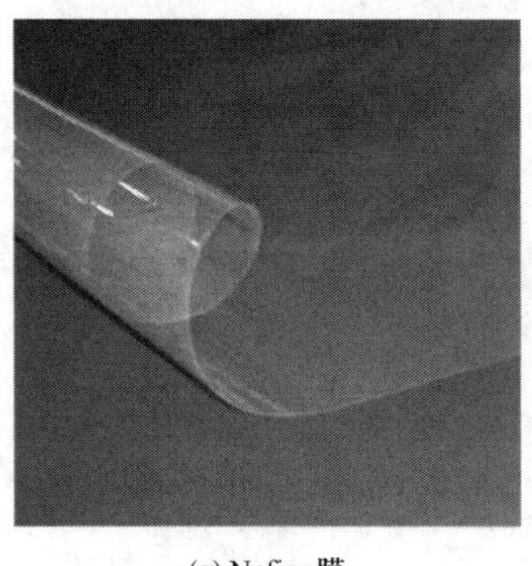

(a) Nafion膜

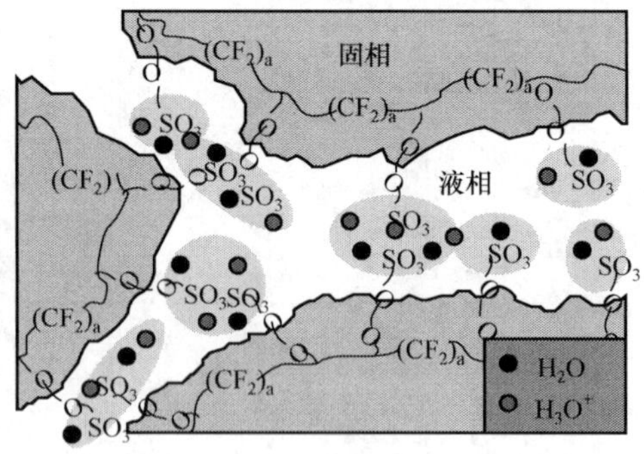

(b) 膜微观结构

图 4.1　Nafion 系列离子交换膜

Nafion 膜属于全氟磺酸树脂材料,一般地,其成型工艺主要有熔融挤出法、挤出流延法、多层膜热压法和溶液铸膜法[2-4]。下面对每种方法进行简单介绍。

1）熔融挤出法

由于全氟磺酸树脂的熔融温度和起始分解温度相差较大，所以可以采用将树脂熔体直接从挤出机挤出成膜的成型方法。该法是把全氟磺酸树脂在一定的温度（160～230℃）下用挤出机直接挤出，挤出温度高于树脂的熔融温度，但低于分解温度。

这种方法挤出的膜常有"针眼"等缺陷，目前无缺陷挤出膜的熔融挤出工艺仅由美国 DuPont 和日本 Asahi 等少数公司掌握。

2）挤出压延法

将一定配比的全氟磺酸树脂凝胶体系液加入挤出机，通过挤出机螺杆的加热、塑化、熔融作用完成膜的成型，同时除去溶剂。通过控制挤出机的操作参数来保证树脂成型过程中所需的温度、供料量等工艺条件，以生产不同厚度的离子交换膜。这种方法所需设备复杂，条件苛刻，仅适合批量生产。

3）多层膜热压法

通过热压方法将商用多层 Nafion 膜黏合在一起即可产生加厚的 Nafion 膜[5]，基本流程如下：首先将单层 Nafion 膜表面进行糙化，以增大黏结时实际黏结面积；然后将除杂后的 Nafion 膜放入高浓度的全氟磺酸溶液中浸泡一段时间；接着将多片 Nafion 膜叠在一起放置在全氟磺酸溶液中保持一定时间，再把置有多层膜的模具放入烘箱烘干，烘干时间大于 1h；最后，在 130～150℃ 和 0.02MPa 压力条件下，对多层膜处理 2h 即可形成厚膜。研究发现，尽管采取了多种措施增加多层膜的黏结强度，但这种方法制备的增厚膜层与层之间仍可能存在缝隙，从而影响其性能。

4）溶液铸膜法

该方法在实验室制备 Nafion 膜中应用最为广泛，其基本流程为：首先制备全氟磺酸树脂溶液，然后蒸发掉溶液中的有机溶剂，使之成膜。该种方法的优势是可以制备任意厚度的 Nafion 膜，并且可以通过改变铸膜工艺参数调节 Nafion 铸膜的微观结构。

除了商业离子交换膜之外，方法 1）和方法 2）并未在实际制备 IPMC 中使用。由于方法 3）制备的加厚 IPMC 在层与层之间可能存在缝隙，机电性能衰减较快，也不宜采用。因此，本章重点介绍溶液铸膜法制备加厚 Nafion 膜的制备工艺。

到目前为止，基于 Nafion 溶液的铸膜工艺已有不少研究。在氯碱工业、电渗析和燃料电池等领域研究中，研究者主要用溶液铸膜工艺制备薄的 Nafion 铸膜材料（厚度$<50\mu m$），重点关注铸膜离子传输和选择的能力[6,7]。研究表明，Nafion 铸膜的微结构高度依赖于铸膜过程中所使用的高温添加剂的种类。因此，本章以 IPMC 为应用背景，选择四种典型的高沸点添加剂，包括乙二醇（EG）、二甲基亚砜（DMSO）、二甲基甲酰胺（DMF）及二甲基甲酰胺（NMF），介绍这四种高温添加剂

对 Nafion 铸膜微观结构的形成机制，并深入分析不同微观结构的铸膜对 IPMC 的物理属性及机电性能带来的影响，在此基础上确定最佳 Nafion 铸膜制备工艺。

4.2 Nafion 溶液铸膜工艺

本节首先分析热处理温度对铸膜特性的影响，确定铸膜最佳热处理温度，然后针对四种典型的高沸点添加剂，依据实验结果讨论其对铸膜微结构的形成及宏观机电特性的影响。最后给出利用溶液铸膜工艺制备成的 Pd 型 IPMC 机电性能，分析讨论铸膜特性对 IPMC 机电性能的影响关系。

4.2.1 热处理温度对 Nafion 溶液铸膜的影响

Nafion 溶液铸膜过程中，首先初步成膜，然后需要对 Nafion 膜在一定温度下进行热处理。不经过热处理的 Nafion 膜强度不够，长时间在水中浸泡容易过度溶胀并部分溶解。经过高温热处理后，Nafion 溶液铸膜在强度、柔韧性等性能上得到改善。在此过程中，温度偏低或偏高均对铸膜质量有不良影响，因此，选择合适的热处理温度很重要。

为了表明温度的影响，本章给出四个热处理温度区间的实验结果，即 60～100℃、100～140℃、140～180℃、180～220℃，通过实验获得的各温度区间热处理后 Nafion 溶液铸膜的质量对比结果见表 4.1。

表 4.1　不同热处理温度对 Nafion 溶液铸膜质量的影响

热处理温度	铸膜质量
60～100℃	基本不成膜，即使长时间加热，溶液仍处于半固态，遇水溶解
100～140℃	可以成膜，延长加热时间得到的铸膜表面平滑透明，有一定的强度和韧性，遇水不溶解
140～180℃	铸膜表面呈黄色和淡黄色，经强氧化剂处理可呈透明色
180～220℃	铸膜脱模时易碎，边缘不平整且表面部分发黑

由表可以看出，100～140℃温度区间铸膜具有较好的成膜质量。为此，本章在 Nafion 溶液铸膜过程中，设置热处理温度为 120℃，图 4.2 为 120℃热处理温度下获得的 Nafion 铸膜样本。

4.2.2 溶液铸膜基本工艺

溶液铸膜过程如图 4.3 所示。首先，根据所要求的铸膜厚度计算出所需的 Nafion 溶液（Nafion 520CS，美国 DuPont 公司生产）体积，由于在铸膜过程中，溶液体积大于铸膜体积，初始溶液液面高度远远高于铸膜厚度，所以模具四壁必然残留一些 Nafion 溶液，所以在计算所需溶液体积的过程中需增加 5%浇铸溶液作为

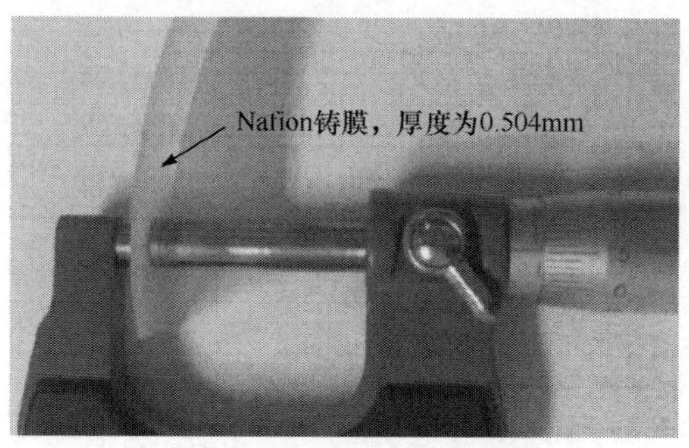

图 4.2　实际铸膜样本

补偿，溶液体积按下式进行计算：

$$V=\frac{L\times W\times h}{5\%}\cdot(100+5)\% \tag{4-1}$$

式中，V 为溶液总量(L)；h 为膜厚度(m)；W 为模具底面宽度(m)；L 为模具底面长度(m)。

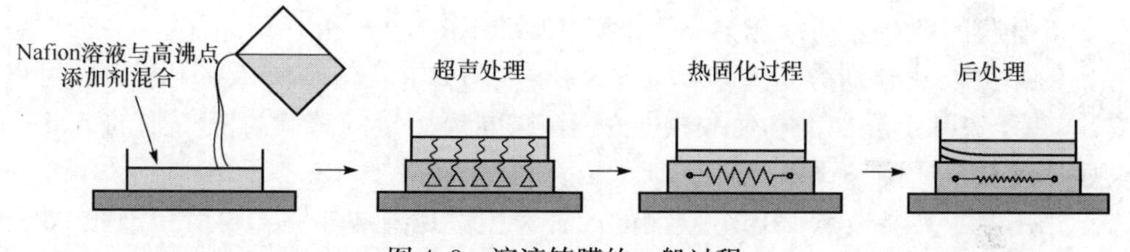

图 4.3　溶液铸膜的一般过程

在上述计算基础上，计算高沸点添加剂的使用量，Nafion 溶液和高沸点添加剂按 10∶1 比例混合。

然后，将混合溶液放入超声清洗机中超声处理 30min。超声处理主要有两个目的：一是使 Nafion 溶液和高沸点添加剂混合更加均匀；二是在溶液混合过程中，容易混入气泡，超声能够去除这些气泡，使铸膜更平整、光滑，避免铸膜中夹杂气泡。

接着，采用水平仪调平干燥箱底部平台，设置真空干燥箱参数，将铸膜液置于平台上进行加热。这一步骤分两个阶段进行：先在 80℃温度下静置 30min，然后将温度提高到设置温度 120℃，持续加热 6h；将已成膜的 IPMC 基体膜继续加热退火，此时干燥箱的温度设置为 140℃，并保持 30min。然后关闭电源让铸膜随干燥箱冷却，去除应力。经 140℃高温退火后，不仅缓解了铸膜的内应力，而且可使内部微结构之间的结合力增强。

最后，将冷却后的模具取出，并向模具中加入适量去离子水，煮沸 5min，铸膜即自然脱落，得到 Nafion 铸膜。

4.3 高沸点添加剂对 IPMC 性能的影响

本节将通过比较铸膜微观形貌、铸膜物理特性、IPMC 力电特性，分析不同高沸点添加剂对 IPMC 性能的影响。

4.3.1 高沸点添加剂对铸膜微观形貌的影响

商业 Nafion 溶液包含有大量的低分子量有机添加剂，包括乙醇、丙醇和混合醚等。这些添加剂沸点低，加热时会导致 Nafion 溶液挥发迅速，使大分子排列不整齐，机械强度偏低，成膜后 Nafion 膜裂纹大，甚至不成膜，而采用高沸点添加剂可以克服此缺点[8]。为了分析高沸点添加剂的作用及其影响规律，本节选择乙二醇(EG)、二甲基亚砜(DMSO)、二甲基甲酰胺(DMF)及二甲基甲酰胺(NMF)四种高沸点添加剂对其进行实验比较。

为了确保单一变量，实验中所有铸膜进程保证温度、时间以及试剂比例等条件一致。同时，为了比较商业膜和铸膜的性能差异，将商业 Nafion 117 膜作为对照组。五个膜的样本分别标记为 EG、DMSO、DMF、NMF 和 Nafion 117，湿态下各样本的厚度尺寸分别为 0.379μm、0.369μm、0.358μm、0.347μm、0.178μm。可以看出，由于高沸点添加剂和铸膜模具的影响，同等用量的铸膜溶液得到的 Nafion 铸膜厚度并不严格一致。

采用原子力显微镜(AFM)观测的四种铸膜微观结构如图 4.4 所示。在 AMF 图上，颜色的不同表示高度的不同，亮色代表凸起，属于长链分子聚集区，暗色代表凹陷，属于侧链基团聚集区，即离子簇结构，其尺寸范围在 5～50nm。与图 4.4(c)～(e)相比，图 4.4(a)和图 4.4(b)的 Nafion 分子构象更加松散，呈现无定形态，这主要取决于 Nafion 分子与添加剂分子之间的相容性。在 120℃温度下，不同高沸点添加剂分子缓慢从铸膜液中逸出，而 Nafion 分子侧链开始沿着主链收缩，离子聚集区逐渐形成，随着铸膜溶液内溶剂的进一步减少，Nafion 分子主链缓慢聚集在一起，从而形成了特定分子构象的铸膜。可以看出，添加剂确实改变了 Nafion 分子的聚集形态，不同的 Nafion 分子聚集形态呈现不同的微观结构，这种变化将对 Nafion 膜物理特性造成重要影响，包括含水量、离子电导率等。

4.3.2 高沸点添加剂对铸膜物理参数的影响

IPMC 的变形机理可以归结为材料内部离子通量变化以及由于离子迁移所引起的对水分子的电渗拖拽作用，因此，含水量是影响 IPMC 性能的重要指标之一[9]，而 IPMC 含水量主要取决于中间层基体膜的含水量。

为了对比，本节采用差重法测得不同铸膜样本的含水量，并进行比较。具体测

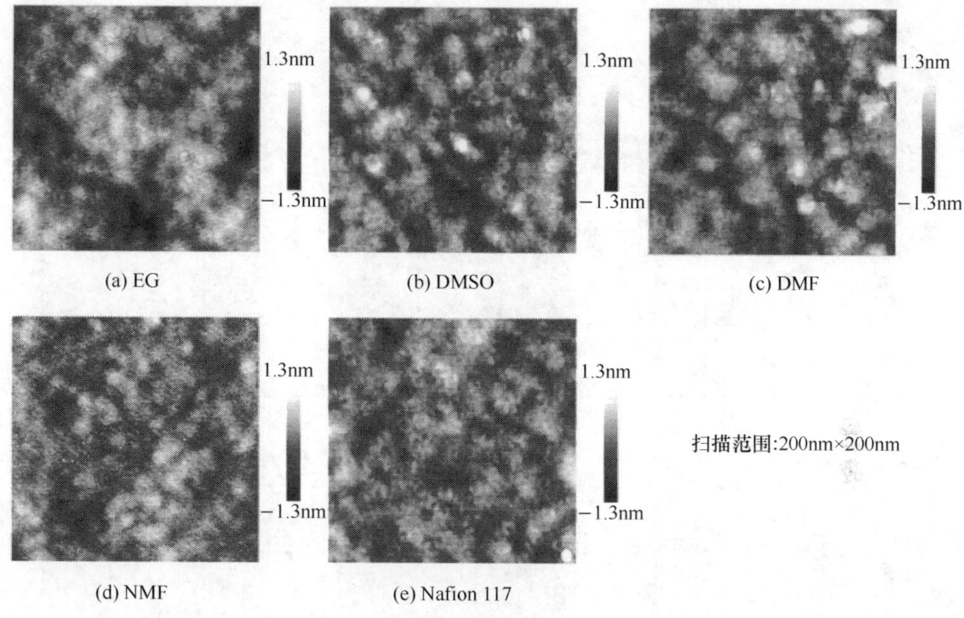

图 4.4　不同铸膜及 Nafion 117 膜的 AFM 图

试过程如下：分别切割相同大小的铸膜样本，然后在去离子水中充分浸泡，浸泡时间>12h，取出擦干明水后，使用称量瓶称量其湿态质量，然后将样本放入真空干燥箱，干燥时间>12h，使样本内部水分充分蒸发，采用相同方法测量干态时样本的质量。此时，含水量按以下公式计算：

$$w=\frac{W_{\mathrm{wet}}-W_{\mathrm{dry}}}{W_{\mathrm{dry}}} \tag{4-2}$$

式中，w 为样本含水量的百分比；W_{wet} 为湿态条件下样本的总质量(kg)；W_{dry} 为干态条件下样本的总质量(kg)。

不同铸膜样本的含水量如图 4.5(a)所示。由图可以看出，所测得的样本含水量大小顺序为 EG>DMSO>Nafion 117>DMF>NMF。归因于不同的高沸点添加剂导致不同的微观结构，进而引起了样本含水量之间的差异。

离子电导率是表征离子交换膜电特性的重要参数。交流阻抗法是一种利用小幅度交流电压或电流对电极扰动，进行电化学参数测定的方法。本节利用交流阻抗法测试样本的离子电导率，不同铸膜样本的电导率如图 4.5(b)所示，图中分别给出了 H^+ 和 Na^+ 形式的铸膜样本电导率。由图可以看出，样本的电导率与含水量的大小顺序具有相同的变化趋势，并且 H^+ 形式铸膜的电导率高于 Na^+ 形式，这是由于在铸膜内部 Na^+ 与侧链磺酸基的结合具有比 H^+ 更强烈的相互作用。

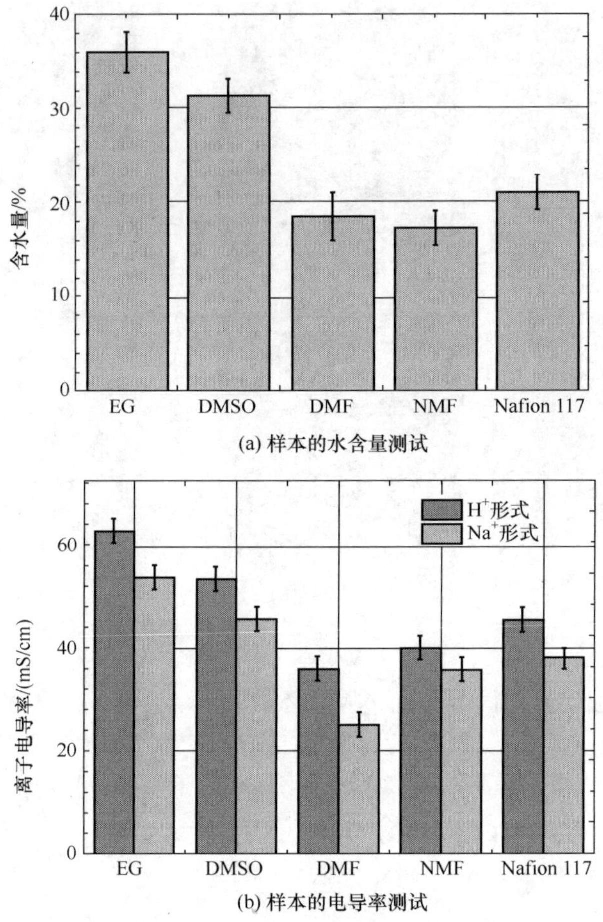

(a) 样本的水含量测试

(b) 样本的电导率测试

图 4.5　不同铸膜及 Nafion 117 膜的含水量和电导率

为了观察其力学特性，在上述已获得的厚膜基础上，采用第 2 章介绍的 Pd 型 IPMC 制备工艺，即三次浸泡还原镀两次自催化还原镀，0.2mol/L 的 NaOH 溶液浸泡，将厚膜样本制备成 IPMC，分别标记为 EG-IPMC、DMSO-IPMC、DMF-IPMC、NMF-IPMC 和 Nafion 117-IPMC。然后采用悬臂梁自由衰减方法测试了干态和湿态条件下铸膜以及 IPMC 的弯曲刚度，不同铸膜的弯曲刚度如表 4.2 所示。

表 4.2　干态和湿态条件下样本的弯曲刚度　(单位:MPa)

样本	铸膜		IPMCs	
	干态	湿态	干态	湿态
EG	315.3	142.1	367.9	183.7
DMSO	337.6	200.2	380.8	236.2
DMF	767.8	265.1	711.9	310.5
NMF	635.1	258.3	676.7	291.8
Nafion 117	402.8	164.2	476.1	254.6

由表可见,干态下样本的弯曲刚度明显高于湿态下的样本,并且具有相同的趋势,其中样本 EG 刚度最小,样本 DMF 刚度最大。其原因是不同的高沸点添加剂导致不同的铸膜微观结构,改变了材料内部离子簇的尺寸、离子浓度、偶极子之间静电力等微观参数,从而决定了不同样品弯曲刚度的不同。另外,不同铸膜样本制备的 IPMC 之间的弯曲刚度普遍高于单纯铸膜样本,这主要是由于增加的电极层提高了材料整体弯曲刚度。

4.3.3　不同高沸点添加剂的 IPMC 力电性能

本节对上述不同铸膜样本制备的 IPMC 进行力电性能测试,仍然采取一端夹持在电极夹具上的悬臂梁方法,测试样本尺寸为 40mm×5mm,其中自由长度为 35mm。测试电压为 2V 直流信号,驱动离子为 Na^+,水作为溶剂。测试时,实验室温度在 15～20℃,环境湿度在 40%～60%RH。同时,为保证材料物理属性的一致性,材料制备完成后即开始性能测试实验,并在饱和含水条件下测试。

1) 末端位移

图 4.6(a)所示为不同样本的位移响应。从图中可以看出,EG-IPMC、DMSO-IPMC、DMF-IPMC、NMF-IPMC 和 Nafion 117-IPMC 样本的最大末端位移分别达到 4.02mm、3.22mm、3.17mm、1.10mm 和 6.90mm。需要说明的是,在所有样本之中,Nafion 117-IPMC 样本的末端位移最大,这是因为其厚度低于其他几个样本的厚度。然而,在所有的铸膜基 IPMC 样本中,虽然它们厚度相差不大,但 EG-IPMC 样本却具有较高的位移,这主要在于 EG 样本有较高的含水量。此外还可以发现,在电激励后,所有样本首先产生向阳极的快速弯曲变形,随后产生向阴极的缓慢松弛变形,这种松弛现象是由于水分子由浓度较高的阴极侧向浓度较低的阳极侧缓慢扩散。从图中可以看出,所有样本均出现不同程度的松弛现象,其中 EG-IPMC 和 DMSO-IPMC 样本松弛更为明显,这也可以归因于 EG 和 DMSO 铸膜样本含水量比其他样本高。

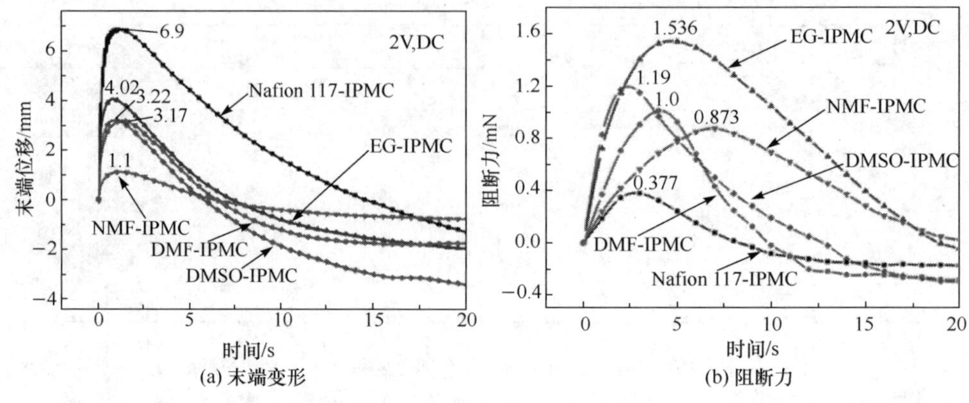

(a) 末端变形　(b) 阻断力

图 4.6　铸膜基 IPMC 性能测试

2）阻断力

图 4.6(b)所示为 2V 直流电压下不同 IPMC 样本测得的阻断力。从测试结果来看，与 Nafion 117-IPMC 样本相比，所有铸膜基的 IPMC 样本均表现出较高的输出力，EG-IPMC、DMSO-IPMC、DMF-IPMC、NMF-IPMC 四个样本的输出力幅值大小分别为 1.536mN、1.19mN、1.0mN 和 0.873mN，而 Nafion 117-IPMC 样本的最大阻断力仅为 0.377mN。铸膜基 IPMC 样本优异的阻断力性能也可归因于厚度和含水量的增加，即厚度增加有助于提高样本的弯曲刚度，而含水量增加将诱导更多的水分子从阳极移动到阴极方向。随着厚度和含水量的增加，阻断力增大。因此，基体膜的厚度和含水量的增加对提高 IPMC 的阻断力有显著作用。从阻断力曲线的松弛情况来看，EG-IPMC 和 NMF-IPMC 的松弛比其他样本更为缓慢。所有样本在 20s 内阻断力均衰减到 0，负值的出现是由于开始测试时给予力传感器适当大小的初始阻断力。综合比较位移与阻断力响应可以看出，无论位移响应还是阻断力响应，均出现松弛现象，并且松弛现象的幅度并没有明显的规律。

3）电流响应

本节也测试了不同 IPMC 样本的响应电流，测试结果如图 4.7 所示。其中，响应电流包括离子电流和电子电流两部分，离子电流主要由基体膜内部离子迁移产生，具有电容性，表现为先产生峰值电流，随后衰减；电子电流主要由膜电阻和电极电阻的存在而产生，表现为稳态电流。离子电流叠加电子电流组成了响应电流，其中离子电流的响应反映了膜内水合离子迁移的快慢，决定了阳极变形大小，稳态电流的波动则反映了材料整体电阻的变化。可见，由于 IPMC 样本的双电层特性，响应电流整体呈现电容性。在所测得的电流响应曲线中，EG-IPMC 和 DMF-IPMC 样本具有较大的电流峰值，而 EG-IPMC 和 Nafion-IPMC 样本分别表现出最大的和最小的稳态电流，这些因素都间接或直接影响到了 IPMC 的力电性能。

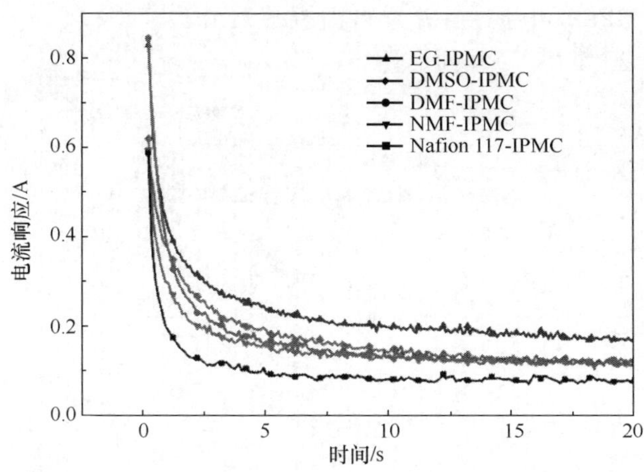

图 4.7　IPMC 样本的电流响应

以上结果表明，在厚度近似的铸膜基 IPMC 样本中，EG-IPMC 样本不仅具有较大的位移，而且具有较高的阻断力，这主要是由于 EG 作为添加剂形成膜的微观结构使其具有较高的水含量，有助于提供更多的水合阳离子迁移到阴极侧，这一点从其电流响应曲线中可能得到证实。

4.3.4　机电转换效率

通常 IPMC 机电性能的评价指标为固定电压下位移和力响应。由于通过铸膜工艺制备的基体膜，无法做到厚度尺寸完全一致，而厚度不同材料的位移和力响应差异较大。为了综合比较不同铸膜及 Nafion 117 膜制备的 IPMC 性能，本节采用应变能和机电转换效率评价材料的性能。

一般来说，IPMC 在弯曲过程中产生的机械能包含动能和弯曲应变能两部分，前者的能量值远远小于后者。因此，在比较过程中可忽略动能的影响，将弯曲应变能视为 IPMC 在电激励下产生的机械能。

在测试过程中，IPMC 仍为一端夹持，另一端自由的悬臂梁结构。图 4.8 所示为简化的 IPMC 悬臂梁结构，同时给出了变形后的示意图。梁弯曲时，弯曲正应力为

$$\sigma_x=\frac{-M_z(t)y}{I_z} \tag{4-3}$$

弯矩 $M_z(t)$和惯性矩 I_z只是 x 的函数，所以，弯曲弯曲变形能 V_ε为

$$V_\varepsilon=\frac{1}{2}\int\sigma_x\varepsilon_x\mathrm{d}V=\frac{1}{2}\iiint\frac{\sigma_x^2}{E_{\mathrm{eq}}}\mathrm{d}x\mathrm{d}y\mathrm{d}z=\frac{1}{2}\int_0^x\frac{M_z\ (t)^2}{E_{\mathrm{eq}}I_z}\mathrm{d}x \tag{4-4}$$

式中，σ_x为沿 y 轴方向的应力分布（$\mathrm{N/m^2}$）；ε_x为沿 x 轴方向的应力分布（$\mathrm{N/m^2}$）；

E_{eq}为弯曲刚度(MPa),可通过悬臂梁自由振荡衰减法获得;$M_z(t)$为等效弯矩,单位(N·m);I_z为 IPMC 沿 z 轴的惯性矩(m^4)。

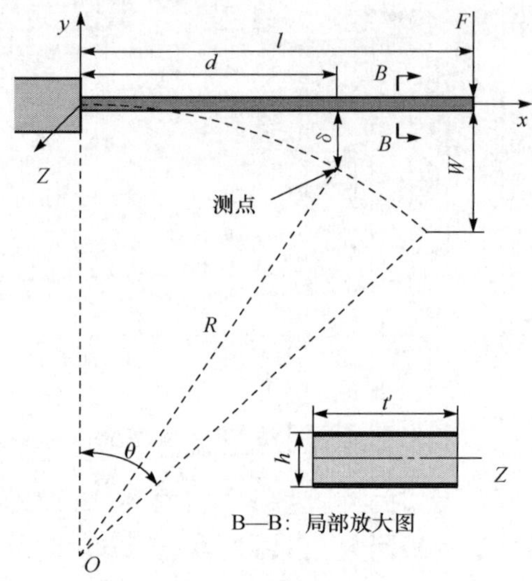

图 4.8 IPMC 悬臂梁结构

由于 IPMC 变形过程中断面尺寸不变,那么

$$V_\varepsilon(t)=\frac{M_z(t)^2 l}{2E_{eq}I_z} \tag{4-5}$$

根据欧拉-伯努利梁理论,可得以下关系:

$$M_z(t)=F_{eq}(t)l \tag{4-6}$$

$$\theta=\frac{l}{R(t)}=\frac{M_z(t)l}{E_{eq}I_z} \tag{4-7}$$

$$R(t)=[d^2+\delta(t)^2]/2\delta(t) \tag{4-8}$$

式中,$F_{eq}(t)$为 t 时刻 IPMC 样本的阻断力(N);$R(t)$为 t 时刻 IPMC 样本的曲率半径;l 为 IPMC 样本的自由长度(m);θ 为 IPMC 样本的转角(°);$\delta(t)$为 t 时刻测点的位移(m);d 为测点到固定端的距离(m)。

结合式(4-3)~式(4-8),可得 IPMC 在 t 时刻的应变能密度为

$$\rho_\varepsilon=\frac{V_\varepsilon(t)}{V}=\frac{2lE_{eq}I_z\delta^2(t)}{V[d^2+\delta^2(t)]^2} \tag{4-9}$$

式中,$V=lht'$为 IPMC 样本自由部分的体积(m^3)。

图 4.9(a)给出了 2V 直流电压下 IPMC 的应变能密度。在所有 IPMC 样本中,Nafion 117 膜制备的 IPMC 具有最大的应变能密度,达到 0.0181J/mm^3;在所有的铸膜基 IPMC 中,EG-IPMC 样本应变能密度较大,达到 0.0113J/mm^3,而

NMF-IPMC 样本性能最差,应变能密度只有 0.0012J/mm³。此外,在回到平衡位置之后,IPMC 的应变能均呈现增加趋势,其中,DMSO-IPMC 样本的应变能密度增加到 0.0098J/mm³,这种松弛引起的阴极变形伴随着较高的能量消耗,不利于 IPMC 应用。

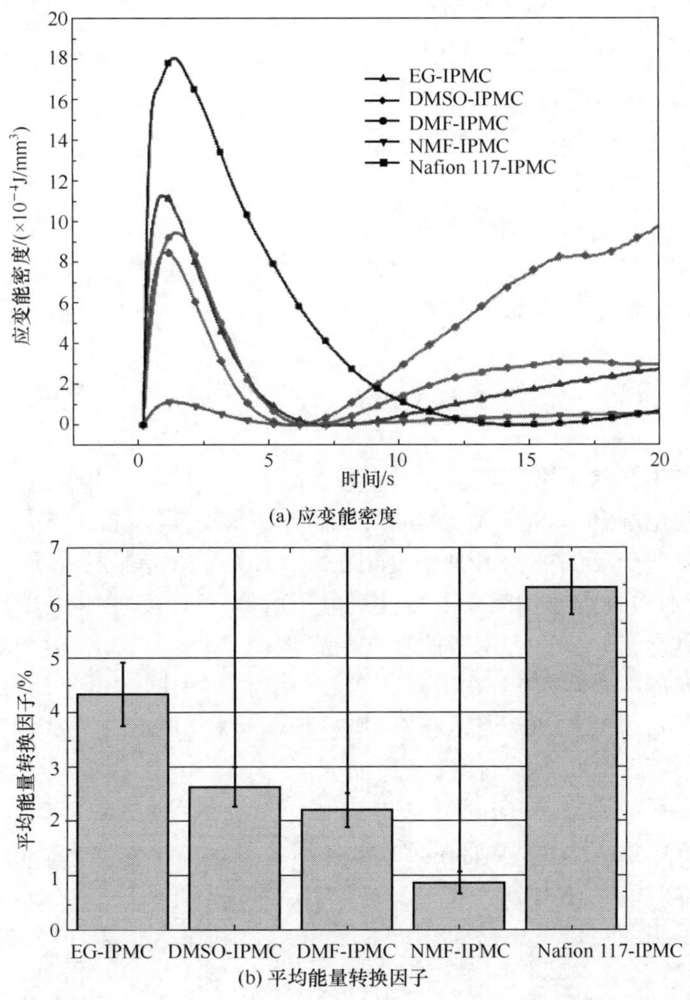

图 4.9　铸膜基 IPMC 能量转换效率

为了进一步评估 IPMC 的性能,还可以采用平均能量转换因子,它反映力电转换效率。平均能量转换因子由产生的机械能与所消耗电能的比值确定,计算公式为

$$\eta_{ACF}=\frac{\int V_{\varepsilon}(t)\mathrm{d}t}{\int u(t)i(t)\mathrm{d}t} \tag{4-10}$$

式中，$u(t)$为驱动过程中所施加的电压(V)；$i(t)$为驱动过程中所测得的电流值(A)。

图 4.9(b)所示为测得的平均能量转换因子。由图可见，Nafion 117 膜制备的 IPMC 样本效率最高，EG-IPMC 样本次之，NMF-IPMC 样本最差，但所有 IPMC 样本的转换因子均低于 1%，Shahinpoor 等[10]曾报道低频驱动过程中 IPMC 的水泄漏对其效率产生重要影响。即使如此，相比于导电聚合物材料，IPMC 仍然显现出优势。

从上述 IPMC 各种机电性能分析可以认为，高沸点添加剂乙二醇(EG)相比本章介绍的其他三种高沸点添加剂能够产生更加适宜性能的 IPMC 微观结构，可制备具有良好力电性能的厚膜 IPMC。

4.4 基于厚膜制备工艺制备柱状 IPMC

厚膜制备工艺除了可以满足要求有较大输出力的场合，也可应用于一些具有特殊要求的应用场合。本节基于前面给出的厚 Nafion 膜制备工艺，制备了一种可以实现多自由度变形的柱状 IPMC。如图 4.10(a)所示，单根柱状 IPMC 的表面有四个电极，变形中分别通过四个电极加载电压信号，可以实现柱状 IPMC 沿正向和斜向等八个方向实现多自由度弯曲。在沿正向驱动柱状 IPMC 时，将电压信号加载于相应方向的一对电极上；在沿斜向 45°驱动时，将相同的电压信号同时加载于柱状 IPMC 所对应的相邻两对电极上，通过控制柱状 IPMC 四个电极加载电压信号，可以实现柱状 IPMC 多自由度的弯曲变形[11]。

柱状 IPMC 的厚度为 1mm，远远大于传统片状 IPMC(约 200μm)，为了在厚膜上获得更好的渗入电极，需要在第 2 章介绍的 IPMC 制备工艺基础上增加浸泡-还原镀的浸泡时间和还原镀次数。图 4.10(b)所示为将还原镀次数增加至六次时的界面形貌。由图可以看出，柱状 IPMC 的电极颗粒渗入很深，电极界面情况也比较理想。

为了降低柱状 IPMC 电极表面电阻，还可以采用电镀金工艺，即在 Pd 电极表面进一步电镀一层 Au，如图 4.10(b)所示。经过电阻测试发现，自催化还原镀之后的柱状 IPMC 表面电极电阻为 5Ω/cm 左右；在电镀金之后，柱状 IPMC 表面电极电阻降低到了 0.5Ω/cm 左右。因此，本节采用的柱状 IPMC 电极制备工艺为 6 次浸泡还原镀-3 次自催化还原镀-电镀金。

最终制得的柱状 IPMC(1mm×1mm×25mm)在 2V 电压驱动下，阻断力可以达到 10.5mN，末端位移可达 3mm，如图 4.11 所示。

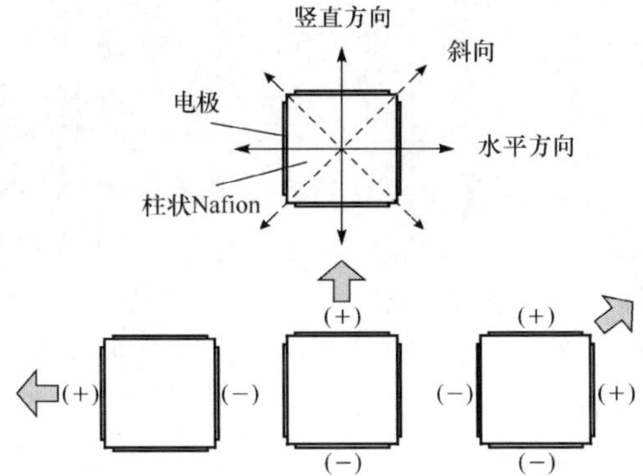

(a) 驱动模式

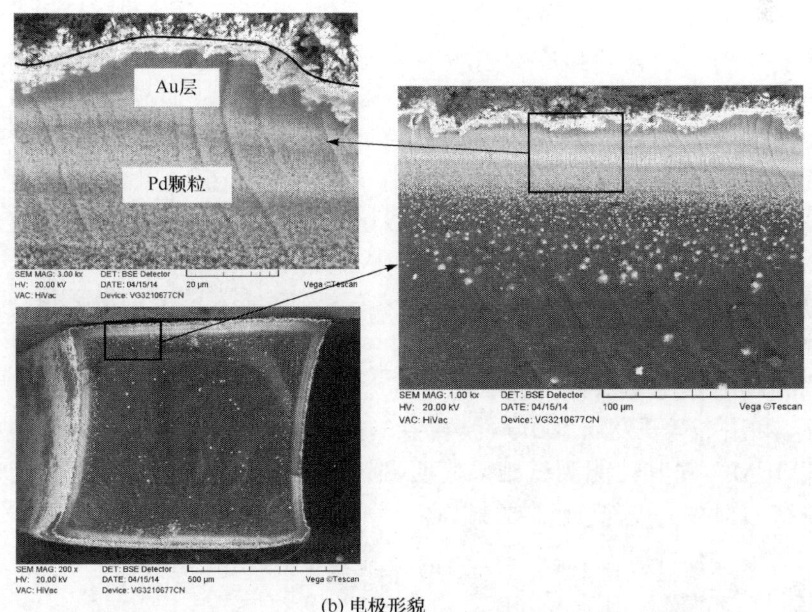

(b) 电极形貌

图 4.10　单根柱状 IPMC 的驱动方式

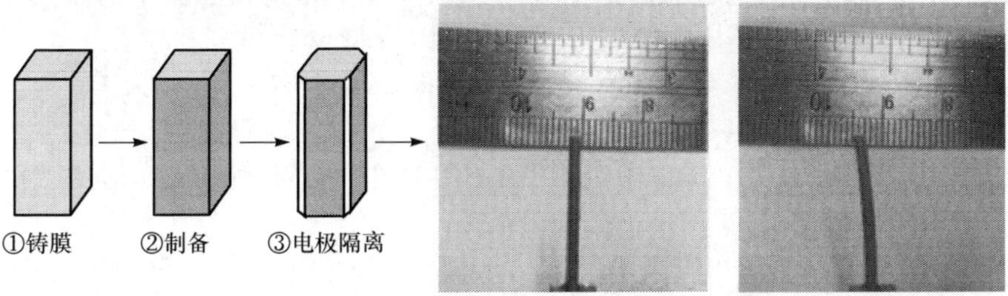

图 4.11　单根柱形 IPMC 驱动器制备及测试

4.5 本章小结

本章主要介绍了IPMC基体膜的成型工艺。考虑到现有Nafion膜加工工艺中，熔融挤出法和挤出压延法工艺复杂，成本较高，仅适用于大批量的生产，而多层商业膜热压法制备膜的层与层之间存在缝隙，所制备的IPMC在驱动测试中机电性能衰减较快，本章主要介绍溶液铸膜法制备Nafion膜的工艺，重点讨论了制备工艺中的最佳温度及添加剂。

本章首先系统介绍了溶液铸膜工艺中不同参数对铸膜性能的影响。通过对比不同温度段的成膜质量，认为100～140℃温度区间铸膜具有较好的成膜质量，因此确定热处理温度为120℃。

接着，选取了四种典型的高沸点添加剂(EG、DMSO、DMF和NMF)获得了四种铸膜，通过比较发现，相比于DMF、NMF添加剂，EG、DMSO添加剂可使铸膜的微观结构更加松散，这种特性可以增加铸膜含水量，从而导致较高的离子电导率。

然后，在利用本章给定的制膜工艺制成的Nafion膜基础上制备了Pd型IPMC，并对其力电性能进行了测试，分析讨论了铸膜特性对IPMC力电性能的影响关系；指出在所有铸膜基IPMC中，EG-IPMC具有最高的阻断力，这主要归因于EG作为添加剂时获得的铸膜具有较高的水含量，有助于提供更多的水合阳离子迁移到阴极侧，且EG-IPMC具有更高的应变能密度和能量转换因子，其性能最接近商业Nafion 117膜制成的IPMC。

最后，利用本章开发的Nafion膜制备工艺，制备了一种可以实现多自由度变形的柱状IPMC，对其性能测试结果表明，通过铸膜方式增加基体膜厚度以改善IPMC输出力特性是一种可行的方式。

参考文献

[1] Wang Y J, Chen H L, Wang Y Q, et al. Influence of additives on the properties of casting nafion membranes and SO-based ionic polymer-Metal composite actuators. Polymer Engineer & Science, 2014, 54(4): 818-830

[2] 李培金，邢岳，刘凤岭．流延法制全氟磺酸质子交换膜的性能研究．中山大学学报：自然科学版，2003，42(A19)：50-52

[3] 栾英豪，张恒，张永明，等．全氟磺酸离子交换膜的制备与性能研究．功能高分子学报，2005，18(1)：62-66.

[4] Silva R F, De Francesco M, Pozio A. Solution-cast Nafion® ionomer membranes: preparation and characterization. Electrochimica Acta, 2004, 49(19): 3211-3219

[5] 贺红林，占晓煌，汪良，等．多层结构离子型电致动人工肌肉的制备及性能．功能材料，

2011,42(B06):529-532

[6] Lin H L, Yu T L, Huang C H, et al. Morphology study of Nafion membranes prepared by solutions casting. Journal of Polymer Science Part B: Polymer Physics, 2005, 43 (21): 3044-3057

[7] Lee S J, Yu T L, Lin H L, et al. Solution properties of nafion in methanol/water mixture solvent. Polymer, 2004, 45(8): 2853-2862

[8] Ma C H, Yu T L, Lin H L, et al. Morphology and properties of Nafion membranes prepared by solution casting. Polymer, 2009, 50(7): 1764-1777

[9] Cappadonia M, Erning J W, Niaki S M S, et al. Conductance of Nafion 117 membranes as a function of temperature and water content. Solid State Ionics, 1995, 77: 65-69

[10] Shahinpoor M, Kim K J. Ionic polymer-metal composites: I. Fundamentals. Smart Materials and Structures, 2001, 10(4): 819

[11] Liu J, Wang Y, Zhao D, et al. Design and fabrication of an IPMC-embedded tube for minimally invasive surgery applications. SPIE Smart Structures and Materials+Nondestructive Evaluation and Health Monitoring. International Society for Optics and Photonics, 2014: 90563K-90563K-9

第 5 章　IPMC 的性能优化

第 2 章给出了 IPMC 基本制备工艺，并对浸泡还原镀工艺以及自催化还原镀工艺中相关成分的浓度及温度进行优化。但由于 IPMC 制备工艺复杂，仅从该两个步骤进行优化还远远不够，本章将从 IPMC 的糙化工艺、电镀工艺及搅拌工艺角度出发，进一步介绍其工艺优化方法，系统探讨影响 IPMC 性能的关键因素，为提升 IPMC 力电性能奠定基础。

5.1　IPMC 基体膜材料的糙化工艺改进

在 IPMC 制备工艺中，基体膜的预处理是一个非常重要的工艺环节。在早期研究中，研究者制备 IPMC 时并未对基体膜表面进行处理，结果发现重复驱动过程中 IPMC 电极层极易脱落，因此，为了改善电极层与基体膜的结合强度，研究者逐步将各种基体膜糙化预处理方法引入到 IPMC 的制备工艺中，本节重点介绍喷砂糙化预处理工艺。

5.1.1　基体膜糙化方法对 IPMC 性能影响的比较

正如第 2 章所述，基体膜糙化预处理的方法主要包括砂纸打磨、化学腐蚀、等离子体刻蚀、表面喷砂处理等，本节将通过对材料表面电极及界面电极的观察，分析比较上述几种糙化工艺对制备 IPMC 的影响。经过相同的浸泡-还原镀工艺，分别将上述糙化方法获得的 Nafion 117 膜制备成 IPMC，观察样本表面和截面形貌如图 5.1 和图 5.2 所示。

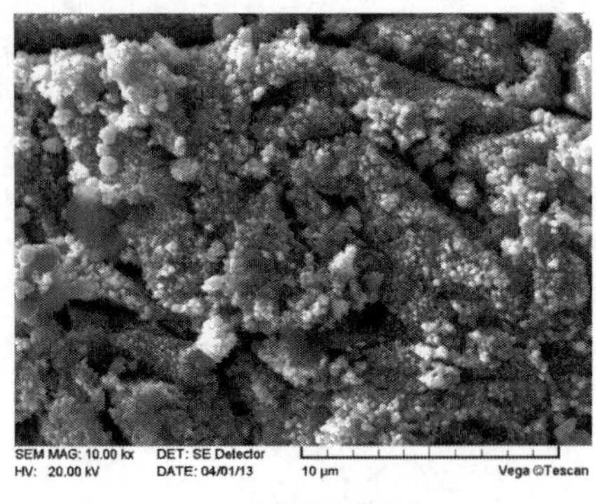

(a) 砂纸打磨

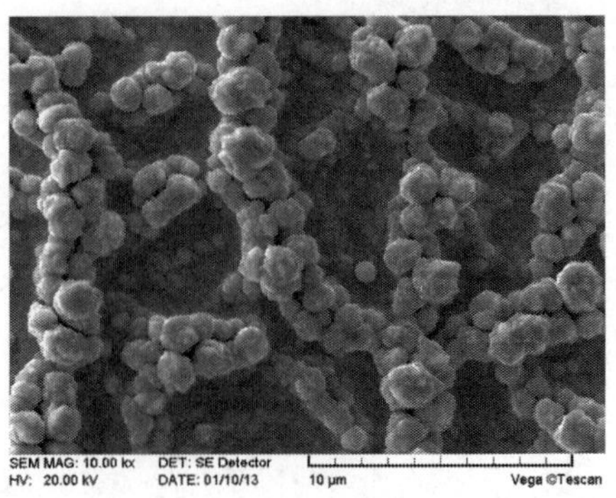

(b) 化学腐蚀

(c) 等离子刻蚀 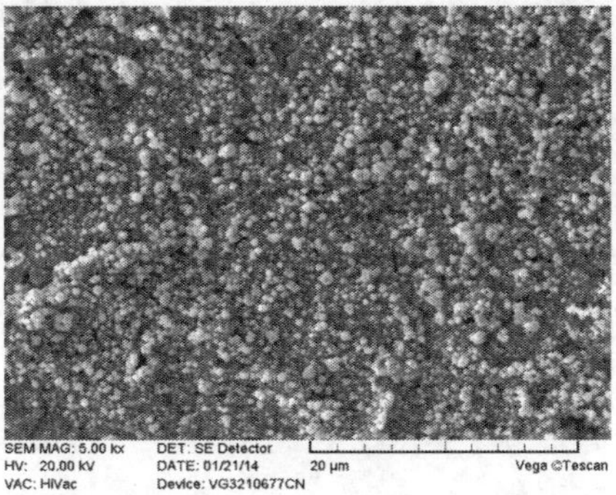　　(d) 喷砂处理

图 5.1　不同糙化工艺制备 IPMC 的表面形貌

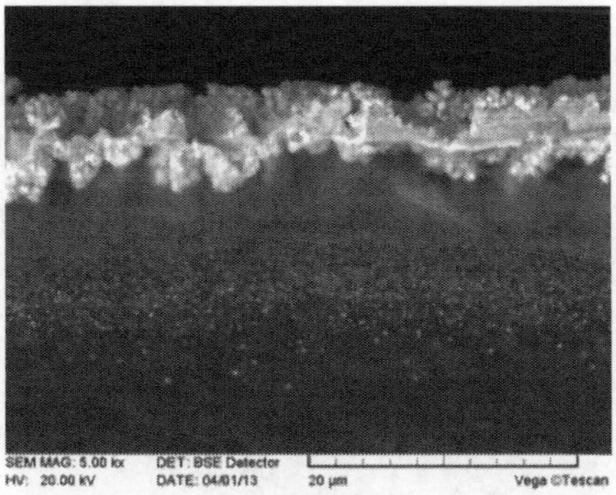

(a) 砂纸打磨 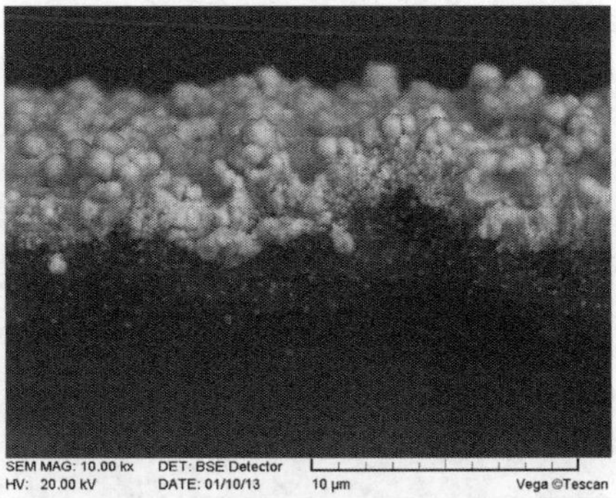　　(b) 化学腐蚀

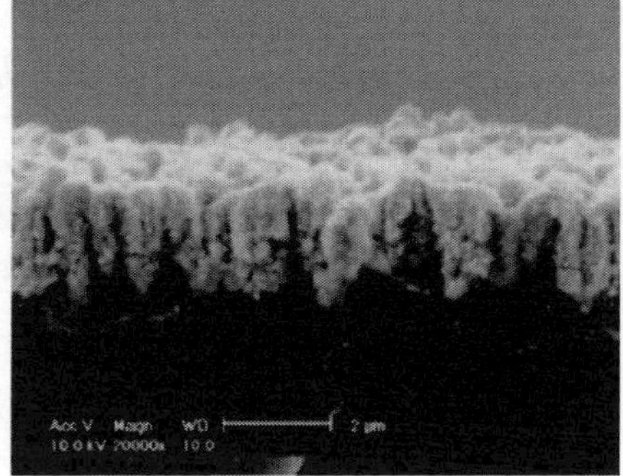

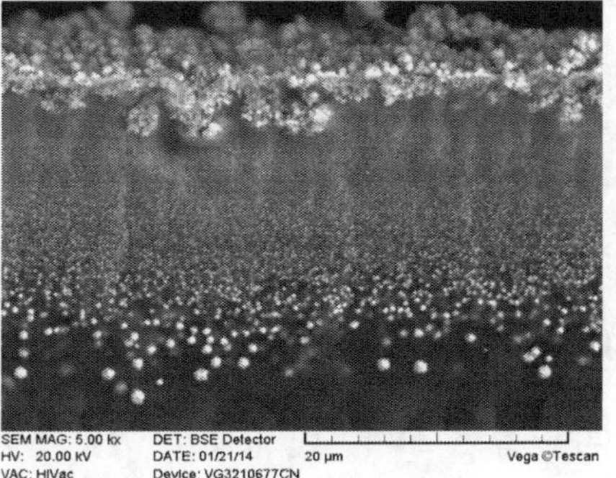

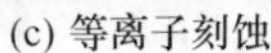

(c) 等离子刻蚀　　(d) 喷砂处理

图 5.2　不同糙化工艺制备 IPMC 的截面形貌

分析图 5.1(a)中表面电极结构发现,砂纸打磨制备的 IPMC 表面电极疏松,电极颗粒之间有较大的缝隙,这是由于基体膜打磨处理时打磨不均匀。观察图 5.1(b)可见,由于化学腐蚀的基体膜出现微裂纹,所制备的 IPMC 表面电极也呈现微裂纹形貌,并且电极颗粒沿着微裂纹边缘向外生长。从微观角度看,这两者的电极表面形貌较为粗糙。分析图 5.1(c)中表面电极结构发现,等离子体刻蚀处理的 IPMC 表面形貌电极均匀而整齐,电极颗粒并没有填满针状形貌之间空隙。而由图 5.1(d)可见,从喷砂样品制备的 IPMC 电极的表面并没有看到明显的凹坑和凸起形貌,可见浸泡-还原镀已经将糙化的微观形貌填满,得到了比较均匀、致密的表面电极。

在 IPMC 制备过程中,浸泡-还原镀步骤能够在电极和聚合物膜之间形成具有一定界面宽度的渗入电极,一些学者[1,2]研究表明,IPMC 电极界面的颗粒分布能够提升其力电性能,其主要原因在于改善了 IPMC 的电容特性。从图 5.2(a)和(d)可见,砂纸打磨和喷砂处理的 IPMC 均能观察到比较明显的界面电极颗粒渗入,并且喷砂样品比砂纸打磨样品界面电极颗粒渗入深度更深、浓度更高;而由图 5.2(b)可见,化学腐蚀的样品界面电极渗入深度较浅,大量的电极颗粒堆积到材料表面;对于等离子刻蚀处理的样本如图 5.2(c)所示。由图可以看到,镀层厚度均匀,但颗粒电极渗入量很少。这可能归结于这两种方法均属于化学方法,对材料表面的分子结构造成了破坏,阻碍了界面电极颗粒的形成。

为了比较不同样本的电极特性对电学参数的影响,测量样品的表面电阻,测试样本面积为 2cm×6cm,分别在每个样本的上下表面的不同位置测试三次,记录每一点电阻并计算平均值,测量结果如表 5.1 所示。

表 5.1　IPMC 样品电极面电阻率　　(单位:Ω/□)

测点	砂纸打磨		化学腐蚀		等离子刻蚀		喷砂处理	
	正面	反面	正面	反面	正面	反面	正面	反面
1	40.9	18.1	16.1	15.3	12.4	11.2	18.2	19.1
2	20.0	36.2	14.2	17.6	11.8	12.3	16.5	17.4
3	8.9	19.9	15.9	13.2	12.5	12.0	16.2	18.8
均值	23.3	24.7	15.4	15.4	12.0	11.8	17.0	18.4

可以看出,砂纸打磨的样品表面电阻最高,且上下表面及同一表面内电阻分布非常不均匀,这是由于砂纸打磨的表面粗糙度较高,且打磨时用力不均导致样品不同部位的糙化程度差异较大。因此可以认为砂纸打磨造成的粗糙表面轮廓提高了电极电阻。而其他三种类型糙化方式制备的样品表面电阻较低,上下表面以及同一表面内部电阻分布也相对均匀。

通过以上分析可以看出,虽然砂纸打磨能够在基体膜表面形成粗糙轮廓,但由于糙化表面的均匀性和重复性较难控制,易受人为因素影响,所以材料制备后无法得到均匀化的电极表面,不同部位的表面电阻差异较大,导致不同批次的材料性能差别较大。因此,砂纸打磨对于批量制备 IPMC 来讲并不是一种值得推荐的糙化方法。等离子体和化学腐蚀虽然可以得到糙化形貌比较一致的表面,但这两种方法均破坏了表层分子结构,相当于对基体膜表面进行了化学处理,导致无法形成良好的界面渗入颗粒电极。而对于喷砂处理,既可以比较好地保证糙化表面的均匀性,制备的 IPMC 电极具有良好的界面电极颗粒渗入特性,同时表面电阻的一致性较好。因此,可以认为,对于批量制备 IPMC,喷砂处理工艺是一种较为理想的糙化方式。

5.1.2　喷砂工艺参数对 Nafion 膜表面粗糙度的影响

5.1.1 节对四种糙化方法对 IPMC 电极特征的影响进行了分析比较,表明喷砂工艺在批量生产中是一种值得推广的 IPMC 预处理工艺。为了更加科学地应用喷砂糙化方法,本节引入粗糙度参数表征 Nafion 膜的表面轮廓,在此基础上分析喷砂工艺参数对 Nafion 基体膜糙化的影响。

为了分析喷砂工艺参数对基体膜表面糙化的影响,本节搭建一个实际喷砂系统实验装置,如图 5.3 所示,其中空气压缩机的压力范围为 0～1MPa,喷砂压力根据膜的厚度不同而强度有所不同,针对 Nafion 117 膜,喷砂压力设定为 0.5MPa,喷头到喷砂机平台的距离设定为 5cm,垂直喷射到材料表面。实验变量为砂型和时间,喷砂磨料选择玻璃砂,型号分别为 100＃、200＃和 300＃,对应的颗粒尺寸分别为 0.150mm、0.0750mm 和 0.0480mm,其他设置如表 5.2 所示,其中,A、B、C 分别表示 100＃、200＃和 300＃砂型,而数值 1～4 分别表示 30s、60s、90s、120s 的喷砂时间。

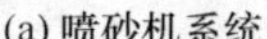
(a) 喷砂机系统

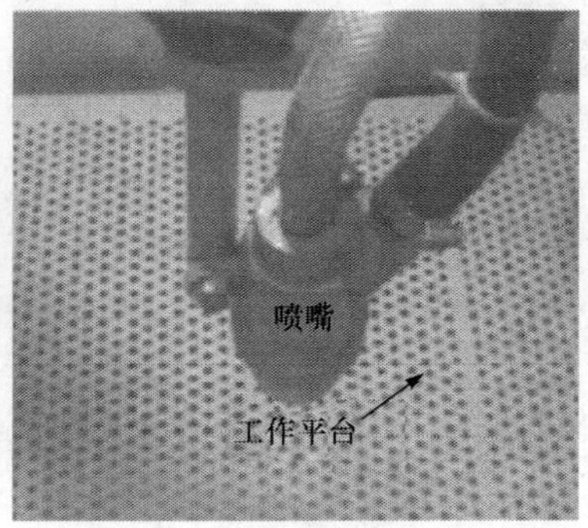

(b) 喷砂工作台

图 5.3　喷砂实验平台

表 5.2　喷砂处理不同砂型和时间的样本名称

喷砂参数	30s	60s	90s	120s
100#	A1	A2	A3	A4
200#	B1	B2	B3	B4
300#	C1	C2	C3	C4

为了定量地评价表面糙化程度，本节采用日本奥林巴斯公司的共聚焦显微镜(OLS4000)拍摄样本的表面微观形貌，该设备通过显微镜内高精度扫描装置对样品表面进行二维扫描，能够获得水平分辨率高达 0.12μm 的表面显微图像，通过图像分析可提取指定区域的表面粗糙度参数。

表面粗糙度参数包括表面轮廓算术平均偏差 Sa(反映膜表面平均糙化程度)、比表面积 SSA(反映喷砂前后膜的比表面积)、平均粗度 Sz(反映表面轮廓的最大高度差)和表面面积分布 Ah(一方面说明凹坑尺寸的概率分布，另外也可以反映材料去除的多少)。分别在每个样本表面不同部位测量六次，记录平均值，测量面积大小 1mm×1mm，结果如图 5.4 及图 5.5 所示。

图 5.4(a)为表面轮廓算术平均偏差 Sa 及比表面积 SSA 随糙化工艺的变化规律。从整体来看，Sa 的范围从 0.4μm 到 4.3μm。显然，随着喷砂时间和砂粒尺寸增加，样本参数 Sa 均呈现增加的趋势，其中 100#砂粒处理后的样本(A1～A4)参数 Sa 增加趋势明显。其原因一方面是单位面积上增加喷砂时间能够允许更多砂粒敲击基体膜表面，其结果导致大量的凹坑出现；另一方面，在相同的处理时间内，较大的颗粒具有足够的力量撞击膜表面，使膜表面产生更大的凹坑或者裂纹。这两方面都是提高参数 Sa 的重要原因。由图 5.4(b)可以看出，喷砂颗粒及时间增加均会明显增加样本的比表面积，这对提高 IPMC 的界面性能具有积极作用。

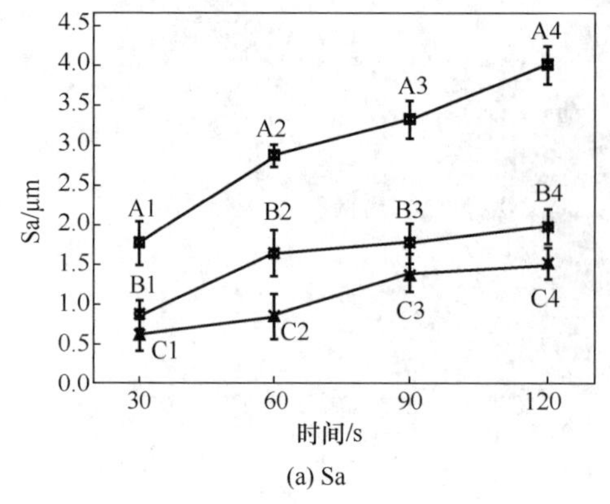

(a) Sa

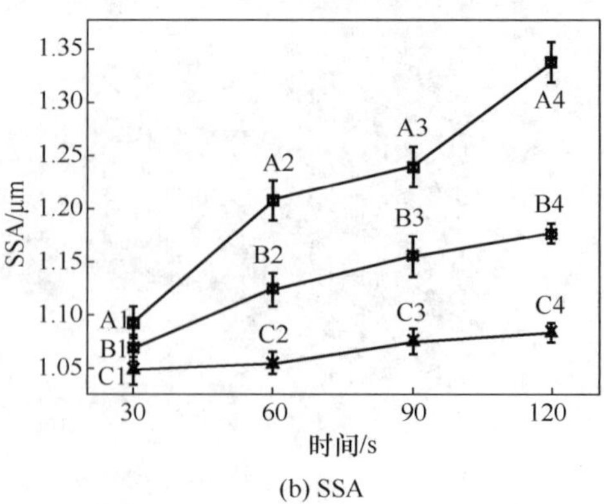

(b) SSA

图 5.4　基体膜表面粗糙度参数变化

参数 Sz 的测量结果如图 5.5(a)所示。由图可以看出,Sz 值远远高于 Sa 值;此外,随着喷砂时间的延长,Sz 值呈现先增加后减小的趋势,这主要是由于初始喷砂增加表面凹凸程度,但随着喷砂的持续进行,表面凸起逐步被磨平,导致凹凸程度反而减小。为了进一步说明这一现象,图 5.5(b)给出了样本 A1～A4 的概率分布直方图。由图可以看出,凹坑尺寸的概率分布近似符合正态分布,并且随着喷砂时间的延长,σ 值从 0.036 增加到 0.042,可见凹坑的尺寸分布范围越来越广。喷砂处理属于可去除材料的加工方法,由图 5.5 还可看出,随着砂粒持续喷射到基体膜表面,正态分布中 μ 值逐渐变大,也就是说基体膜逐渐变薄。这说明长时间的喷砂会使基体膜厚度减小,导致制备的 IPMC 输出位移可能会增大,但输出力减小。

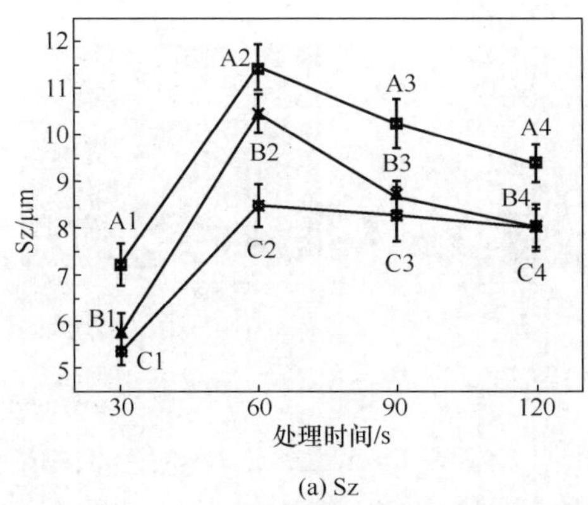

(a) Sz

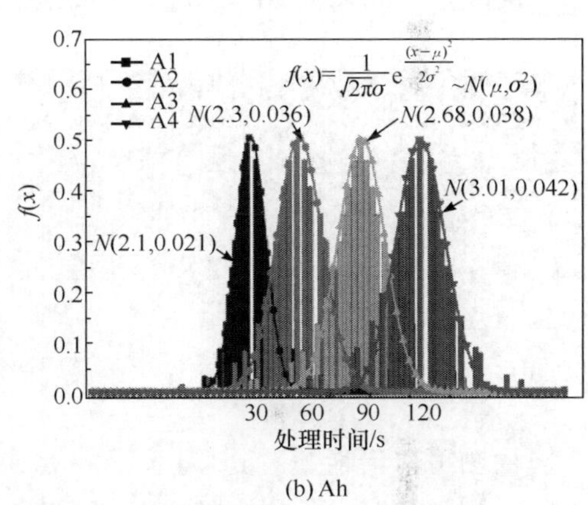

(b) Ah

图 5.5　样本 A1～A4 的 Sz 和概率分布直方图

5.1.3　喷砂工艺参数对 IPMC 性能的影响

1. 喷砂工艺参数对 IPMC 电极界面形貌的影响

由前面的分析可见,除了浸泡-还原镀步骤,对基体膜进行表面糙化也可以增加电极界面的渗入深度。这主要归因于两方面,一是糙化增加了基体膜的比表面积,这样有助于提高电极和膜之间的接触面积,如图 5.4(b)所示,经过喷砂处理后,所有样本的比表面积均有较大的提高;二是在比表面积增大的情况下,浸泡-还原镀步骤进一步扩大了电极和基体膜之间的接触面积,从而加强了 IPMC 的界面电极特性。

为了研究不同喷砂糙化工艺参数对最终形成的 IPMC 电极界面及其力电性能的影响,本节在 5.1.2 节不同喷砂工艺参数获得不同样品的基础上,采用第 2 章给出的 Pd 型 IPMC 制备工艺[3],即三次浸泡-还原镀和两次自催化还原镀工艺步骤制备 IPMC。图 5.6 为基于不同喷砂工艺参数制备的 IPMC 电极界面形貌。

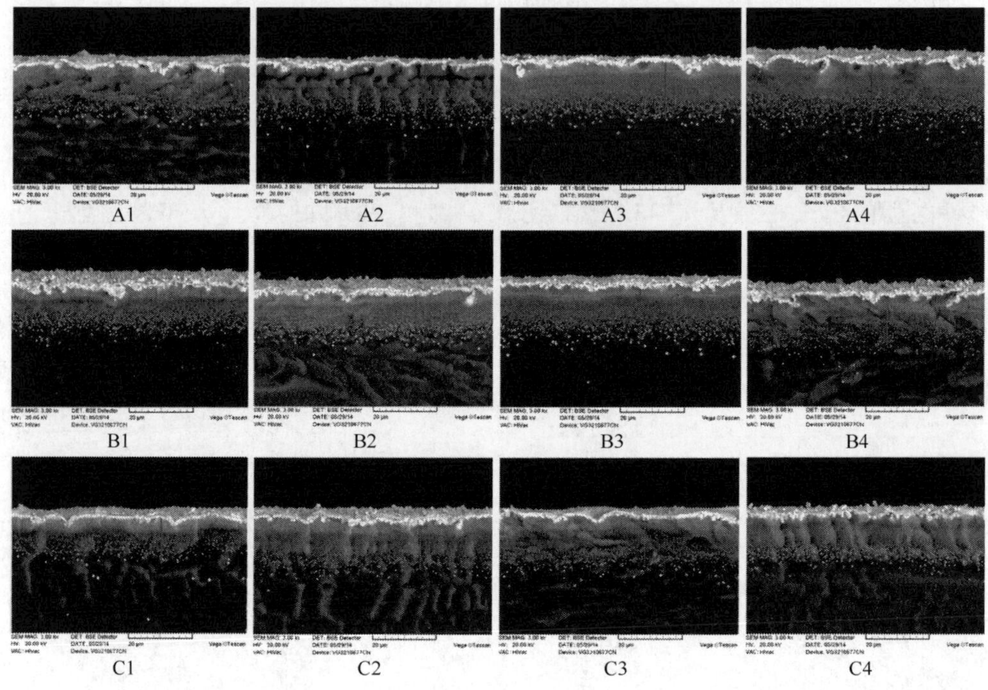

图 5.6　不同喷砂样本的界面电极形貌

由图可以清晰地看到，对于不同处理参数获得的喷砂样本，Pd 颗粒均能深深地渗入到基体膜内部，并且随着深度的增加，Pd 颗粒的密度逐渐减小。观察样本 A1～A4、B1～B4 和 C1～C4 的变化，可以看出电极渗入深度逐渐加深；从电极渗入程度来看，A1～A4 从 16.8μm 增大到 19.2μm，而样品 B1～B4 和 C1～C4 电极渗入深度虽有所增加但增幅并不明显，大小分别从 15.2μm 增加到 15.8μm 和 14.6μm 增加到 15.6μm；由 5.1.2 节可知，这些变化趋势与样本 Sa 和 SSA 的变化趋势相关，即表面轮廓大小和比表面积共同决定 IPMC 的电极渗入深度。当喷砂进行到一定程度时，粗糙度增加幅度减缓，继续喷砂反而减小了膜厚度，这也是样品 B1～B4 和 C1～C4 电极渗入深度有所增加但增幅并不明显的重要原因。从图 5.6还可以看出，IPMC 样本的表面电极层厚度在 1.5～3μm 范围内，样本电极层厚度的差别取决于基体膜比表面积的大小，由于制备工艺中样本之间施镀金属的量相同，比表面积大的样本表层电极必然较薄。

2. 喷砂工艺参数对 IPMC 力电参数的影响

本节讨论由不同喷砂工艺参数获得的 IPMC 的力电参数，包括表面电阻率、弹性模量和比电容。

由于IPMC的电极层起着加载电压、传导电流的作用,因此电极的电阻率对IPMC的变形性能有重要影响,是重要的电学特性之一。本章采用第3章介绍的MCP-T160低电阻率测试仪,利用四电极法测量IPMC的面电阻率。单个电极面上平均取九个测试点,测量两个电极面后求平均值。

弹性模量反映了材料的力学特性,是影响IPMC性能的重要力学参数之一。本节测量方法依据按照第3章给出的测量方法进行测量。

图5.7是不同喷砂参数下获得的IPMC样本的力电参数变化,其中图(a)是表面电阻率的变化,图5.7(b)是弹性模量的变化。由图5.7(a)可见,经过三次浸泡-还原镀和两次自催化还原镀后,除了样本A4,所有样本的表面电阻率均下降到了1Ω/□以下,大部分样本的表面电阻率集中在0.5Ω/□。由于表面电阻率主要受三个因素影响:表层电极厚度、表面电极形态和电极颗粒渗入深度,其中前两者发挥主要作用。因此,样本A4表面电阻较高的主要原因是表层电极比较薄且电极颗粒之间比较疏松。

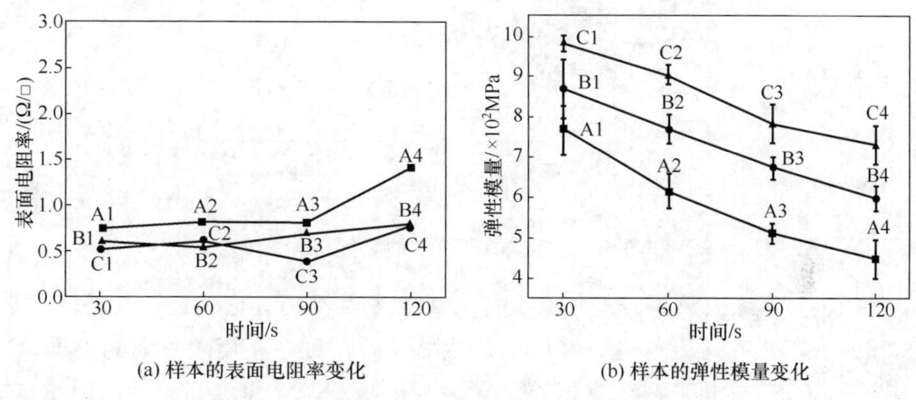

(a) 样本的表面电阻率变化 (b) 样本的弹性模量变化

图5.7 不同喷砂条件样本的力电参数变化

与表面电阻率类似,弹性模量同样受表层电极厚度、表面电极形态和电极颗粒渗入深度等三个因素影响,由图5.7(b)可见,样品A1~A4的弹性模量从766MPa降低到446MPa,大约是样品C1的1/2。显然随着喷砂尺寸和喷砂时间的延长,Nafion膜表面粗糙度增加使电极颗粒松散,表层电极厚度减小,从而导致IPMC弹性模量显著降低。而电极渗入深度的改善会提高样本界面层的电极颗粒含量。根据经典力学的理论,界面层加入更多的电极颗粒,由于"刚性"电极颗粒的存在势必改变基体膜的物理组成,但显然这种影响较小,不足以大幅度提高样本的整体弹性模量。

为了比较IPMC样本的电荷存储能力,本节采用循环伏安法测试样本A1~A4的循环伏安(*C-V*)曲线,该*C-V*曲线由两电极法测得,结果如图5.8所示。可以看出,样本的*C-V*曲线近似矩形,呈现电容特性,并无氧化还原峰出现,说明在

−1.0～1.0V 电压范围内并未发生氧化还原反应。

根据上述 C-V 曲线，可以进一步得到样本的比电容(C_s)，计算公式如下[4]：

$$C_s=\frac{I^- + I^+}{2\mathrm{d}V/\mathrm{d}t} \tag{5-1}$$

式中，I^- 和 I^+ 分别为样本测试过程中电压为 0 时的充放电极值电流密度；$\mathrm{d}V/\mathrm{d}t$ 为电压扫描速率，前面存在系数 2 是由于电容器的储能机理，测试的两电极体系实际为两个等同的电容器的串联，为算得实际电容器的容量，需要换算为单个电容器的容量，所以乘以因子 2。

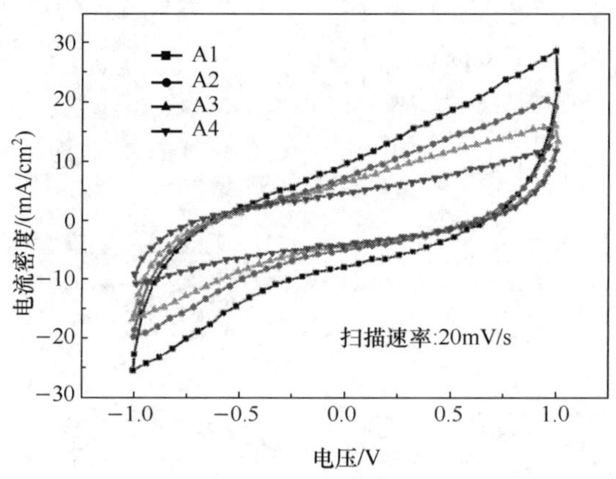

图 5.8 样本 A1～A4 的 C-V 曲线

按式(5-1)计算图 5.8 中四个样本的比电容，分别为 0.18mF/cm²、0.22mF/cm²、0.235mF/cm² 和 0.34mF/cm²。可见，随着喷砂砂粒尺寸和喷砂时间的增加，样本的比电容也在增加，即喷砂工艺既增加了表层电极和基体膜之间的接触面积，也改善了 IPMC 的电极颗粒渗入特性，从这两个方面提高了 IPMC 电容特性。

3. 喷砂工艺参数对 IPMC 力电响应的影响

本节对上述不同喷砂工艺参数制备的 IPMC 样品进行力电性能测试，测试样本尺寸为 25mm×5mm，利用悬臂梁方法测量其在施加电压信号下的位移及阻断力响应，悬臂梁的自由长度为 20mm，测试电压为 1V 直流信号。由于 IPMC 直流电压下的松弛特性，每个测试样本重复测试三次，从测试数据中提取峰值位移和峰值阻断力求其平均值。

测试结果如图 5.9(a)所示。由图可以看出，在喷砂时间相同的情况下，随着喷砂砂粒尺寸的增加，IPMC 样本的峰值位移增大；而在相同的砂粒尺寸下，随着喷砂时间的增加，IPMC 样本的峰值位移也增大。这种变化趋势与基体膜表面糙化度相似，表明表面糙化降低了样本的弹性模量，改善了界面电极特性，增加了电极颗粒渗入深度,提高了 IPMC 的电容值,从而在表面电极附近导致更高的电荷密度,对促进 IPMC 的变形有利。

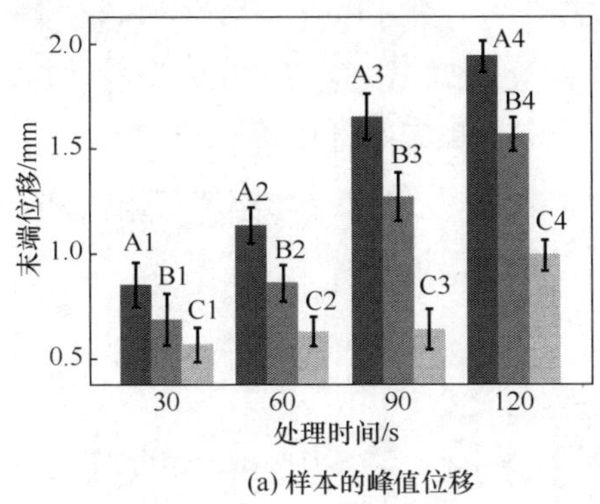

(a) 样本的峰值位移

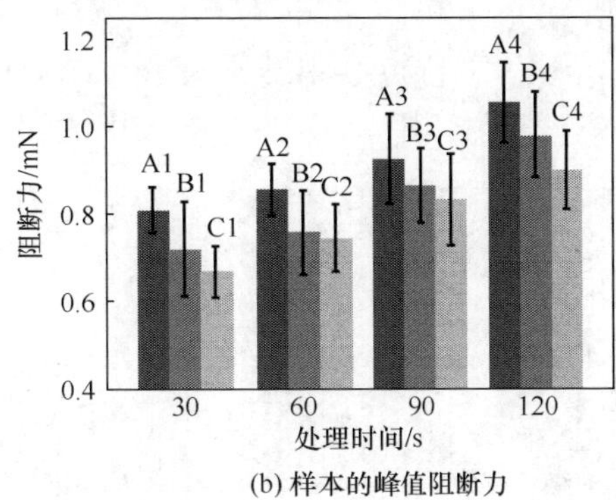

(b) 样本的峰值阻断力

图 5.9　IPMC 样本的机电性能比较

图 5.9(b)给出了各个样本的峰值阻断力。由图可以看出,与峰值位移相比,随着喷砂时间和砂粒尺寸的增加,样品的峰值阻断力也不断增加。由前面的研究可知,样本的弹性模量随着表面糙化程度增加而减小,在材料物理尺寸、其他力电参数等条件一致的情况下,较低的弹性模量会产生较大的弯曲变形,但会降低阻断力。而对于本节测量的阻断力,结果恰恰相反,可见阻断力的增加在弹性模量、表面电阻和比电容等多重因素共同作用下发生变化,其中后两个因素的有利变化对于提高阻断力起到了关键作用。

5.2　枝状电极 IPMC 制备工艺

如前所述,具有优良电极特性的 IPMC 必然具有优良的驱动性能,而电极特性不仅包括电极表面特性,更重要的是电极界面形貌特性,且界面电极渗入深度越大越好。本节重点介绍一种可以大大加大界面电极渗入深度的枝状电极制备工艺。

5.2.1　典型的电极界面类型及其作用

到目前为止,公开披露的 IPMC 界面电极形貌可以分为三类:如图 5.10 所示,图 5.10(a)是日本 AIST Asaka 教授课题组开发的 Au 型树枝状电极结构[5],图 5.10(b)是美国内华达大学 Kim 教授课题组制备的 Pt 型层状电极结构[6],图 5.10(c)为作者所在课题组研制的 Pd 型颗粒状电极结构。这三种典型 IPMC 单位面积的电双层电容分别为 1.5mF/cm^2[7]、0.22mF/cm^2[4]和 0.34mF/cm^2[8]。可见,前者的电容分别高于后两者 7 倍和 4 倍。由前面章节可知,电极界面电容的提高对于提高 IPMC 电致响应特性具有非常积极的作用,增加界面电极的渗入深度会提高其电容,从而提高 IPMC 的机电性能。

如果将 IPMC 视为电容器,则电双层电容的计算公式为

$$C=\varepsilon S/(4\varepsilon kd) \tag{5-2}$$

式中,C 为平行板电容器电容;ε 为中间介质的介电常数(这里,中间介质对应于 IPMC 的基体膜);S 为两个电极板的面积;d 为电极板之间的距离;k 为常数。

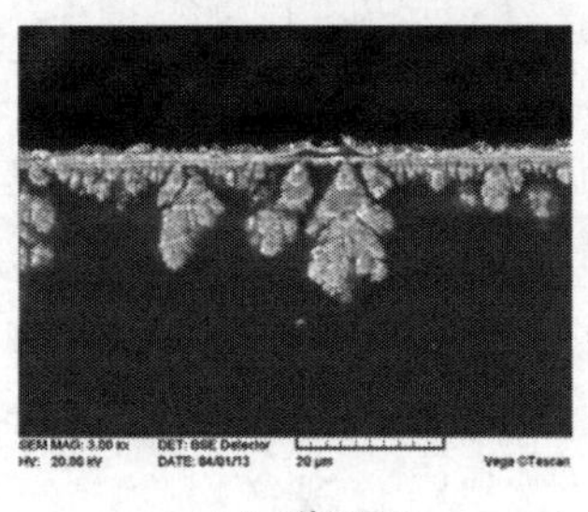

(a) Au型IPMC

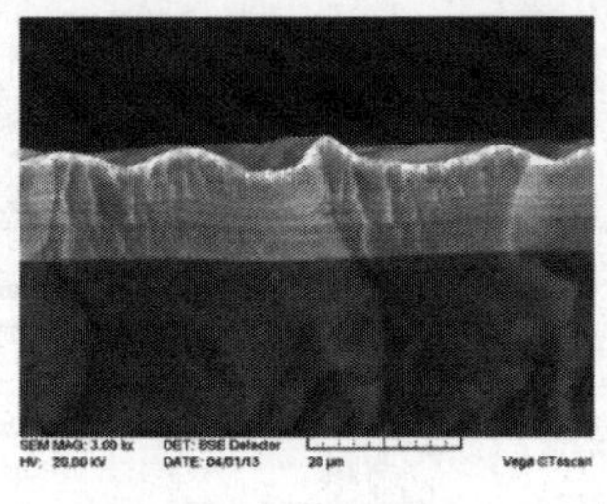

(b) Pt型IPMC

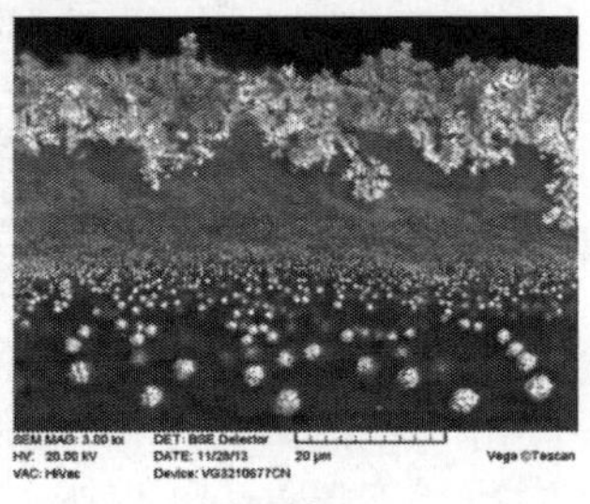

(c) Pd型IPMC

图 5.10 不同金属类型 IPMC 的界面形貌

由式(5-2)可知,IPMC 的电容随着接触面积 S 增加而增大。显而易见,树枝状界面电极扩大了金属电极与基体膜的接触面积,大大提高了 IPMC 的电荷储存能力。但是,以往人们一直认为仅有 Au 型 IPMC 才具有树枝状界面电极形貌,Pd 型 IPMC 只能获得颗粒状界面电极形貌。也就是说,人们以为是金属材料的不同导致电极界面的不同,要想获得树枝状电极只能采取价格昂贵的 Au 电极。显然,如果能够通过制备工艺的改进获得 Pd 型以及其他金属的具有树枝状界面电极的 IPMC,无疑对于提升 IPMC 的力电响应特性具有重要意义。

5.2.2 Pd 型树枝状界面电极的发现及形成机理

如前所述,IPMC 电极的形成主要依赖自催化还原镀方法,而电镀工艺并没有被大多数研究者所采用,一是因为电镀液组成较为复杂,单纯金属盐溶液电镀得到的镀层质量较差,二是由于电镀层厚度不易控制,其与距离电极的远近、电流的强弱有关。因此,一些研究者研究电镀工艺主要用来提高 IPMC 的表面电阻,具有与自催化还原镀相似的作用。例如,Shahinpoor 等尝试在 Pt 型 IPMC 表面电镀一层 Ag 和 Cu 电极,结果表明大大降低了 IPMC 的表面电阻[9]。

基于同样的思路,作者也试图利用电镀工艺降低 Pd 型 IPMC 的表面电阻。但在研究中偶然发现,电镀工艺可以形成树枝状电极。实验基本流程如下:首先,将经过基体膜糙化、多次浸泡-还原镀的 Pd 型 IPMC 放入 Au 电镀液中,以钛网作为阳极,IPMC 一侧电极层作为阴极,并保证钛网和 IPMC 之间的距离;然后,将阴极和阳极连接到恒电流源上,控制电镀电流在 0.01~0.02A,电镀一定时间之后将 IPMC 另一侧作为阴极,继续电镀,并保证两侧电镀时间相同。电镀后的结果如

图 5.11 所示，图中曲线为通过扫描电镜测得的能谱图。由图可以清晰地观察到 Pd 型树枝状电极，同时由于电镀液中含有 Au 的络合盐，电镀工艺形成了 Au 层并且主要集中在表层。

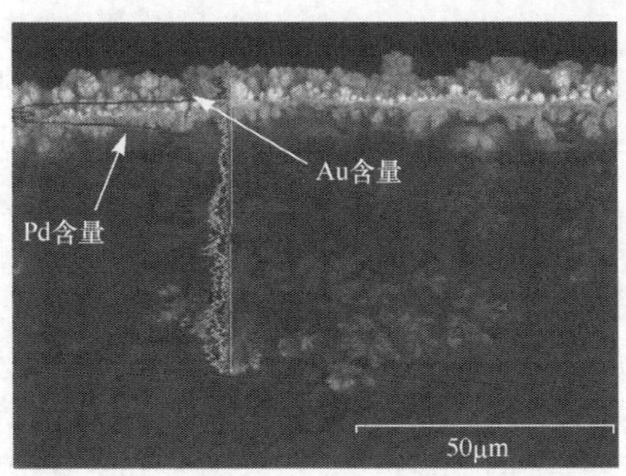

图 5.11　电镀工艺制备的树枝状界面电极

令人不可思议的是，电镀液中并不含有 Pd 离子，已经还原的 Pd 颗粒也不可能发生转移，那么树枝状 Pd 电极是如何产生的呢？详细分析实验过程可知，在电镀之前，IPMC 曾在 Pd 盐溶液中浸泡，一定量的 Pd 离子被交换到中间基体膜中，作者认为这是形成树枝状电极的 Pd 金属来源。下面将从 Pd 离子在 Nafion 117 膜内的迁移-还原历程对电镀获得树枝状电极的机理展开分析。

Nafion 117 是一种离子交换膜，属于聚电解质，其主要由—[CF_2—CF_2]—长链和侧链组成，侧链末端是磺酸基。在 Nafion 117 吸水后，主链聚合构成固相，侧链末端固定阴离子自发聚集形成球形离子簇结构，离子簇中间是包含阳离子的水溶液，构成液相，且这些液相之间通过离子簇微通道连通，形成典型的固液两相结构[10,11]。Nafion 117 膜的微观结构如图 5.12 所示[12]。

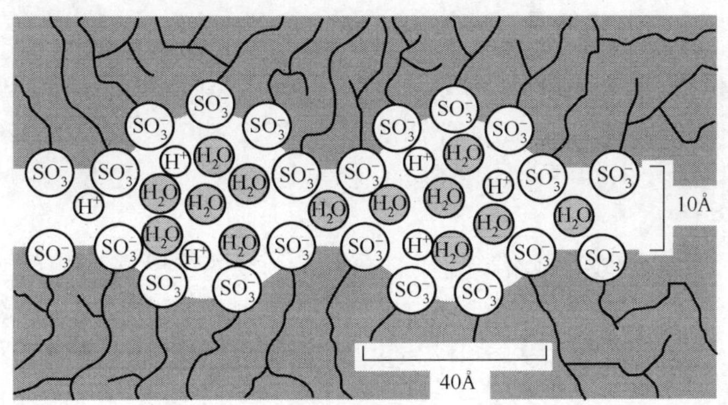

图 5.12　Nafion 117 膜的微观结构

由图可以看出，Nafion 膜内具有贯穿膜体内部的孔隙，其孔径分布在几纳米至几十纳米，这些孔隙形成的通道提供了离子交换到膜内部的路径[13]。同时，离子簇内部分布着大量带负电荷的基团，根据静电效应的原理，膜与带电离子将发生同性相斥、异性相吸的静电作用。因此，在无外界其他因素影响时，Nafion 膜只能选择吸附阳离子。在浸泡阶段，将 H^+-Nafion 膜放入到 Pd 盐溶液中后，由于上述 Nafion 膜的离子选择效应，$[Pd(NH_3)_4]^{2+}$ 被交换到 Nafion 膜中；在还原镀阶段，受化学势梯度的影响，大量的 $[BH_4]^-$ 克服静电力进入基体膜内部，将 $[Pd(NH_3)_4]^{2+}$ 还原为金属形式，形成颗粒状的渗入电极。

Nafion 膜经过几次浸泡-还原镀后，已经具备了 IPMC 的基本属性。电镀时，IPMC 的一侧电极作为阴极，可以提供大量的自由电子，而基体膜内尚未消耗完的 Pd^{2+} 在外加电场力的推动下，迁移到阴极侧被还原，附着在初始的阴极上，被还原的 Pd 金属形成新的阴极，进而吸附更多的 Pd 离子被还原，因此，Pd 金属在Nafion 膜内逐层生长，从而形成类似树枝状的渗入电极。

在电镀之前的浸泡-还原镀过程中，Pd 离子和还原剂均具有可移动性，Pd 离子被还原的位置具有不可控性；而在电镀过程中，阴极作为载体提供电子，只有 Pd 离子在电场力的驱动下定向迁移到阴极表面，并被还原为金属形式，这种方式注定了 Pd 金属只能以逐层沉积的方式生长，从而构成了树枝状电极。

5.2.3　树枝状界面电极 IPMC 的制备工艺

由以上分析可知，在电镀工艺中可能影响树枝状电极生长的因素有电镀液性质（导电性、离子浓度）、电镀电流和 IPMC 的表面电极电导率等。

下面将详细讨论树枝状电极的形成条件和影响因素，并尝试将电镀工艺推广到 Ag、Cu 等金属，制备具有树枝状电极的 Ag、Cu 型 IPMC。

1. 树枝状界面电极的实验设计及方法

基体膜材料仍然采用杜邦公司生产的 Nafion 系列离子交换膜，型号为 Nafion 117。还原剂使用 $NaBH_3$，金属盐分别使用 $Pd(NH_3)_4Cl_2$、$AgNO_3$ 和 $CuSO_4$，辅助试剂有氨水、电镀液。相关设备和辅助材料包括恒电流/电位仪、电镀槽、钛网、电极夹和导线等。

电镀液采用从金阁公司购买的质量分数为 1% 的酸性黄金电镀液，主要成分包括柠檬酸金钾、柠檬酸水合物、导电盐（磷酸氢钾、焦磷酸钠等）和缓冲剂（硫酸钾、硫酸钠等）。其中，柠檬酸金钾作为主盐，主要提供电沉积金属的离子，它以络合离子形式或水化离子形式存在于电镀液中；柠檬酸水合物作为 pH 调整剂，提供酸性环境；导电盐主要用于增加溶液的导电能力，从而扩大允许使用的电流密度范围；缓冲剂用来调节和控制电镀液的酸碱度。

电镀前，Nafion 膜需要经过预处理、浸泡-还原镀步骤，这与传统 IPMC 制备工艺没有区别，这些步骤的目的主要是活化基体膜表面，并获得具有一定电导率的电极表面，保证电流能够有效传导到整个电极(阴极)面。为了进一步降低表面电阻的影响，本节采用阵列弹簧针作为阴极与 IPMC 电极面进行接触，如图 5.13(a)所示，弹簧针末端铜柱具有伸缩性，当弹簧针矩阵接触 IPMC 时，向固定板施加一定压力，可以保证每个弹簧针与 IPMC 电极面充分结合，有利于形成均匀的树枝状电极。此外，图 5.13(b)给出了电镀装置图，图中描述了 Pd 离子在电场力驱动下向 IPMC 阴极侧的沉积过程。

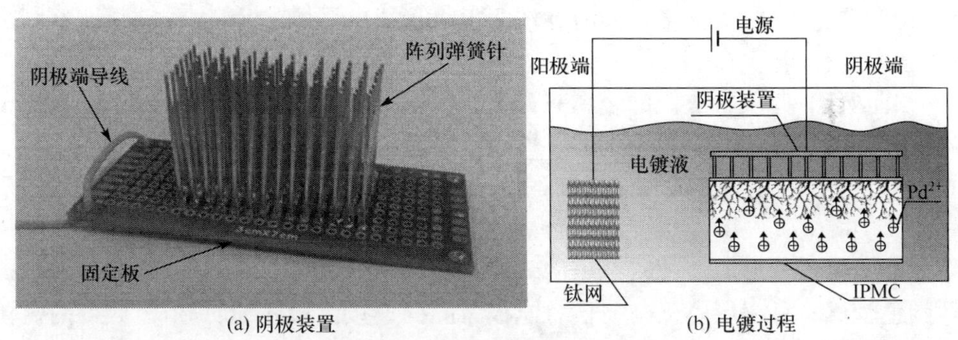

(a) 阴极装置　(b) 电镀过程

图 5.13　电镀设备及原理图

工程流程如图 5.14 所示。

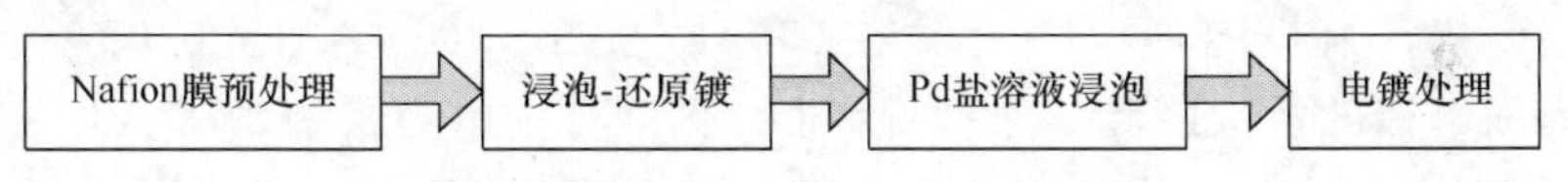

图 5.14　树枝状电极制备工艺流程图

(1) 切割一定面积大小的 Nafion 117 膜，用 $1200^{\#}$ 砂纸打磨基体膜上下表面各 5min，使基体膜表面充分糙化，然后分别在过氧化氢、盐酸和去离子水中煮洗 30min。

(2) 将处理后的基体膜在 0.01mol/L $Pd(NH_3)_4Cl_2$ 溶液中浸泡 2h，使 Pd^{2+} 充分进入基体膜中，然后放入 30℃的 0.85g/L $NaBH_4$ 溶液中水浴并超声振荡还原出 Pd，温度逐步升至 50℃。此步骤重复进行四次。

(3) 将制备的 IPMC 切边处理，并分割尺寸为 2cm×6cm 的样片。分别将它们再次浸泡在 0.02mol/L 的 $Pd(NH_3)_4Cl_2$ 溶液中并机械搅拌，浸泡时间＞2h，以保证 Pd^{2+} 充分交换进入 IPMC 基体膜内。

(4) 按图 5.13(b)所示电镀装置连接，采用钛网作为阳极，弹簧针阵列作为阴极，将浸泡后的 IPMC 用去离子水冲洗后放入电镀池，阴极接触材料一侧电极，通过旋钮恒电流/电位仪控制电流，为了保证金属离子充分反应，电镀时间＞20min。

为了增加电极的渗入深度，需重复执行步骤(3)、(4)6～8 次。

将上述步骤(3)中的钯金属盐替换为 0.01mol/L 的 $AgNO_3$ 和 $CuSO_4$ 溶液，就可以制备出 Ag 型和 Cu 型枝状电极界面的 IPMC。

2. 界面电极的形貌特征分析

1) Pd 型树枝状电极界面形貌

在传统的电镀体系中，为了得到高质量的镀层，电镀液组成和电流强度具有严格的要求，其中电镀液提供镀层金属来源，电流强度控制着电极生长速度。对于本节电镀，主要关注电流强度对树枝状渗入电极形成的影响。为此，分别采取不同的电流强度进行实验。

如前所述，树枝状电极的金属来源主要是 IPMC 内部被还原的金属离子，该金属离子由浸泡步骤离子交换过程提供，表面镀层主要由电镀液中的 Au 盐提供。为了分析电流强度对树枝状电极的影响，图 5.15(a)、(b)和(c)分别给出了 0.01A、0.03A 和 0.05A 电流强度下的界面电极形貌。由图可以看出，在 0.01A 时，界面电极形貌形成树枝状电极的金属含量均较低(电镜图片在二次背散射模式下，颜色较浅)，且表层电极与树枝状电极之间的连接区域并不明显，但获得的树枝状电极渗入深度超过了 80μm。而在 0.03A 的电流强度下，IPMC 形成的树枝状电极金属含量较高，能够清楚地看到渗入电极与表面电极的接触区域，最大渗入深度超过了 50μm。在 0.05A 电流强度下，界面电极显现出较为“粗壮”的现象，金属含量高且电极渗入较浅，平均深度约在 15μm。图 5.15(d)给出了 0.05A 电流强度下材料界面电极的放大图和分布情况，可以明显看到电镀形成的渗入电极更加连续、更加紧密。上述三个图的变化规律可以解释为：随着电流强度增加，将更多分散的 Pd^{2+} 吸引到界面处，使大量的 Pd^{2+} 在表层电极内侧被还原而堆积，再次浸泡-电镀后，Pd^{2+} 继续在上一次还原的 Pd 金属层上沉积，逐渐累积形成“粗壮”树枝状界面电极。另外，由于电镀液中 Au 金属沉积到材料表面，样片的表面电极质量均有明显改善。

2) Ag、Cu 型树枝状 IPMC 的电极形貌

制备 Ag、Cu 型树枝状电极主要是为了开发更为廉价且性能优异的 IPMC，由于 Ag 和 Cu 在空气中极容易氧化，这两种类型的 IPMC 性能保持时间较短，可以采用复合镀或者封装工艺解决这一问题，这部分内容已经超出了本章的研究范围，故不再详述。本节主要聚焦借助于电镀工艺制备 Ag、Cu 型树枝状电极的 IPMC。

采用 $AgNO_3$ 和 $CuSO_4$ 溶液代替电镀工艺流程步骤(3)中 $Pd(NH_3)_4Cl_2$ 溶液，按照前面给出的工艺流程就可制备出 Ag、Cu 型树枝状电极的 IPMC。这里需要说明的是，电镀工艺流程步骤(2)中仍然采用 Pd 盐溶液对基体膜进行浸泡-还原镀，这样有利于提高膜的电导率，增加表面活化度。其中电流强度设定为 0.03A，

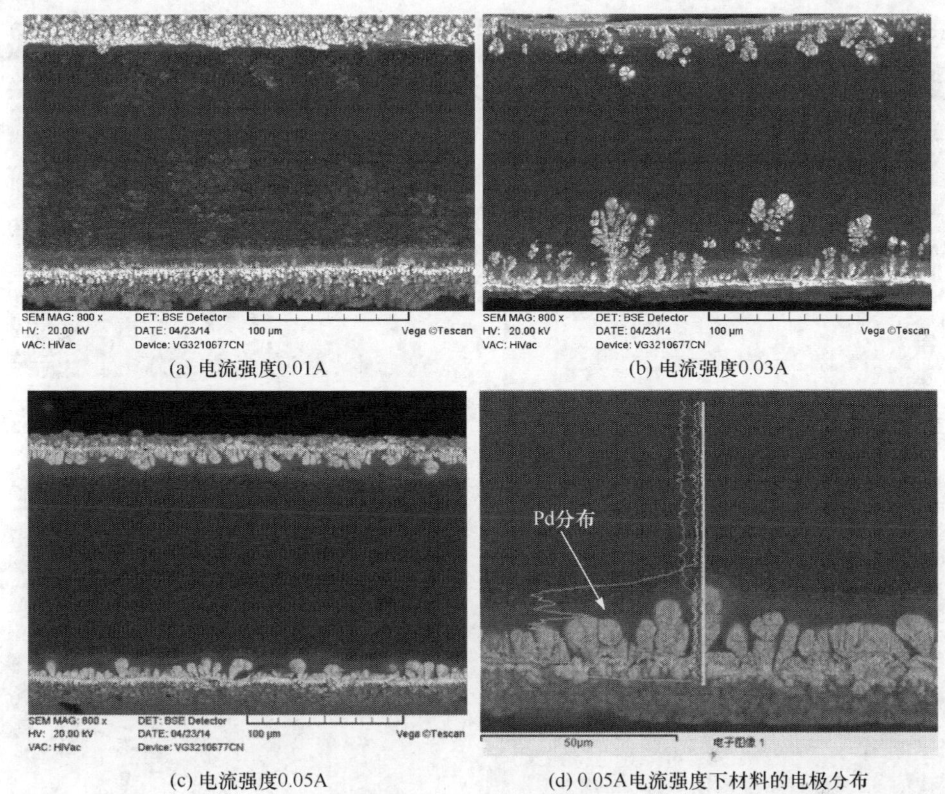

(a) 电流强度0.01A　(b) 电流强度0.03A

(c) 电流强度0.05A　(d) 0.05A电流强度下材料的电极分布

图 5.15　不同电流强度制备的树枝状界面电极的 IPMC

就可得到 Ag 和 Cu 型树枝状电极的 IPMC，截面形貌如图 5.16(a)和(c)所示。由图可以看出，Ag 和 Cu 同样可以形成树枝状电极。此外，Ag 和 Cu 电极最大深度分别超过 50μm 和 40μm。在相同的电流强度下，Ag 树枝状电极数量和分布较为均匀，Cu 树枝状电极的数量较少且平均深度较浅，这可能与离子交换后基体膜内部金属离子的含量有关。因为离子状态下的 Ag 和 Cu 分别呈现＋1 和＋2 价，而基体膜固定磺酸阴离子为－1 价，显然，对于相同大小的基体膜，吸收 Ag 离子的数量是 Cu 离子数量的两倍。此外，在图 5.16(b)和(d)中，可以清晰地看到树枝状电极(Ag 和 Cu 电极)和颗粒状电极(Pd 电极)共存，其中 Pd 电极颗粒主要是在电镀之前基体膜经过四次浸泡-还原镀形成的，部分 Pd 电极渗入基体膜内部，形成颗粒状的渗入电极。

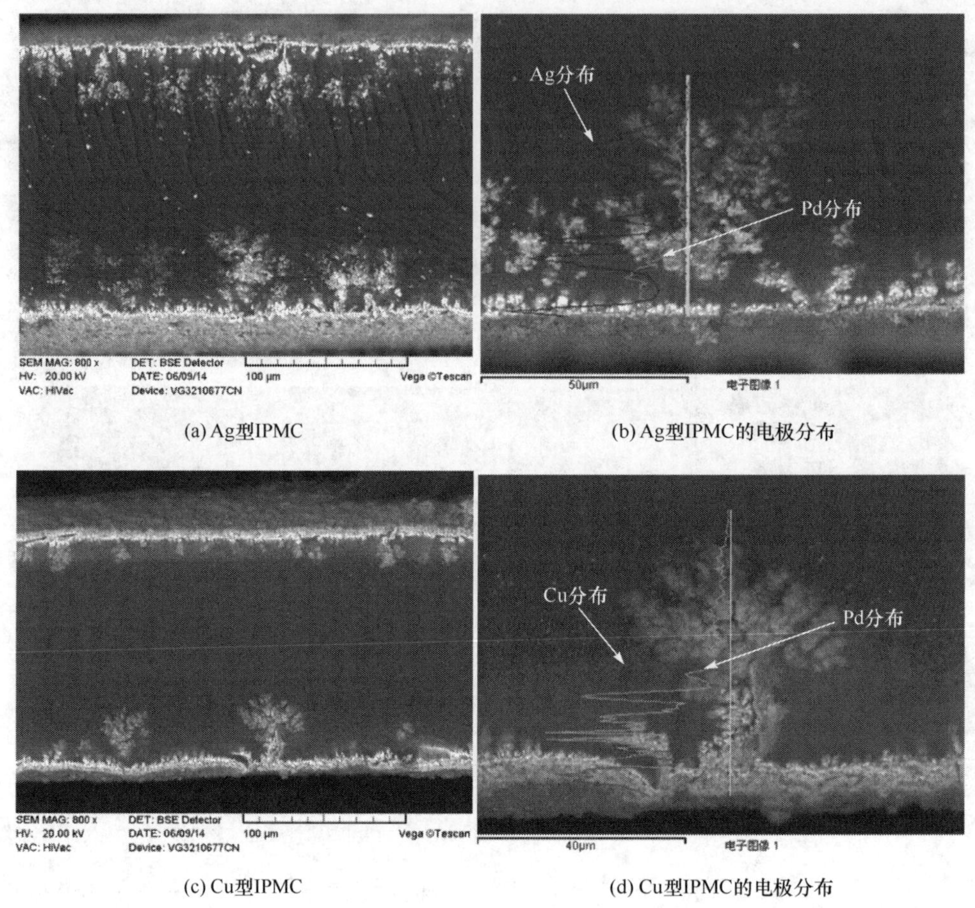

(a) Ag型IPMC　　(b) Ag型IPMC的电极分布

(c) Cu型IPMC　　(d) Cu型IPMC的电极分布

图 5.16　Ag 型和 Cu 型树枝状电极的 IPMC

3. 不同电极的 IPMC 力电参数和性能比较

1) IPMC 力电参数分析

本节分析具有枝状电极 IPMC 的表面电阻率、弹性模量和比电容，测量方法与 5.1.3 节相同。

图 5.17 为本节由电镀方法制得的三种不同金属类型 IPMC 样本的循环伏安(*C-V*)曲线，其中将 AIST 样本作为对照组。由图可见，Pd 型和 AIST 样品的 *C-V* 曲线在−1～+1V 的电压范围内均大致呈矩形，没有明显的氧化还原峰，对于 Ag 型和 Cu 型样品，在 0.2V 电压附近分别出现了微弱宽幅的氧化还原峰，这说明 Ag 和 Cu 金属发生了氧化还原反应。可以看出，四条 *C-V* 曲线电流随着电压瞬间反向，说明样本具有良好的电容特性。

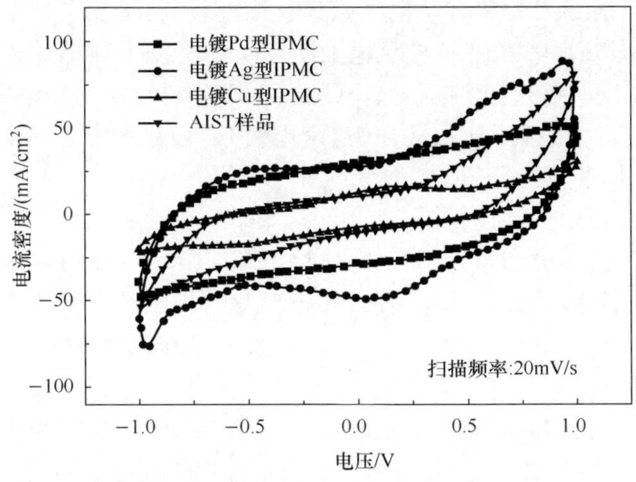

图 5.17 不同 IPMC 样本的伏安特性曲线

表 5.3 给出了四种材料的力电参数比较。分析比电容可见，电镀工艺制备的 Ag 型和 Pd 型 IPMC 的比电容分别达到了 1.52mF/cm² 和 1.86mF/cm²，均高于 AIST 样品。Cu 型 IPMC 的比电容也达到了 0.81mF/cm²，亦远远高于传统工艺制备的 Pd 型 IPMC(0.22mF/cm²)。

表 5.3 不同金属型电镀 IPMC 机电参数比较

样品名称	表面电阻率/(Ω/□)	弹性模量/MPa	比电容/(mF/cm²)
Pd 型 IPMC	4.72	776	1.52
Ag 型 IPMC	6.10	681	1.86
Cu 型 IPMC	8.65	563	0.81
AIST 样品	2.26	605	1.42

由第 4 章可知，四次还原镀后 IPMC 样品表面电阻在 40Ω/□左右。而由表 5.3 可知，经过电镀后的样品电阻下降到 10Ω/□以内，可见电镀工艺在获得树枝状电极的同时也有效降低了材料表面电阻，因此可推断电镀过程中有一部分金属离子被还原到材料表面，至于电镀样品之间表面电阻的具体差异可能与金属类型特性以及树枝状电极的渗入深度有关。

弹性模量与 IPMC 的含水量、离子类型、表层及界面电极形貌均密切相关。表 5-3中弹性模量是在饱和含水量和 Na^+ 型离子的条件下测得的。此外，三种金属类型材料的表面电阻比较接近，可知表面电极形貌对弹性模量的影响不大，因此认为，此处影响 IPMC 弹性模量的主要因素为界面电极形貌。可以看出，Pd 型 IPMC 具有最大的弹性模量，Ag 型和 Cu 型弹性模量依次降低。如图 5.15(c)所示，Pd 型 IPMC 所渗入的树枝状电极密集且浓度较高，增加了材料的局部弹性模量，而对于 Ag 型 IPMC，虽然树枝状电极渗入深度较大，但靠近表层的密度和整体金属浓度较低，对弹性模量影响不大。Cu 型 IPMC 树枝状电极浓度和密度最低，导致弹性模量最小，最接近四次还原镀（未电镀）的样品。由于 AIST 样品采用不同的工艺制备，其表面电阻和弹性模量仅作为参考。

2）IPMC 的力电性能比较

力电性能测试环境和条件与 5.1.3 节相同。图 5.18 是对四种样片的测试结果。由图可见，Ag 型、Pd 型、AIST 样本以及 Cu 型样本最大弯曲变形分别达到了 5.75mm、4.80mm、3.26mm 和 1.60mm。通过先前的分析可知，Pd 型和 Ag 型 IPMC 由于均具有良好的渗入电极，所以计算的比电容是传统 Pd 型 IPMC 的 7～9 倍，这是其具有优良位移性能的主要原因。虽然 Cu 型 IPMC 也有树枝状电极渗入，但其整体数量较少且渗入深度较小，其变形性能提高并不明显。

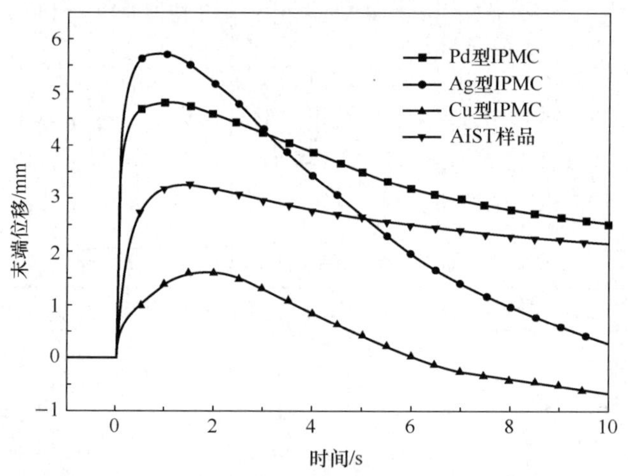

图 5.18　2V 直流电压下 IPMC 样本的位移响应

不同 IPMC 样本的电学响应结果如图 5.19 所示。从图 5.19(a)可以看出，与位移性能类似，Ag 型 IPMC 具有最大的离子电流峰值，而 Ag 型和 Cu 型 IPMC 具有相近的电流峰值，从金属氧化还原性来说，Ag 比 Cu 更加稳定，Cu 型 IPMC 的电流响应显示：从 0.2s 时刻开始，电流响应已不具有电容性，电流幅度减小比较缓慢，这意味着此时稳态电流增加，由此可以推测 Cu 电极发生了不可逆的氧化还原反应，随着反应持续进行，Cu 电极由于氧化，电阻逐步增大，稳态电流反而减小。

电流响应中虽然包含了少量的恒定电子电流，但是整体上仍能反映长时间工作过程中离子电荷的积累量，通过对电流积分得到图 5.19(b)的累积电荷，它反映了稳恒电流变化趋势。由图可见，Ag 型和 Cu 型 IPMC 的变形相差悬殊而累积电荷却较为接近，显然在响应过程中后者产生了大量的电子电流，可以证实材料内部发生了持续的氧化还原反应。对于 Pd 型和 AIST 样品来说，两者之间的稳定变形接近而积累的水合离子电荷多少相差较大，可以推测 Pd 型 IPMC 在变形过程中也发生了部分氧化还原反应。

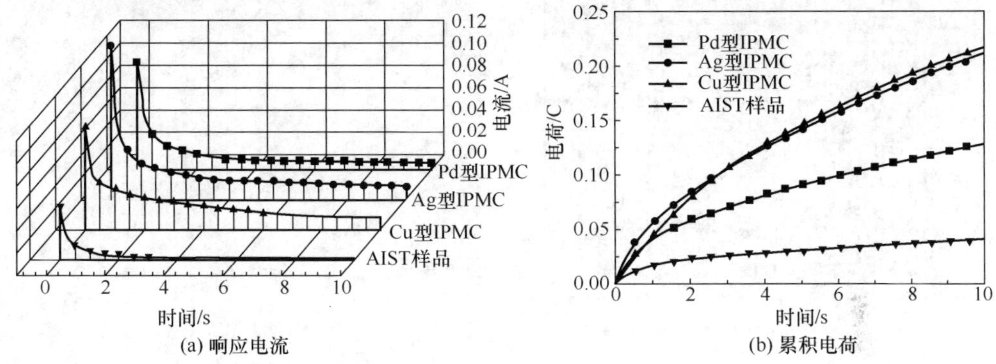

图 5.19　2V 直流电压下 IPMC 的电学响应

表 5.4 列出了四种类型 IPMC 响应电流的特征参数。所有样品当中，AIST 样品具有最小的电子电流和离子电流峰值，这说明以 Au 为电极的 AIST 样品基本没有发生氧化还原反应，这得益于 Au 的强抗氧化性和导电性。

表 5.4　IPMC 响应电流的特征参数比较

样品名称	电流峰值/A	电子电流/A	离子电流峰值/A
Pd 型 IPMC	0.096	0.0053	0.0907
Ag 型 IPMC	0.137	0.0096	0.1274
Cu 型 IPMC	0.092	0.0082	0.0838
AIST 样品	0.049	0.0014	0.0476

5.3　搅拌方式对 IPMC 性能的影响

由前述介绍可知，性能优良的 IPMC 不仅需要由糙化工艺形成粗糙的电极/基体接触界面，还需要具备良好的表面特征(表面均匀、电阻率低)。第 2 章介绍了制备工艺中温度和浓度参数的优化方法，然而制备工艺采用的搅拌方式实际上也是一个值得重视的控制方法。

图 5.20 所示是传统制备工艺中采用的磁力机械搅拌产生的样片表面形貌。由图可见，在磁力转子接触区域，表面不仅呈现出明显的划痕和磨痕，而且存在晶粒受到明显的挤压和破碎。在转子接触区域边缘可以看出，受到挤压颗粒粒径较小，不均匀，而正常颗粒大小则呈现比较均匀的分布，对受摩擦区域和远离转子区

域进行表面电阻率测试，结果分别为 3.45Ω/□和 0.12Ω/□，可见磨痕会影响电极表面导电性，进而影响 IPMC 的性能。

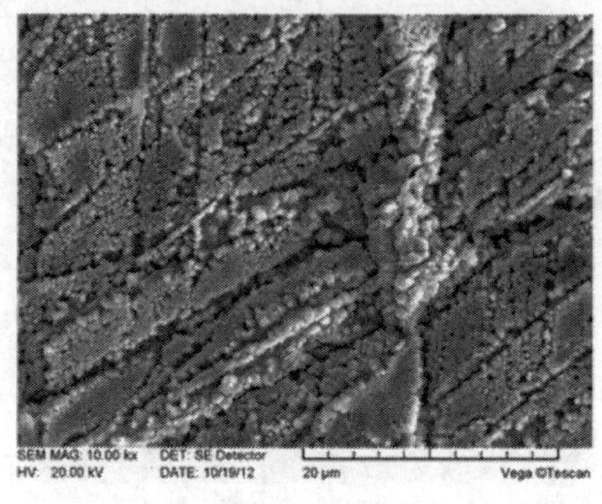

(a) 磁力转子摩擦区域

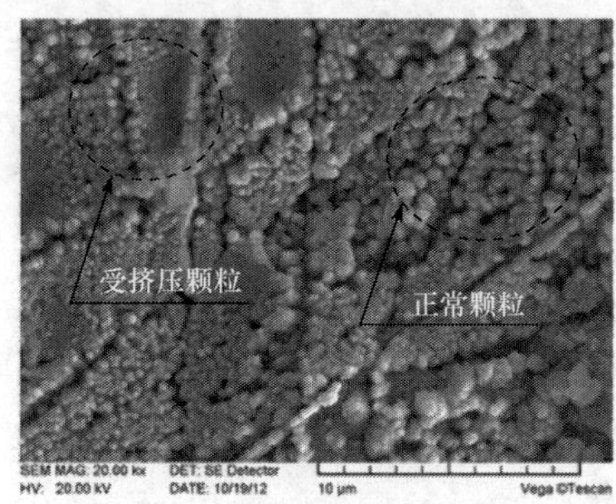

(b) 磁力转子摩擦区域边缘

图 5.20　磁力搅拌对 IPMC 样片表面形貌的影响

本节将通过实验数据分析超声搅拌和磁力搅拌(包括 IRP 中的离子交换，IRP 还原过程以及 ACP 过程)对 IPMC 性能的影响，目标是对 IPMC 制备工艺进行优化。

5.3.1　不同搅拌方式对离子交换过程的影响

1）实验设计

为了分析不同的搅拌方式对离子交换过程的影响，首先以离子交换过程中的搅拌方式为控制参数制备两片 IPMC，制备过程中保证其他工艺参数完全相同，均进行三次浸泡-还原镀(IRP)工艺，两次自催化还原镀(ACP)工艺。

分别使用转速为 150r/min 的磁力转子搅拌(magnetic stirring)(样片标记为 150r/min-MS)和全功率的超声波搅拌(ultrasonic stirring)(样片标记为 100%-US)作为 IRP 中离子交换过程的搅拌方式。超声搅拌采用的设备为 KH-250DE 超声机，磁力搅拌采用 RSH-1D 型磁力搅拌机。

由于离子交换与水的溶胀是同时、正相关进行的，所以用 IPMC 膜在离子交换过程中的实时面积相对于预处理前膜面积的变化率来表征交换的进度，以讨论不同搅拌方式对离子交换平衡的影响。

此外，由于离子交换过程主要影响界面颗粒渗透，所以对两种搅拌方式的样片进行截面形貌观察。

2）不同搅拌方式对离子交换平衡的影响

图 5.21 给出了不同搅拌方式下三次离子交换过程中 IPMC 的表面积变化规律，表面积变化率的降低用以表征离子交换的完成度。图中离散点为实验记录数

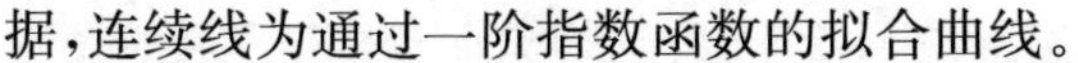

据，连续线为通过一阶指数函数的拟合曲线。

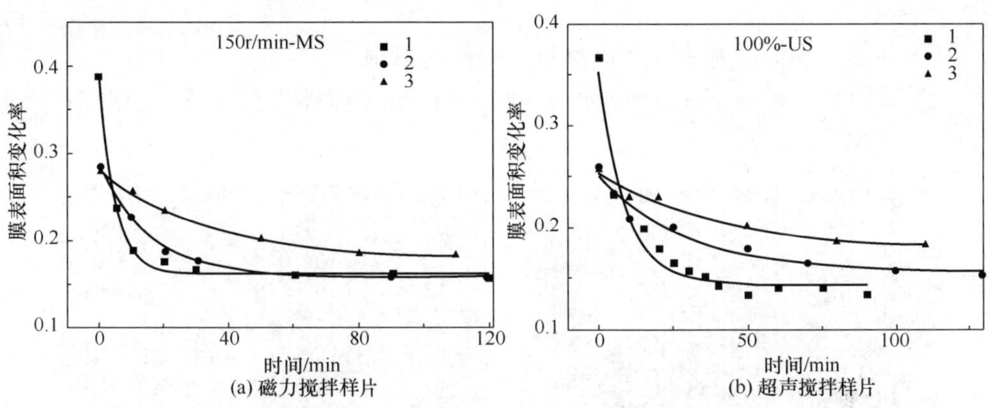

(a) 磁力搅拌样片　(b) 超声搅拌样片

图 5.21　不同搅拌方式下三次离子交换过程中的面积随时间的变化

由图可以看到，两种搅拌方式下，随着离子交换次数的增加，曲线会越来越平缓。同时可以看到离子交换过程中膜表面积的变化基本符合一阶指数函数的特点，因此利用下式对其进行拟合：

$$y=y_0+Ae^{R_0 x} \tag{5-3}$$

式中，R_0 表示面积降低的速度，R_0 值越小（绝对值越大），代表指数函数值下降越快。

图 5.22 所示是两种方法进行离子交换过程中的搅拌时，样片表面积变化拟合曲线参数 R_0的比较结果。由图可见，随着离子交换次数的增加，交换速度越来越慢，这是由于溶液内金属阳离子浓度在逐渐降低；而 150r/min 磁力搅拌方式离子交换速度要高于超声搅拌交换速度，这是由于超声搅拌对离子交换过程本身有扰

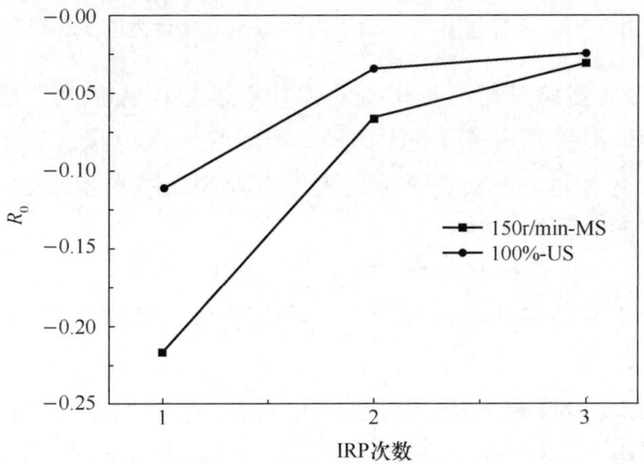

图 5.22　不同搅拌方式下参数 R_0随浸泡-还原镀工艺次数的变化

动作用,同时,超声搅拌过程中伴随的温度缓慢上升也会影响离子交换平衡,增加膜的溶胀性[14]。

3) 不同搅拌方式对 IPMC 电极界面特性的影响

图 5.23 为 100%-US 超声搅拌与 150r/min 磁力搅拌进行离子交换的两种样片截面 SEM 图。

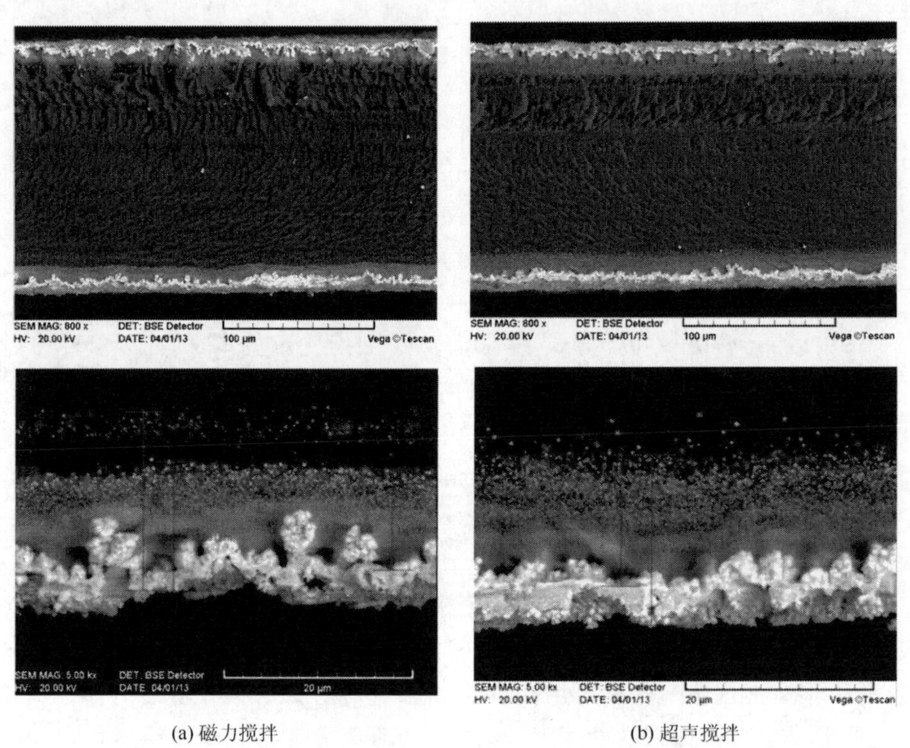

(a) 磁力搅拌　　(b) 超声搅拌

图 5.23　不同搅拌方式离子交换 IPMC 样片截面 SEM 图

由图可见,磁力搅拌进行离子交换的样片近表层电极的密度要明显高于更深处的电极。而超声搅拌则形成了比较均匀、连续的渗入电极。这是因为超声搅拌的微观冲击作用更有利于钯阳离子透过表层电极进入基本膜深处。两种搅拌方式对于表层电极厚度的影响不大。

4) 不同搅拌方式对材料位移响应特性的影响

不同搅拌方式下离子交换得到的 IPMC 样片在 2V 交、直流激励下的位移性能如图 5.24 所示。

由图可见,交流扫频激励时,随着频率的升高,超声搅拌样片较磁力搅拌样片的末端响应位移略高,且位移下降较缓慢;而在直流激励下,超声搅拌进行离子还原的样片的最大位移明显大于磁力搅拌进行离子还原的样片,即超声搅拌的峰值

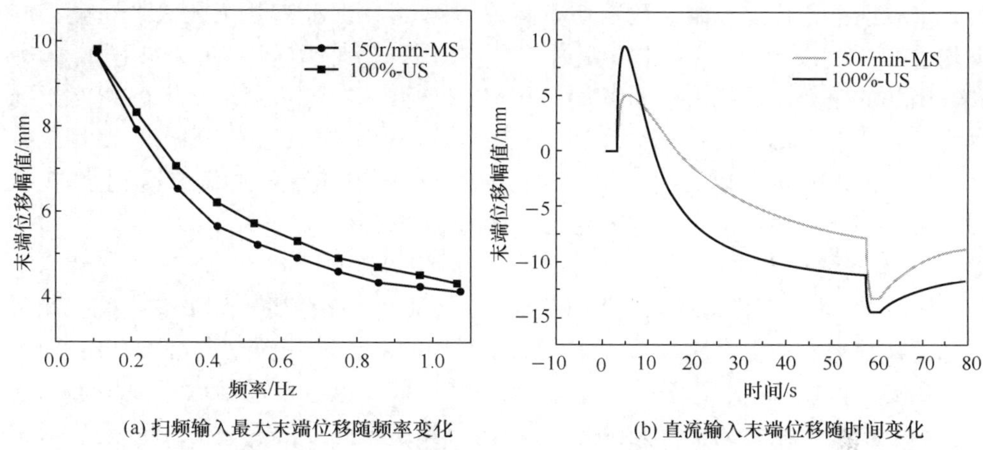

(a) 扫频输入最大末端位移随频率变化　(b) 直流输入末端位移随时间变化

图 5.24　不同搅拌方式离子交换的 IPMC 样片位移响应性能对比图

位移达到了 10mm，而采用磁力搅拌进行离子交换的样片最大只达到 5mm，其响应时间也快于磁力搅拌样片。此外，超声搅拌进行离子交换的样片在达到最大位移后发生快速松弛，而磁力搅拌样片的松弛较为缓慢。

5）不同搅拌方式对 IPMC 力响应特性的影响

不同搅拌方式进行离子交换的两个样片在 2V 直流电压下的阻断力响应曲线如图 5.25 所示。由图可见，其性能规律基本和直流位移响应特征相对应。超声搅拌样片峰值力（0.75mN）要远大于磁力搅拌样片峰值力（0.2mN）。同样的，前者的响应速度和松弛速度均比后者快。

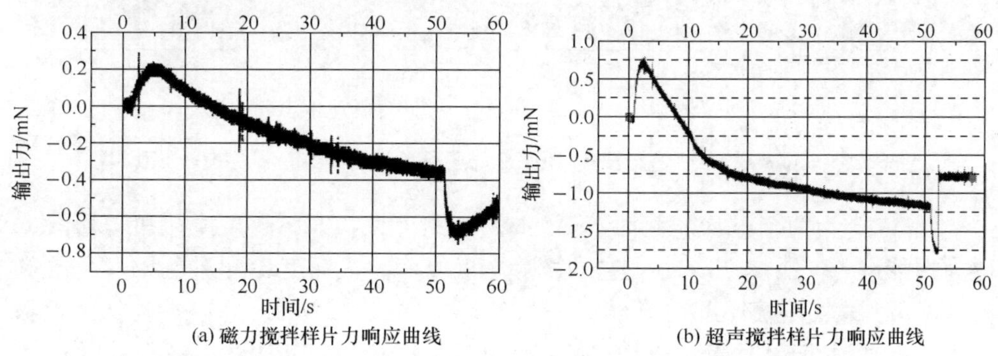

(a) 磁力搅拌样片力响应曲线　(b) 超声搅拌样片力响应曲线

图 5.25　不同搅拌方式离子交换制得的 IPMC 样片力响应性能对比图

5.3.2　不同搅拌方式对 IPMC 浸泡-还原工艺还原过程的影响

5.3.1 节的实验结果已经表明超声搅拌代替磁力搅拌的优点和可行性，本节仅以浸泡-还原工艺为对象，进一步详细分析两种搅拌对其的影响。在浸泡-还原工艺中以搅拌方式为控制参数制备了两片 IPMC，在保证其他工艺参数完全相同下均进行三次浸泡-还原工艺。其中一片在还原过程中使用磁力转子转速为150r/min的磁力搅拌（标记为 150r/min-MSR），另一片则使用全功率的超声搅拌（标记为 100%-USR）。

根据前面分析可知，浸泡-还原中的还原过程既影响界面颗粒渗透，也影响表面形貌。因此对两种样片进行表面及截面的形貌观察。

1）不同搅拌方式对浸泡-还原形成电极形貌的影响

图 5.26 为两个样片的表面 SEM 图。由图可见，采用 150r/min 磁力搅拌制备出来的样片表面的钯金属颗粒比使用超声搅拌制备出的颗粒略大，且电极表面可以看到局部裂纹，这主要是由金属电极变密变厚，导致电极内部内应力增加引起的。而超声搅拌制备的样片则没有此现象，可见超声搅拌由于微观的超声击打、按压作用更有利于形成均匀的小颗粒电极，同时会缓解内应力，使得电极表面更加紧实。

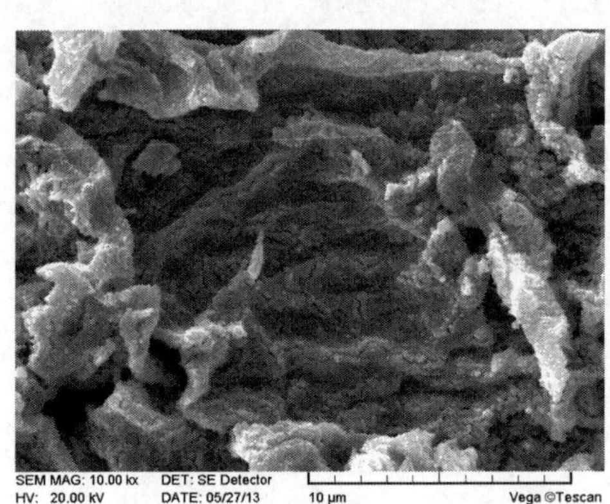

(a) 150r/min-MSR

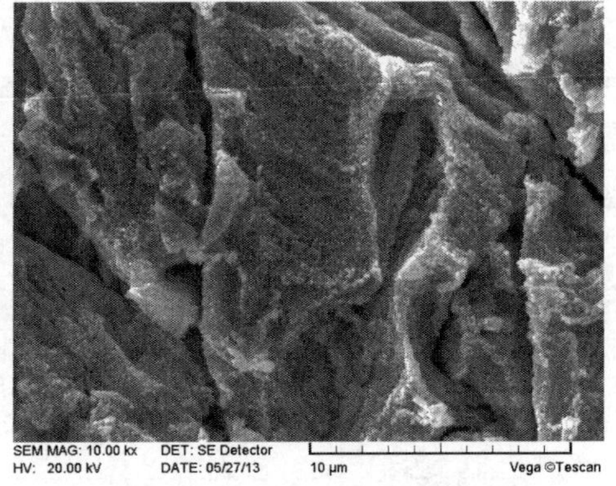

(b) 100%-USR

图 5.26　不同搅拌方式进行浸泡-还原工艺还原过程的 IPMC 样片表面 SEM 图

图 5.27 为两个样片的截面 SEM 图。由图可见，100%超声搅拌和 150r/min 磁力搅拌进行三次浸泡-还原工艺的样片电极界面渗入深度均分别是 24.74μm 和 19.930μm；表面电极厚度均值分别是 1.374μm 和 1.966μm。超声搅拌样片电极渗入深度高说明超声搅拌有利于还原剂 BH_4^- 与 Nafion 膜内的 $[Pd(NH_3)_4]^{2+}$ 均匀接触，可以让 BH_4^- 运动到膜内更深层的位置，而磁力搅拌有利于表面电极加厚。

2）不同搅拌方式对浸泡-还原制备样片力电参数及电致动位移的影响

对两个样片进行表面电阻率和弹性模量的测量发现，100%超声搅拌和150r/min磁力搅拌进行三次浸泡-还原的样片表面电阻率分别为 512.4Ω/□和

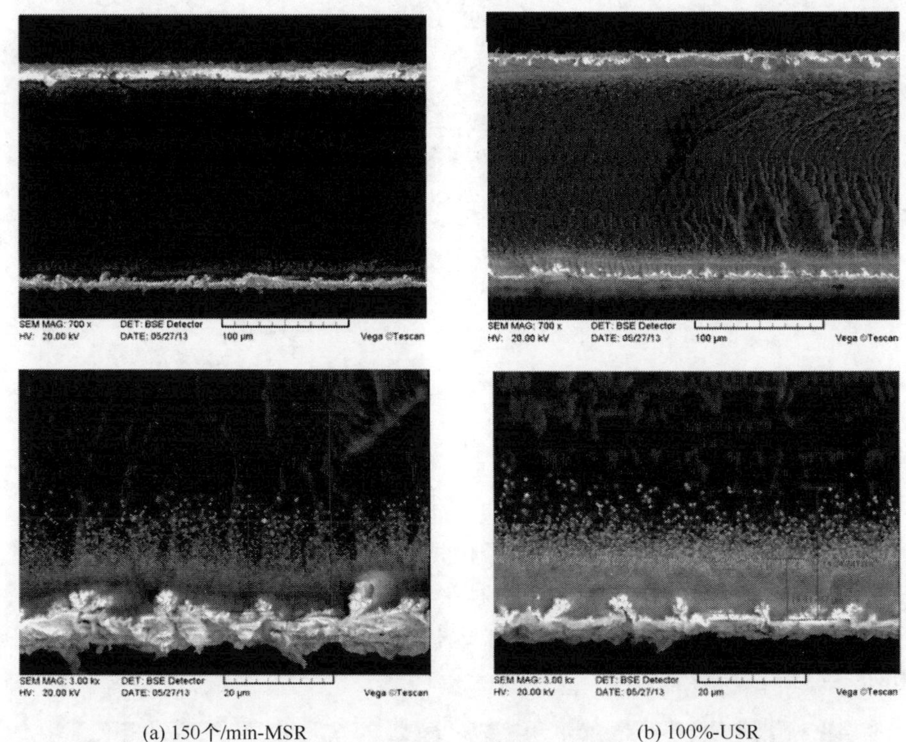

(a) 150个/min-MSR　　(b) 100%-USR

图 5.27　不同搅拌方式进行浸泡-还原工艺还原过程的 IPMC 样片截面 SEM 图

248.3Ω/□；而等效弹性模量分别为 132MPa 和 99.5MPa。表明仅采用浸泡-还原制备 IPMC 样片时，磁力搅拌可以获得较小的表面阻抗和较小的弹性模量。

由于经过糙化后只经过浸泡-还原制备的 IPMC 样片位移较小，在直流作用下信号噪声直接影响比较结果，所以此处仅给出 2V 交流扫频电压激励下样片末端最大位移随频率的变化图，如图 5.28 所示。由图可见，由于超声搅拌形成更加均匀的渗入电极，其介电常数的增加会使材料在极低频的时候表现出响应优势，而其弹性模量高于磁力搅拌样片，随着频率增加其响应位移衰减略大。

5.3.3　不同搅拌方式对 IPMC 自催化还原镀工艺过程的影响

本节以自催化还原镀工艺为主要对象，进一步详细分析两种搅拌对其的影响。同样，以自催化还原镀中的搅拌方式为控制参数制备了两片 IPMC，保证其他工艺参数完全相同的条件下，进行三次浸泡-还原镀后再进行两次自催化还原镀工艺。其中一片在自催化还原镀过程中使用转速为 150r/min 的磁力搅拌（标记为 150r/min-MSR-A），另一片则使用全功率的超声波搅拌（标记为 100%-USR-A）。

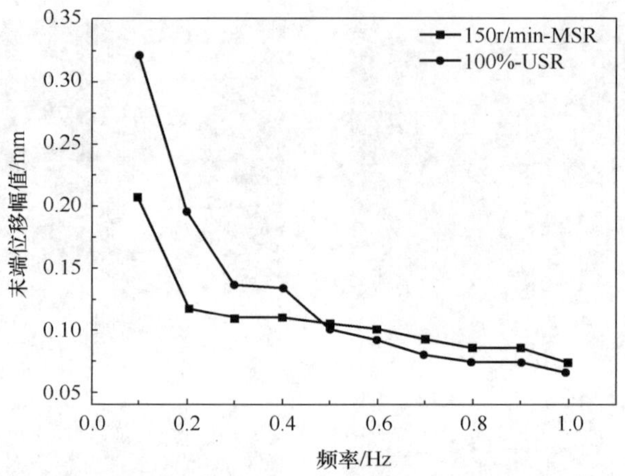

图 5.28　交流扫频电压激励下样片末端最大位移随频率的变化图

1）不同搅拌方式对自催化还原镀形成电极形貌的影响

图 5.29 为不同搅拌方式下自催化还原镀工艺形成的电极表面形貌。由图可以发现，在自催化还原镀中采用超声搅拌形成的表面非常均匀、美观，明显比磁力搅拌形成的致密。说明超声搅拌改善了电极表面的均匀性，可以预见其会使制备的 IPMC 弹性模量较高。

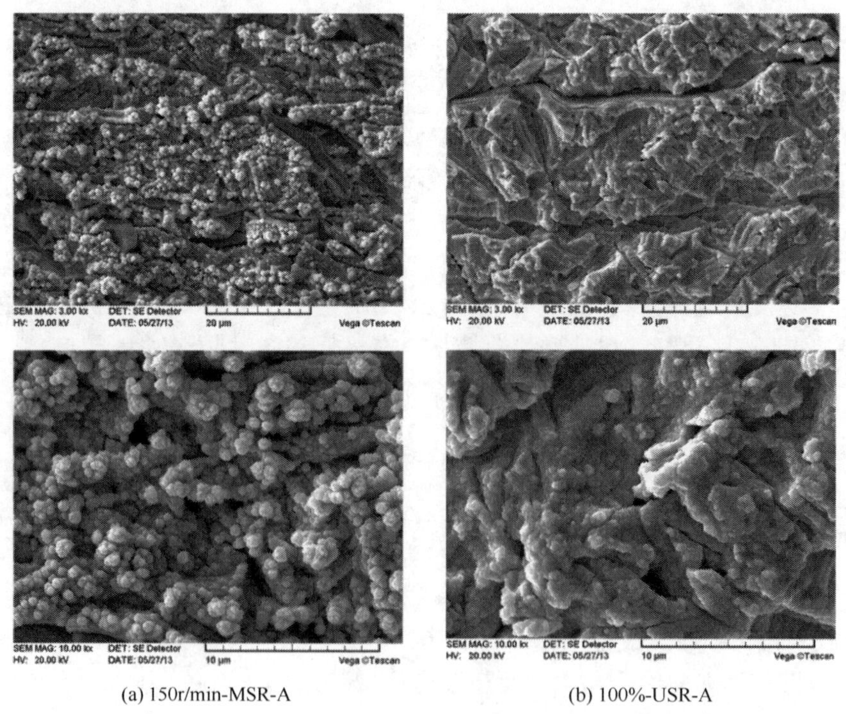

(a) 150r/min-MSR-A　　(b) 100%-USR-A

图 5.29　不同搅拌方式进行 ACP 过程的 IPMC 样片表面 SEM 图

2）不同搅拌方式对自催化还原镀制备样片力电参数及电致动位移的影响

对两个样片进行表面电阻率和弹性模量的测量，结果发现，样片 150r/min-MSR-A 和 100%-USR-A 的表面电阻率平均值分别为 0.23Ω/□和 0.19Ω/□，可见，超声搅拌进行自催化还原镀工艺样片的表面电阻率略低于磁力搅拌进行自催化还原镀的样片表面电阻率，但两者相差非常小。说明两种搅拌方式进行自催化还原镀均可以有效增加表层电极厚度，增加材料的表面电极导电性。而两个样片的等效弹性模量分别为 429.5MPa 和 688MPa，即超声搅拌的等效弹性模量高于磁力搅拌的等效弹性模量，因此可以说明，在自催化还原镀中使用超声搅拌，形成的表层电极更加致密，从而随着厚度的快速增加，其对于电极表面导电性的改善作用将逐渐被其带来的弹性模量的增加而抵消。

图 5.30 给出了 2V、0.1～1Hz 交流扫频电压激励下这两个样片的末端最大位移随频率的变化图。由图可见，在低频段超声搅拌具有较好的电致动变形性能，应该归因于其具有良好的电极均匀性及较低的电阻率。

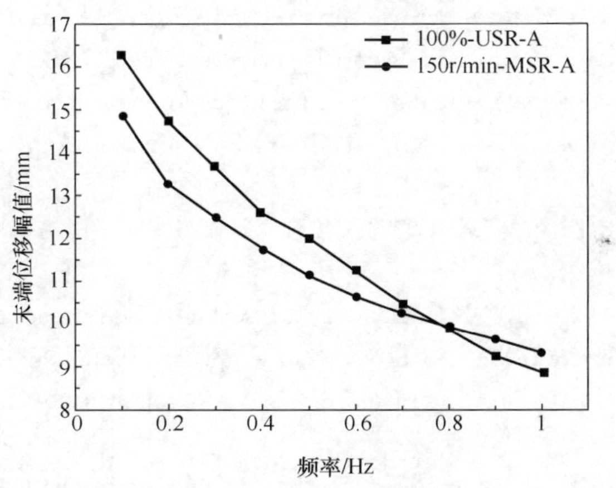

图 5.30　不同搅拌方式下自催化还原镀制备的样片末端最大位移随频率的变化图

5.4　本章小结

本章首先详细介绍了 IPMC 制备工艺中基体膜表面糙化步骤对材料电极特性、力电参数以及变形性能的影响，提出可采用粗糙度参数描述基体膜的糙化形貌，在此基础上建立了基体膜表面粗糙度与 IPMC 性能的定量关系。指出 IPMC 变形及阻断力性能均随着基体膜糙化程度的增加而增大，主要归因于糙化降低了弯曲刚度，改善了界面渗入电极。此结论对于改进 IPMC 制备工艺具有重要的参考价值。

其次，本章分析了不同电极界面类型与 IPMC 电致响应性能之间的关系，指出具有树枝状界面电极的 IPMC 具有优良的电致响应特性，并指出在化学镀基础上增加电镀工艺可以形成树枝状界面电极。继而设计了相关实验，将经过四次还原镀的 IPMC 放在金属盐溶液中浸泡，然后进行电镀，成功制备了 Pd 型、Ag 型和 Cu 型树枝状电极的 IPMC，并指出电镀工艺中可能影响树枝状电极生长的因素有电镀液性质(导电性、离子浓度)、电镀电流和 IPMC 的表面电极电导率等。

最后，本章以改善电极特性、提高电极均匀性为目标，介绍了超声搅拌和磁力搅拌在 IPMC 制备工艺中(包括浸泡-还原镀中的离子交换、浸泡-还原镀中还原过程以及自催化还原镀过程)的作用，比较了两种搅拌方法对形成 IPMC 电极乃至影响材料力电特性的作用规律，探索超声搅拌(非接触式)代替传统搅拌方法(接触式)的可行性。

参考文献

[1] Aureli M, Porfiri M. Effect of electrode surface roughness on the electrical impedance of ionic polymer-metal composites. Smart Materials and Structures, 2012, 21(10), 105030

[2] Aureli M, Lin W, Porfiri M. On the capacitance-boost of ionic polymer metal composites due to electroless plating: Theory and experiments. Journal of Applied Physics, 2009, 105(10): 104911

[3] 常龙飞. 基于钯电极的离子聚合物-金属复合材料制备工艺及电极特性研究. 西安：西安交通大学硕士学位论文，2011

[4] Palmre V, Pugal D, Leang K K, et al. The effects of electrode surface morphology on the actuation performance of IPMC. SPIE Smart Structures and Materials+Nondestructive Evaluation and Health Monitoring. International Society for Optics and Photonics, 2013: 86870W-86870W-10

[5] Fujiwara N, Asaka K, Nishimura Y, et al. Preparation of gold-solid polymer electrolyte composites as electric stimuli-responsive materials. Chemistry of Materials, 2000, 12(6): 1750-1754

[6] Shahinpoor M, Kim K J. Novel ionic polymer-metal composites equipped with physically loaded particulate electrodes as biomimetic sensors, actuators and artificial muscles. Sensors and Actuators A: Physical, 2002, 96(2): 125-132

[7] Onishi K, Sewa S, Asaka K, et al. Morphology of electrodes and bending response of the polymer electrolyte actuator. Electrochimica Acta, 2001, 46(5): 737-743

[8] Chang L, Chen H, Zhu Z, et al. Manufacturing process and electrode properties of palladium-electroded ionic polymer-metal composite. Smart Materials and Structures, 2012, 21(6): 065018

[9] Shahinpoor M, Kim K J. The effect of surface-electrode resistance on the performance of ionic polymer-metal composite(IPMC) artificial muscles. Smart Materials and Structures, 2000, 9

(4):543

[10] Jeon J H, Yeom S W, Oh I K. Fabrication and actuation of ionic polymer metal composites patterned by combining electroplating with electroless plating. Composites Part A: Applied Science and Manufacturing, 2008, 39(4): 588-596

[11] Li J Y, Nemat-Nasser S. Micromechanical analysis of ionic clustering in Nafion perfluorinated membrane. Mechanics of Materials, 2000, 32(5): 303-314

[12] Fimrite J, Struchtrup H, Djilali N. Transport phenomena in polymer electrolyte membranes. Journal of The Electrochemical Society, 2005, 152(9): A1804-A1814

[13] Mauritz K, Moore R. State of understanding of Nafion. Chemical Reviews, 104(2004), 10, 4535-4586

[14] 陶祖贻,赵爱民,郑成法. 离子交换平衡及动力学. 北京:原子能出版社,1989:11

第 6 章　IPMC 内部质量传递理论

作为一种典型的离子型电活性聚合物材料，IPMC 芯层聚合物网络结构中含有可以移动的离子和水分子。在外部电学或力学激励作用下，内部离子和水分子产生迁移运动，内部质量的微观分布过程最终决定了材料的宏观变形和电学响应。因此，IPMC 内部质量传递现象对于认识材料特性和建立材料模型具有重要意义。

本章首先介绍 IPMC 内部含水量变化过程中对应的变形演变特性，围绕变形松弛现象，分析材料内部微观质量传递引发材料宏观变形的物理机制；然后通过对不同传质理论进行比较，分析不同模型对传质过程描述的异同；在此基础上从一般的能斯特-普朗克（Nernst-Planck，NP）方程理论出发，推导完整描述 IPMC 内部离子和水分子传递过程的动态模型；最后对获得的传质过程动态模型进行数值分析，描述离子和水分子的传递过程和分布规律，从而给出一个完善的 IPMC 内部质量传递理论。

6.1　IPMC 变形的物理机制

IPMC 与传统智能材料不同，其力电耦合效应是基于内部离子和水分子传递实现的。IPMC 的组成和微观结构如图 6.1 所示，宏观上 IPMC 由基体材料和两侧表面的电极组成；微观上芯层离子膜吸水之后，分子链末端固定阴离子自发聚集形成球形离子簇结构，外部是聚合物分子链，内部是包含阳离子的水溶液。这些离

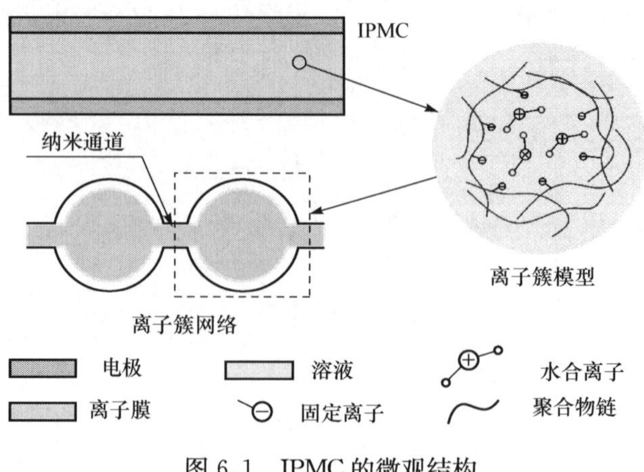

图 6.1　IPMC 的微观结构

子簇之间通过微通道连通，阳离子和水分子可以在其中移动[1,2]。在电压的作用下，IPMC 内部的离子和水分子通过微通道向电极一侧聚集，由于质量和电荷分布不平衡，从而产生大变形。

在饱和含水条件下，对于典型的以 Nafion 离子交换膜为基体的 IPMC，施加 1～2V直流电压时其变形过程如图 6.2 所示。图中的变形过程包含四个阶段：在加电初期，IPMC 首先快速向阳极变形[图 6.2(a)]，然后缓慢向阴极松弛且远超过平衡位置[图 6.2(b)]，断电之后 IPMC 首先向阴极快速变形[图 6.2(c)]，然后缓慢向平衡位置即阳极方向恢复变形[图 6.2(d)]。而对于以 Flemion 离子交换膜为基体的 IPMC，加电初期快速阳极变形后，表现出继续缓慢地阳极变形，即图 6.2(b)过程与 Nafion 膜 IPMC 行为相反，而断电之后与 Nafion-IPMC 变形过程一致。

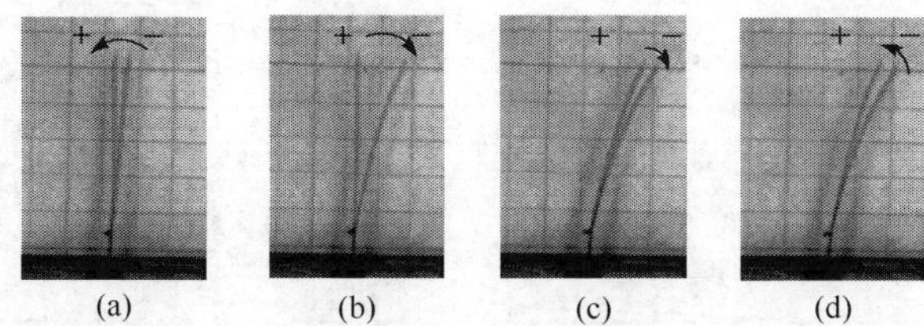

图 6.2　直流电压作用下 Nafion-IPMC 典型变形过程

Salehpoor 等通过对比实验提出了 IPMC 的三种代表性变形机理假说，即离子与聚合物网络的静电力假说、离子与枝状电极静电力假说、随离子重分布的水分子溶胀作用假说[3]。这些不同的机理对 IPMC 不同的阳极变形现象虽能给出一定的解释，但对于图 6.2(b)中表现的松弛变形现象却无能为力。

Tadokoro 最早提出了以建立离子水合为基础的溶胀理论，认为 IPMC 的大变形是由水分子重分布后局部体积收缩和膨胀造成的，松弛过程是水分子缓慢反向扩散的结果[4]。龚亚琦和 Doi 发展了这一理论[5,6]，认为水分子的反向运动是弹性压力扩散的结果，这两种理论可以预测松弛变形最终达到平衡位置，但是不能解释 Flemion 型 IPMC 无松弛现象以及 Nafion 型 IPMC 松弛随含水量的变化规律。Nemat-Nasser 最早建立静电力理论[7]，认为变形源自于离子重分布后产生的静电应力差，然而该理论难以解释松弛变形，特别是松弛大于阳极变形现象。

总体来讲，静电力和溶胀理论是 IPMC 机理中最具代表性的两种传统理论，这两种理论都能很好地解释阳极变形，但由于在初始变形过程中，水合离子中的离子和水分子具有相同的运动趋势，不能区分是由于静电力还是溶胀力导致的阳极变形；对于松弛现象，二者均能给出一定解释却不能完全解释松弛大于阳极变形或超过平衡位置的现象。因此，松弛现象是探讨变形微观物理机制的关键。

研究表明，含水量的变化会引起 IPMC 变形特性发生显著变化[8-10]。图 6.3 是 Pd-Nafion 117(Na)型 IPMC 从饱和含水状态 W1(21.4%)到完全干态 W8

(0%)时,在相同直流电作用下变形特性演变过程的实验结果。其中,W2 至 W7 为依次减少的中间含水量状态。可以看出,以 Nafion 膜为基体的 IPMC 样品的变形演变规律可以分为三个阶段:①当样品饱和含水时(W1),IPMC 初始快速向阳极变形,然后表现出明显的松弛现象,且松弛变形向阴极方向的变形超过初始平衡位置。②随着含水量的减小(W2 至 W3),样品的松弛变形消失,而且阳极变形增大。③在进一步的失水过程中(W4 至 W8),阳极变形呈减小的趋势,松弛变形也不会再出现。值得注意的是,当样品趋于完全干燥时表现出轻微的向阴极方向的变形,这是由样品在实验中从空气中吸收少量水分引起的,与完全含水时表现的松弛变形不同。

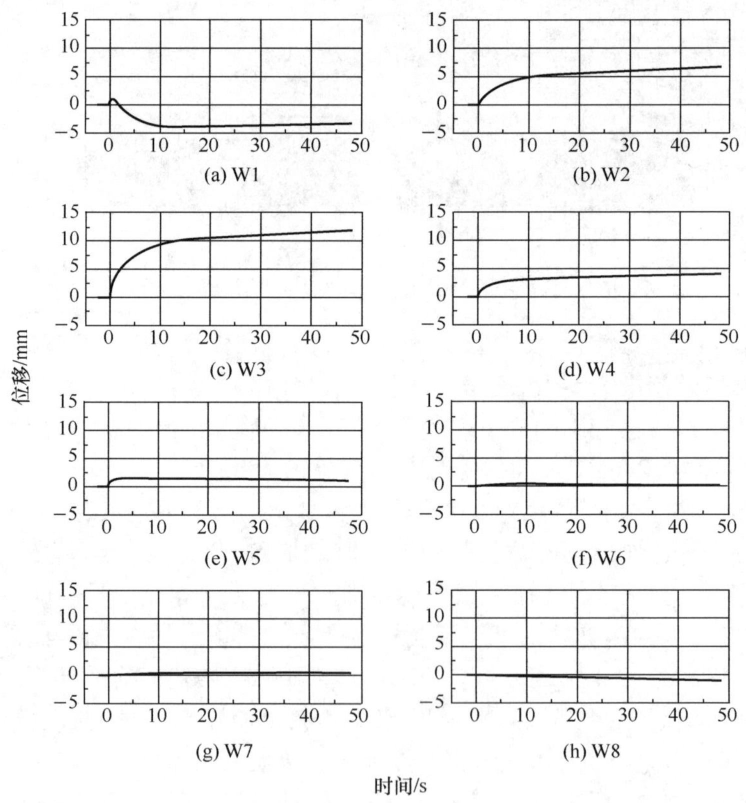

图 6.3 不同含水量条件下 Nafion 型 IPMC 的变形响应

采用相同的实验方法,得到如图 6.4 所示的 Pd-Flemion(Na)型 IPMC 随含水量减少的电致变形演变过程。同样,其中 W1(18.0%)至 W8(0%)为材料从饱和含水到完全干态过程中的不同含水量状态。由图可以看出,以 Flemion 膜为基体的 IPMC 样品的变形演变规律同样可以分为三个阶段:①当样品饱和含水时(W1),Flemion-IPMC 的变形包含了三个变形过程:初始向阳极变形,然后表现出轻微松弛,继而缓慢地向阳极变形。②随着含水量的减少(W2 至 W3),样品的松弛变形消失,表现为初始快速向阳极变形,继而缓慢向阳极变形。③在进一步的失水过程中(W4 至 W8),阳极变形呈减小的趋势。

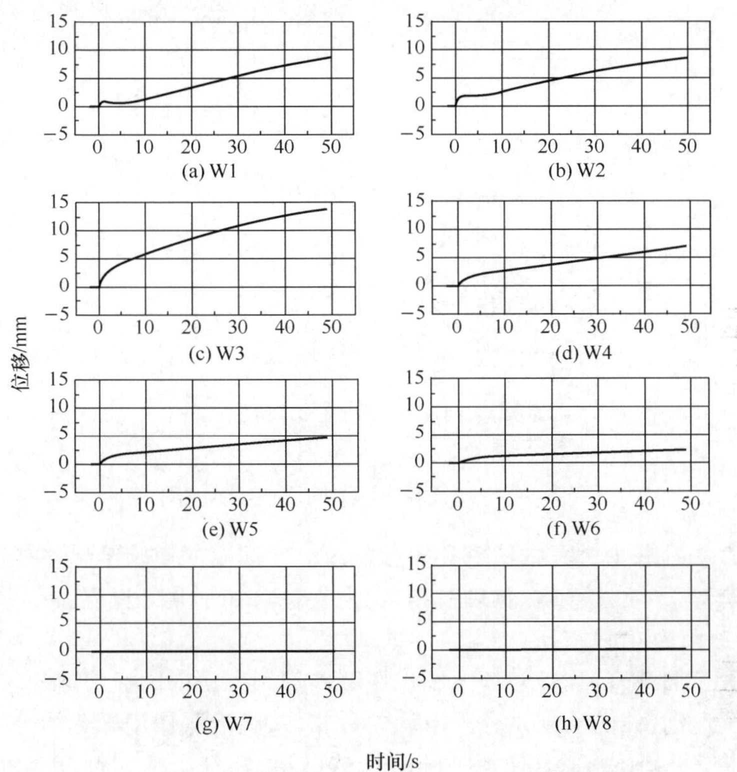

图 6.4 不同含水量条件下 Flemion 型 IPMC 的变形响应

由此可以看出,含水量对松弛变形有着重要影响,由于水分子在多孔介质中不是以单一形态存在的,所以水分子形态的组成及其含量变化成为解释 IPMC 变形物理机制的关键。相关研究通过差示扫描量热法(DSC)[11-13]和介电谱[14]等实验方法对 Nafion 离子膜内水分子相态进行了研究,定性指出至少包含三种形态:与固定磺酸基离子紧密结合的水分子、弱结合水和自由水。为了定量确定 IPMC 内部不同水分子形态的组成,鉴于不同形态水分子在磁场激励作用下质子的弛豫时间不同,文献[9]、[15]采用核磁共振方法测量质子横向弛豫时间的分布来区分不同形态的水,分析认为 IPMC 内部水分子形态如图 6.5 所示,按照自由度从高到低的顺序包括四种:①自由水分子,它们在离子簇孔隙结构中流动性最强,在蒸发风干过程中最容易失去;②在离子膜中与游离 Na 离子结合的水合水分子,部分水合水容易失去;③强结合水分子能够通过氢键进一步结合一些水分子,形成外层水壳,这些水分子受到约束但能够产生一定转动[16];④强结合水分子,与亲水位点的固定离子 M 通过化学键结合的水分子,在有些文献中也称其为不冻水和不可转动的结合水等[17],表现出更接近固体的弛豫特性。IPMC 在空气中失水的过程中,外层水壳和强结合水基本不受影响,而自由水和水合水分子容易失去。

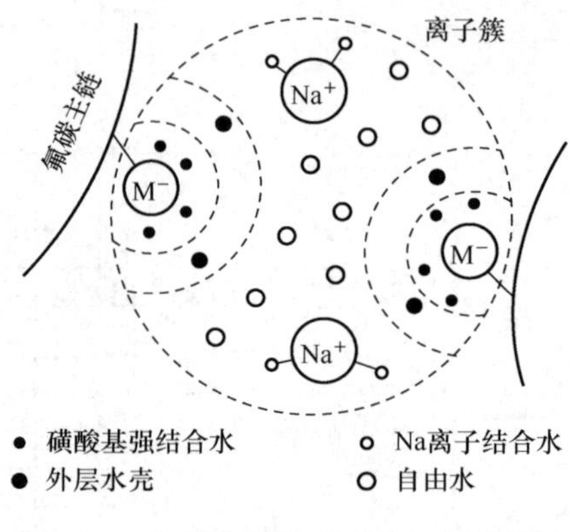

图 6.5　离子膜内部不同形态水示意图

结合含水量减少过程中核磁共振和电流响应演变的实验结果,文献[9]提出一套完善的解释 IPMC 变形的物理机制,它主要包含如下几个过程。

1) 快速阳极变形

当 IPMC 加载直流电压时,电场作用下内部阳离子向阴极快速迁移,同时携带水合水分子运动,伴随出现水分子不均匀分布,水的溶胀作用导致初始的快速阳极变形。因此,快速阳极变形是离子的电迁移结果,特征响应时间通常在 0.1～1s。随着含水量的减小,由于 IPMC 有效介电模量先增后减,快速阳极变形也呈现先增加后减小的趋势。

2) 松弛变形

水分子向阴极聚集产生浓度梯度,阳极弯曲变形在材料内部产生弹性应力梯度,以及离子和电荷的不均匀分布产生静电应力和渗透压力等内力梯度,在这些力的共同作用下使自由水分子向阳极缓慢扩散,并导致了大松弛变形,因此,松弛变形是各项内力导致水分子反向扩散的结果,特征响应时间在 1s 到 10s 量级。随着含水量的减少,自由水分子首先大量减少,综合作用力使得向阳极反向运动的自由水分子也大大减少,松弛现象可以减轻甚至消除。

3) 缓慢阳极变形

对于强酸型离子膜基(如磺酸基 Nafion 膜)的 IPMC,反离子完全离解,不存在缓慢阳极变形过程。对于弱酸型离子膜基(如羧酸基 Flemion 膜)IPMC,除了前述两个变形过程,还包含缓慢阳极变形。由于弱酸型离子膜内残余的 H 离子在电场作用下向阴极迁移，阳极区的 H 离子浓度急剧减少，促进阳极区 H 离子进一步电离，并向阴极迁移。H 离子的迁移运动也携带水分子，从而产生阳极溶胀变形，由于 H 离子的电离过程受浓度控制，是一个持续过程，所以表现出缓慢增加的阳极变形过程。缓慢阳极变形受制于 H 离子的二次缓慢电离过程，其特征响应时间在 10～100s。随着含水量减少，H 离子浓度提高，电离程度降低，缓慢阳极变形呈减小的趋势。

由于 IPMC 变形过程的本质是由内部离子和水分子的迁移过程决定的，所以可以用描述扩散过程的指数方程来描述变形响应的动态过程，而多重机制的复杂变形则可用下面统一的唯象学模型描述：

$$d_{\mathrm{T}} = \sum_i d_i (1 - \mathrm{e}^{-\frac{t}{\tau_{d_i}}}) \tag{6-1}$$

式中，d_{T}为总变形产生的末端位移(m)；d_i为末端位移分量(m)；τ_{d_i}为分量变形响应的特征时间(s)。

从图 6.3 和图 6.4 中可以看出，W1～W4 对应的变形可以反映出 IPMC 随含水量变化的三个阶段，下面采用式(6-1)对不同含水量的变形进行拟合以分析不同的物理过程。

Nafion-IPMC 变形主要包含快速阳极变形和松弛变形两个过程，拟合结果如图 6.6 所示，图(a)、(b)和(c)分别表示阳极变形分量、松弛变形分量和总变形随含水量变化的演变图。从拟合结果可以看出：阳极稳定变形的幅值随着含水量先增大后减小，而响应速度减慢，阳极稳定变形与电荷积累的变化趋势具有一致性，说明阳极变形分量与水合离子积累紧密相关；而松弛变形随含水量的减小迅速衰减，与失水过程中初始阶段的自由水急剧减少密切联系。

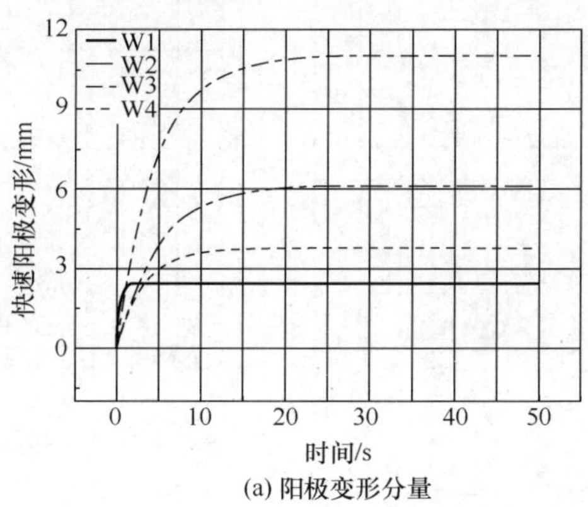

(a) 阳极变形分量

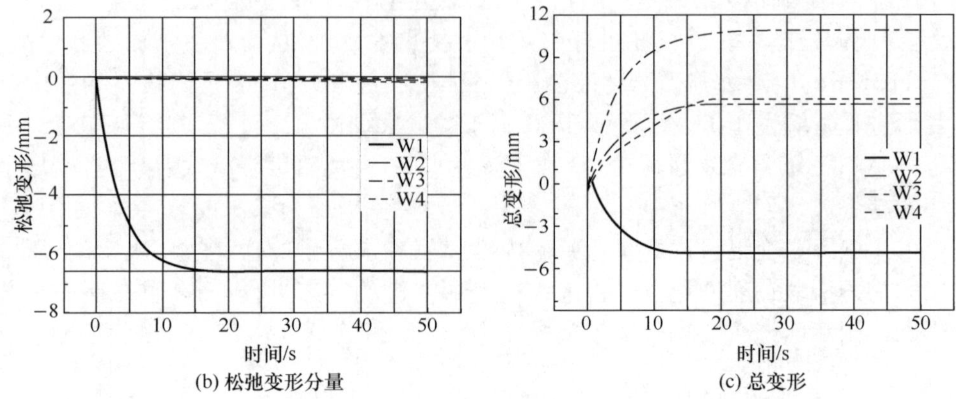

(b) 松弛变形分量　　(c) 总变形

图 6.6　Nafion-IPMC 变形分量组成

Flemion-IPMC 变形则包含了快速阳极变形、松弛变形和慢速阳极变形三个过程，拟合结果如图 6.7 所示，图(a)、(b)、(c)和(d)分别表示阳极变形分量、松弛变形分量、慢速阳极变形和总变形随含水量变化的演变图。由图可以看出：快速阳极变形的幅值随着含水量先增大后减小，与峰值电流变化趋势一致；松弛变形随含水量的减小迅速衰减，与失水过程中初始阶段的自由水急剧减少密切联系；慢速阳极变形随含水量的减少而减小，与累积电荷变化趋势一致。值得注意的是，在总变形中，由于缓慢阳极变形的存在，松弛变形被大大抵消了，这是实验中松弛变形难以被观察到的原因。

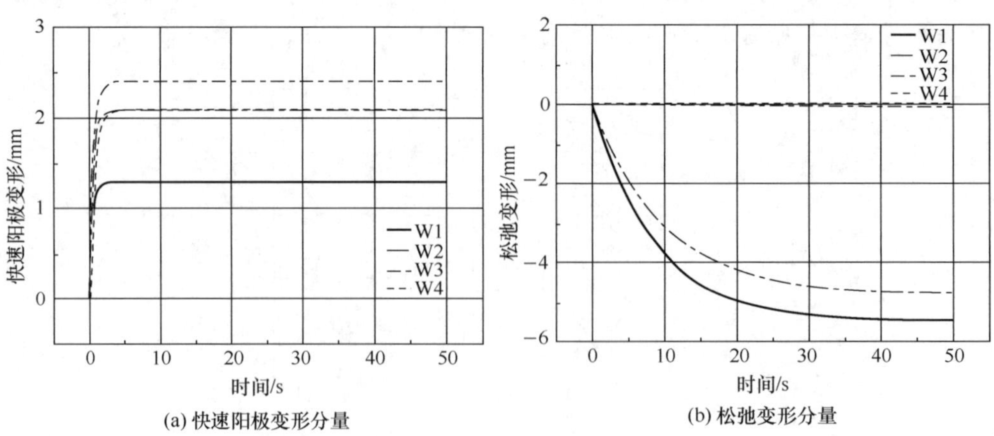

(a) 快速阳极变形分量　　(b) 松弛变形分量

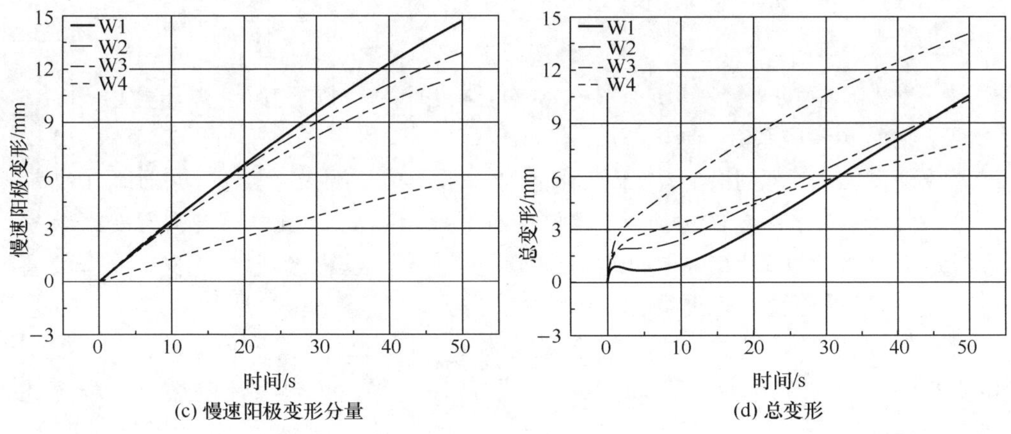

(c) 慢速阳极变形分量　　(d) 总变形

图 6.7　Flemion-IPMC 变形分量组成

6.2　不同质量传递理论的比较

从 IPMC 变形的物理机制可以看出，准确描述内部离子和水分子的迁移过程是建立材料物理模型和认识材料响应特性的关键。目前，描述 IPMC 中离子和水分子的质量传递物理模型可以分为不可逆过程热动力学模型、摩擦模型和 Nernst-Planck 方程模型等三大类，本节对这三类理论模型进行详细分析比较。

6.2.1　不可逆过程热动力学模型

线性不可逆过程热动力学（thermodynamics of irreversible process，TIP）认为，质量传递的过程可通过推动力和质量通量来描述，虽然这一过程处于非平衡状态，但可以以局部平衡来近似，因此每个广义力 X_j 与通量 J_i 之间的关系近似为线性：

$$J_i = \sum L_{ij} X_j \tag{6-2}$$

式中，L_{ij} 为各项推动力和通量之间的耦合系数，满足 $L_{ij} = L_{ji}$。式(6-2)也称为 Onsager 方程，研究者基于这一理论提出了两种不同模型。

1. De Gennes 模型

2000 年 De Gennes 首次提出了 IPMC 内部离子和水分子传递的热不可逆过程动力学模型[18]。该模型认为，对于 IPMC，内部离子运动形成的电流通量 J_I 和水分子运动形成的体积通量 J_W 是主要研究对象（下标 I 和 W 分别指离子和水分子），方程表示为

$$\begin{cases} J_I = \kappa E - L_{IW}\nabla P \\ J_W = L_{WI}E - K_P\nabla P \end{cases} \tag{6-3}$$

式中，κ 为离子膜的电导率(S/m)；E 为电场强度(V/m)；P 为溶液总压力(Pa)；K_P 为离子膜的水渗透系数[mol/(Pa·s·m)]。

该模型认为电场引起的离子迁移运动(κE)形成主要离子通量；同时离子携带结合水分子运动，电场力对水分子通量也有贡献($L_{WI}E$)。压力梯度引起的溶液整体渗透流动($K_P\nabla P$)形成主要水分子通量；同时这一过程形成的溶液对流携带离子运动，对离子通量也有贡献($L_{IW}\nabla P$)。

此外，Asaka 也提出一种类似模型描述 IPMC 内部质量分布[19]，由于该模型认为水分子的分布是导致变形的唯一原因，所以只采用了电渗流的通量方程描述水分子传递过程，即

$$J_W = -K_P\nabla P + \frac{V_W n_{dW} j}{F} \tag{6-4}$$

式中，V_W为水的偏摩尔体积(m^3/mol)；n_{dW}为拖拽系数，每个离子扩散运动时携带的水分子个数；j 为电流密度(A/m^2)；F 为法拉第常数(C/mol)。

如果忽略压力对电流的影响，利用电学方程 $j=\kappa E$，并令式(6-3)中耦合系数

$$L_{WI} = \frac{V_W n_{dW}}{F}\kappa \tag{6-5}$$

则式(6-4)与式(6-3)中的水分子通量方程等效。从水分子的传递模型来看，Asaka 利用电渗流方程形式阐述了不可逆过程热动力学模型中的耦合系数。实际上，这类模型常用来定性解释 IPMC 的变形和力电载荷的关系，是一种唯象学模型，由于部分模型参数不能直接反映材料物理属性，很少用于质量分布状态的定量研究。与后文其他理论相比，这一理论的主要特点是考虑压力梯度对体积通量的影响，即在质量传递过程中主要考虑压力的对流效应。

2. McGee 模型

与前述对流观点不同，2002 年 McGee[20]也基于 Onsager 方程提出一种模型，认为扩散作用是导致内部质量传递的根本原因，电化学势负梯度($-\nabla\mu_i$)是扩散作用的推动力，采用了如下方程描述离子和水分子的传递过程：

$$\begin{cases} J_I = -L_{II}\nabla\mu_I - L_{IW}\nabla\mu_W \\ J_W = -L_{WI}\nabla\mu_I - L_{WW}\nabla\mu_W \end{cases} \tag{6-6}$$

这一模型认为电化学势平衡是质量传递的根本原因，离子和水分子通量不仅受到各自电化学势梯度的影响，相互之间也存在耦合作用。然而，由于耦合系数难以获取，这一方程形式不利于实际使用。为了便于与式(6-3)进行比较，此处对式(6-6)进行变换。已知等温条件下，电化学势 μ_i 与相关物理参数关系如下：

$$\mu_i=\mu_i^{\ominus}+RT\ln a_i+z_iF\phi+V_ip \tag{6-7}$$

式中，$\mu_i^{\ominus}$为标准状态化学势(J/mol)；R 为气体常数[J/(mol·K)]；T 为热力学温度(K)；z_i为电荷数；ϕ 为电势(V)；V_i为偏摩尔体积(m^3/mol)；a_i为活度(mol/m^3)，当溶液为理想稀溶液时，活度即浓度 c_i。

基于如下电学方程：

$$E=-\nabla\phi \tag{6-8}$$

将式(6-7)和式(6-8)代入式(6-6)，可以得到 Kedem-Katchalsky 微分方程的类似形式：

$$\begin{cases}J_{\mathrm{I}}=L_{\mathrm{II}}z_{\mathrm{I}}FE-L_{\mathrm{II}}V_{\mathrm{I}}\left(\dfrac{RT}{V_{\mathrm{I}}}\nabla\ln a_{\mathrm{I}}+\nabla P\right)-L_{\mathrm{IW}}V_{\mathrm{W}}\left(\dfrac{RT}{V_{\mathrm{W}}}\nabla\ln a_{\mathrm{W}}+\nabla P\right)\\ J_{\mathrm{W}}=L_{\mathrm{WI}}z_{\mathrm{I}}FE-L_{\mathrm{WI}}V_{\mathrm{I}}\left(\dfrac{RT}{V_{\mathrm{I}}}\nabla\ln a_{\mathrm{I}}+\nabla P\right)-L_{\mathrm{WW}}V_{\mathrm{W}}\left(\dfrac{RT}{V_{\mathrm{W}}}\nabla\ln a_{\mathrm{W}}+\nabla P\right)\end{cases} \tag{6-9}$$

从上述方程形式来看，离子和水分子的通量主要由三部分组成：电场作用形成的通量；离子和水分子活度梯度形成的通量；压力梯度形成的扩散通量。与式(6-3)比较可知，两类模型都考虑了电迁移作用，但对于压力项的考虑则不同，式(6-3)认为压力导致质量通量是由于压力渗透的对流作用，而式(6-9)认为压力引起的化学势梯度导致扩散作用。考虑到凝聚态物质偏摩尔体积极小，其电化学势受压力影响很小，因此压力梯度形成的扩散通量可以忽略，即

$$\begin{cases}J_{\mathrm{I}}=L_{\mathrm{II}}z_{\mathrm{I}}FE-L_{\mathrm{II}}RT\,\nabla\ln a_{\mathrm{I}}-L_{\mathrm{IW}}RT\,\nabla\ln a_{\mathrm{W}}\\ J_{\mathrm{W}}=L_{\mathrm{WI}}z_{\mathrm{I}}FE-L_{\mathrm{WI}}RT\,\nabla\ln a_{\mathrm{I}}-L_{\mathrm{WW}}RT\,\nabla\ln a_{\mathrm{W}}\end{cases} \tag{6-10}$$

因此，Gennes 模型和 McGee 模型的主要差别在于，前者考虑了压力形成的渗透对流效应，而后者考虑了活度(浓度)梯度引起的扩散效应。

6.2.2　摩擦模型

摩擦模型通过建立 IPMC 质量传递过程中具体组分的力学平衡方程来描述传递过程，其中摩擦力是引入各组分相互耦合的关键。根据力平衡分析的不同主要分为两类。

1. Tadokoro 模型

2000 年，Tadokoro 首次提出的 IPMC 摩擦模型对 IPMC 内部的水合离子和自由水分子进行受力分析，认为水合离子受力为电场力、浓度引起的扩散力和黏性阻力(即摩擦力)，水分子受力为浓度扩散力和黏性阻力[4]。其平衡方程为

$$\begin{cases}eE=\eta_{\mathrm{I}}v_{\mathrm{I}}+kT\,\nabla\ln c_{\mathrm{I}}+n_{\mathrm{dW}}kT\,\nabla\ln c_{\mathrm{W}}\\ kT\,\nabla\ln c_{\mathrm{W}}=\eta_{\mathrm{W}}v_{\mathrm{W}}\end{cases} \tag{6-11}$$

式中，e 为元电荷(C)；η_i为 i 组分黏性系数(N·s/m)；v_i为 i 组分的速度(m/s)；k

为玻尔兹曼常量(J/K)；

该模型以扩散力为特征，与 McGee 模型具有相似之处。将 $J_i = c_i v_i$ 代入式(6-11)，且由于 $F=N_A \cdot e, R=N_A \cdot k$($N_A$是阿伏伽德罗常量)，式(6-11)可以写成

$$\begin{cases} J_I = c_I v_I = \dfrac{c_I}{N_A \eta_I} z_I F E - \dfrac{c_I}{N_A \eta_I} RT \nabla \ln c_I - \dfrac{c_I}{N_A \eta_I} n_{dW} RT \nabla \ln c_W \\ J_W = c_W v_W = \dfrac{c_W}{N_A \eta_W} RT \nabla \ln c_W \end{cases} \tag{6-12}$$

在稀溶液的假设前提下，将式(6-12)与式(6-10)进行比较可知：对于离子通量方程，令对应物理项系数相等，两个模型相同；而对于水分子通量方程，Tadokoro 模型仅反映了浓度梯度引起的扩散通量(即 Fick 第一定律)，而忽略了离子通量对水分子通量的耦合影响。根据 IPMC 的实验可知，直流电压作用下驱动电流迅速衰减，说明离子过程主要作用于瞬时的初始变形；而水分子运动缓慢，在长时间变形过程表现突出，因此，Tadokoro 模型采用了近似处理：首先利用离子平衡方程计算离子和水分子的瞬态分布，这一过程水分子的自扩散可以忽略；然后以这一分布状态作为初始条件，利用扩散方程计算水分子的分布，这一过程中离子的分布可以忽略。将离子和水分子分布分两个阶段计算，式(6-11)的简化也具有一定的合理性。后来 Branco 在 Tadokoro 研究基础上，提出了一种改进的摩擦模型[21]，将 IPMC 分子网络的弹性应力对质量传递通量的作用考虑进来。

2. Yamaue 模型

2005 年，Yamaue 也采用摩擦模型建模方法对离子、聚合物基体和水分子三者进行了力学分析[6]。原模型中 c_i 表示单位体积的离子或分子数目(1/L)；V_i 表示每个分子或离子体积(L)。为了与本章变量统一便于比较，这里采用摩尔浓度 c_i (mol/m^3)，以及偏摩尔体积 V_i(m^3/mol)，改写的方程为

$$\begin{cases} c_I \zeta_{IW}(v_I - v_W) = -c_I z_I \nabla \phi - c_I V_I \nabla P \\ c_P \zeta_{PW}(v_P - v_W) = -c_P z_P \nabla \phi - c_P V_P \nabla P + \nabla \cdot \sigma \\ c_P \zeta_{PW}(v_W - v_P) + \sum_I c_I \zeta_{IW}(v_W - v_I) = -c_W V_W \nabla P \end{cases} \tag{6-13}$$

式中，ζ_{ij} 为 i 组分相对 j 组分的摩擦系数(N · s/m)；σ 为离子膜网络的弹性应力(N/m^2)。其中，下标 P 指聚合物基体。该方程分别描述了离子在摩擦力、电场力和静水压力作用下平衡；聚合物基体在摩擦力、电场力、静水压力和自身弹性应力作用下平衡；水分子在摩擦力和静水压力作用下平衡。

Yamaue 模型考虑了静水压力引起的对流效应，而忽略浓度梯度引起的扩散作用。他认为，对于离子膜浓度，扩散力虽然需要考虑，但是浓度随时间变化项可以忽略，因此认为扩散力是一常数，可包含在弹性应力 σ 中，这一特点和 De

Gennes 模型相同。Yamaue 在提出摩擦模型的同时，也建立了该模型和不可逆热动力学过程模型的联系，即用摩擦模型参数描述了式(6-3)中的耦合系数[6]，采用统一参数后改写为

$$\begin{cases} \kappa = \dfrac{c_P z_P^2}{\zeta_{PW}} + \sum_I \dfrac{c_I z_I^2}{\zeta_{IW}} \\ L_{IW} = L_{WI} = -\dfrac{z_P}{\zeta_{PW}}(1 - c_P V_P) + \sum_I \dfrac{c_I z_I V_I}{\zeta_{IW}} \\ K_P = \dfrac{(1 - c_P V_P)^2}{c_P \zeta_{PS}} + \sum_I \dfrac{c_I V_I^2}{\zeta_{IS}} \end{cases} \tag{6-14}$$

因此 De Gennes 模型和 Yamaue 模型在物理机制上等同，其方程可以相互转化。由上述比较分析可以发现：摩擦模型与不可逆过程热动力学模型中的对应物理项能通过一定的数学变化相互转换，表明两者相应项的物理本质相同，而模型之间的区别主要是不同学者对 IPMC 传质过程机理的认识不同而对物理项的取舍不同。

6.2.3　Nernst-Planck 方程模型

2000 年 Nemat-Nasser 首次使用 Nernst-Planck(NP)方程建立 IPMC 内部的离子分布过程模型[22]，该模型采用了一种修正形式的 NP 方程：

$$J_I = -d_I\left(\nabla c_I + \frac{z_I c_I F}{RT}\nabla\phi + \frac{c_I M_I}{RT}\left(\frac{V_I}{M_I} - \frac{V_W}{M_W}\right)\nabla P\right) + c_I \bar{v} \tag{6-15}$$

其中，对流项速度 $\bar{v}$ 为

$$\bar{v} = K(-c^- F\,\nabla\phi - \nabla P) \tag{6-16}$$

式中，d_I为离子扩散系数(m^2/s)；M_i为组分 i 的摩尔质量(g/mol)；K 为离子膜的水力渗透系数[$m^2/(Pa \cdot s)$]；c^- 为固定离子(一般指阴离子)的浓度(mol/m^3)。

式(6-16)利用达西定律对流形式描述了溶液整体在压力合力作用下的传递，而 Nemat-Nasser 在后来的改进模型中，对影响对流的压力组成进行了更深入的分析，认为其包括静电力、渗透压力和弹性应力[7]。该模型在数值计算过程中，采用了和 Tadokoro 模型同样的处理方法，首先基于扩散效应计算离子分布，再计算水分子分布。但是此处水分子分布过程主要是对流效应的作用，与 Tadokoro 认为的浓度扩散效应起主导作用完全不同。

NP 方程也被许多其他研究者采用，特别是在离子传递过程的研究中，不同模型仅在方程形式上有所不同。Pugal 等[23]和 Zhang 等[24]的研究中采用了如下简化形式的 NP 方程：

$$J_I = -d_I\left(\nabla c_I + \frac{z_I c_I F}{RT}\nabla\phi\right) + c_I \bar{v} \tag{6-17}$$

Nemat-Nasser 在后来的研究中也采用了这种形式方程[25]。除了采用式(6-17)描述离子通量外，Johnson[26]还采用下面方程描述水分子通量：

$$J_W = -K\,\nabla P - K_e \nabla\phi \tag{6-18}$$

式中，K_e为电渗渗透系数[mol/(V·m·s)]。

这种模型认为压力梯度引起的扩散通量极小，因此忽略了压力引起的扩散通量，而且 Johnson 关于水传递的描述与 Asaka 模型相同，忽略了浓度的影响。

除此之外，Porfiri[27]、Aureli 等[28]、Wallmersperger 等[29]、Leo[30]、Davidson[31]、Zhang[32]等采用了如下的简化形式：

$$J_I = -d_I\left(\nabla c_I + \frac{z_I c_I F}{RT}\nabla\phi\right) \tag{6-19}$$

该方程进一步忽略了对流项，由于稳态条件下对流项为零，所以该简化方程适于计算稳态离子分布。实际上，在大多数具体模型的数值分析过程中，式(6-15)和式(6-17)中的对流项也通常被忽略。

前述 NP 模型在离子和水分子的传递通量耦合方面对水分子的传递研究较少。Enikov 从不可逆过程热动力学基本原理出发，推导得到含有传递组分耦合作用项的物理方程[33]，以统一参数形式重写方程如下：

$$J_i = -\sum_j \alpha_{ij}\left(\frac{RT}{M_j c_j}\nabla c_j + \frac{F z_j}{M_j}\nabla\phi - E_p\frac{V_j}{M_j}\nabla L_{kk}^{poly}\right) \tag{6-20}$$

式中，α_{ij}为耦合系数；E_p为 IPMC 弹性模量(Pa)；L_{kk}^{poly}为聚合物网络的主应变。

Enikov 模型忽略了对流作用对离子和水分子分布的影响，但是明确表示了离子膜内部各个组分之间的耦合作用对通量的影响，这一点弥补了上述 NP 方程采用近似方法研究水分子分布的不足，同时也明确指出，影响传递通量的压力来自于离子膜网络的弹性应力。

为了分析 NP 方程模型和不可逆过程热动力学模型之间的联系，将电化学势代入式(6-6)，并定义耦合系数 d_{ij} 为

$$d_{ij} = \frac{L_{ij} RT}{a_j} \tag{6-21}$$

同时考虑对流项(即压力对流效应)，可以得到如下一般形式的 NP 方程：

$$J_i = -\sum_j d_{ij}\left(\nabla a_j + \frac{z_j a_j F}{RT}\nabla\phi + \frac{a_j V_j}{RT}\nabla P\right) + c_i\bar{v} \tag{6-22}$$

因此，不可逆过程热动力学模型和 NP 方程的一般形式可以相互转化，而上述基于 NP 方程的不同模型均可以从一般形式得到。对于离子通量方程($i=\mathrm{I}$)，在稀溶液条件下($a_I = c_I$)，令离子的自扩散系数 $d_I = d_{II}$，则式(6-15)、式(6-17)和式(6-19)可看作式(6-22)中离子传递通量的不同简化形式。令

$$L_{ij} = \frac{\alpha_{ij} RT}{a_j M_j},\quad p = -E_p \nabla L_{kk}^{poly} \tag{6-23}$$

则式(6-20)和忽略对流项的式(6-22)完全相同。因此,不同 NP 模型之间的差别仍然表现在不同学者对质量传递机理的认识不同,而且它们与不可逆过程热动力学模型之间的对应项可以相互转化。

6.2.4　不同模型比较

将描述 IPMC 离子和水分子传递过程的物理模型所考虑的因素列于表 6.1。由表可以清晰地看出不同模型对质量传递机制理解上的差异。值得强调的是,表中对流仅指由于机械压力形成的通量,不包括电渗力;耦合效应指由于电渗拖拽影响下离子和水分子通量之间的相互影响。

表 6.1　不同 IPMC 传质模型的物理机制比较

传质模型			组分	扩散			对流	耦合效应
				∇c_i	$\nabla \phi$	∇P		
TIP	De Gennes	式(6-3)	离子和水		√		√	√
	McGee	式(6-6)	离子和水	√	√	√		√
	Asaka	式(6-4)	水				√	√
摩擦模型	Tadokoro	式(6-11)	离子	√	√			√
			水	√				
	Yamaue	式(6-13)	离子和水		√		√	√
NP	Nemat-	式(6-15)	离子	√	√	√	√	
	Nasser	式(6-16)	水				√	
	Johnson	式(6-17)	离子	√	√		√	
		式(6-18)	水				√	√
	Porfiri	式(6-19)	离子	√	√			
	Enikov	式(6-20)	离子和水	√	√	√		√

由表可见,不可逆过程热动力学模型和摩擦模型关于离子和水分子传递因素的区别主要在于:一类模型(McGee 和 Tadokoro 模型)以考虑扩散作用为主要特点,而另一类模型(Gennes、Asaka 和 Yamaue 模型)以考虑对流效应为主要特点,它们的共同点是均考虑了组分之间的通量耦合效应。不同的 NP 方程模型都考虑扩散对通量的影响,但存在着是否考虑对流和通量之间的耦合效应的区别,另外,NP 方程模型整体上对水分子通量的研究不多,一些模型并不研究水分子的通量,而另一些模型对水分子的传递机制明显考虑不足。

6.3 基于 NP 方程改进的质量传递理论

通过比较发现,IPMC 传递理论的基本矛盾在于不同模型针对传递的物理机制的考虑不同。由于人们对不可逆过程热动力学模型和摩擦模型的模型参数研究较少,而在离子膜相关领域对 NP 方程研究较多,相关模型参数有大量的研究基础,所以 NP 方程建模方法在 IPMC 物理模型中也得到广泛的使用。要解决现有 IPMC NP 模型存在的两个主要问题:①对流项的研究不足。由于 NP 方程中的压力扩散项通常被忽略,对流项的取舍实际上就是是否考虑机械力对传递过程的作用。IPMC 的传感特性表明,压力梯度能够产生明显的离子传输现象,其结果是电极之间产生电势差,表明对流项的作用不能忽略。②水分子传递过程机制考虑不足。由 6.1 节分析可知,水分子的分布对 IPMC 的电致应力产生机制和松弛过程的认识有重要意义,而现有 NP 方程模型对水的传递过程考虑不足,显然存在一定局限性。因此,本节从一般传质理论出发,提出一种改进的 IPMC NP 方程模型。

6.3.1 传质过程

尽管在 6.1 节基于实验观察提出 IPMC 变形物理机制时,详尽介绍了内部离子和水分子的传递过程,但目前直接通过实验定量研究离子和水分子传递过程及其机理尚存在一定困难。由于 IPMC 结构实为一种膜结构,可以通过将 IPMC 和具有相似传质过程的离子膜的物理机制进行比较,以进一步确认 IPMC 在电压激励下内部离子和水分子分布的传递机理。

与 IPMC 最相近的离子膜结构主要有燃料电池的膜电极(membrane electrode assembly,MEA)[34,35]和电渗析膜[36,37],它们与 IPMC 具有相似之处。不同电传质过程的膜结构如图 6.8 所示,其中,图(a)是 IPMC 结构;图(b)是燃料电池的膜电极结构(MEA);图(c)是电渗析的单元结构。燃料电池的膜电极结构基体是离子交换膜,两侧是 Pt 催化剂,最外层是多孔扩散层,这与最常见的 Pt-Nafion 结构的 IPMC 极为相似。电池工作过程中,电场和两侧压力作用下离子(质子)和水的运动是膜内主要发生的传递过程。当离子膜在电渗析中使用时,电极与离子膜分离,溶液中的离子在电场作用下穿过离子膜,这一过程伴随水分子的传递,与 IPMC 的工作过程也非常相似。

解释燃料电池及电渗析过程工作机制的膜科学认为,电场作用下,离子在膜电极内部传递和通过电渗透膜向另一侧传递(膜内传递)的主要机制有三种:电场作用引起的电迁移、浓度梯度引起的扩散和压力梯度引起的对流;这一过程中,水的传递主要有离子迁移引起的电渗拖拽、浓度梯度引起的渗透和压力对流,其中电渗拖拽是水分布的重要组成部分,而温度、压力梯度引起的扩散通量可以忽

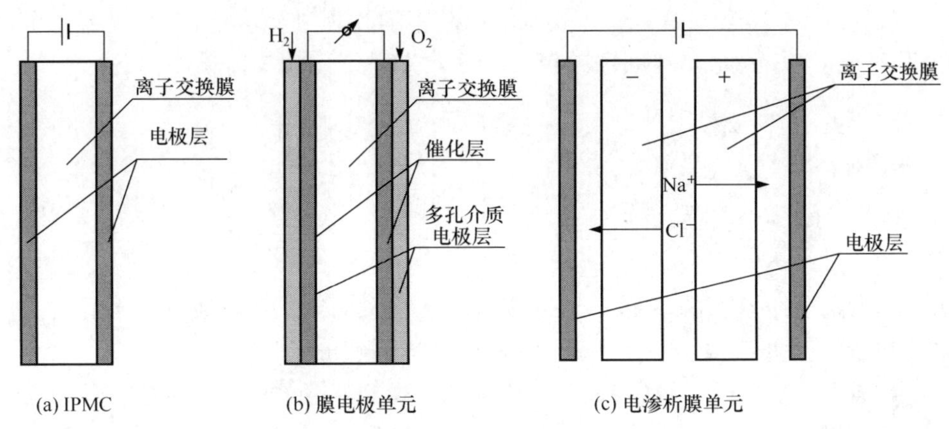

图 6.8　不同电传质过程的膜结构比较

略[35,37,38]。这些传递过程在 IPMC 中都能发生，而 IPMC 与 MEA 和电渗析膜的最大不同是，IPMC 产生渗透对流的压力差并不是来自于膜两侧的静水压力，而主要是 IPMC 内部的应力梯度。

6.3.2　传质模型改进

以膜内质量传递理论[39]为参考，采用 NP 方程对 IPMC 的离子和水分子的传递过程建模，模型基本假设和描述如下。

(1) 根据图 6.1 所示 IPMC 微观结构，将 IPMC 看作不发生传递运动的固体(包含聚合物分子链、固定阴离子和电极)和发生传递运动的液体(包含阳离子和水分子)两相复合材料。

(2) 液相在互连多孔的固相材料中发生传递运动，在微小时间间隔内，可将固相看作静止的参考系，速度为 0，即只存在弹性变形而不运动，这与一般的膜传质理论假设相同，而固相的应力应变与这一微小时间段内电荷和质量分布有关。

(3) 一般的 NP 方程理论认为液相的传递运动由扩散、对流和反应生成项三部分组成，其中扩散过程描述离子和水分子两个组分在各自和相互的电化学势梯度推动力作用下的传递过程；而对流过程描述由于液相内部本身的总压力梯度产生的渗流过程。总压力一部分来自固相的弹性应力，另一部分来自溶液内部电荷和质量不均匀分布产生的压力。

(4) 反应生成项是由于化学反应的产物能够改变物质浓度。在高电压激励下，水电解使得水分子浓度降低，影响传递过程分析；在 Flemion-IPMC 中 H 离子的传质过程需要结合羧酸基 RCOOH 的电离反应来讨论，描述慢速阳极变形过程。

本章仅针对 Nafion-IPMC 在安全电压范围的物理过程进行讨论，只需要考虑扩散和对流两项，因此，一般形式的 NP 方程[式(6-22)]的具体描述如下：

$$\begin{cases} J_{\mathrm{I}}=-d_{\mathrm{II}}\left(\nabla a_{\mathrm{I}}+\dfrac{z_{\mathrm{I}}a_{\mathrm{I}}F}{RT}\nabla\phi+\dfrac{a_{\mathrm{I}}V_{\mathrm{I}}}{RT}\nabla P\right)-d_{\mathrm{IW}}\left(\nabla a_{\mathrm{W}}+\dfrac{a_{\mathrm{W}}V_{\mathrm{W}}}{RT}\nabla P\right)+c_{\mathrm{I}}\bar{v} \\ J_{\mathrm{W}}=-d_{\mathrm{WW}}\left(\nabla a_{\mathrm{W}}+\dfrac{a_{\mathrm{W}}V_{\mathrm{W}}}{RT}\nabla P\right)-d_{\mathrm{WI}}\left(\nabla a_{\mathrm{I}}+\dfrac{z_{\mathrm{I}}a_{\mathrm{I}}F}{RT}\nabla\phi+\dfrac{a_{\mathrm{I}}V_{\mathrm{I}}}{RT}\nabla P\right)+c_{\mathrm{W}}\bar{v} \end{cases} \tag{6-24}$$

式中，d_{II}为离子的自扩散系数(m^2/s)；d_{WW}为水分子的自扩散系数(m^2/s)；d_{IW}为离子的互扩散系数(m^2/s)；d_{WI}为水分子的互扩散系数(m^2/s)。

离子通量和水分子通量方程表明组分通量由自扩散项(离子通量方程包含电迁移项)、耦合项(扩散通量的相互影响)和对流项决定。式(6-24)反映了等温条件下 IPMC 内部所有可能发生的传质过程，下面结合 IPMC 的载荷和变形特点逐项进行讨论。

自扩散项反映由组分自身的电化学势梯度导致的质量通量。d_{II}可以通过测量离子交换膜的电导率并通过近似计算得到，d_{WW}可以通过核磁共振、同位素示踪等方法测量，不同文献的测量虽存在一定差异，但通常情况下饱和吸水的 Nafion 117 膜内，Na 离子的自扩散系数为$(1\sim2)\times10^{-10}\,m^2/s$[38,39]，水分子自扩散系数数量级也在$10^{-10}\,m^2/s$[40,41]。

耦合项反映 IPMC 中离子和水分子扩散通量之间的相互影响，是通过电渗拖拽(离子的扩散运动主要是电迁移过程)实现的。离子在扩散运动的过程中，主要以水合离子形式携带部分水分子运动，设一个离子平均携带n_{dW}(水分子通量拖拽系数)个水分子运动，则电渗拖拽产生的水分子通量J_{drag}可表示为[35]

$$J_{\mathrm{drag}}=-n_{\mathrm{dW}}d_{\mathrm{II}}\left(\nabla a_{\mathrm{I}}+\frac{z_{\mathrm{I}}a_{\mathrm{I}}F}{RT}\nabla\phi+\frac{a_{\mathrm{I}}V_{\mathrm{I}}}{RT}\nabla P\right) \tag{6-25}$$

因此，方程(6-24)中耦合系数可表示为

$$d_{\mathrm{WI}}=n_{\mathrm{dW}}d_{\mathrm{II}} \tag{6-26}$$

水分子的扩散运动对离子通量的耦合影响也主要是通过电渗拖拽实现，但是相关研究很少，依据式(6-21)的定义可以得到

$$d_{\mathrm{IW}}=\frac{L_{\mathrm{IW}}RT}{a_{\mathrm{W}}},\quad d_{\mathrm{WI}}=\frac{L_{\mathrm{WI}}RT}{a_{\mathrm{I}}} \tag{6-27}$$

根据 Onsager 互易定理$L_{\mathrm{IW}}=L_{\mathrm{WI}}$，以及式(6-26)可以得到

$$d_{\mathrm{IW}}=\frac{n_{\mathrm{dW}}a_{\mathrm{I}}}{a_{\mathrm{W}}}d_{\mathrm{II}} \tag{6-28}$$

同时系数还需要满足$L_{\mathrm{II}}L_{\mathrm{WW}}\geqslant L_{\mathrm{IW}}L_{\mathrm{WI}}$，即

$$a_{\mathrm{W}}d_{\mathrm{WW}}\geqslant n_{\mathrm{dW}}^2a_{\mathrm{I}}d_{\mathrm{II}} \tag{6-29}$$

同理可以定义表示平均每个水分子在扩散运动过程中携带离子个数的离子通量拖拽系数 n_{dI}[29]：

$$n_{dI}=\frac{d_{WI}}{d_{WW}}=\frac{a_I d_{II}}{a_W d_{WW}}n_{dW} \tag{6-30}$$

由于 $a_I \ll a_W$，$d_{II}<d_{WW}$，可得 $n_{dI} \ll n_{dW}$，说明电渗拖拽影响中，离子携带水分子的能力要远大于水分子携带离子的能力。Gang 等的研究指出，离子运动携带水分子的传递过程，不仅是由于离子水合效应，还由于离子在通道运动产生的“Pump”效应[40,41]。因此，n_{dW} 要比溶液中相应离子的水合数要大，有文献测量 Na 离子型 Nafion 117 膜饱和吸水条件下水转运系数可高达 9[13]。

对流通量是指液相总压力梯度产生的溶液通量，对离子和水分子通量都有贡献。根据假设(3)对总压力的描述，如图 6.9 所示，IPMC 内部固态相对溶液相的作用力主要是弹性正应力 σ_e 作用于液相，即静水压力 p_h，而液相中由于浓度梯度分布产生的压力为 σ^*，则造成溶液压力渗流的总压力或者总水势 p 为

$$p=p_h-\sigma^*=-\sigma_e-\sigma^* \tag{6-31}$$

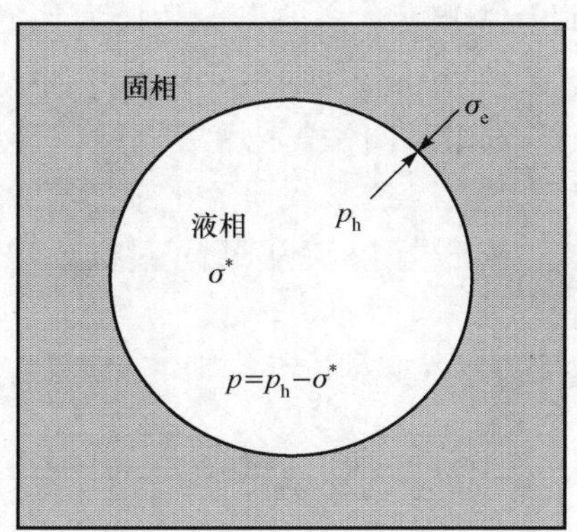

图 6.9　IPMC 基体膜离子簇内部应力状态

总水势是固液两相压力差，反映了溶液的力学稳定状态，稳定时趋于零。根据达西定律，对流速度和压力梯度的关系为

$$v=-K\,\nabla P \tag{6-32}$$

水力渗透系数 K 与基体膜微结构有关。Nafion 膜通常采用溶剂蒸发的方法得到，是一种相转化膜，采用 Hagen-Poiseuille 或者 Kozeny-Carman 方程模型描述和测量 K 与离子膜微观结构的关系。饱和吸水的 Na 离子型 Nafion 117 膜的水力渗透系数数量级范围在$(10^{-18}\sim10^{-17})\mathrm{m^2/(s\cdot Pa)}$[41,42]。式(6-32)中的总水势是由力学方程(6-31)决定的，具体含义将在后续章节中深入论述。

采用稀溶液假设，最终得到如下利用 NP 方程描述的改进的 IPMC 内部离子和水分子传递过程模型：

$$\begin{cases} J_{\mathrm{I}}=-d_{\mathrm{II}}\left(\nabla c_{\mathrm{I}}+\dfrac{z_{\mathrm{I}}c_{\mathrm{I}}F}{RT}\nabla\phi+\dfrac{c_{\mathrm{I}}V_{\mathrm{I}}}{RT}\nabla P\right)-\dfrac{c_{\mathrm{I}}}{c_{\mathrm{W}}}n_{\mathrm{dW}}d_{\mathrm{II}}\left(\nabla c_{\mathrm{W}}+\dfrac{c_{\mathrm{W}}V_{\mathrm{W}}}{RT}\nabla P\right)-c_{\mathrm{I}}K\nabla P \\ J_{\mathrm{W}}=-d_{\mathrm{WW}}\left(\nabla c_{\mathrm{W}}+\dfrac{c_{\mathrm{W}}V_{\mathrm{W}}}{RT}\nabla P\right)-n_{\mathrm{dW}}d_{\mathrm{II}}\left(\nabla c_{\mathrm{I}}+\dfrac{z_{\mathrm{I}}c_{\mathrm{I}}F}{RT}\nabla\phi+\dfrac{c_{\mathrm{I}}V_{\mathrm{I}}}{RT}\nabla P\right)-c_{\mathrm{W}}K\nabla P \end{cases} \tag{6-33}$$

6.3.3　传质模型简化

式(6-33)比较复杂，为了简化分析，通过数量级比较研究各项对通量贡献的大小，从而简化方程。将式(6-33)两侧除以$-d_{\mathrm{II}}c_{\mathrm{I}}$，方程中的微分以差分近似，可以得到离子和水分子通量的无因次推动力F_{I}和F_{W}：

$$\begin{cases} F_{\mathrm{I}}=\left(\dfrac{\Delta c_{\mathrm{I}}}{c_{\mathrm{I}}}+\dfrac{z_{\mathrm{I}}F}{RT}\Delta\phi+\dfrac{V_{\mathrm{I}}}{RT}\Delta P\right)+n_{\mathrm{dW}}\left(\dfrac{c_{\mathrm{W}}}{c_{\mathrm{W}}}+\dfrac{V_{\mathrm{W}}}{RT}\Delta P\right)+\dfrac{K}{d_{\mathrm{II}}}\Delta P \\ F_{\mathrm{W}}=\left(\dfrac{\Delta c_{\mathrm{W}}}{c_{\mathrm{W}}}+\dfrac{V_{\mathrm{W}}}{RT}\Delta P\right)+n_{\mathrm{dW}}\dfrac{c_{\mathrm{I}}d_{\mathrm{II}}}{c_{\mathrm{W}}d_{\mathrm{WW}}}\left(\dfrac{\Delta c_{\mathrm{I}}}{c_{\mathrm{I}}}+\dfrac{z_{\mathrm{I}}F}{RT}\Delta\phi+\dfrac{V_{\mathrm{I}}}{RT}\Delta P\right)+\dfrac{K}{d_{\mathrm{WW}}}\Delta P \end{cases} \tag{6-34}$$

由于 Na 型 Nafion 117 离子交换膜是 IPMC 最为常见的基体形式，所以以其饱和吸水条件确定模型参数范围具有代表性，参数如表 6.2 所示。其中水的偏摩尔体积采用摩尔体积，离子的偏摩尔体积采用溶液中碱金属离子的极限偏摩尔体积[16]作为近似；不同学者对水力渗透系数研究的差异较大，表中给出的是碱金属离子的变化范围，这些参数能很好反映常见的碱金属离子驱动水体系 Nafion-IPMC 的传质特性。

将表 6.2 中参数数值代入式(6-34)，可得到下面方程：

$$\begin{cases} F_{\mathrm{I}}=\left(\dfrac{\Delta c_{\mathrm{I}}}{c_{\mathrm{I}}}+39\Delta\phi+4\times10^{-9}\Delta P\right)+\left(7\dfrac{\Delta c_{\mathrm{W}}}{c_{\mathrm{W}}}+5\times10^{-8}\Delta P\right)+(3\sim31)\times10^{-8}\Delta P \\ F_{\mathrm{W}}=\left(\dfrac{\Delta c_{\mathrm{W}}}{c_{\mathrm{W}}}+7\times10^{-9}\Delta P\right)+\left(0.17\dfrac{\Delta c_{\mathrm{I}}}{c_{\mathrm{I}}}+6\Delta\phi+7\times10^{-10}\Delta P\right)+(1\sim11)\times10^{-8}\Delta P \end{cases} \tag{6-35}$$

表 6.2　Nafion 117 膜基体饱和吸水的 IPMC 参数

参数	变量	参考值	单位
钠离子自扩散系数	d_{II}	1.03×10^{-10}	m^2/s
水自扩散系数	d_{WW}	2.85×10^{-10}	m^2/s
水力渗透系数	K	$3.4\sim32\times10^{-18}$	$m^2/(Pa\cdot s)$
固定离子浓度	c^{-}	1300	mol/m^3
浓度比	$c_{\mathrm{I}}/c_{\mathrm{W}}$	1/15	—
拖拽系数	n_{dW}	7	—
水偏摩尔体积	V_{W}	1.8×10^{-5}	m^3/mol
离子偏摩尔体积	V_{I}	$-10^{-6}\sim10^{-5}$	m^3/mol
温度	T	300	K

第一个方程是描述离子的方程,从左到右依次为自扩散、耦合和对流作用力项。对比这三项中与压力有关的各项系数,可以发现由于离子的偏摩尔体积极小,压力梯度对离子自扩散的影响可以忽略(4×10^{-9})。耦合项中的压力系数(6×10^{-8})与对流项系数下限相近,原因是 Evans 等对水力渗透系数的测量值明显偏小,从整体来看,耦合项中压力贡献仍然很小;另外,实际实验测量过程中,水力渗透系数中包含了压力扩散的贡献,可以认为压力梯度引起的质量通量主要是对流。因此离子通量方程中仅保留压力相关的对流效应,而压力引起的自扩散和耦合效应可以忽略。比较水分子通量方程的系数,也可获得同样的结论。

关于对流项对通量的影响,由式(6-31)可知,总水势与弹性应力和液相内力有关,可以采用弹性应力对总水势数量级进行估计。由于 IPMC 最大应变典型值为 0.01,贵金属电极的弹性模量估计值为 1~10GPa,其弹性应力为 10~100MPa;而干态离子膜基体弹性模量也在 1GPa,其弹性应力约 10MPa,从式(6-35)可以看出压力对流项的贡献可与浓度项相当,不能简单忽略。

电迁移项是很强的推动力,0.025V 的电压即可以对离子产生单位推动力,而通常工作电压为 1~2V,因此,电致变形过程中,电迁移项是离子和水分子的主要通量,不能忽略。

经过上面分析,对式(6-34)忽略相应小量项后得到如下方程:

$$\begin{cases} J_{\mathrm{I}}=-d_{\mathrm{II}}\left(\nabla c_{\mathrm{I}}+\dfrac{z_{\mathrm{I}}c_{\mathrm{I}}F}{RT}\nabla\phi\right)-\dfrac{c_{\mathrm{I}}}{c_{\mathrm{W}}}n_{\mathrm{dW}}d_{\mathrm{II}}\nabla c_{\mathrm{W}}-c_{\mathrm{I}}K\,\nabla P \\ J_{\mathrm{W}}=-d_{\mathrm{WW}}\nabla c_{\mathrm{W}}-n_{\mathrm{dW}}d_{\mathrm{II}}\left(\nabla c_{\mathrm{I}}+\dfrac{z_{\mathrm{I}}c_{\mathrm{I}}F}{RT}\nabla\phi\right)-c_{\mathrm{W}}K\,\nabla P \end{cases} \tag{6-36}$$

尽管上述简化过程中使用以碱金属离子驱动水体系 Nafion-IPMC 的参数,简化模型对于水体系 IPMC 均具有很好的适用性。相比前述文献中的模型,改进后模型强调对流效应和对水分子分布的详细描述。将式(6-36)重新组合可写成如下形式:

$$\begin{cases} J_{\mathrm{I}}=-d_{\mathrm{II}}\left(\nabla c_{\mathrm{I}}+\dfrac{c_{\mathrm{I}}}{c_{\mathrm{W}}}n_{\mathrm{dW}}\nabla c_{\mathrm{W}}\right)-\dfrac{z_{\mathrm{I}}c_{\mathrm{I}}F}{RT}d_{\mathrm{II}}\nabla\phi-c_{\mathrm{I}}K\,\nabla P \\ J_{\mathrm{W}}=-d_{\mathrm{WW}}\left(\nabla c_{\mathrm{W}}+\dfrac{d_{\mathrm{II}}}{d_{\mathrm{WW}}}n_{\mathrm{dW}}\nabla c_{\mathrm{I}}\right)-n_{\mathrm{dW}}d_{\mathrm{II}}\dfrac{z_{\mathrm{I}}c_{\mathrm{I}}F}{RT}\nabla\phi-c_{\mathrm{W}}K\,\nabla P \end{cases} \tag{6-37}$$

可以发现,该方程清楚地表达了离子和水分子的通量与化学浓度场、电场和压力场的关系。该方程不仅适用于描述电致变形过程,也可用于描述传感过程的质量通量。电致变形过程中电场项是传质过程的主动推动力;而在传感过程中,与弹性应力有关的压力梯度项是主动推动力。

6.4 IPMC 质量传递过程数值分析

建立 IPMC 内部离子和水分子传递过程的动力学模型，除了式(6-36)，还需要用到静电场 Poisson 方程

$$\nabla^2 \phi = -\frac{\rho}{\varepsilon} = -\frac{z_{\mathrm{I}} F (c_{\mathrm{I}} - c^-)}{\varepsilon} \tag{6-38}$$

和质量连续方程

$$\frac{\partial c_i}{\partial t} + \nabla J_i = 0 \quad (i = \mathrm{I}, \mathrm{W}) \tag{6-39}$$

式中，ρ 为电荷密度(C/m^3)；ε 为 IPMC 有效介电常数。

由于本章尚未对 IPMC 内部应力状态进行详细分析，且考虑到本章的重点是研究 IPMC 内部传质过程的基本规律，所以本章关于传质过程的数值分析暂不考虑式(6-36)中的压力项，即

$$\begin{cases} J_{\mathrm{I}} = -d_{\mathrm{II}}\left(\nabla c_{\mathrm{I}} + \dfrac{z_{\mathrm{I}} c_{\mathrm{I}} F}{RT} \nabla \phi\right) - n_{\mathrm{dI}} d_{\mathrm{WW}} \nabla c_{\mathrm{W}} \\ J_{\mathrm{W}} = -d_{\mathrm{WW}} \nabla c_{\mathrm{W}} - n_{\mathrm{dW}} d_{\mathrm{II}}\left(\nabla c_{\mathrm{I}} + \dfrac{z_{\mathrm{I}} c_{\mathrm{I}} F}{RT} \nabla \phi\right) \end{cases} \tag{6-40}$$

式(6-38)～式(6-40)可以理解为传质过程是由三个过程同时作用的结果，即加载电场后首先导致离子的电迁移，即式(6-19)描述的 Porfiri 模型，同时由于电渗拖拽产生式(6-25)描述的水分子通量；水分子分布不平衡从而引起水分子浓度扩散($-d_{\mathrm{WW}} \nabla c_{\mathrm{W}}$)，电渗拖拽和浓度扩散共同构成完整的水分子通量；水分子扩散的耦合效应也引起部分离子的运动($-n_{\mathrm{dI}} d_{\mathrm{WW}} \nabla c_{\mathrm{W}}$)，与浓度扩散和电迁移一起构成完整的离子通量。下面采取数值分析方法逐一研究这三个过程中各物理项影响传递过程的规律，同时与没有考虑压力项的不同模型进行比较。

数值分析利用多物理场软件 Multiphysics Comsol 进行，研究 IPMC 在电场作用下沿厚度方向的传质过程，激励为 1V 直流电压，材料常数以表 6.2 中 Na 离子型 Nafion-IPMC 为参考。根据介电谱测量可知，IPMC 介电常数随频率变化，作为近似计算，根据 IPMC 动态响应特征时间，取 1Hz 处介电模量作为介电常数[43]。

6.4.1 离子的电迁移

离子的独立电迁移由式(6-19)、式(6-38)和式(6-39)描述，即 Porfiri 模型。模型中主要参数有离子自扩散系数和介电常数，前者反映离子的迁移快慢，与动态过程有关；而后者与稳态电荷累积多少相关。由于这两个参数在不同文献中差异较大，而且与含水量密切相关，所以下面数值分析中也讨论了参数量级的影响。

阳离子在阳极耗散，在阴极累积，其动态分布规律可用阴极边界离子浓度变化来描述。不同文献中离子扩散系数的变化范围为 10^{-12}～10^{-9}，为了分析离子扩散系数对阴极阳离子浓度的影响，扩散系数分别选择这四个量级进行计算，而此时介电常数取化学镀处理后湿态 IPMC 作为典型值（1Hz 对应 5.7×10^{8}）。数值模拟结果如图 6.10(a)所示，图中不同曲线代表不同扩散系数。结果表明，扩散系数越大，离子迁移速度越快，从而使得阴极浓度达到平衡时间越短。

不同样品的介电常数变化范围为 10^{6}～10^{10}，为了分析介电常数对阳离子沿厚度方向稳态分布的影响，分别取其变化范围的五个量级进行计算，而此时离子自扩散系数取 $d_{\mathrm{II}}=1\times10^{-10}\mathrm{m}^2/\mathrm{s}$ 作为典型值。阳离子沿厚度方向稳态分布的数值计算结果如图 6.10(b)所示。由图可见，介电常数主要影响两电极附近区域浓度，即离子电荷迁移的多少，介电常数越大，就有越多的离子电荷向阴极迁移，阳极耗尽层越宽，而阴极边界离子浓度越高。

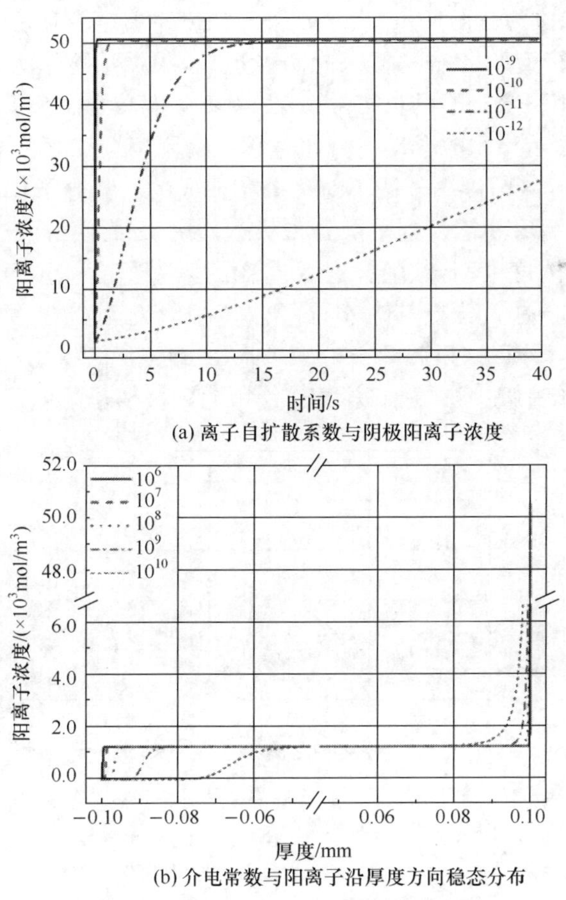

(a) 离子自扩散系数与阴极阳离子浓度

(b) 介电常数与阳离子沿厚度方向稳态分布

图 6.10　Porfiri 模型阳离子浓度分布

在 De Gennes 和 Yamaue 的模型中忽略了对浓度项的考虑,实际上由于阴极区累积大量离子电荷,形成极大浓度梯度,不考虑浓度项时的计算结果与图 6.10(b)比较,阴极稳定阳离子浓度将升高一个数量级。由此可见,浓度项对离子分布产生可观的影响,是不能忽略的。

6.4.2 水分子自扩散

在 Porfiri 模型描述的离子迁移基础上,结合式(6-40)中水分子方程来分析水分子的传递过程。模型中离子方程参数取 6.4.1 小节中的典型值,而水通量方程中水分子自扩散系数在不同文献中也存在不同取值问题,拖拽系数随离子和含水量的不同也不同,因此本节也结合参数量级进行讨论。

水分子自扩散系数变化范围取 $10^{-12}\sim10^{-9}$ 四个量级进行计算,此时电渗拖拽系数 n_{dw} 取参考值 7,初始水分子浓度为 19405mol/m³。数值计算获得阴阳两极边界阳离子浓度如图 6.11(a)所示,大于水分子浓度平衡值为阴极边界水分子浓度,反之为阳极。由图可见,水分子首先向阴极运动,阴极浓度增大而阳极浓度减小,由于浓度梯度作用下水分子的自扩散运动,阴极浓度减小而阳极浓度增大,向初始浓度值恢复。可以看出水分子动态分布过程中阴阳两极浓度关于初始浓度并不对称,这主要是由 6.11(b)中离子的不对称分布造成的。水分子扩散系数越大,一方面扩散速度越快,更容易恢复到平衡分布状态;另一方面使得阴极聚集的水分子浓度不会过高,阳极浓度也不会过低,从而两极浓度差越小。

拖拽系数取 1~9 以分析其对水分子分布的影响,此时扩散系数取为 $d_{\mathrm{WW}}=2.85\times10^{-10}\mathrm{m}^2/\mathrm{s}$,计算结果如图 6.11(b)所示。由图可以看出,拖拽系数越大,越多的水分子在初始过程中被携带至阴极,使得阴阳极离子浓度差异变大。

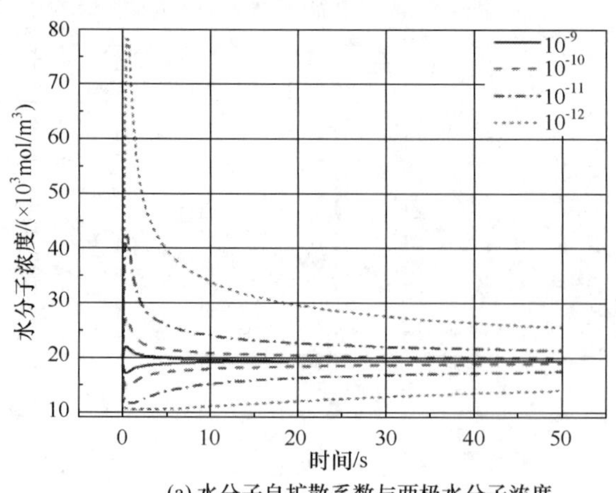

(a) 水分子自扩散系数与两极水分子浓度

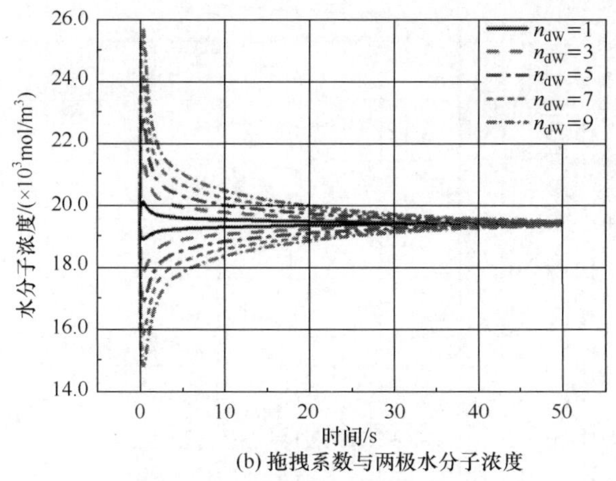

(b) 拖拽系数与两极水分子浓度

图 6.11　水分子自扩散模型中阴阳两极水分子浓度动态变化

6.4.3　离子和水分子的相互耦合效应

进一步考虑耦合效应对离子传递过程的影响，即式(6-40)描述的离子和水分子之间的相互耦合作用。这一模型与没有压力项的 McGee 模型相同，也和 Tadokoro 模型的物理机制相同。

对耦合模型进行建模分析时，不同参数取值需要满足式(6-29)。由于离子和水分子在电极区域附近浓度差极大，使得式(6-29)常常不成立，导致计算不收敛。原因是当特定区域阳离子和水分子浓度比明显偏离平均值时，拖拽系数不再是常数。因此，采用不等式运算定义离子和水分子的动态拖拽系数 N_{dI} 和 N_{dW} 分别为

$$N_{dI}=n_{dI}\cdot\left(\frac{c_I}{c_W}>CR\right)+\frac{c_I d_{II}}{c_W d_{WW}}n_{dW}\cdot\left(\frac{c_I}{c_W}\leqslant CR\right) \tag{6-41}$$

$$N_{dW}=n_{dW}\cdot\left(\frac{c_I}{c_W}\leqslant CR\right)+\frac{c_W d_{WW}}{c_I d_{II}}n_{dI}\cdot\left(\frac{c_I}{c_W}>CR\right) \tag{6-42}$$

式中，CR 为离子和水分子初始浓度比。

考虑耦合效应后计算阴极阳离子浓度动态变化过程和水分子浓度变化过程的结果如图 6.12 所示，图中还比较了不考虑耦合的计算结果。由图 6.12(b)可见，考虑耦合效应后，虽然不影响最终稳态分布，但反映出离子在稳态形成过程中存在缓慢积累过程，这与实验观察到电流中存在离子缓慢积累现象更符合；由图 6.12(b)还可看出，考虑相互耦合效应后，水分子在两极形成的最大浓度差增大，水分子自扩散过程更慢。

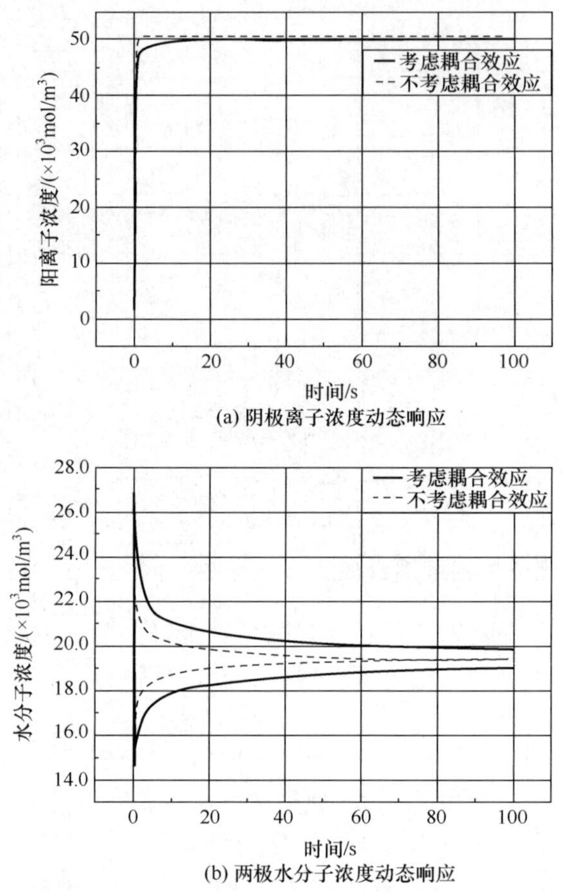

(a) 阴极离子浓度动态响应

(b) 两极水分子浓度动态响应

图 6.12　耦合效应对动态分布过程的影响

由此可见，耦合效应对离子和水分子的分布过程存在重要影响，不能忽略，由此也证明了式(6-36)所包含各物理项的合理性。当然，耦合效应也使得介电常数、离子和水分子扩散系数及拖拽系数对离子和水分子的分布过程的影响变得更加复杂。

6.5　IPMC 质量传递理论的推广

前面几节主要针对 Nafion 型 IPMC 的质量传递理论进行介绍，这类 IPMC 具有最简单的成分构成和传递过程，而其他离子型 EAP 材料质量传递现象的复杂性主要体现在两个方面：一是存在多种可移动组成成分；二是电致变形过程中有化学反应参与，反应生成物参与迁移和影响其他组分的传递过程。本节从前述材料传递理论出发，将其推广至其他类型的离子型 EAP 材料。

6.5.1　多组分类型质量传递

传统水体系 Nafion 型 IPMC 的组分相对简单，而其他离子型 EAP 材料通常具有复杂的组成成分。例如，具有弱酸基团的 Flemion 型 IPMC，除了主驱动离子和水分子，还有一定的 H 离子可以移动并影响变形特性；以离子液体(ionic liquid，IL)为组分的离子型 EAP 材料，包括 IL-IPMC、巴基凝胶驱动材料(bucky-gel actuator)等，含有两种以上可移动离子。

多传递组分需要多个传递方程来描述，其一般方程形式仍可以用式(6-22)来表示。以离子液体为溶剂的 Na 离子型 Nafion-IPMC 为例，主要包含 Na 离子、离子液体自身阴离子和阳离子三种传递组分，这使得传递方程十分复杂。为了简化起见，可以忽略压力对传递过程的影响和传递组分之间的相互耦合影响，可以得到如下简化形式的传递方程[44]：

$$J_i=-d_i\left(\nabla c_j+\frac{z_j c_j F}{RT}\nabla\phi\right) \tag{6-43}$$

式中，i 表示三种不同的离子组分。

通过不同组分的独立传递，可以描述离子液体体系离子型 EAP 材料的大变形过程和变形松弛现象，但对内部质量传递过程描述的准确性受到一定影响。

6.5.2　电化学反应参与的质量传递

在一些离子型 EAP 材料电致变形过程中，常常伴有电化学反应发生。例如，Flemion 型 IPMC 中弱酸基团 R—COOH 的二次离解；对电极掺杂氧化钌和氧化锰等纳米颗粒的离子型 EAP 材料，这些金属氧化物发生可逆氧化还原反应；导电聚合物材料或利用导电聚合物掺杂电极的离子型 EAP 材料在电压作用下发生可逆氧化还原反应。这些电化学反应产生离子型中间生成物，影响传递组分的浓度，并进一步影响材料的大变形特性。

描述电化学反应参与的质量传递过程，以式(6-22)为基础，需要在参与反应的传递组分方程中进一步考虑反应生成项。以 Flemion 型 IPMC 为例，由于 Flemion 膜离子基团为羧酸基，在驱动离子交换过程中，R—COOH 不能完全被交换，因此仍残留部分 H 离子，使得整体呈弱酸性，因此在 Flemion 型 IPMC 中电离方程为

$$\begin{aligned}
&\mathrm{RCOONa}\longrightarrow\mathrm{RCOO^-}+\mathrm{Na^+}\\
&\mathrm{RCOOH}\rightleftharpoons\mathrm{RCOO^-}+\mathrm{H^+}\\
&\mathrm{H_2O}\rightleftharpoons\mathrm{H^+}+\mathrm{OH^-}
\end{aligned} \tag{6-44}$$

一定温度下水的离子积为常数，由于羧酸基团的电离 H 离子占主导，OH 根可以忽略，因此对于 Flemion 型 IPMC，除了 Na 离子和水分子的传递，主要考虑 H

离子的传递过程。从式(6-22)出发，忽略浓度扩散项以及 Na 离子和 H 离子之间的耦合影响，可以得到描述 H 离子物理传递过程的方程。

$$J_{\mathrm{H}}=-d_{\mathrm{HH}}\left(\nabla c_{\mathrm{H}}+\frac{z_{\mathrm{H}}c_{\mathrm{H}}F}{RT}\nabla\phi\right)-\frac{c_{\mathrm{H}}}{c_{\mathrm{W}}}n_{\mathrm{dHW}}d_{\mathrm{HH}}\nabla c_{\mathrm{W}}-c_{\mathrm{H}}K\nabla P \tag{6-45}$$

式中，下标 H 表示与 H 离子有关的各物理量。而根据质量连续方程，考虑二次电离反应对 H 离子浓度的影响，可以得到如下方程：

$$\frac{\partial c_{\mathrm{H}}}{\partial t}=-\nabla J_{\mathrm{H}}+R_{\mathrm{H}} \tag{6-46}$$

式中，R_{H} 为 H 离子的反应生成浓度变化率[mol/(m^3 · s)]。

依据式(6-44)中第二个可逆电离方程式，根据基元反应速率方程的定义，可以得到电离方程正向反应速率为[45]

$$v_{+}=k_{\mathrm{f}}(\mathrm{CA}-c_{\mathrm{gi}}) \tag{6-47}$$

反向反应速率为

$$v_{-}=k_{\mathrm{b}}c_{\mathrm{gi}}c_{\mathrm{H}} \tag{6-48}$$

式中，k_{f}和 k_{b}为正向和反向反应速率常数；CA 为 RCOO—基团的总浓度，是一恒定常量；c_{gi}为已电离的 $\mathrm{RCOO^-}$ 离子浓度；c_{H}为产物 H 离子的浓度。

则反应生成浓度变化率为

$$R=k_{\mathrm{f}}(\mathrm{CA}-c_{\mathrm{gi}})-k_{\mathrm{b}}c_{\mathrm{gi}}c_{\mathrm{H}} \tag{6-49}$$

结合式(6-46)和式(6-49)可以描述 H 离子的传递过程，从理论上描述电化学反应参与的离子型 EAP 材料内部质量传递过程。

推而广之，结合多组分传递理论和含有反应生成项的传递理论，就可以描述绝大多数离子型 EAP 材料内部质量传递过程。

6.6 本章小结

本章首先介绍了 Nafion-IPMC 和 Flemion-IPMC 的一般变形特性，以及水分子形态及含量的变化影响 IPMC 变形性能的工作机理。基于对现有 IPMC 电致变形过程中离子和水分子分布模型的分析，将 IPMC 传质理论物理模型分为不可逆过程热力学模型、摩擦模型和 NP 方程模型三类。通过对不同模型的比较，指出它们之间的差异主要归因于对传质机理的认识不同。在 IPMC 传质理论的数值分析中，不可逆热力学模型是一种唯象学模型，很少用来进行数值分析；摩擦模型参数通过实验难以获取；而 NP 方程模型由于能够直接反映各物理机制对传递过程的贡献，在离子和水分子分布数值研究中广泛使用。

考虑到 NP 方程模型不仅能够充分体现传递机制，而且其实际参数具有可测量性，本章以一般 NP 方程理论为基础，通过进一步分析求证 IPMC 的传质机理，介绍了一个强调对流项的作用、同时将扩散和对流效应结合起来的水分子传递过程的传递模型，从而可以对水分子的传递过程给出全面的描述。

本章最后对传质模型进行了初步的数值分析，阐述了离子和水分子在浓度和电势差作用下的动态传质过程，指出浓度扩散和耦合效应的重要性。结合其他离子型 EAP 材料质量传递过程中可能存在的多组分类型传递或者电化学反应的参与，给出了可推广应用于具有这些特征的质量传递过程的传递理论模型。

参 考 文 献

[1] Li J Y, Nemat-Nasser S. Micromechanical analysis of ionic clustering in Nafion perfluorinated membrane. Mechanics of Materials, 2000, 32(6): 303-314

[2] Fimrite J, Struchtrup H, Djilali N. Transport Phenomena in Polymer Electrolyte Membranes. Journal of The Electrochemical Society, 2005, 152(9): A1804-A1814

[3] Salehpoor K, Shahinpoor M, Razani A. Role of ion transport in actuation of ionic polymeric-platinum composite(IPMC) artificial muscles. SPIE Smart Structures and Materials, 1998, 3330: 50-58

[4] Tadokoro S, Yamagami S, Takamori T, et al. Modeling of Nafion-Pt composite actuators (ICPF) by ionic motion. Proceeding of SPIE, 2000, 3987: 92-102

[5] Gong Y, Tang C Y, Tsui C P, et al. Modelling of ionic polymer-metal composites by a multi-field finite element method. International Journal of Mechanical Sciences, 2009, 51: 741-751

[6] Yamaue T, Mukai H, Asaka K, et al. Electrostress diffusion coupling model for polyelectrolyte gels. Macromolecules, 2005, 38(4): 1349-1356

[7] Nemat-Nasser S. Micromechanics of actuation of ionic polymer-metal composites. Journal of Applied Physics, 2002, 92(6): 2899-2915

[8] Shoji E, Hirayama D. Effects of humidity on the performance of ionic polymer-metal composite actuators: Experimental study of the back-relaxation of actuators. The Journal of Physical Chemistry B, 2007, 111(41): 11915-11920

[9] Zhu Z, Chang L, Asaka K, et al. Comparative experimental investigation on the actuation mechanisms of ionic polymer-metal composites with different backbones and water contents. Journal of Applied Physics, 2014, 115(12), 124903

[10] Zhu Z, Chang L, Takagi K, et. al. Water content criterion for relaxation deformation of Nafion based ionic polymer metal composites doped with alkali cations. Applied Physics Letters, 2014, 105: 054103

[11] Shahinpoor M, Kim K J. Mass transfer induced hydraulic actuation in ionic polymer-metal composites. Journal of Intelligent Material Systems and Structures, 2002, 13(6): 369-376

[12] Asaka K, Fujiwara N, Oguro K, et al. State of water and ionic conductivity of solid polymer electrolyte membranes in relation to polymer actuators. Journal of Electroanalytical Chemistry, 2001, 505(1/2): 24-32

[13] Okada T, Xie G, Gorseth O, et al. Ion and water transport characteristics of Nafion mem-

branes as electrolytes. Electrochimica Acta,1998,43(24):3741-3747

[14] Lu Z,Polizos G,Macdonald D D,et al. State of water in perfluorosulfonic ionomer(Nafion 117) proton exchange membranes. Journal of the Electrochemical Society,2008,155(2):B163-B171

[15] Zhu Z,Chen H,Wang Y,et al. NMR study on mechanisms of ionic polymer-metal composites deformation with water content. Europhysics Letters,2011,96(2):27005

[16] 阮榕生．核磁共振技术在食品和生物体系中的应用．北京:中国轻工业出版社,2009

[17] 孙振平,庞敏,俞洋,等．减水剂对水泥浆体横向弛豫时间曲线的影响．硅酸盐学报,2011,39(3):537-543

[18] De Gennes P G,Okumura K,Shahinpoor M,et al. Mechanoelectric effects in ionic gels. Europhysics Letters,2000,50(4):513-518

[19] Asaka K,Oguro K. Bending of polyelectrolyte membrane platinum composites by electric stimuli:Part II. Response kinetics. Journal of Electroanalytical Chemistry,2000,480(1/2):186-198

[20] McGee J D. Mechano-electrochemical response of ionic polymer-metal composites. San Diego:University of California,2002

[21] Branco P J C,Dente J A. Derivation of a continuum model and its electric equivalent-circuit representation for ionic polymer-metal composite(IPMC) electromechanics. Smart Materials and Structures,2006,15(2):378-392

[22] Nernat-Nasser S,Jiang Y L. Electromechanical response of ionic polymer-metal composites. Journal of Applied Physics,2000,87(7):3321-3331

[23] Pugal D,Kim K J,Aabloo A. An explicit physics-based model of ionic polymer-metal composite actuators. Journal of Applied Physics,2011,110(8):084904

[24] Zhang L,Yang Y W. Charge redistribution under dynamic actuation of ionic polymer-metal. Electroactive Polymer Actuators and Devices(EAPAD),2007,6524:C5240-C5240

[25] Nemat-Nasser S,Zamani S. Modeling of electrochemomechanical response of ionic polymer-metal composites with various solvents. Journal of Applied Physics,2006,100(6):064310

[26] Johnson T,Amirouche F. Multiphysics modeling of an IPMC microfluidic control device. Microsystem Technologies,2008,14(6):871-879

[27] Porfiri M. Charge dynamics in ionic polymer metal composites. Journal of Applied Physics,2008,104:104915

[28] Aureli M,Weiyang L,Porfiri M. On the capacitance-boost of ionic polymer metal composites due to electroless plating: theory and experiments. Journal of Applied Physics,2009:104911

[29] Wallmersperger T,Leo D J,Kothera C S. Transport modeling in ionomeric polymer transducers and its relationship to electromechanical coupling. Journal of Applied Physics,2007,101:024912

[30] Leo D J,Farinholt K,Wallmersperger T. Computational models of ionic transport and elec-

tromechanical transduction in ionomeric polymer transducers. Smart Structures and Materials 2005:Electroactive Polymer Actuators and Devices(EAPAD),2005,5759:170-181

[31] Davidson J D,Goulbourne N C. Ion transport in ionic liquid-swollen ionic polymer transducers. Proceedings of the SPIE - The International Society for Optical Engineering,2009,7289:72891F

[32] Yang Y W,Zhang L. Modeling of an ionic polymer-metal composite ring. Smart Materials and Structures,2008,17(1):015023

[33] Enikov E T,Seo G S. Analysis of water and proton fluxes in ion-exchange polymer-metal composite(IPMC) actuators subjected to large external potentials. Sensors and Actuators A:Physical,2005,122(2):264-272

[34] Bar-Cohen Y,Xue T,Shahinpoor M,et al. Low-mass muscle actuators using electroactive polymers(EAP). SPIE Smart Structures and Materials,1998,3324:218-223

[35] O'Hayre R,Cha S W,Colella W,et al. Fuel Cell Fundamentals. New York:John Wiley & Sons,2006.

[36] Kim K J,Shahinpoor M,Razani A. Preparation of IPMCs for use in fuel cells,electrolysis,and hydrogen sensors. Proceeding of SPIE,2000,3987:311-320

[37] Strathmann H. Ion-exchange Membrane Separation Processes. Amsterdam:Elsevier,2004

[38] Vielstich W. Handbook of Fuel Cells:Fundamentals Technology and Applications. New York:John Wiley & Sons,2003

[39] Mason E A,Viehland L A. Statistical mechanical theory of membrane transport for multicomponent systems:Passive transport through open membranes. Journal of Chemical Physics,1977,68(8):3562-3573

[40] Coster H G L,Chilcott T C. Surface Chemistry and Electrochemistry of Membranes. New York:Marcel Dekker,1999

[41] Xie G,Okada T. Pumping effects in water movement accompanying cation transport across nafion 117 membranes. Electrochimica Acta,1996,41(9):1569-1571

[42] Silberstein M N,Boyce M C. Constitutive modeling of the rate,temperature,and hydration dependent deformation response of Nafion to monotonic and cyclic loading. Journal of Power Sources,2010,195(17):5692-5706

[43] Chang L F,Chen H L,Zhu Z C,et al. Manufacturing process and electrode properties of palladium-electroded ionic polymer-metal composite. Smart Materials and Structures,2012,21,065018

[44] Zhao H. Diffuse-charge dynamics of ionic liquids in electrochemical systems. Physical Review E statistical,Nonlinear,and Soft Matter Physics,2011,84(5):051504

[45] Guenther M,Gerlach G,Wallmersperger T. Modeling of nonlinear effects in pH sensors based on polyelectrolytic hydrogels. Proceeding of SPIE,2007,6524:652417

第 7 章　IPMC 多物理场耦合下的力电响应理论

构建 IPMC 力电响应理论对材料的性能研究和应用设计有着重要价值，因此，在第 6 章介绍 IPMC 变形物理机制和传质理论基础上，进一步介绍 IPMC 在电-化-机多物理场耦合下的力电响应物理模型。本章首先对电场作用下 IPMC 内部的应力应变进行讨论，采用细观力学方法基于离子簇模型深入分析在外力和内部本征应力共同作用下的应力平衡关系；然后利用应力分析结果给出传质方程中压力项的具体形式，在此基础上建立 IPMC 在多物理场耦合下的力电响应理论模型；接着对具有最简单形式本征应力的理论模型进行数值模拟，分析电激励下，压力对传质过程及响应的影响；最后介绍 IPMC 在电激励下内部质量传递和分布实验。

7.1　IPMC 的应力应变

7.1.1　理论概述

IPMC 加电后，内部离子和水分子发生迁移，使质量和电荷产生不均匀分布，使材料内部产生应力应变，进而导致宏观变形。因此，通过离子和水分子的不平衡分布计算 IPMC 的大变形，首先需要分析 IPMC 内部的本征应力应变，现有研究中主要包含了以下几种分析理论。

1. 静电力理论

静电力理论模型认为离子电荷不平衡分布使得材料内部的静电力分布不再平衡，静电力的梯度分布是 IPMC 变形的主要原因，然而，静电力的计算通常以经验函数关系给出。Nemat-Nasser 最早对 IPMC 变形提出静电力理论，给出的静电力密度 f_e 与电荷密度 ρ 关系如下[1]：

$$f_e = -k_0 \rho \tag{7-1}$$

式中，k_0 为静电力系数。

尽管同样认为静电力是变形的驱动力，Branco 等[2]、Feng[3] 和 Porfiri[4] 则认为驱动力密度 f_e 为

$$f_e = E\rho \tag{7-2}$$

式中，E 为电场。

而 Pugal 等[5] 和 Wallmersperger 等[6] 在经验模型中，则采用了二次关系来描述电荷密度与静电力密度的关系：

$$f_e = \alpha\rho + \beta\rho^2 \tag{7-3}$$

式中，α 和 β 为拟合参数。

显然，静电力理论对本征应力的描述具有局限性。

2. 溶胀理论

溶胀理论认为水分子重新分布导致材料局部溶胀程度不一致，产生的梯度应力应变进一步导致 IPMC 的宏观弯曲变形。Tadokoro 最早提出一种经验方法描述由含水量的变化产生的溶胀，并通过实验测量含水量 w 和溶胀应变 ε 的关系为[7]

$$\varepsilon = 6.46 \times 10^{-3} w \tag{7-4}$$

其他相似的不同理论模型的主要区别在于溶胀的应力平衡方程不同，Shahinpoor 认为由于离子的不平衡分布产生的渗透压与弹性应力之间存在平衡[8]；而 Asaka 等[9]和 Yamaue 等认为溶胀平衡时水压力和弹性应力 σ 存在平衡，后者提出如下方程[10]：

$$\nabla \cdot (\sigma - p) = 0 \tag{7-5}$$

而 Nemat-Nasser 的修正模型认为离子簇内溶液总压力为[11]

$$p = -\sigma_e + \Pi + p_e \tag{7-6}$$

式中，Π 为渗透压力；p_e 为静电应力；σ_e 为弹性应力；单位均为 Pa。

电场作用下材料内部水分子达到分布平衡时，方程(7-6)中总压力梯度为 0。

可以看出，上述大变形本征应力应变理论的根本区别在于对于变形机制的理解存在差异。结合第 6 章关于 IPMC 变形机理的介绍，下面基于溶胀理论深入分析 IPMC 内部的应力应变。

7.1.2　应变分析

溶胀理论认为 IPMC 的变形是由含水量决定的。通过体积测量实验发现，对于典型 Pd-Nafion 117(Na)型 IPMC，饱和吸水后吸水体积($V_{wet} - V_{dry}$)与干态 IPMC 体积 V_{dry}之比为 0.4356；而通过吸水前后质量变化换算得到的水体积 V_w(水与干态 IPMC 混合前的体积)与干态 IPMC 体积 V_{dry}之比为 0.5019。说明水和干态 IPMC 混合后的总体积相比，混合前二者的体积和略微减小，主要原因是 IPMC 中原本存在一些空隙，吸收的一些水分子填补了这些空隙但不会引起宏观体积增加。分析水分子分布引起的体积应变前，应准确定义 IPMC 固液两相体积分数，因此本书采用下式定义水分子所占体积分数：

$$w_V = \frac{V_w}{V_s} = \frac{V_w}{V_{wet} - V_w} \tag{7-7}$$

式中，V_s为吸水 IPMC 的固态部分体积(m^3)。

固态体积区别于干态体积 V_{dry}，是排除空隙后干态 IPMC 实际体积。根据实验测量可计算出 Pd-Nafion 117(Na)型 IPMC 初始水分子体积分数为 0.5368。在此基础上，提出如下假设：①液相不可压缩，由于传质导致水分子的迁移使得局部含水量发生变化，水分子的体积变化即该点液相的体积应变；②固相产生应变，但是形成的体积应变与液相的体积变化相比可以忽略，由于固相不可压缩，水分子的体积变化也是该点固相和液相整体的体积应变。

根据假设②，利用式(7-8)可以通过含水量变化计算出体积应变 ε_V：

$$\varepsilon_V=\frac{V_w-V_{w0}}{V_s+V_{w0}}=\frac{1}{1+\dfrac{V_{w0}}{V_s}}\left(\frac{V_w}{V_s}-\frac{V_{w0}}{V_s}\right)=\frac{1}{1+w_{V0}}(w_V-w_{V0}) \tag{7-8}$$

式中，V_{w0} 为吸水 IPMC 的液态部分体积初始值(m^3)；w_{V0} 为水分子所占体积分数初始值。

另外，根据浓度和密度参数定义，可以发现存在如下恒定关系：

$$c_W(V_w+V_s)M_{H_2O}=\rho_{H_2O}V_w \tag{7-9}$$

式中，M_{H_2O} 为水分子摩尔质量(kg/mol)；ρ_{H_2O} 为水的密度(kg/m^3)。

利用传质模型计算出水分子的浓度分布，即可以获得水分子体积分数的分布：

$$w_V=\frac{V_w}{V_s}=\frac{c_W}{\dfrac{\rho_{H_2O}}{M_{H_2O}}-c_W} \tag{7-10}$$

因此，利用式(7-8)和式(7-10)可以计算出 IPMC 的体积应变，并基于小应变假设(典型应变约为 0.01)可以获得线应变 ε_{ii} 为

$$\varepsilon_{ii}=\frac{1}{3}\varepsilon_V\quad(i=x,y,z) \tag{7-11}$$

值得注意的是，实验研究中发现 IPMC 在膜平面方向上由于电极的约束，其线性溶胀率和厚度方向上溶胀率存在一定差别，但由于水分子局部分布产生的溶胀变化范围小，所以本章近似认为其满足各向同性。

7.1.3 芯层应力分析

IPMC 应力分析的难点一方面表现在对本征应力的认识差异上，另一方面表现在材料的复杂结构上，微观上芯层是固液两相构成的多孔材料，宏观上 IPMC 是电极-芯层构成的叠层复合材料。鉴于第 6 章在传质模型中将 IPMC 看成固液两相材料，且固液之间存在相互作用，本章借鉴 Nemat-Nasser 提出的基于离子簇结构的代表体积单元(REV)模型，采用细观力学方法分析固液之间的应力作用。

1. 固液边界应力

离子簇结构模型如图 7.1 所示，代表体积单元内的球形离子簇在初始状态下

平均内外半径分别是 $r=a$ 和 b，含水量变化后平均内外半径变化为 $R=A$ 和 B。

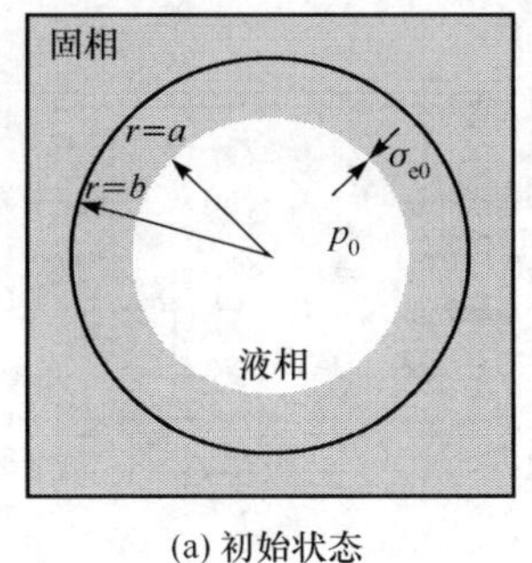

(a) 初始状态

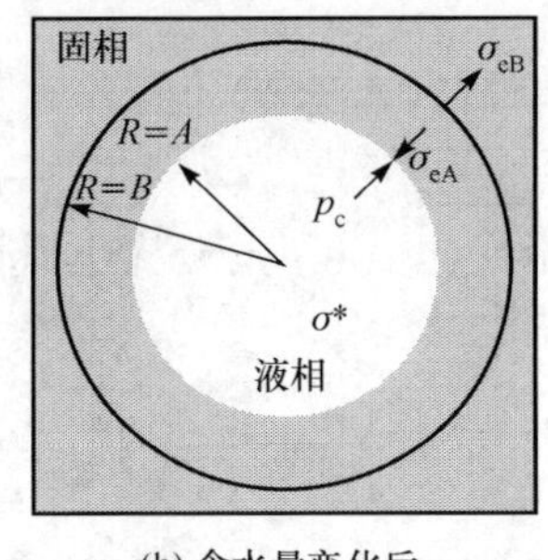

(b) 含水量变化后

图 7.1　IPMC 芯层离子簇模型应力分析

初始状态下，IPMC 从干态吸水后处于溶胀平衡，固液边界处初始弹性应力 σ_{e0} 与溶液初始压力 p_0 形成平衡：

$$-\sigma_{e0}=p_0 \tag{7-12}$$

图 7.1(a)作为参考状态，弹性应力和静水压力的初始值不影响应力变化分析，可以作为 0 点对待。当含水量变化后，由于离子簇内浓度变化产生压力 σ^*，固液之间压力差即式(6-31)描述的总水势 p，它可以看成一种动态平衡力：

$$-\sigma_{eA}=p_c=p+\sigma^* \tag{7-13}$$

式中，p_c 为离子簇内液相压力状态，单位为 Pa。

当变形到达稳态时，压力差 p 趋于 0，固液相重新达到力平衡，σ^* 会驱动液相重分布从而产生溶胀应变，为了与一般外部机械力引起的弹性应变区分，称之为本征应变，而 σ^* 则称为本征应力。当 $\sigma^*=0$ 时，式(7-13)表示总水势仅受弹性应力影响，此时可以看成静水压力。

2. 液相内部压力

根据 7.1.1 小节的分析，内部压力可能包括相对初始状态渗透压力的变化以及静电应力等：

$$\sigma^*=\Pi+p_e+\cdots \tag{7-14}$$

静电力和渗透压力等均可看成导致 IPMC 产生大变形的本征应力。

3. 固相弹性应力

IPMC 变形属于小应变范畴，而 Nafion 膜在 0.02 应变范围以内表现出良好的线弹性特点[12]，且该膜具有较高交联度，本节忽略其黏性效应。根据假设②选择不可压缩 Neo-Hookean 材料模型描述固相的本构关系。结合图 7.1(b)可得，在球形离子簇内外表面的弹性正应力分别为

$$\sigma_{eA}=-p_0+G_{dry}\lambda_A^2 \tag{7-15}$$

$$\sigma_{eB}=-p_0+G_{dry}\lambda_B^2 \tag{7-16}$$

式中，G_{dry}为干态 Nafion 膜的体积模量(Pa)；λ_A和λ_B为离子簇内外表面的径向拉伸率。

由含水量变化引起离子簇各向同性膨胀，则

$$\lambda_r=\frac{1}{\lambda_\varphi\lambda_\theta}=\left(\frac{R}{r}\right)^{-2} \tag{7-17}$$

式中，λ_r为球坐标下半径方向拉伸率；λ_φ和λ_θ为两个球面切线方向拉伸率。

将式(7-15)和式(7-16)相减，并将式(7-17)代入，得到

$$\sigma_{eA}-\sigma_{eB}=G_{dry}\left[\left(\frac{A}{a}\right)^{-4}-\left(\frac{B}{b}\right)^{-4}\right] \tag{7-18}$$

另外，根据式(7-7)定义有

$$w_{V0}=\frac{a^3}{b^3-a^3} \tag{7-19}$$

$$w_V=\frac{A^3}{B^3-A^3} \tag{7-20}$$

而根据假设①和②可得

$$B^3-A^3=b^3-a^3 \tag{7-21}$$

将式(7-19)、式(7-20)和式(7-21)代入式(7-18)可得

$$\sigma_{eB}-\sigma_{eA}=\frac{E_{dry}}{3}\left[\left(\frac{1+w_V}{1+w_{V0}}\right)^{-\frac{4}{3}}-\left(\frac{w_V}{w_{V0}}\right)^{-\frac{4}{3}}\right] \tag{7-22}$$

式中，E_{dry}为干态 Nafion 膜的弹性模量(Pa)。

可以看出，当 IPMC 没有受到外部力载荷作用时，$\sigma_{eB}=0$，此时 IPMC 的变形完全是由本征应力决定的；当受到外部力载荷时，变形由外力和内力共同决定。通过上述分析可以得出离子簇模型内固相和液相之间的应力平衡关系以及固相离子簇内外表面的应力关系。

为了既能在宏观上分析 IPMC 的大变形，又能体现 IPMC 微观特性对大变形的影响，在基于离子簇的代表体积单元模型基础上，可以在宏观和微观两种尺度下建立 IPMC 内部的力学模型。如图 7.2 所示，IPMC 在力电载荷作用下的变形是内力 σ^* 和外力 F_{ext}综合作用的结果。宏观尺度如图 7.2(a)所示，外力确定了材料内部的弹性应力分布状态 σ_{eB}；而在微观尺度上，应力状态 σ_{eB}是离子簇模型的外部应力边界，与内力 σ^* 共同满足式(7-13)和式(7-22)。这样建模的优点是既能在微观上处理固液两相平衡，准确分析本征应力等问题，又能在宏观上将 IPMC 看成单一均匀的混合材料，易于处理电极-芯层等宏观力学问题。

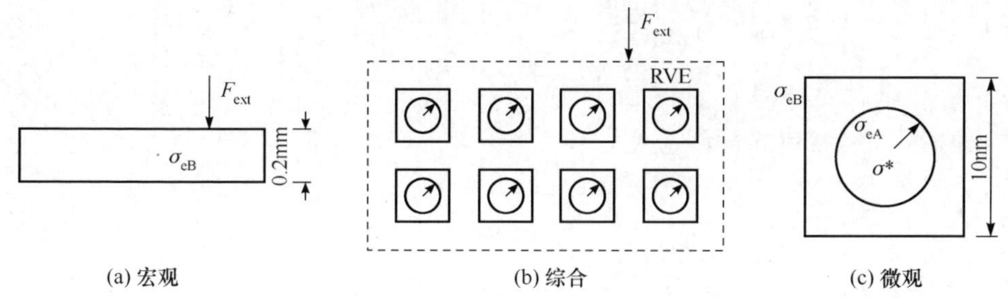

图 7.2　不同尺度下应力关系

需要强调的是，虽然此处是基于 Nafion 膜微观形貌采用球形离子簇为代表体积单元而建立的模型，但对于采用其他特征（如直孔）描述的代表体积单元[13]，或者其他类似多孔复合介质，这种在两种尺度下进行分析的方法仍然适用。

7.1.4　电极的影响

对于 IPMC，由于电极金属的弹性模量远大于芯层聚合物材料，电极对 IPMC 力学性能的影响不能轻视。上述分析表明，IPMC 变形是由于芯层内部的本征应力作用，而电极是被动变形的部分，对变形起阻碍作用，可以看成是一种被动力载荷 F_{ext}，因此，通过计算该载荷产生的应力分布状态 σ_{eB}，就可以将电极对变形的影响考虑进来。

如图 7.3 所示，由于芯层内部的溶胀效应导致 IPMC 整体发生弯曲变形，所以可以将芯层的驱动力等效为弯矩 M_0，弯矩通过层间应力作用使得三层结构均发生弯曲变形。根据迭层梁理论[14]，这一弯矩对三层结构的等效力作用由不同弯矩和轴向力组成，它们之间存在如下关系：

$$M_0 = F_1 t_w + M_1 + 2M_2 \tag{7-23}$$

式中，F_1 为电极层等效轴向力（N）；t_w 为芯层厚度（m）；M_1 为芯层等效弯矩（N · m）；M_2 为电极层等效弯矩（N · m）。

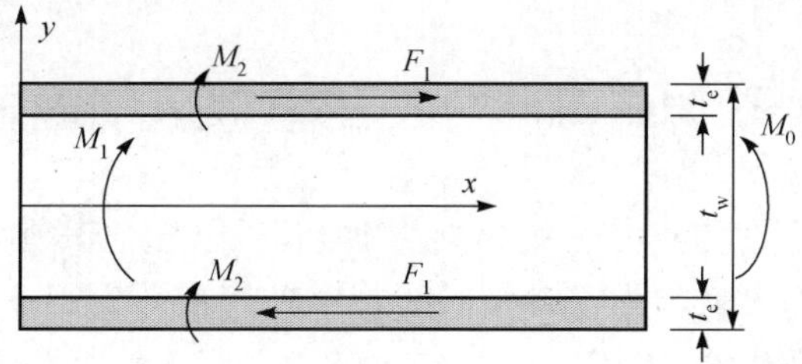

图 7.3　IPMC 电极-芯层迭层结构受力分析示意图

电极厚度 $t_e \ll t_w$，则弯矩 M_2 可以忽略，因此方程可以简化为

$$M_0 = F_1 t_w + M_1 \tag{7-24}$$

根据式(7-11)确定的线应变 ε_{xx}，可以计算出弯矩 M_1：

$$M_1 = \int E_{NW} \varepsilon_{xx} h y \mathrm{d}y \tag{7-25}$$

式中，E_{NW} 为湿态 Nafion 膜的有效弹性模量(Pa)；h 为梁宽度(m)。

由于电极层和芯层紧密连接，弯曲变形时曲率相同，则有

$$-\frac{F_1}{h t_e E_{Pd}} = -\frac{M_1}{I_1 E_{NW}} \frac{t_w}{2} \tag{7-26}$$

式中，E_{Pd} 为电极弹性模量(Pa)；I_1 为芯层的截面惯性矩(m^4)。

因此可得电极发生弯曲时受到的等效外载荷为

$$M_{ext} = F_1 t_w = \frac{6 h t_e E_{Pd}}{t_w} \int \varepsilon_{xx} y \mathrm{d}y \tag{7-27}$$

由于芯层受到的反作用弯矩与之相反，根据梁弯曲理论，电极阻碍作用在芯层中产生的弹性应力为

$$\sigma_{eB} = -\frac{M_{ext}}{I_1} y \tag{7-28}$$

将式(7-28)代入式(7-22)中，即可在大变形理论模型的应力分析中将电极阻碍变形的影响考虑进来。

通过对不同物理模型中本征应力应变理论的分析，本节提出的这种宏微观结合的多尺度理论分析方法，可以将 IPMC 受到外力和内力作用下材料内部的应力应变很好地结合起来进行分析，同时也能够将电极的力学效应考虑进来，从而获得了 IPMC 完整的变形理论模型。

7.2 IPMC 双向可逆压电效应物理模型

在 IPMC 传质理论和应力应变分析基础上，可以建立其在电场作用下的响应模型来预测加电过程中材料内部发生的微观物理过程和宏观响应；此外，只需将应力应变分析进行适当变换，即可以建立其在压力作用下的电响应模型，预测压力作用下的宏观和微观物理过程，用于 IPMC 传感过程分析。下面分别阐述 IPMC 的双向可逆压电效应的理论建模。

7.2.1　电致变形过程物理模型

IPMC 的电致变形过程包括电场激励、内部化学场(离子和水分子浓度)变化及力学场(应力应变)响应,建立其物理模型的过程如图 7.4(a)所示。

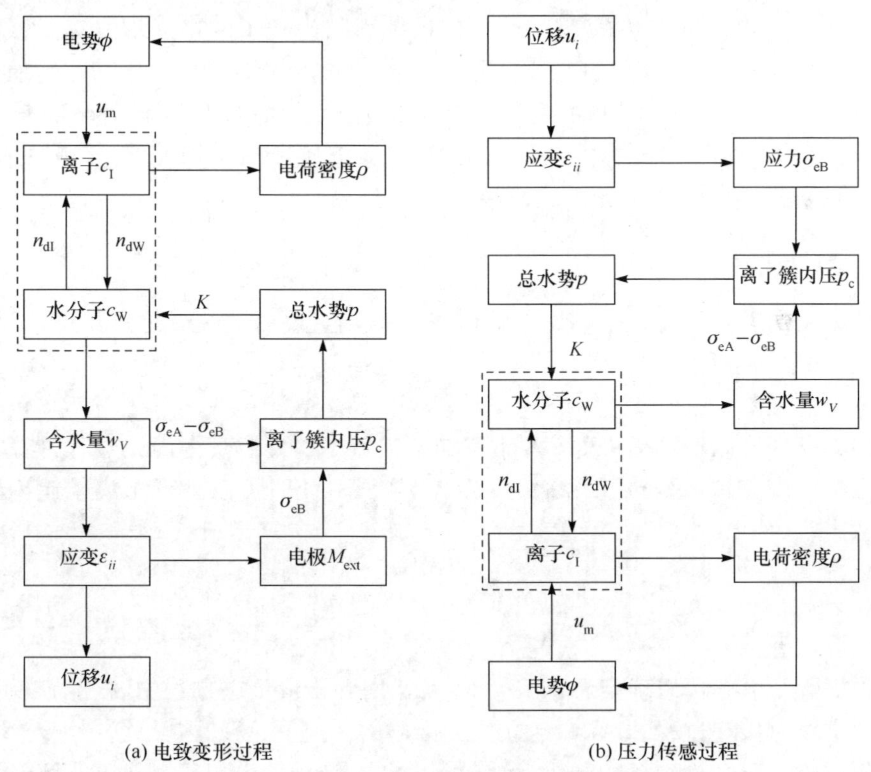

图 7.4　IPMC 双向可逆压电效应建模过程图

1. 电场

当直流电压加载在 IPMC 上时,电场力驱动离子电荷运动,离子电荷重新分布形成空间电荷,电场的分布与空间电荷密度关系通过 Poisson 方程获得。离子电荷的运动过程产生离子电流,离子电流密度 j_{ion} 为

$$j_{\text{ion}}=z_I F J_I \tag{7-29}$$

通常通过实验测量得到的外电路电子电流,一部分是由离子电荷感应形成的,另一部分是由于芯层具有电子导电能力,能够传导一定的电子电流,本节仅讨论离子感应在外电路中形成的电流[15]:

$$j_{\text{ele}} = z_{\text{I}} F \frac{1}{t_{\text{w}}} \int_{-t_{\text{w}}/2}^{t_{\text{w}}/2} y \frac{\partial c_{\text{I}}}{\partial t} \mathrm{d}y \tag{7-30}$$

2. 化学场

离子的迁移运动产生浓度梯度分布，扩散力阻碍离子的进一步聚集；另外，离子运动携带水分子，水分子的运动也受到扩散力的阻碍作用；内部电荷和物质存在梯度分布，产生本征应力，进而使得固液两相力不平衡，即总水势对分布过程产生影响。浓度、电场和压力的共同作用对化学浓度场的分布产生影响，可通过式(6-36)来获得离子和水分子的浓度场分布。

3. 力学场

水分子的重新分布产生不均匀的溶胀变形，通过局部含水量可以计算出该点的应变，并根据方程

$$\varepsilon_{ij} = u_{i,j} \tag{7-31}$$

以及边界条件可以计算出 IPMC 的位移响应。另外，为了获得传质过程计算需要的总水势梯度分布，综合式(7-13)、式(7-22)和式(7-28)可以计算出离子簇内液相压力状态：

$$p_{\text{c}} = -\frac{E_{\text{dry}}}{3}\left[\left(\frac{w_V}{w_{V0}}\right)^{-\frac{4}{3}} - \left(\frac{1+w_V}{1+w_{V0}}\right)^{-\frac{4}{3}}\right] - \frac{M_{\text{ext}}}{I_1} y \tag{7-32}$$

根据本征应力可以确定总水势 p，将其运用到质量传递方程中，就能在模型中反映力学场对传递过程的影响，建立更为准确的传递理论模型。

通过以上三个物理场的分析，最终可以建立一个完整的多物理场电致变形响应物理模型，从而预测 IPMC 的变形和位移响应。

7.2.2 压力传感过程物理模型

IPMC 在压力作用下产生电响应的过程包括力学场激励(变形或者压力)、内部化学场(离子和水分子浓度)变化以及电学响应(电压或者电流)。整个过程可以采用与电致变形响应建模相同的方法建模。如图 7.4(b)所示，IPMC 传感过程也包括三个物理场模型。

1. 力学场

通常给 IPMC 施加弯曲变形，输入位移为 u_i，通过式(7-31)可以计算出由外力产生的应变 ε_{ij}(区别于内力产生的溶胀应变)和弹性应力 σ_{eB}。聚合物网络存在的应力梯度是驱动离子和水分子运动的原动力，基于离子簇模型，根据式(7-13)和

式(7-22)可以确定离子簇内液相的压力，进一步计算出准确的总水势 p。

2. 化学场

总水势驱动水和离子运动；离子和水分子的浓度扩散力会阻碍分布运动；离子电荷的不均匀分布会产生电场梯度，也会阻碍离子的运动，并通过耦合作用影响水分子的运动。压力场、浓度场和电场的共同作用对化学浓度场的分布影响与电致变形过程中的影响在物理机制上是一致的，因此也可以利用式(6-35)来确定。

3. 电场

离子电荷的梯度分布，形成梯度电场，满足 Poisson 方程，通过电荷密度可以计算出传感效应在电极两侧产生的电势差。

上述建模过程的描述给出了一个完整地构建 IPMC 双向可逆压电效应理论建模的流程，基于此构建的模型能够分别描述 IPMC 传感和变形两个完全相反的力电效应。

7.3　IPMC 电致响应分析

根据上面的思路，就可以分析 IPMC 在电场作用下的电致响应。需要说明的是，电致响应的分析需要根据本征应力确定总水势 p，鉴于本征应力的复杂性，将在第 8 章深入讨论，本节仅讨论总水势为最基本形式的模型，即认为 $\sigma^*=0$，则总水势为

$$p=-\sigma_{\mathrm{eA}} \tag{7-33}$$

此时影响对流传质的仅为静水压力，也就是聚合物弹性应力的作用，为了区分，此处称这一模型为基本模型。基本模型分两种情况进行讨论，一是不考虑水合效应的基本模型，另一种是考虑了水合效应的改进型基本模型。本节通过数值模拟给出压力影响下的电化力场的分布规律，预测材料的电流和变形响应规律。

使用 Multiphysics Comsol 软件对 IPMC 进行建模，选用不同的模块分别描述 Poisson 电场方程、离子和水分子的传递方程和力学方程。除基本物理常数外，模型中使用的材料参数如表 7.1 所示，其中第三列为不同参数取值或取值范围，动力学参数的取值范围在第 6 章已经给出，而其他参数通过实验获得或者估计，第四列为本章数值分析中该参数的取值。

表 7.1　IPMC 物理模型参数(饱和吸水 Na 离子 Pd-Nafion 117 膜型 IPMC, T=300K)

材料	变量	参数变化范围	本章取值	物理意义
电极	E_{Pd}/Pa	$(1\sim10)\times10^{9}$	1×10^{10}	Pd 电极弹性模量
	t_e/m	$(1\sim5)\times10^{-6}$	4×10^{-6}	电极有效厚度
	ε_r	$(1\sim1000)\times10^{6}$	5×10^{7}	有效相对介电常数
离子膜	EW/(kg/mol)	1～1.1	1.1	干态 Nafion 117 等效质量
	ρ_{Nd}/(kg/m³)	2200	2200	干态 Nafion 117 密度
	c^-/(mol/m³)	$\rho_{Nd}/[EW(1+w_0)]$	1393	湿态固定离子浓度
	E_{dry}/Pa	$(0.5\sim1)\times10^{9}$	5×10^{8}	干态 Nafion 117 弹性模量
	$K/[m^2/(Pa\cdot s)]$	$(3.4\sim32)\times10^{-18}$	2×10^{-17}	水力渗透系数
水	$d_{WW}/(m^2/s)$	$(0.2\sim20)\times10^{-10}$	8×10^{-11}	水分子自扩散系数
	w_{V0}	0.5368	0.5368	初始水体积分数
	CW/(mol/m³)	$\rho_{H_2O}w_{V0}/[M_{H_2O}(1+w_{V0})]$	19405	初始水分子浓度
离子	z_I	1	1	Na 离子化合价
	$d_{II}/(m^2/s)$	$(0.1\sim1)\times10^{-10}$	2×10^{-11}	Na 离子自扩散系数
	n_{dW}	2～9	4	水分子电渗拖拽系数
	n_{dI}	$CR(d_{II}/d_{WW})n_{dW}$	0.072	离子电渗拖拽系数

本节数值分析的 IPMC 是一个尺寸为 35mm(长)×0.2mm(厚)的悬臂梁模型(宽 5mm),用 Comsol 软件模拟时采用矩形网格划分,且在上下电极边界附近进行加密处理。在电学模型中定义上侧边界为正极,下侧为负极;化学场模型中定义四边界通量为 0,没有离子和水分子与外界交换;力学模型中定义左侧端部为悬臂梁的固定端。通过上下电极加载一定电压(幅值 1V 持续 10s,断电 0V 持续 10s 的激励)进行瞬态模拟计算,可以获得 IPMC 的变形,以最右端点的 y 向位移响应作为对变形的预测结果,如图 7.5 所示。

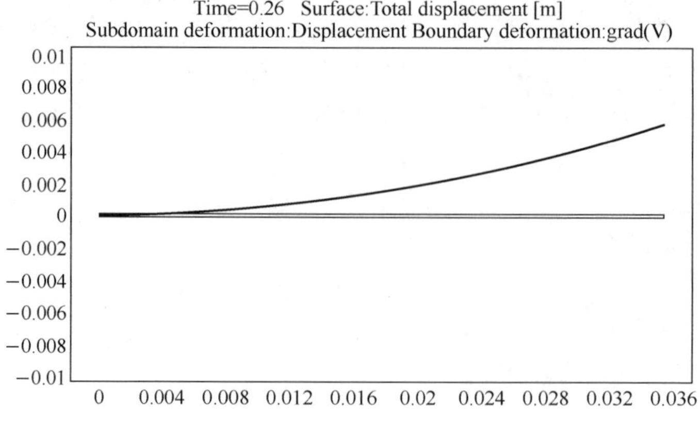

图 7.5　IPMC 几何模型及其瞬态变形图

7.3.1　无水合效应的基本模型

为了便于说明压力对流项对传递过程和物理场分布产生的影响，将以没有考虑压力项的式(6-40)为核心建立的模型称为模型 A，将此处考虑压力对流效应而尚未考虑水合效应的模型称为模型 B。

1. 离子分布

如图 7.6 所示，图(a)为模型 B 预测电压作用下 IPMC 内部的离子动态分布，图(b)为模型 A 和 B 预测阴阳两极边界处的离子浓度动态变化过程，而图(c)为模型 A 和 B 预测稳态时阳离子沿厚度方向的分布。各个图中，在厚度方向位置上 0 对应阴极，而 0.2mm 处对应阳极。

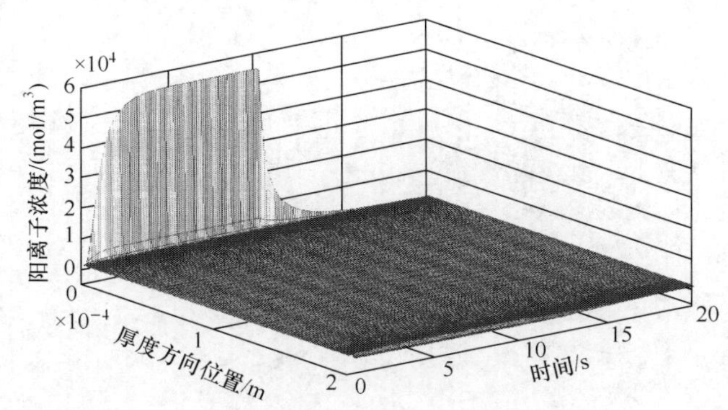

(a) 模型B IPMC内部离子的动态分布

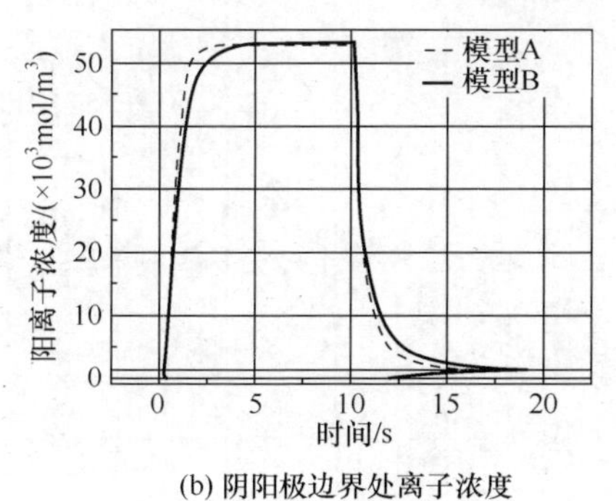

(b) 阴阳极边界处离子浓度

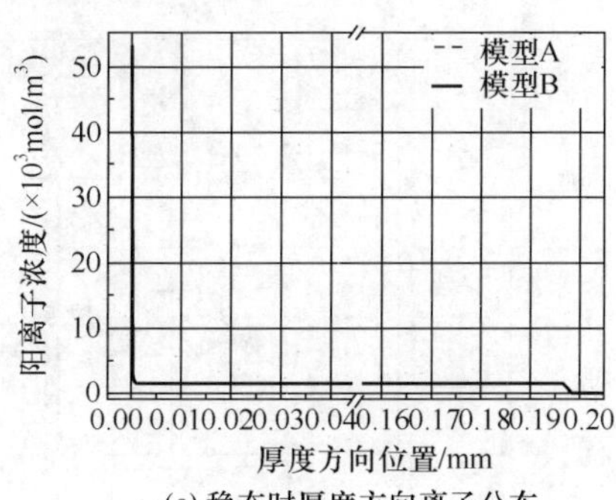

(c) 稳态时厚度方向离子分布

图 7.6　模型 A 和 B 预测 IPMC 内部离子分布的比较

分析图 7.6(a)和(b)可知，模型 B 预测加电后短时间内 IPMC 阴极区的离子浓度迅速增加并累积到稳定状态，阳极的离子浓度逐渐减小至 0，而芯层内部主体的离子浓度基本不变；断电后离子向相反方向运动恢复到初始状态。从图 7.6(b)

可以发现，模型 B 要比模型 A 中离子的累积速度稍慢，表明基本模型中弹性应力对离子的累积起着阻碍作用，这与直观认识是一致的。而从图 7.6(c)可以看出，两个模型中稳态离子浓度分布几乎相同，因此可以推断电势沿厚度方向的稳态分布也几乎相同，这说明整体上弹性应力对电场和电荷的分布影响很小。

2. 水分子分布

模型 B 预测水分子的动态分布过程如图 7.7(a)所示，在加电短时间内，水分子由于电渗拖拽效应在阴极区域大量累积，而阳极区域缺水，水分子的这种梯度分布引起了 IPMC 的弯曲变形；然而初始的累积在浓度梯度力和弹性应力作用下，水分子浓度最终恢复到初始平衡态。断电后离子的恢复过程同样携带部分水分子在阳极累积，最终也恢复到初始状态。

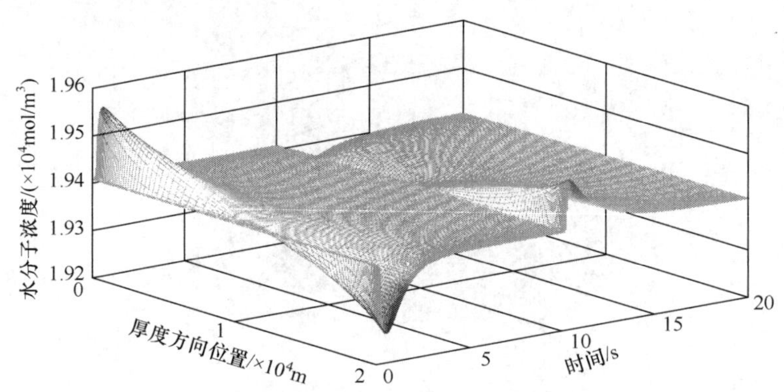

(a) 模型B IPMC内部水分子的动态分布

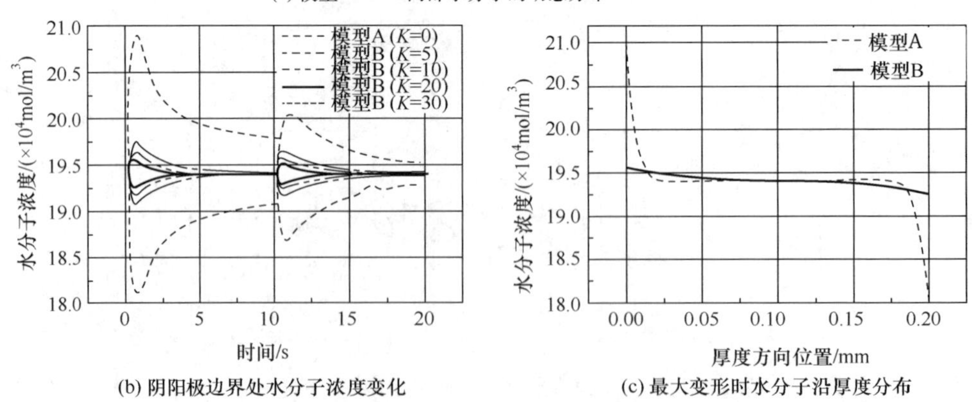

(b) 阴阳极边界处水分子浓度变化

(c) 最大变形时水分子沿厚度分布

图 7.7 模型 A 和 B 预测 IPMC 内部水分子分布的比较

边界处水分子的浓度变化如图 7.7(b)所示。由图可见，考虑弹性应力作用的基本模型 B 预测水分子累积的最高浓度要大大小于模型 A，而且恢复到平衡的速度也快于模型 A,显示了弹性应力不仅阻碍水分子向阴极累积,而且加快了恢复过程的速度。根据表 7.1 中水力渗透系数变化范围改变模型 B 中的取值[$K=(5,10,20,30)\times10^{-18}$]。由此可知,随着 K 的增大,弹性应力对水分子向阴极运动累积的阻碍作用也增加。由图 7.7(c)可见,模型 B 预测水分子在厚度方向大致呈线性分布,而没有考虑压力效应的模型 A 预测水分子主要集中在两极附近。由图可见,模型 A 和模型 B 的区别显而易见,由于模型 B 预测水分子近似线性分布与中子成像的实验结论[16]较为一致,也证明了传递方程中考虑压力项的正确性。

3. 应力场分布

模型 B 预测 IPMC 内部的总水势(静水压力)动态变化如图 7.8 所示,其变化趋势与水分子的分布趋势相同,即阴极大而阳极小,因而产生向阳极弯曲的变形。已有模型大多认为驱动 IPMC 变形的内力主要集中在阴阳两极附近狭窄区域,与之不同,模型 B 的预测认为产生变形的内力是近似线性分布的。

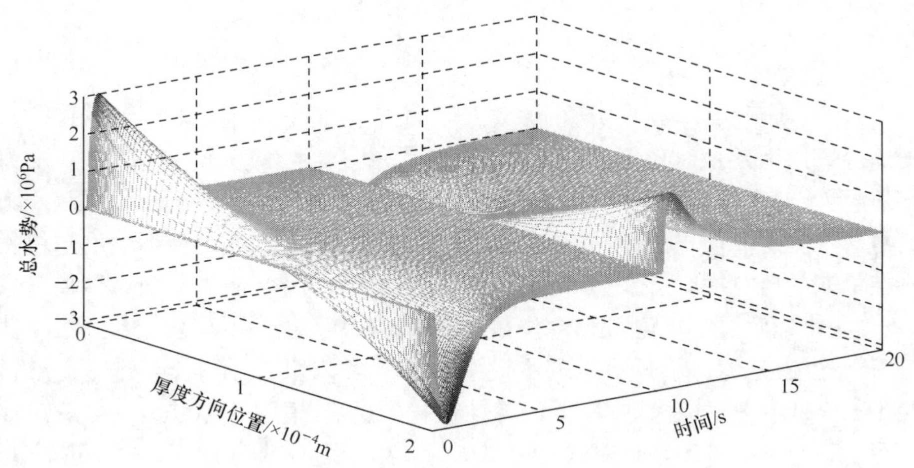

图 7.8　模型 B 预测 IPMC 内部总水势动态变化

4. 电流和位移响应

图 7.9 所示为模型 B 预测的电场作用下 IPMC 内部电流响应与实验测量的比较。理论预测的电流响应为单一常指数衰减过程,而实验结果显示加电瞬间电流衰减更快,随着时间延长电流减小更慢,是一个典型电极界面充电过程,即具有连续分布弛豫时间常数或者呈分数阶指数形式衰减的特点[17,18]。电流响应的快慢主要与离子电荷的传递过程有关,改变离子的自扩散系数可以影响离子运动速度,进而改变理论模型预测电流衰减的快慢。相关研究指出,弛豫时间常数连续分布的根源在于粗糙的电极界面[18,19],离子迁移到电极表面的稳定时间根据实际电极

表面形状不同而存在差异，粗糙的电极界面上存在不规则表面和孔洞，因此不同位置的离子浓度达到稳定的时间是不同的，从而使得充电过程的弛豫时间常数连续分布。这一问题对离子动态分布和变形响应预测的精确性有重要意义，本章不对其进行深入分析。

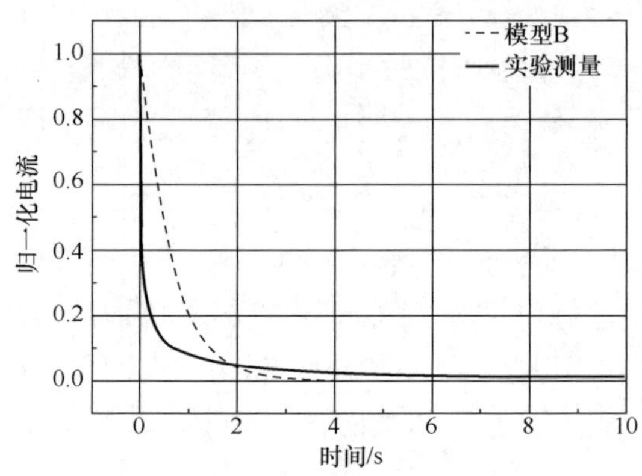

图 7.9　模型 B 预测和实验测量的归一化电流响应比较

图 7.10 所示为模型 B 预测的末端位移响应结果。其中，图 7.10(a)显示，采用不同渗透压力系数时预测的位移响应不同。结合图 7.10(b)可以发现，水力渗透系数越大，对水分子向阴极运动的阻碍越明显，使得阳极变形越小；相反，水力渗透系数对水分子向阳极的反向运动有促进作用，系数越大，松弛变形速度越快。

在早期的研究中，人们通常将电极和芯层看成一个整体，以有效弹性模量来建模，该方法难以解释不同电极弹性模量对 IPMC 的影响。为了探讨电极的弹性模量对 IPMC 响应的影响，此处以基本模型 B 为参考，对几种不同模型进行分析，即模型 1(B1)是不考虑电极效应，电极弹性模量取为 0，模型 2(B2)是以等效拉伸弹性模量($E_{dry}=0.865$GPa)建模，模型 3(B3)是以等效弯曲弹性模量($E_{dry}=1.55$GPa)建模。不同电极效应下的计算结果如图 7.10(b)所示，比较模型 B1 和 B 可以发现，电极对变形的阻碍作用十分明显，减小电极弹性模量有利于提高变形性能；比较模型 B2、B3 和 B 可以发现，采用拉伸有效弹性模量建模更接近真实变形描述。

从图 7.10 还可发现，基本模型预测直流电压下 IPMC 的松弛变形最终会恢复到初始位置，然而这种现象在实验中并不是经常发生的，实验中发现有时候松弛变形超过平衡位置，有时候又达不到平衡位置。这表明除了需要对本征应力假设进一步讨论，上述模型还忽略了一个重要问题，即部分水分子与离子结合，使得即使在弹性压力的作用下，也不能恢复到初始位置。

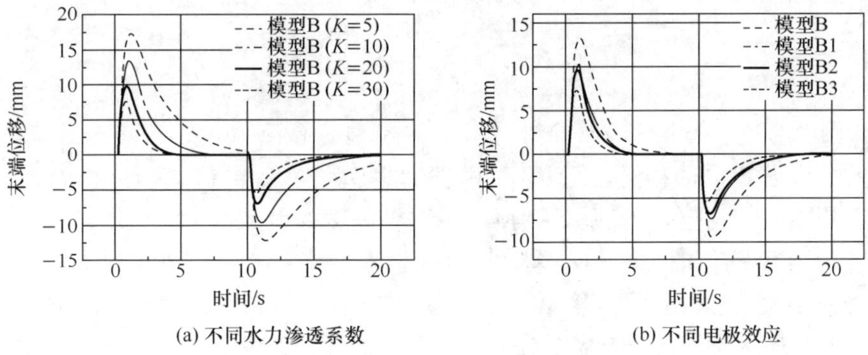

图7.10 不同参数模型B预测的末端位移响应

7.3.2 考虑水合效应的改进型基本模型

如图7.11所示，离子和水分子在Nafion膜内以水合离子和自由水分子形式存在，电场作用下水合离子发生迁移，由于连接离子簇的离子通道狭窄，水合离子也会连带引起自由水分子的同向运动，即PUMP效应。于是，模型B中的拖拽系数实际上应由两部分组成：

$$n_{dW}=n_{dy}+n_{dWP} \tag{7-34}$$

式中，n_{dy}为离子平均水合数；n_{dWP}为由PUMP效应引起的耦合系数。

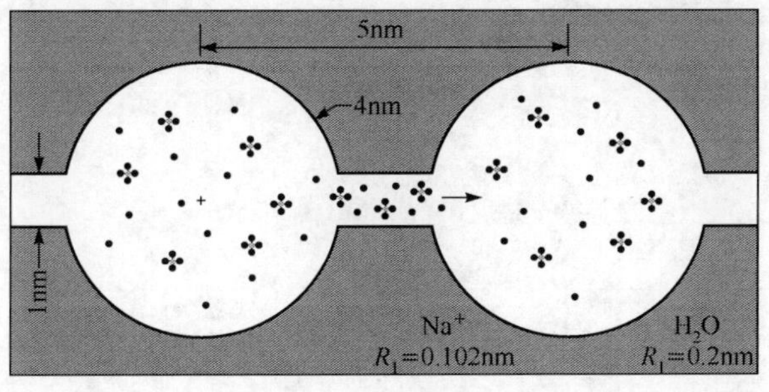

图7.11 水合离子在Nafion膜离子通道传输示意图

据此，可以改进7.3.1小节的模型。与该模型将离子和水分子看成独立传输的两个组分不同，改进模型中将水合离子和自由水分子这两个组分区别看待。水分子浓度c_{TW}是自由水c_{FW}和水合水$n_{hy}c_I$之和，即

$$c_{TW}=c_{FW}+n_{hy}c_I \tag{7-35}$$

为了方便与模型B比较，将考虑了水合效应的改进基本模型称为模型C。为了讨论水合效应对传递过程和物理场分布产生的影响，从数学上认为$n_{dW}=4$不变，而离子水合数$n_{hy}=0\sim4$。下面给出水合离子效应对于传递过程影响的数值分

析结果。

1. 离子分布

如图 7.12 所示，图 7.12(a)为 $n_{hy}=3$ 时模型 C 预测 IPMC 内部离子的动态分布过程。与图 7.6(a)相比，模型 B 和模型 C 对离子运动趋势的预测相同，主要区别在于考虑水合效应后，模型 C 预测阴极离子浓度的最大值大大减小。

当 n_{hy} 取不同值时，离子沿厚度方向的稳态分布如图 7.12(b)所示。由图可见，水合数取值越大，在阴极累积的离子最大浓度越低，阴极的双电层越宽，而阳极双电层中的耗尽层(阳离子浓度为 0)宽度越小。这反映了水合离子具有体积效应，在相同离子含量的情况下，水合数越大，则溶液体积越大，聚合物网络产生的弹性压力越大，能够抑制离子浓度的增长。离子沿厚度方向的分布影响芯层内电荷密度的分布，进一步影响电势的分布。如图 7.12(c)所示，离子的水合数越大，芯

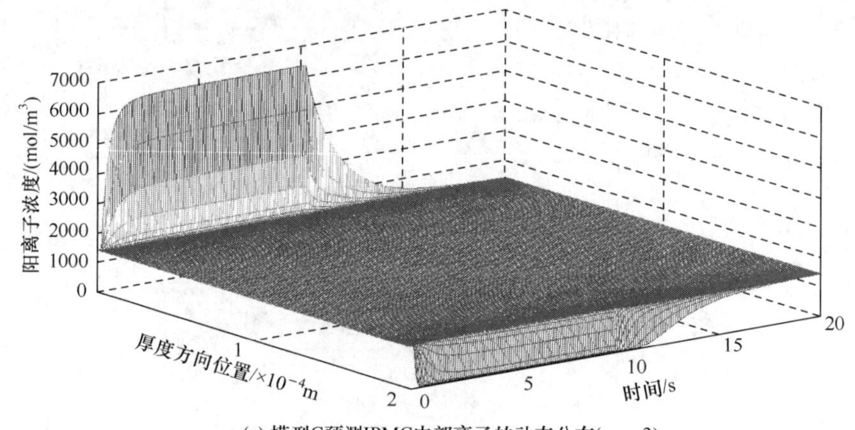

(a) 模型C预测IPMC内部离子的动态分布($n_{hy}=3$)

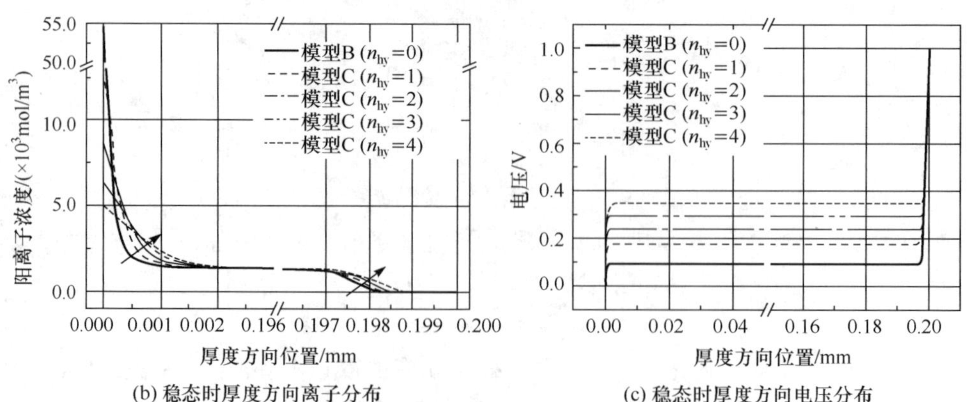

(b) 稳态时厚度方向离子分布　　(c) 稳态时厚度方向电压分布

图 7.12　模型 C 预测 IPMC 内部离子和电压分布

层内部的电势越高。电势沿厚度方向的不对称分布主要是由阳极存在耗尽层引起的。可以推断，水合数进一步增大时，阳极的耗尽层将进一步减小至消失，而芯层内部的电势趋于对称分布。因此，水合离子对准确预测电场和离子分布有十分重要的影响。

2. 水分子分布

将水分子区分为自由水和水合水，二者的分布过程存在很大差异。如图 7.13(a) 所示，自由水分子主要向阳极迁移，并在两电极区域形成较高浓度梯度；而在芯层主体部分，虽然浓度沿厚度呈近似线性分布，但梯度很小。与水合水随阳离子迁移到阴极不同，自由水由于 PUMP 效应，虽然有向阴极迁移的趋势，但是在阴极由于结合水分子产生的巨大压力，自由水一开始便向阳极分布。

自由水与水合水共同构成总的水分布，如图 7.13(b) 所示，考虑水合水的传递后，总含水量的变化趋势仍然是加电初始阶段向阴极迁移，然后向阳极反向扩散直

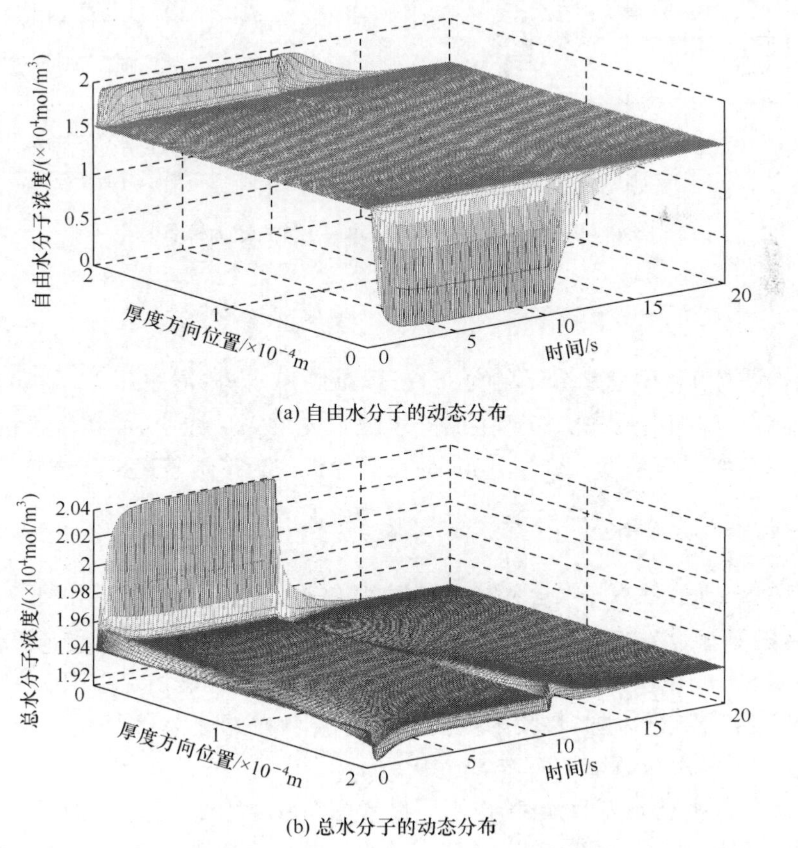

(a) 自由水分子的动态分布

(b) 总水分子的动态分布

图 7.13　模型 C 预测的 IPMC 内部水分子动态分布($n_{hy}=3$)

至稳定。与图 7.7(a)相比,水分子在芯层内部仍然呈近似线性分布,最大不同在于在阴极狭窄区域一直保持较高水分子浓度,这主要是由结合水不能自由移动造成的,这部分水也决定了模型所预测 IPMC 的稳态变形。

图 7.14 所示为不同水合参数对水分子稳态分布影响的比较。由图可见,当水合数为 0 时,不考虑水合水的影响,内部自由水,即总水分子最终完全恢复到初始平衡状态;当水合数增加时,自由水分子和总水分子在两电极区域形成的浓度梯度越来越大,水合离子效应越来越明显。但是水合离子数产生的主要影响也仅体现在电极边界区域,而对芯层主体的水分子分布影响不大。

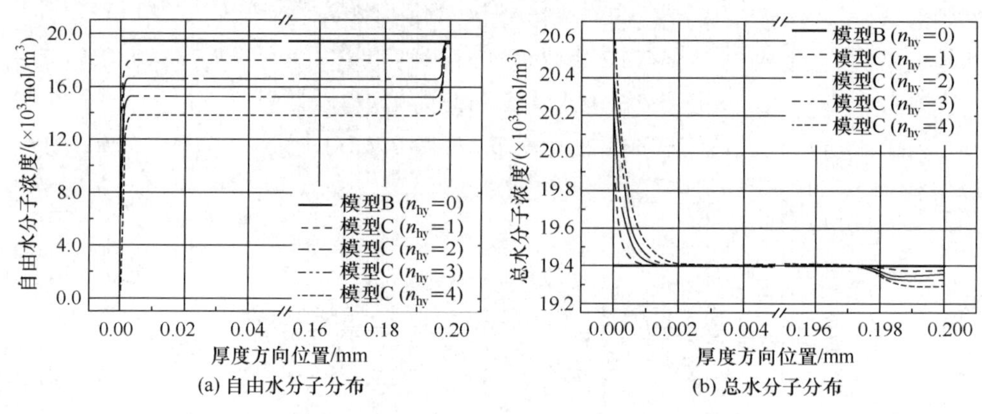

图 7.14 模型 C 预测的 IPMC 内部水分子稳态分布

3. 水合效应对压力场影响

根据图 7.13(b)总水分子的分布,可以推断总水势(静水压力)的动态变化趋势与之相似,即加电后在阴极产生的静水压力先增大后减小,而在阳极则相反;静水压力在芯层内部呈近似线性分布,而在两电极附近形成较高的压力梯度。

4. 电流与变形响应

图 7.15 所示是不同水合参数改进模型预测的电流和位移。由图 7.15(a)可以看出,随着水合数的增加,电流衰减速度略有增加,与图 7.9 相比其更接近实验测量结果,其原因是水合离子的体积效应抑制了离子的累积。由图 7.15(b)可以看出,随着水合数的增加,最大阳极变形略有减小,而松弛变形不再恢复到平衡位置,稳态变形随水合数增加而增大。

本节的分析结果表明,电场作用下仅考虑静水压力时,基于对流机制静水压力对离子的传递过程影响不大,但对水分子的传递与分布有着重要影响,考虑静水压力的作用后模型预测水分子在芯层内部近似呈线性分布。静水压力的影响与水力

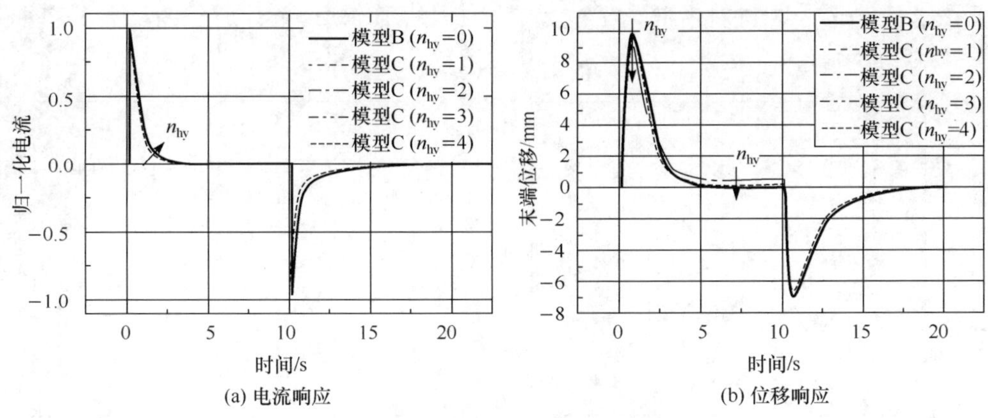

图 7.15　水合离子改进模型 C 预测的力电响应

渗透系数大小有关，水力渗透系数越大，静水压力对水分子向阳极运动的阻碍越明显，对水分子向阴极反向运动的促进作用越大，因此预测的阳极变形越小，松弛变形越快。电极阻碍变形的本质是通过弹性应力作用影响内部的传质过程，采用有效弹性模量建模时用 IPMC 的拉伸弹性模量比弯曲模量更为合适。另外，水合离子效应对芯层主体内的质量分布影响较小，主要影响电极边界层的离子和水分子分布，对质量传递过程描述更具合理性。

7.4　IPMC 在电激励下内部质量传递和分布实验

通过比较 IPMC 在电激励下的宏观变形和电流响应实验与理论分析结果，可以分析理论模型预测的准确性，其中，宏观变形和电流响应的实验也比较容易。然而，若要通过微观实验证实描述 IPMC 内部质量传输理论模型的正确性，目前还具有一定的难度。目前这方面研究主要包括采用各种成像方法对 IPMC 断面的离子或者水分子扫描成像，获得实时或者稳态的质量分布图像。这些方法包括荧光离子成像法[20]、核磁共振水分子成像法[21]、中子成像法[16]、飞行时间二次离子质谱法[22]、同位素成像法、拉曼光谱成像法以及电声脉冲成像法等。下面分别介绍离子和水分子成像实验及其结果。

7.4.1　离子分布成像实验及结果

Park 等最早采用一种荧光离子成像的方法研究电压作用下离子的分布过程，实验中使用溴化乙啶指示剂进行离子交换，实验结果表明电压作用下与离子浓度直接相关的荧光强度存在明显梯度分布[20]。Liu 等采用飞行时间二次离子质谱法，以含有 BMMI-Cl 离子液体的 Aquivion 离子膜为基体，测量了电压作用下该电活性聚合物材料内部离子的稳态分布[22]，BMMI 和 Cl 离子的稳态分布如图 7.16 所示。

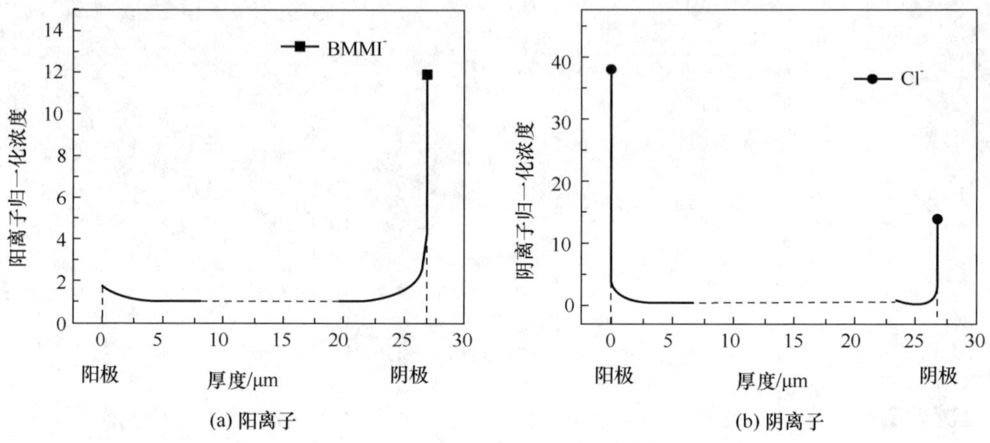

图 7.16 电压作用下阳离子和阴离子沿材料厚度方向上归一化浓度分布图[22]

从图中可以发现，电压作用下阳离子主要聚集在阴极，而阴离子主要在阳极聚集；离子聚集的最大浓度与离子大小有关，对离子体积较大的 BMMI 离子来说，在阴极最大浓度约为平均浓度的 12 倍，而对体积较小的 Cl 离子来说，阳极最大浓度约为平均浓度的 38 倍，前者双电层宽度较后者更宽。这些结论间接佐证了图 7.12所描述的结论，即随着水合数的增大，离子体积增大，阳离子在阴极的最大浓度大大减小，而且双电层宽度变宽。此外，从图 7.16 中还可以发现，阳离子在阳极和阴离子在阴极也有一定聚集现象，这可能是由离子的特性吸附效应产生的。

7.4.2 水分子分布成像实验及结果

Naji 最早使用核磁共振成像的方法对 IPMC 中水分子分布进行研究，通过测量水分子中质子密度和质子弛豫时间来反映水分子的分布状态[21]，实验结果显示了变形与水分子分布的相关性。而 Jong 等利用中子成像实验法对质子成像研究水分子分布状态，获得更为清晰的实验结果。在其实验中，采用 Pt-Nafion 型 IPMC，其中驱动离子为四甲基铵离子，溶剂为水，利用中子成像获得稳态水分子-四甲基铵离子（TMA^+，含有质子成分）的分布如图 7.17 所示。从图中可以看出，水分子-四甲基铵离子沿厚度方向近似线性分布。

为了进一步排除四甲基铵离子中质子的影响而独立研究水分子分布，采用 Na 离子驱动的 Pt-IPMC 样品进行动态过程中子成像实验，实验中将 Na 离子型 Nafion 基 IPMC 夹持在聚四氟乙烯夹具和铜电极之间，图 7.18 为材料在加电过程中水分子迁移分布获得的原始中子密度沿厚度方向的分布。其中，图 7.18(a)是初

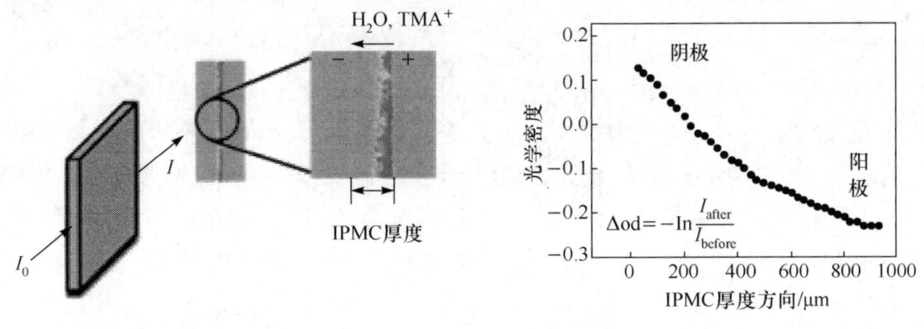

(a) 水分子分布浓度的测量结果　(b) 根据光密度计算得到水分子沿厚度方向的浓度分布

图 7.17　水分子分布实验结果[16]

始 0s 与加载 3V 电压 30s 时的分布图；图 7.18(b)是加载 3V 电压 300s 和电压反转(－3V)后 300s 过程中的中子密度分布图[16]。

从图 7.18(a)可以看出加载电压前后水分子浓度分布有明显变化，沿厚度方向近似呈线性分布；从图 7.18(b)可以更直观地看到，加载电压和电压极性反转的过程中反映水分子浓度的中子密度沿厚度方向上的变化。这些研究结论直接证实了图 7.8 和图 7.13 中关于水分子沿厚度方向近似呈线性分布的结论。

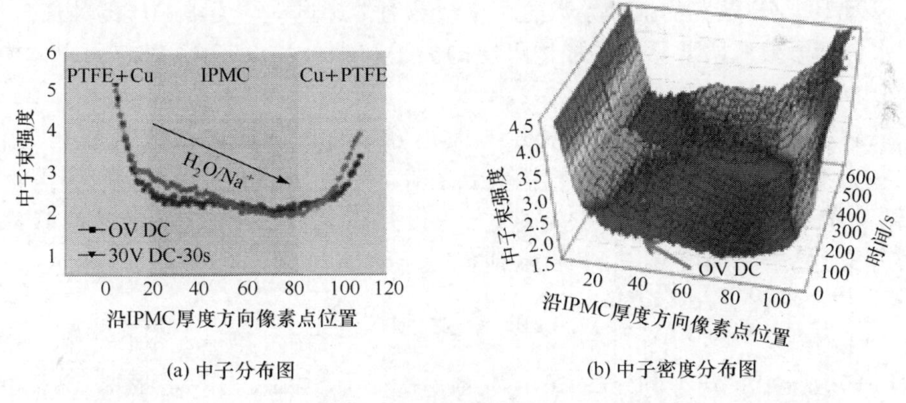

(a) 中子分布图　(b) 中子密度分布图

图 7.18　加电过程中水分子迁移导致中子密度沿厚度方向分布图[16]

尽管这些方法在成像实时性和分辨率上还存在一定局限性，但是对离子和溶剂分子成像的实验研究仍然是论证 IPMC 力电耦合响应理论最直接的方式，也是发现和提出新的变形机制最有效的方式，是未来离子型 EAP 研究热点和难点之一。

7.5　本章小结

本章通过对不同物理模型中本征应力应变理论的分析，基于溶胀机理介绍了一种宏观和微观结合的多尺度理论分析方法，该方法基于离子簇模型，可将IPMC受到外力和内力共同作用下材料内部的应力应变结合起来进行分析。与此同时，也可将电极的力学效应考虑进来建立IPMC完整的变形力学模型。以此为基础，进一步给出了描述IPMC传感和致动物理过程的力电效应物理模型。

本章进一步介绍了仅考虑静水压力的基本物理模型及其数值分析，指出电场作用下IPMC内部离子和水分子的传递过程中，基于对流机制时，静水压力对离子的传递过程影响不大，但对水分子的传递与分布有着重要影响，考虑静水压力的作用后模型预测水分子在芯层内部近似呈线性分布。此外，静水压力的影响与水力渗透系数大小有关，水力渗透系数越大，静水压力对水分子向阳极运动的阻碍越明显，而对水分子向阴极反向运动的促进作用越大，因此预测阳极变形越小而松弛变形越快。电极阻碍变形的本质是通过弹性应力作用影响内部的传质过程，采用等效弹性模量建模时用IPMC的拉伸弹性模量比弯曲模量更为合适。通过对水合离子数以及PUMP效应的拖拽系数这两个参数对传递过程与力电响应的数值分析，发现水合离子效应主要影响电极边界层的离子和水分子分布，而对芯层主体内的质量分布影响较小。

最后本章介绍了与离子和水分子理论分布有关的实验研究现状，指出尽管这些方法在成像实时性和分辨率上还存在一定局限性，但是仍然是论证IPMC力电耦合响应理论最直接的方式，也是发现和提出新的变形机制最有效的方式，是未来离子型EAP材料研究热点和难点之一。

参考文献

[1] Nernat-Nasser S, Jiang Y L. Electromechanical response of ionic polymer-metal composites. Journal of Applied Physics, 2000, 87(7): 3321-3331

[2] Branco P J C, Dente J A. Derivation of a continuum model and its electric equivalent-circuit representation for ionic polymer-metal composite(IPMC) electromechanics. Smart Materials and Structures, 2006, 15(2): 378-392

[3] Feng G H. Numerical study on dynamic characteristics of micromachined ionic polymer metal composite devices based on molecular-scale modeling. Computational Materials Science, 2010, 50(1): 158-166

[4] Porfiri M. An electromechanical model for sensing and actuation of ionic polymer metal composites. Smart Materials and Structures, 2009, 18(1): 015016

[5] Pugal D, Kim K J, Punning A, et al. A self-oscillating ionic polymer-metal composite bending actuator. Journal of Applied Physics, 2008, 103: 084908

[6] Wallmersperger T, Horstmann A, Kroplin B, et al. Thermodynamical modeling of the electromechanical behavior of ionic polymer metal composites. Journal of Intelligent Material Systems and Structures, 2009, 20(6): 741-750

[7] Tadokoro S, Yamagami S, Takamori T, et al. Modeling of Nafion-Pt composite actuators (ICPF) by ionic motion. Proceeding of SPIE, 2000, 3987: 92-102

[8] Shahinpoor M, Kim K J. Ionic polymer-metal composites: III. Modeling and simulation as biomimetic sensors, actuators, transducers, and artificial muscles. Smart Materials and Structures, 2004, 13(6): 1362-1388

[9] Asaka K, Oguro K. Bending of polyelectrolyte membrane platinum composites by electric stimuli: Part II. Response kinetics. Journal of Electroanalytical Chemistry, 2000, 480(1/2): 186-198

[10] Yamaue T, Mukai H, Asaka K, et al. Electrostress diffusion coupling model for polyelectrolyte gels. Macromolecules, 2005, 38(4): 1349-1356

[11] Nemat-Nasser S. Micromechanics of actuation of ionic polymer-metal composites. Journal of Applied Physics, 2002, 92(5): 2899-2915

[12] Silberstein M N, Boyce M C. Constitutive modeling of the rate, temperature, and hydration dependent deformation response of Nafion to monotonic and cyclic loading. Journal of Power Sources, 2010, 195(17): 5692-5706

[13] Gao F, Weiland L M. Ionic polymer transducers in sensing: Implications of the streaming potential hypothesis for varied electrode architecture and loading rate. Journal of Applied Physics, 2010, 108(3): 034910

[14] 张福范. 复合材料层间应力. 北京:高等教育出版社,1993

[15] Pugal D, Kim K J, Aabloo A. An explicit physics-based model of ionic polymer-metal composite actuators. Journal of Applied Physics, 2011, 110(8)

[16] Park J K, Jones P J, Sahagun C, et al. Electrically stimulated gradients in water and counterion concentrations within electroactive polymer actuators. Soft Matter, 2010, 6(7): 1444-1452

[17] Porfiri M. Influence of electrode surface roughness and steric effects on the nonlinear electromechanical behavior of ionic polymer metal composites. Physical Review E, 2009, 79(4): 041503

[18] 胡会利. 电化学测量. 北京:国防工业出版社,2007

[19] Sakaguchi H, Baba R. Electric double layer on fractal electrodes. Physical Review E, 2007, 75(5): 051502

[20] Park IS, Kim S M, Pugal D, et al. Visualization of the cation migration in ionic polymer-metal composite under an electric field. Applied Physics Letters, 2010, 96: 043301

[21] Naji L, Chudek J A, Baker R T. Magnetic resonance imaging study of a soft actuator ele-

ment during operation. Soft Matter,2008,4(9):1879-1886
[22] Liu Y,Lu C,Twigg S,et al. Direct observation of ion distributions near electrodes in ionic polymer actuators containing ionic liquids. Scientific Reports,2013,3:973

第 8 章　IPMC 本征应力与大变形特性

通过第 7 章对多场耦合下 IPMC 力电响应理论模型的建立和对基本模型的数值研究，对电场作用下 IPMC 微观和宏观力电响应有了基本认识。但由于基本模型仅考虑了静水压力，不能全面解释 IPMC 随水含量变化的复杂变形特性，所以本章将深入探讨 IPMC 内部的各种本征应力。此外，为了便于物理过程的分析，本章引入无量纲分析方法，对理论模型和各种本征应力进行归一化处理，建立 IPMC 电致变形的无量纲模型，在此基础上深入阐述本征应力特性及其对大变形特性的影响规律。

8.1　无量纲化模型

IPMC 的大变形理论模型主要由 Poisson 方程、传质方程和力学方程构成，本章以 Poisson-Nernst-Planck(PNP)方程的无量纲化方法为参考[1,2]，定义如下特征参数作为基本物理量量纲，以此对大变形理论模型中各物理量进行归一化处理。

特征长度(Debye 长度)：

$$l_s=\sqrt{\frac{\varepsilon RT}{F^2c^-}} \tag{8-1}$$

特征时间：

$$t_s=\frac{\varepsilon RT}{d_{\mathrm{II}}F^2c^-}=\frac{l_s^2}{d_{\mathrm{II}}} \tag{8-2}$$

特征电势：

$$V_s=\frac{RT}{F} \tag{8-3}$$

特征压力：

$$P_s=\frac{RT}{V_W} \tag{8-4}$$

特征浓度：

$$c_s=c^- \tag{8-5}$$

其中，大部分特征值参考无量纲化 PNP 方程，而特征压力是参考特征电压形式提出的。此外，定义如下比例参数。

初始水分子数：

$$\lambda=\frac{CW}{c^{-}} \tag{8-6}$$

扩散系数之比：

$$\gamma=\frac{d_{\mathrm{WW}}}{d_{\mathrm{II}}} \tag{8-7}$$

水力渗透系数比：

$$\eta=\frac{KP_{\mathrm{s}}}{d_{\mathrm{WW}}} \tag{8-8}$$

通常水分子的浓度大，扩散速度比离子快，λ 和 γ 均大于 1；而水力渗透系数比表示水分子对流通量与压力扩散通量之比。第 6 章通过量级比较证明对流通量较压力扩散更为显著，因此 $\eta\geqslant 1$，等于 1 时表示压力扩散过程。当含水量减少时，离子簇内水分子的迁移过程更接近压力扩散[3]。

基于上述基本量纲和比例因子对第 7 章建立的理论模型进行无量纲化处理，令 $\phi=\phi^{*}V_{\mathrm{s}}$，$c_{\mathrm{I}}=c_{\mathrm{I}}^{*}c^{-}$，$c_{\mathrm{W}}=c_{\mathrm{W}}^{*}c^{-}$，$p=p^{*}P_{\mathrm{s}}$，$x_{\mathrm{i}}=x_{i}^{*}l_{\mathrm{s}}$ 和 $t=t^{*}t_{\mathrm{s}}$，右上标 * 表示该物理量对应的无量纲变量，得到如下方程组：

$$\begin{cases}\nabla^{2}\phi^{*}=1-c_{\mathrm{I}}^{*}\\ \dfrac{\partial c_{\mathrm{I}}^{*}}{\partial t^{*}}=\nabla\left[\nabla c_{\mathrm{I}}^{*}+z_{\mathrm{I}}c_{\mathrm{I}}^{*}\nabla\phi^{*}+\gamma n_{\mathrm{dI}}\nabla c_{\mathrm{W}}^{*}+\gamma\eta c_{\mathrm{I}}^{*}\nabla p^{*}\right]\\ \dfrac{\partial c_{\mathrm{W}}^{*}}{\partial t^{*}}=\nabla\left[\gamma\nabla c_{\mathrm{W}}^{*}+\gamma\eta c_{\mathrm{W}}^{*}\nabla p^{*}+n_{\mathrm{dW}}(\nabla c_{\mathrm{I}}^{*}+z_{\mathrm{I}}c_{\mathrm{I}}^{*}\nabla\phi^{*})\right]\\ p^{*}=\displaystyle\sum_{i=1}^{N}p_{i}^{*}\end{cases} \tag{8-9}$$

含水量和应变本身是无量纲量，因此不需要进一步处理，式(8-9)中第四个方程表示总水势是静水压力和各个本征应力分量之和。式(8-9)即 IPMC 的力电响应的无量纲化模型。在此基础上，下面各节将详细分析各种本征应力及其对 IPMC 力电响应的影响。

8.2　各种本征应力理论模型

在第 7 章的基本模型讨论中，假设总水势只包含最基本的静水压力。数值分析结果表明它可以描述 IPMC 的一些基本力电响应规律，但却不能完全解释 IPMC 复杂的松弛变形特性，说明其他本征应力在 IPMC 变形过程中并不能完全忽视，需要深入讨论对变形存在影响的各种本征应力。离子膜尤其是 Nafion 系列膜在相关领域中已有较多研究，本章参考 IPMC 已有模型及相关文献来研究各种本征应力。

8.2.1 静水压力

静水压力来源于离子膜分子网络的弹性应力作用，在离子簇模型中，可以用 $-\sigma_{eA}$ 表示作用于离子簇内液相的弹性应力大小。该弹性应力不仅与离子膜分子网络应变有关，还与电极的阻碍作用有关，后者是随变形大小变化的变量。根据式(7-22)可得

$$\sigma_{eB}^{*}-\sigma_{eA}^{*}=\frac{E_{dry}V_{W}}{3RT}\left[\left(\frac{1+w_{V}}{1+w_{V0}}\right)^{-\frac{4}{3}}-\left(\frac{w_{V}}{w_{V0}}\right)^{-\frac{4}{3}}\right] \tag{8-10}$$

为了简化讨论，根据图 7.10(b)对电极阻碍变形效应的研究结果，忽略电极的影响 σ_{eB}^{*} 而采用拉伸有效弹性模量来估算 $-\sigma_{eA}$。采用干态 IPMC 等效拉伸弹性模量 $\bar{E}_{dry}$ 可得无量纲化的静水压力近似为

$$\begin{aligned} p_{h}^{*}&=\frac{\bar{E}_{dry}V_{W}}{3RT}\left[\left(\frac{1+w_{V}}{1+w_{V0}}\right)^{-\frac{4}{3}}-\left(\frac{w_{V}}{w_{V0}}\right)^{-\frac{4}{3}}\right]\\ &=\frac{\bar{E}_{dry}^{*}}{3}\left[\left(\frac{1+w_{V}}{1+w_{V0}}\right)^{-\frac{4}{3}}-\left(\frac{w_{V}}{w_{V0}}\right)^{-\frac{4}{3}}\right] \end{aligned} \tag{8-11}$$

式中，$\bar{E}_{dry}^{*}$ 为名义干态等效拉伸弹性模量。

根据式(7-10)，水分子体积分数是浓度的函数，可得

$$w_{V}=\frac{c_{W}^{*}}{\dfrac{\rho_{H_2O}}{c^{-}M_{H_2O}}-c_{W}^{*}} \tag{8-12}$$

因此静水压力实际上可表示成水分子浓度的函数。

8.2.2 渗透压力

一些 IPMC 模型认为渗透压力是影响传递和变形的一种本征力。渗透压力是影响溶剂传递一种重要的力，最初来源于溶液热力学理论[4]，定义一定浓度的水溶液渗透压力为

$$\Pi=-\varphi\frac{RT}{V_{W}}\ln x_{A} \tag{8-13}$$

式中，φ 为渗透压力系数；x_A 为溶剂的摩尔分数。

对于高分子溶胀过程的渗透压，不仅包含与混合自由能相关的混合渗透压 Π_{mix}(与溶剂摩尔分数相关)，还包括与弹性压力相关的弹性渗透压 Π_{ela}，对于聚合物电解质，还包括离子渗透压 Π_{ionic}[5]，即

$$\Pi_{total}=\Pi_{mix}+\Pi_{ela}+\Pi_{ionic} \tag{8-14}$$

式(8-14)是指含水聚合物电解质整体的渗透压，用来讨论整体与外界的水分

子交换。对于IPMC的内部传质过程，当将IPMC看成固液两相混合材料时，影响内部传质过程的渗透压仅指第三项——离子渗透压Π_{ionic}。其他两项的影响并不是忽略不计，第一项混合渗透压体现在浓度梯度影响下的传质过程，第二项弹性渗透压体现在弹性压力作用下的对流过程。离子渗透压可以直接从内部液相给出定义，即式(8-13)定义的溶液中的渗透压力，对于IPMC，液相仅包含可移动离子和水，因此，有

$$\Pi=-\varphi\frac{RT}{V_{\mathrm{W}}}\ln\left(1+\frac{c_{\mathrm{I}}}{c_{\mathrm{W}}}\right) \tag{8-15}$$

无量纲化渗透压力为

$$\Pi^{*}=-\varphi\ln\left(1+\frac{c_{\mathrm{I}}^{*}}{c_{\mathrm{W}}^{*}}\right) \tag{8-16}$$

文献[6]特别强调此处c_{W}仅指自由水分子浓度。

8.2.3 静电压力

离子迁移形成净电荷累积，理论上静电力是影响大变形特性的重要本征力之一。本节在基于离子簇模型分析静电力的影响之前，有必要首先阐明以下几个问题。

正负离子形成的偶极子之间静电力常被用来分析计算Nafion膜微观形态，特别是离子簇的大小，虽然其取向会影响离子簇的形状[7]，但是对弯曲变形没有贡献，因此，可以忽略其对采用球形离子簇模型进行分析带来的影响。

静电力是非接触力，因此离子簇内部的静电力不仅与自身净电荷有关，而且与离子簇外电荷有关。根据电场的可叠加性，将作用于一个离子簇上的电场看成由三部分组成：电极极板电荷产生的外电场、芯层内离子簇外部空间电荷，特别是电极附近区域电荷产生的电场，以及离子簇内本身产生的电场[8]。由于前两个电场主要沿厚度方向，影响离子的迁移运动，则离子簇内径向静电压力主要是由离子簇内净电荷本身决定的。

离子簇内阴离子固定在内表面，而阳离子可以移动。文献[1]认为阳离子被阴离子吸引逐渐向离子簇内表面聚集，在内表面均匀分布。考虑到阳离子的移动性，认为阳离子分布介于在离子簇内均匀体分布和在内表面均匀面分布之间。

根据上述分析，某一时刻离子簇内部的正电荷量为

$$Q^{+}=c_{\mathrm{I}}F(V_{\mathrm{s}}+V_{\mathrm{W}})=c_{\mathrm{I}}FV_{\mathrm{w}}\left(1+\frac{1}{w_{V}}\right) \tag{8-17}$$

假设离子簇内阳离子近似处于图8.1(a)所示均匀体分布，则正电荷体密度为

$$\rho_{+}=\frac{Q^{+}}{V_{\mathrm{W}}}=c_{\mathrm{I}}F\left(1+\frac{1}{w_{V}}\right) \tag{8-18}$$

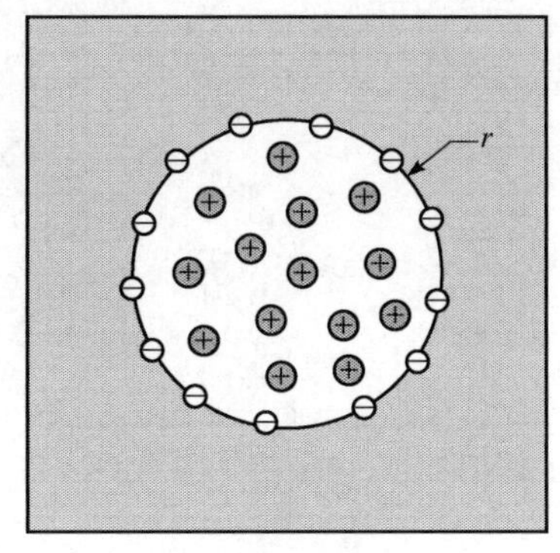

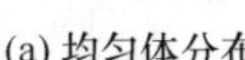
(a) 均匀体分布

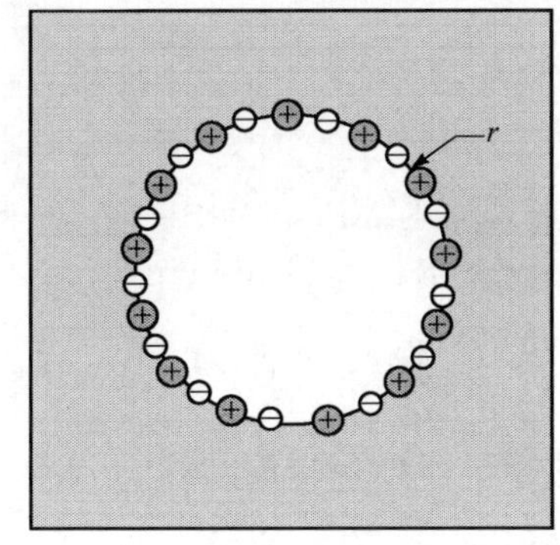

(b) 均匀面分布

图 8.1　离子簇内阳离子分布

假设离子簇内阳离子近似处于图 8.1(b)所示均匀面分布，则正电荷面密度为

$$\sigma_{+}=\frac{Q^{+}}{4\pi r^{2}}=\frac{r_{0}}{3}c_{\mathrm{I}}F\left(1+\frac{1}{w_{V}}\right)\left(\frac{w_{V}}{w_{V0}}\right)^{\frac{1}{3}} \tag{8-19}$$

基于阳离子的分布介于图 8.1(a)和(b)之间分布的假说，阳离子的分布结果介于式(8-18)和式(8-19)之间。离子簇内阴离子的电荷量为

$$Q^{-}=c^{-}F(V_{\mathrm{s}}+V_{\mathrm{W0}})=c^{-}FV_{\mathrm{W0}}\left(1+\frac{1}{w_{V0}}\right) \tag{8-20}$$

阴离子无法移动且沿内表面均匀分布，但由于溶胀应变，阴离子面密度并不为常数，离子簇内阴离子的面密度为

$$\sigma_{-}=\frac{Q^{-}}{4\pi r^{2}}=\frac{r_{0}}{3}c^{-}F\left(1+\frac{1}{w_{V0}}\right)\left(\frac{w_{V0}}{w_{V}}\right)\frac{2}{3} \tag{8-21}$$

根据静电学理论，对于阳离子均匀体分布的情况，可以计算出由阴阳离子构成的电荷系统的总能量为

$$W_{\mathrm{e}}=\frac{4\pi r^{3}}{3\varepsilon_{\mathrm{W}}}\left(\frac{\rho_{+}^{2}r^{2}}{5}-\rho_{+}\sigma_{-}r+\frac{3}{2}\sigma_{-}^{2}\right)=\frac{1}{4\pi\varepsilon_{\mathrm{W}}r}\left[\frac{3(Q^{+})^{2}}{5}-(Q^{+})(Q^{-})+\frac{(Q^{-})^{2}}{2}\right] \tag{8-22}$$

式中，ε_{W}为水分子的介电常数。

通过静电能的计算可以得到离子簇内表面的静电力为

$$F_{\mathrm{er}}=-\left(\frac{\partial W_{\mathrm{e}}}{\partial r}\right)_{Q,r}=\frac{1}{4\pi\varepsilon_{\mathrm{W}}r^{2}}\left[\frac{3(Q^{+})^{2}}{5}-(Q^{+})(Q^{-})+\frac{(Q^{-})^{2}}{2}\right] \tag{8-23}$$

进而可以求得静电力在离子簇内壳表面压力为

$$p_{\mathrm{e1}}=\frac{F_{\mathrm{er}}}{4\pi r^{2}}=\frac{1}{\varepsilon_{\mathrm{W}}(4\pi r^{2})^{2}}\left[\frac{3(Q^{+})^{2}}{5}-(Q^{+})(Q^{-})+\frac{(Q^{-})^{2}}{2}\right]$$

$$=\frac{r_0^2(c^- F)^2}{9\varepsilon_W}\left(\frac{w_V}{w_{V0}}\right)^{\frac{2}{3}}\left(1+\frac{1}{w_V}\right)^2\left(\frac{3}{5}c_I^{*2}-\frac{c_I^*}{1+\varepsilon_V}+\frac{1}{2(1+\varepsilon_V)^2}\right) \tag{8-24}$$

式中，r_0为离子簇初始半径。

则无量纲化的静电压力为

$$p_{e1}^*=\frac{r_0^2(c^- F)^2}{9\varepsilon_W P_s}\left(\frac{w_V}{w_{V0}}\right)^{\frac{2}{3}}\left(1+\frac{1}{w_V}\right)^2\left(\frac{3}{5}c_I^{*2}-\frac{c_I^*}{1+\varepsilon_V}+\frac{1}{2(1+\varepsilon_V)^2}\right) \tag{8-25}$$

当阳离子电荷采用面均匀分布时，同理可以求得其无量纲静电压力为

$$p_{e2}^*=\frac{r_0^2(c^- F)^2}{18\varepsilon_W P_s}\left(\frac{w_V}{w_{V0}}\right)^{\frac{2}{3}}\left(1+\frac{1}{w_V}\right)^2\left(c_I^*-\frac{1}{1+\varepsilon_V}\right)^2 \tag{8-26}$$

根据本节的假说，静电力的大小介于式(8-25)和式(8-26)之间。

8.2.4 毛细管力

在 IPMC 力电响应理论模型研究中，表面张力作用很少被提及，然而表面张力对解释 Nafion 膜的微观结构[6]和吸水特性[7]来说，是一种必不可少的力效应。为了考虑其影响，对微通道内毛细管压力定义如下：

$$\Pi_\sigma=-\frac{2\sigma_W\cos\theta}{r_p} \tag{8-27}$$

式中，σ_W为水的表面张力；θ 为水与 Nafion 膜的接触角；r_p为平均微通道半径，它与离子簇半径相当，可用下式估计：

$$r_p\approx\frac{2w_V}{(1+w_V)S_r} \tag{8-28}$$

式中，S_r为 Nafion 膜的比表面积。

则无量纲化毛细管压力为

$$\Pi_\sigma^*=-\frac{2\sigma_W\cos\theta}{r_p P_s}=(-\cos\theta)\frac{\sigma_W S_r}{P_s}\frac{1+w_V}{w_V} \tag{8-29}$$

本节利用无量纲化方法建立了 IPMC 内部不同形式的本征应力理论模型，从而可以分析与液相体积有关的静水压力、与液相离子和自由水分子比例有关的渗透压力、与正负离子浓度及电极边界自由电荷相关的静电应力和与固液界面特性相关的毛细管压力。

8.3 本征应力特性的数值分析

8.2 节建立了各种本征应力的理论模型，本节将采取数值分析方法分析各种本征应力特性，下面的分析以静水压力为参考来进行讨论。

8.3.1　饱和含水时本征应力特性

采用数值分析方法对饱和含水时各个本征应力进行分析时，参考第 7 章模型 C 对离子和水分子浓度分布的计算结果，选取相对离子浓度 c_I^* 的典型变化范围为[0,5]，相对水分子浓度 c_W^*/λ 的典型变化范围为[0.9,1.1]；无量纲参数依据表 7.1给出的估算值，结果为 $l=2.92\times10^{-7}$m，$t=4.26$ms，$V_s=25.85$mV，$P_s=138.57$MPa，$c_s=1393\text{mol/m}^3$。

以静水压力(干态 IPMC 等效拉伸弹性模量取为 0.865GPa)为参考，在初始饱和含水状态下不同本征应力随离子和水分子浓度变化的特性如图 8.2 所示，图中虚线表示静水压力。由于传递和变形的分析中仅需要关注压力的梯度，不同初始状态的实际压力大小不影响计算结果，因此图中将 $c_I^*=1$ 和 $c_W^*=\lambda$ 时的本征应力设为 0。

根据式(8-16)对渗透压力的描述，假设渗透压力系数为 1 且不考虑水合效应，初始饱和含水时不同离子浓度状态下的渗透压力随水分子浓度变化如图 8.2(a)所示。由图可以看出，渗透压随着水分子浓度的减小和离子浓度的增加而增大，渗透压力与静水压力的大小和变化范围相当，电场作用下通常是阴极区渗透压力高而阳极区渗透压力低。考虑水合效应时，阴极自由水分子减少，阴极区渗透压力进一步提高。在发生阳极变形过程中，阴极水分子浓度高，渗透压力也呈阴极高而阳极低的分布趋势，考虑渗透压力的影响后，总水势($p=p_h-\Pi$)的梯度减小，即促进水分子反向运动的作用减小，阳极变形将增大。

根据式(8-25)和式(8-26)的描述，取初始饱和含水时离子簇半径为 2nm，不同离子浓度状态下静电压力随水分子浓度变化如图 8.2(b)和(c)所示。由图可见，相同离子浓度状态下体分布要比面分布的静电力稍高，相应分布状态下的静电能也大，阳离子分布有向静电能减小方向变化的趋势，因此阳离子迁移进入离子簇后有向内表面均匀分布的趋势，静电压力也略有减小。然而，即使是面均匀分布时，静电压力的变化范围也明显大于静水压力和渗透压力。

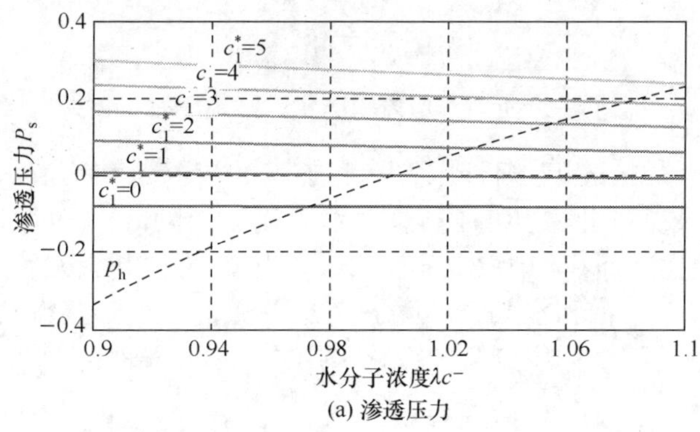

(a) 渗透压力

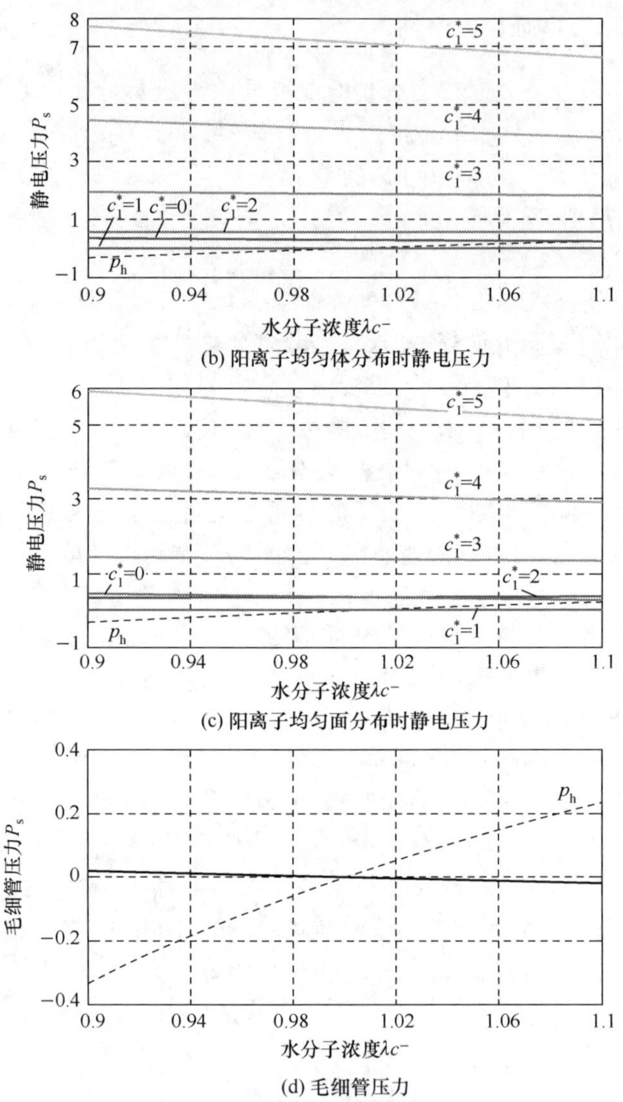

(b) 阳离子均匀体分布时静电压力

(c) 阳离子均匀面分布时静电压力

(d) 毛细管压力

图 8.2　不同本征应力随水分子浓度的变化特性

根据式(8-29)的描述，毛细管压力与离子膜的接触角和比表面积有关。由于缺少 Na-Nafion 膜关于此参数的研究，本书采用 H-Nafion 膜的相关研究作为估计。H-Nafion 膜比表面积约为 $210m^2/cm^3$，而接触角与其含水量有关，干态 Nafion 膜接触角为 116°，饱和水蒸气环境下交换平衡的吸水膜接触角为 98°[9]，为了便于计算，将接触角随水体积分数的变化采用式(8-30)线性化近似处理：

$$\theta=116°-\frac{w_V}{0.5368}\cdot 18° \tag{8-30}$$

取 20℃水的表面张力为 72.8mN/m，则初始饱和含水时毛细管压力随水分子浓度变化如图 8.2(d)所示。由图可见，毛细管压力随水分子浓度增大而减小，但与静水压力相比，其变化范围明显偏小。由于毛细管压力和静水压力仅是水分子浓度的函数，所以考虑毛细管压力后，任何情况下总水势($p=p_h+\Pi_\sigma$)的梯度都减小。

从上述不同本征应力的分析可以看出，渗透压力和静电压力对 IPMC 内部传递过程及其变形趋势有重要影响，而毛细管压力是一种辅助作用。由计算结果可知，当 $c_W^*=1.1\lambda$ 时静水压力，即弹性应力的大小不到 0.3；当阳离子浓度 $c_I^*=5$ 时，静电压力可高达 5～8，可以推断静电压力会引起局部发生巨大应变而导致材料破坏，但是实验中并没有观察到界面层发生破坏的趋势。其原因为：本质上静电压力是电荷密度的函数，与大多数静电力理论模型一样，但由于式(8-25)和式(8-26)只分析了离子电荷的影响，而忽略了电极极板自由电荷的影响，事实上，文献[10]、[11]已定性指出了极板电荷的影响方式。以第 7 章模型 C 计算得到的离子分布为参考，IPMC 厚度方向电荷密度分布如图 8.3(a)所示。由图可见，一方面芯层离子电荷并不是对称分布，阳极的阳离子迁移到阴极，在阳极形成耗尽层，而在阴极附近阳离子以指数形式累积分布；另一方面，由于外电路电子向阴极流动，在两电极靠近离子膜一侧对称分布浓度极高的正负电荷。如图 8.3(b)所示，如果不考虑电极自由电荷的影响，直接计算得到的静电应力分布为虚线所示，而考虑了电极自由电荷的影响后得到的静电应力分布为实线所示。由图可见，考虑电极极板电荷的影响，将会在界面处形成正负电荷对，将大大削弱两极附近的静电应力，因此不会导致界面层材料发生破坏。由于离子电荷的不对称性，阴极的静电应力削弱更为显著，此时，阳极静电力明显大于阴极。饱和含水时耗尽层的静电压力大小约为 0.4，比静水压力和渗透压力略大。

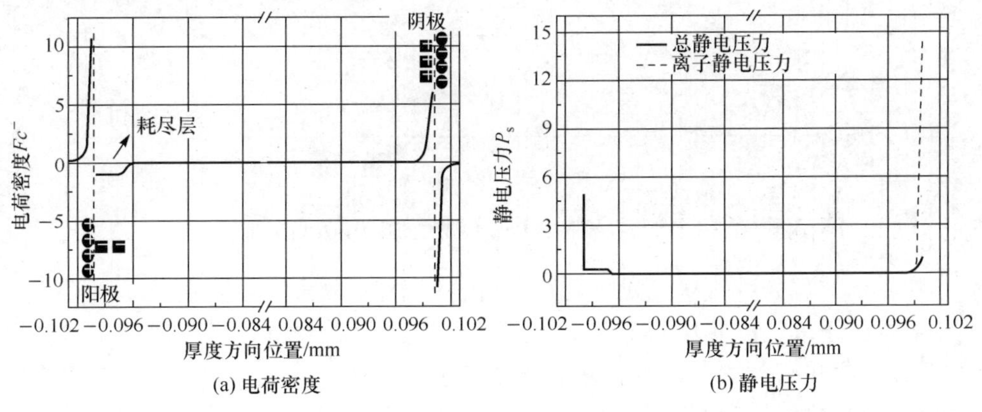

(a) 电荷密度　　(b) 静电压力

图 8.3　电荷密度和静电压力沿厚度方向分布示意图

因此，正是由于耗尽层的存在，考虑静电应力的影响后，总水势（$p=p_h-p_e$）的梯度将增大，促进了水分子的反向运动，可导致IPMC超过平衡位置向阴极方向变形。根据图6.10(b)可知，有效介电常数越大，耗尽层越宽；可推断电压越高，耗尽层也越宽，即静电力越大，产生的松弛变形越大，这与实验中观察的IPMC不同电压作用下的松弛变形现象一致。

8.3.2 含水量变化时本征应力特性

含水量减小时，本征应力的变化趋势对IPMC变形演变有着重要影响，因此，本节对其进行数值分析。分别选择水分子体积分数 w_V 为0.2、0.3、0.4、0.5、0.5368时，分析初始含水量变化过程中，静水压力和不同本征应力在不同离子浓度状态下随水分子浓度变化的趋势。

不同初始水体积分数条件下静水压力和毛细管压力随相对水分子浓度的变化如图8.4所示。由图可以看出，随着初始水体积分数的增大，毛细管压力梯度略有减小，而静水压力整体上略有减小。但整体来看，初始水体积分数引起这两种压力的变化并不显著，可以认为在含水量减少的过程中，这两种压力的变化趋势对解释IPMC松弛现象变化的帮助不大。

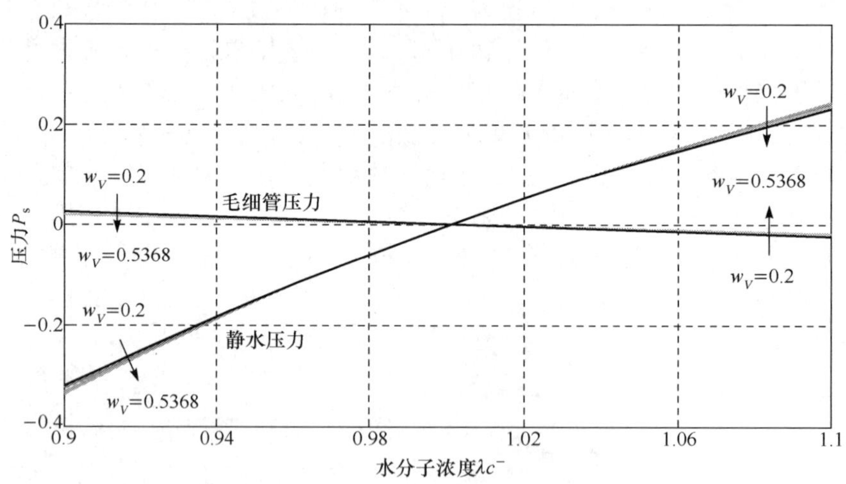

图8.4 不同初始水体积分数条件下的静水压力与毛细管压力

初始水体积分数从0.2到0.5的变化过程中，不同离子浓度条件下渗透压力随相对水分子浓度的变化如图8.5所示，结合图8.2(a)可以发现，随着水体积分数的增加，相同离子浓度条件下渗透压力整体呈减小的趋势。可以推断，随着含水量减小，阴阳两极的渗透压力差明显增大。此外，还有两个因素进一步增大渗透压力差：一是考虑到水合作用的影响，阳极区的自由水分子明显减少，会增大阳极区的渗透压力；另一个由第 6 章可知，含水量减少初始阶段的主要特征是大部分自由水失去，渗透压力差因而进一步增大，其结果是大大增强 IPMC 的阳极变形。

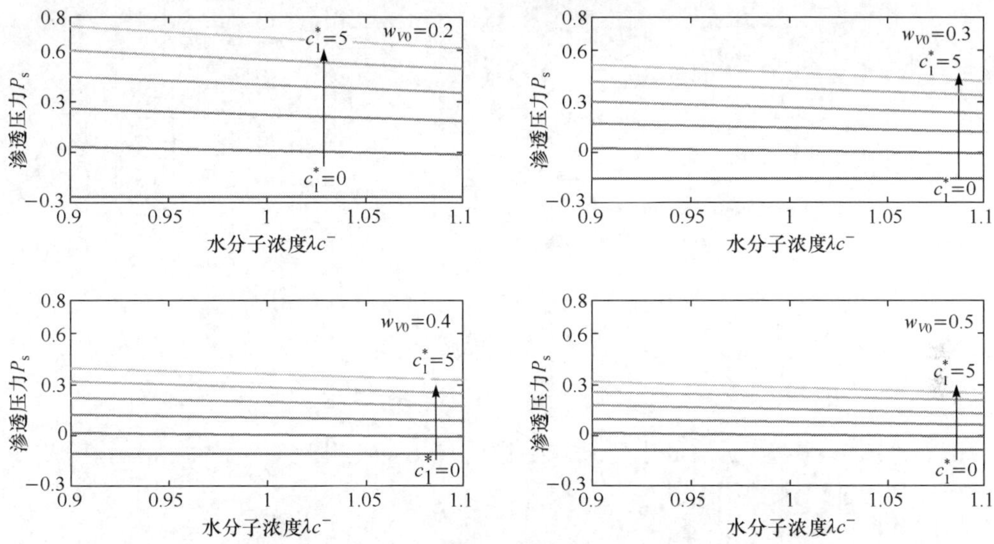

图 8.5　不同初始水体积分数条件下的渗透压力

如前所述，耗尽层的静电力对于解释松弛变形十分重要，由于耗尽层中没有阳离子，根据式(8-25)和式(8-26)可以得到静电应力为

$$p_{e3}^* = \frac{F^2 V_W}{18\varepsilon_W RT}[c^-(1+w_{V0})]^2 \left(\frac{r_0}{\sqrt[3]{w_{V0}}}\right)^2 (w_V)^{-\frac{4}{3}} \tag{8-31}$$

式中，$c^-(1+w_{V0})$表示干态时离子膜内固定离子浓度，不随含水量发生改变；而含水量变化的过程中，只要离子簇的数目不发生改变，$\frac{r_0}{\sqrt[3]{w_{V0}}}$也为常数。因此，式(8-31)显示耗尽层的静电压力仅为水体积分数 w_V 的函数。据此得到不同初始水体积分数条件下耗尽层内静电压力随相对水分子浓度的变化如图 8.6 所示。由图可以看出，在含水量减少的初始阶段(0.5368～0.3)，静电应力的变化并不显著，而在继续减小的过程中(0.3～0.2)静电应力才会显著提高。然而，考虑到后一阶段中 IPMC 的有效介电常数随含水量减小而明显降低，耗尽层的宽度将大大减小，静电力对变形的影响并不会显著提高。

通过上述分析可以得出，随着含水量减小，静水压力和毛细管压力的变化并不明显，而渗透压力得到显著提高，静电力的影响会增大但不显著，因此，可以定性认为 IPMC 的阳极变形将会增大，而松弛变形将会削弱甚至消失。

本节利用数值模拟方法分析了在饱和含水状态下以及含水量变化时，IPMC

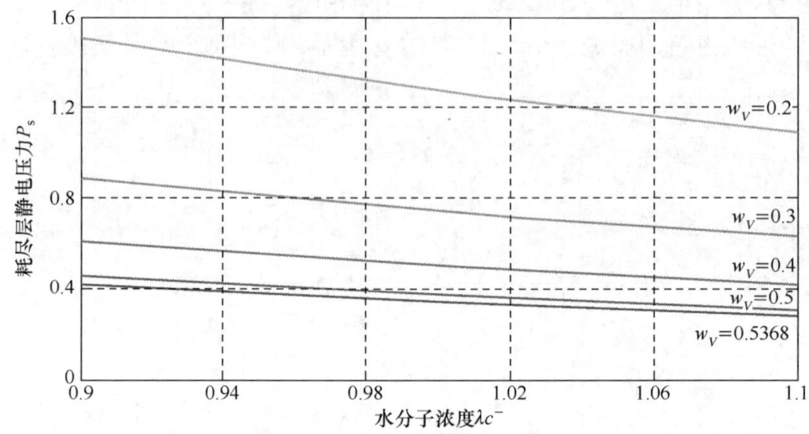

图 8.6 不同初始水体积分数条件下的耗尽层静电压力

内部静水压力、渗透压力、静电应力和毛细管压力的变化特性，定性说明了它们对变形特性可能带来的影响。

8.4 不同本征应力对大变形特性的影响

在第 7 章关于 IPMC 多场耦合下力电响应研究基础上，本节利用不同本征应力与静水压力的结合重新定义总水势，预测 IPMC 在电激励下的大变形响应特性，下面分别讨论饱和含水状态和含水量变化过程中的变形规律。

8.4.1 饱和含水时不同本征应力对变形的影响

从基本模型 B 出发，当分别考虑水合效应、渗透压力、静电压力和毛细管压力四种效应时，预测 IPMC 的变形响应如图 8.7 所示。为了便于比较，以模型 B 预测的最大阳极位移为单位位移，对不同模型预测的变形响应进行归一化。

1. 水合效应($p=p_h$)

如图 8.7(a)所示，基本模型 B 预测电场作用下 IPMC 快速向阳极变形，然后缓慢向阴极方向松弛，其特征是稳定变形为 0，恢复到初始平衡位置。当考虑水合效应后，模型 C 预测 IPMC 的变形趋势相同，但最大阳极变形略有减小，而稳态变形不再为 0，存在偏向阳极方向的一个微小变形。

由于水合效应对变形的趋势预测影响不大，下面的分析都基于模型 B，但可以推断，考虑水合效应后，不同模型的预测结果中最大阳极变形略有减小而稳定变形略有增加。

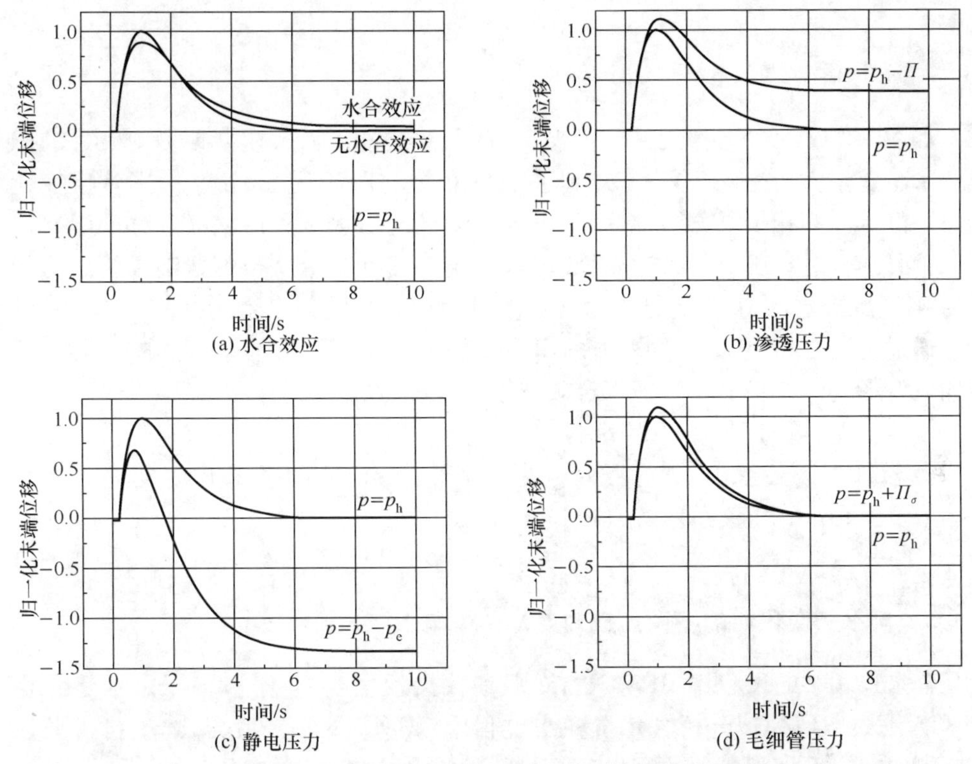

图 8.7　饱和含水时不同效应对大变形特性的影响

2. 渗透压力($p=p_h-\Pi$)

如图 8.7(b)所示，相比基本模型 B，考虑渗透压力后的模型预测 IPMC 的快速阳极变形增大，松弛变形不再恢复到初始平衡位置，而是维持一定大小的阳极变形。这与前面关于渗透压力的分析结果一致，即渗透压力的存在减小了总水势的梯度，减小了压力对流机制对水分子向阴极迁移的阻碍作用，因此阳极变形增大；达到稳态时，总水势梯度为 0，渗透压力梯度仍然存在，因此静水压力即弹性应力也维持一定梯度分布，从而稳态变形不再恢复到平衡位置。

3. 静电压力($p=p_h-p_e$)

如图 8.7(c)所示，相比基本模型 B，考虑静电压力后的模型预测 IPMC 的阳极变形减小，松弛变形不是恢复到平衡位置，而是偏向阴极，大大超过了平衡位置。可见，由于耗尽层静电压力的存在，大大增加了总水势的梯度，即加强了压力对流机制对水分子向阴极迁移的阻碍作用，因此阳极变形减小；达到稳态时，阳极静电压力大，使得阳极静水压力即弹性应力也大，因此稳态变形超过平衡位置向阴极弯曲。

4. 毛细管压力($p=p_h+\Pi_\sigma$)

如图 8.7(d)所示,相比基本模型 B,考虑毛细管压力后模型预测 IPMC 的阳极变形略有增大,松弛变形也恢复到了平衡位置。毛细管压力随水分子浓度变化趋势与静水压力相反,因此也减小了压力对流机制对水分子向阴极迁移的阻碍作用,从而使得阳极变形增大;达到稳态时,由于恢复到初始平衡位置毛细管压力梯度为 0,因此静水压力,即弹性应力的梯度也为 0,因此稳态变形为 0。

通过上述分析可知,不同效应对 IPMC 模型预测变形响应均有影响,因此,严格的大变形理论模型需要考虑水合效应之后,按下式定义总水势方程:

$$p=p_h+\Pi_\sigma-\Pi-p_e \tag{8-32}$$

考虑到水合效应和毛细管压力对模型预测变形响应的影响不大,近似预测变形响应可采用下式定义总水势方程:

$$p=p_h-\Pi-p_e \tag{8-33}$$

8.4.2　含水量变化时的不同效应对变形的影响

含水量减小的过程中,IPMC 的许多参数会发生改变,本节基于总水势方程(8-33),通过数值模拟分析含水量减小过程中,IPMC 的本征应力、离子自扩散系数、介电常数、毛细管压力的变化对 IPMC 变形的影响,结果如图 8.8 所示。

1. 本征应力对变形的影响

基于前文对本征应力随含水量变化的分析可知,含水量减小的过程中,本征应力的变化是 IPMC 变形发生变化的主要因素之一。图 8.8(a)是 IPMC 试件末端位移与本征应力的变化关系,结合 8.4.1 小节的分析可以很容易得到这样的结论:饱和含水状态下静电压力大于渗透压力,静电压力主导 IPMC 的稳态变形,即发生超过平衡位置偏向阴极反向的大松弛变形;当含水量减少,静电压力和渗透压力的效应相当时,稳态变形恢复到平衡位置附近;随着含水量进一步减小,渗透压力大于静电压力效应时,尽管松弛变形仍然存在,但稳态变形偏向阳极方向。通过实验观察,完成这三种变形过程的转变,IPMC 含水量的变化范围不超过 3%[12],而影响 IPMC 饱和含水量的因素有很多,例如,Nafion 膜经历的热处理历史,空气中测试时从取出 IPMC 样品到加电测试之间的时间间隔,重铸膜的交联度等,因此文献报道中关于饱和含水状态时 IPMC 的变形,尤其是松弛变形规律不尽相同。

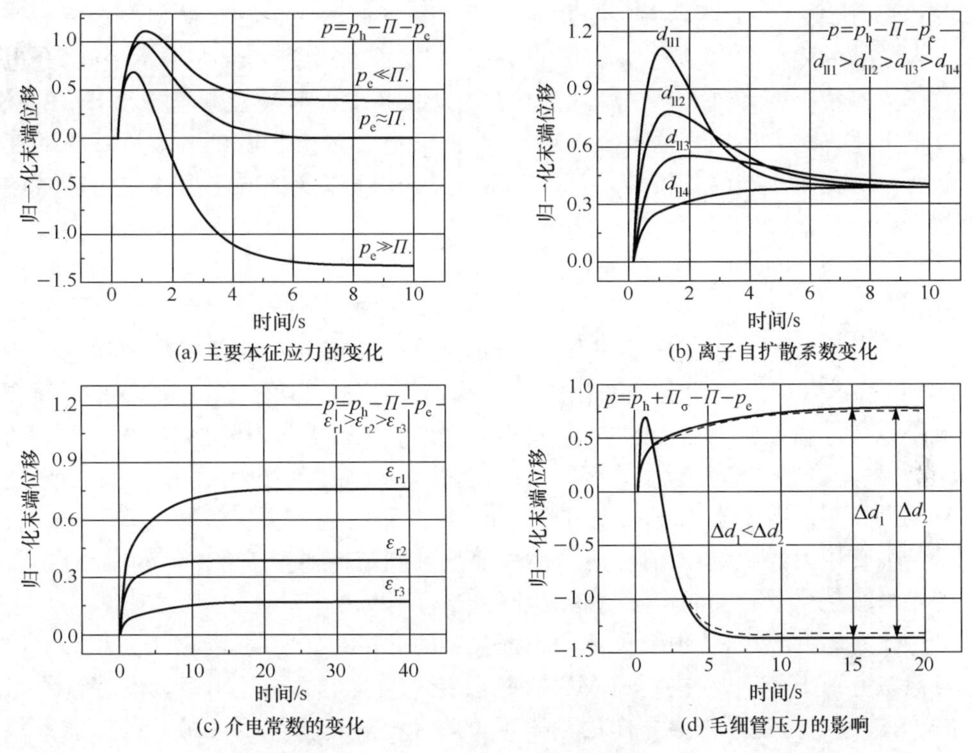

(a) 主要本征应力的变化　(b) 离子自扩散系数变化

(c) 介电常数的变化　(d) 毛细管压力的影响

图 8.8　含水量变化时不同效应引起变形特性的变化规律

2. 离子扩散系数的影响

电场作用下离子的迁移运动是导致 IPMC 变形的起因，它不仅影响离子自身的累积速度，对水分子的反向运动特性也有影响。含水量减小的过程中，离子运动受到的阻力增大，自扩散系数减小。以图 8.8(a)中模型($p_e \ll \Pi$)为参考，通过减小离子自扩散系数，预测 IPMC 的末端位移变化如图 8.8(b)所示。由图可以发现，随着离子自扩散系数的减小，松弛变形逐渐减小直至消失。图 8.8(b)中($p_e \ll \Pi$)的松弛与图(a)中($p_e \gg \Pi$)的松弛产生的原因是不同的，前者是由于离子的过快运动，即过度充电而产生的，当提高有效介电常数(储存电荷量)或者减小离子自扩散系数时，都能够得到无松弛的结果。在实验中，这两种松弛都能够通过减小含水量来消除，而理论上前者还可以通过减慢离子的通量来消除，如采用斜坡电压激励。

3. 介电常数的影响

IPMC 逐渐表现出无松弛变形后，随着含水量的减小，阳极稳定变形呈先增后减的趋势，这主要与介电常数的变化有关。以图 8.8(b)中无松弛模型为参考改变其介电常数的大小，结果如图 8.8(c)所示。由图可见，稳态变形大小不一样，介电常数越大则稳态变形越大。文献[13]在实验中发现 IPMC 响应电流随含水量的减小整体上呈先增大后减小的现象，推断其有效介电常数也具有先增大后减小的变化趋势。根据本小节的分析结果，可以进一步预测稳态变形同样呈现先增后减的趋势。

4. 毛细管压力的影响

尽管毛细管压力相比静水压力很小，仍然有助于解释含水量减小的初始阶段 IPMC 的稳态变形发生的巨大变化。如图 8.8(d)所示，虚线为采用式(8-33)预测的大松弛变形和无松弛变形的结果，其稳态变形差为 Δd_1；实线为采用式(8-32)的预测结果，其稳态变形差为 Δd_2，可以看出 $\Delta d_1 < \Delta d_2$，即毛细管压力对两种变形之差有放大作用。由于使用了 H 离子型 Nafion 离子膜的相关实验数据，图 8.8(d)显示毛细管压力的影响较小，实际应用中要准确判断毛细管压力作用的大小，还有赖于对与驱动离子有关的实际材料参数的准确测量。

总体来看，在总水势中考虑不同本征应力的分析结果表明，渗透压力和静电压力对稳态变形十分重要，决定 IPMC 的稳态变形偏向阳极还是阴极。随着含水量的减小，渗透压力逐渐占主导作用，IPMC 的松弛变形逐渐减弱；离子自扩散系数的减小会削弱甚至消除松弛变形，而有效介电常数的变化则影响无松弛稳定变形的大小。

此外，也有一些学者采用分子动力学模型从微观角度研究离子型 EAP 材料的本征应力[14,15]，但是，关于离子型 EAP 材料本征力的直接实验研究几乎是一片空白，这是一个非常具有挑战性的方向。近年来有学者提出一种电化学应变显微镜(electrochemical strain microscopy，ESM)[16]方法。该方法在纳米尺度下，通过给探针尖端施加周期性偏置电压，与探针接触区域的材料会产生离子聚集并导致变形，结合扫描隧道显微镜测量电子电流技术和原子力显微镜测量力技术，ESM 能够直接获得离子电流和应变(位移)的关系。这一技术有可能应用于基于离子迁移机制工作的材料和器件，更深入地探讨离子 EAP 材料的内部本征力产生和变化特性。

8.5 本章小结

本章首先介绍了 IPMC 大变形理论的无量纲模型，然后基于无量纲化模型介绍了 IPMC 内部不同的应力形式，即与液相体积有关的静水压力、与液相离子和自由水分子比例有关的渗透压力、与正负离子浓度以及电极边界自由电荷相关的静电应力和与固液界面特性相关的毛细管压力，并通过数值方法分析了饱和含水状态以及含水量变化时这四种应力与电荷和质量分布的关系。

结合本书提出的大变形理论模型，通过在总水势中考虑不同的本征应力，本章介绍了利用数值分析得到的不同本征应力对变形特性的影响规律，指出渗透压力和静电压力的大小对稳态变形十分重要，决定 IPMC 的稳态变形偏向阳极还是阴极；随着含水量的减小，渗透压力逐渐占主导作用，IPMC 的松弛变形逐渐减弱，离子自扩散系数逐渐减小会进一步削弱甚至消除松弛变形，而有效介电常数的变化则影响无松弛稳定变形的大小。

本章的研究从理论上对 IPMC 的复杂变形特性给出了完整合理的物理解释，对于 IPMC 的制备、应用均具有重要的理论与实际意义。

参 考 文 献

[1] Nemat-Nasser S. Micromechanics of actuation of ionic polymer-metal composites. Journal of Applied Physics, 2002, 92(5): 2899-2915

[2] Sakaguchi H, Baba R. Electric double layer on fractal electrodes. Physical Review E, 2007, 75(5): 051502

[3] Fimrite J, Struchtrup H, Djilali N. Transport phenomena in polymer electrolyte membranes. Journal of the Electrochemical Society, 2005, 152(9): A1804-A1814

[4] 黄子卿．电解质溶液理论导论．北京：科学出版社，1983

[5] 徐又一．高分子膜材料．北京：化学工业出版社，2005

[6] Choi P, Datta R. Sorption in proton-exchange membranes. Journal of the Electrochemical Society, 2003, 150(12): E601-E607

[7] Li J Y, Nemat-Nasser S. Micromechanical analysis of ionic clustering in Nafion perfluorinated membrane. Mechanics of Materials, 2000, 32(5): 303-314

[8] 方俊鑫，殷之文．电介质物理学．北京：科学出版社，1989

[9] Divisek J, Eikerling M, Mazin V, et al. A study of capillary porous structure and sorption properties of Nafion proton-exchange membranes swollen in water. Journal of the Electrochemical Society, 1998, 145(8): 2677-2683

[10] Salehpoor K, Shahinpoor M, Razani A. Role of ion transport in actuation of ionic polymeric-platinum composite (IPMC) artificial muscles. SPIE Smart Structures and Materials, 1998, 3330: 50-58

[11] Bonomo C, Fortuna L, Giannone P, et al. A circuit to model the electrical behavior of an ionic polymer-metal composite. IEEE Transactions on Circuits and Systems I-Regular Papers, 2006, 53(2): 338-350

[12] Zhu Z C, Chang L F, Takagi K, et al. Water content criterion for relaxation deformation of Nafion based ionic polymer metal composites doped with alkali cations. Applied Physics Letters, 2014, 105: 054103

[13] Zhu Z, Chang L, Asaka K, et al. Comparative experimental investigation on the actuation mechanisms of ionic polymer-metal composites with different backbones and water contents. Journal of Applied Physics, 2014, 115(12): 124903

[14] Kiyohara K, Asaka K. Monte Carlo simulation of electrolytes in the constant voltage ensemble. Journal of Chemical Physics, 2007, 126: 214704

[15] Soolo E, Brandell D, Liivat A, et al. Force field generation and molecular dynamics simulations of Li^+-Nafion. Electrochimica Acta, 2010, 55: 2587-2591

[16] Kalinin S, Balke N, Jesse S, et al. Li-ion dynamics and reactivity on the nanoscale. Materials Today, 2011, 14(11): 548-558

第 9 章　电极界面对 IPMC 性能影响的理论分析

第 6 章介绍了 IPMC 基体膜的传质理论，其中将电极的作用仅视为施加电场的载体；7.1.4 小节虽然考虑了电极对芯层变形的阻碍作用，但仅将其视为平整电极板。而由第 5 章关于 IPMC 性能优化的实验表明，由糙化工艺决定的电极与芯层材料之间的电极界面特性对 IPMC 性能具有重要的影响。为此，本章将通过理论建模，采取数值分析方法依次从微观质量传递、应变分布及力学性能三个角度分析电极界面对材料性能的影响规律。

9.1　电极界面粗糙特征对基体膜质量传递的影响

9.1.1　IPMC 传质模型选择与简化

如前所述，IPMC 传质理论即为其内部离子和水分子的传递动力学模型，其核心思想在于描述电场作用下离子和水分子的运动。其方程包括两个部分。

1. 电场梯度分布方程

关于空间电荷下的局域电场梯度分布通常由 Poisson 方程描述，即

$$\nabla^2 \phi = -\frac{\rho}{\varepsilon_r \varepsilon_0} = -\frac{Z_I F(C_I - C^-)}{\varepsilon_r \varepsilon_0} \tag{9-1}$$

式中，ϕ 为空间电势（V）；ρ 为局域电荷密度（C/m^3）；ε_r 为相对介电常数；ε_0 为真空介电常数；Z_I 为离子价态；F 为法拉第常数（C/mol）；C_I 为局域离子浓度（mol/m^3）；C^- 为固定阴离子浓度（mol/m^3）。

2. 离子和水浓度分布方程

第 6 章通过比较近十年来 IPMC 中离子和水分子传递的三大类物理模型后，认为 NP 方程模型在描述 IPMC 质量传递过程中具有显著优势。采用稀溶液假设，基于 Enikov 建立 NP 方程一般形式，忽略水解电压影响，而加入对流引起的通量，建立了水溶剂型 IPMC 在安全电压范围的 NP 方程[1] 如下：

$$\begin{cases} \vec{J}_I = -d_{II}\left(\nabla C_I + \dfrac{z_I C_I F}{RT}\nabla\phi + \dfrac{C_I V_I}{RT}\nabla P\right) - \dfrac{C_I}{C_W} n_{dW} d_{II}\left(\nabla C_W + \dfrac{V_W C_W}{RT}\nabla P\right) - C_I K \nabla P \\ \vec{J}_W = -d_{WW}\left(\nabla C_W + \dfrac{V_W C_W}{RT}\nabla P\right) - n_{dW} d_{II}\left(\nabla C_I + \dfrac{z_I C_I F}{RT}\nabla\phi + \dfrac{C_I V_I}{RT}\nabla P\right) - C_W K \nabla P \end{cases} \tag{9-2}$$

式中，下标 I、W 分别指离子、水分子；$\vec{J}$ 为通量矢量[mol/(m^2 · s)]；R 为摩尔气体常数[J/(mol · K)]；T 为热力学温度(K)；V_i为 i 组分偏摩尔体积(m^3/mol)；C_W为局域水分子浓度(mol/m^3)；n_dW为拖拽系数，即每个离子扩散运动时携带的水分子个数；P 为溶液总压力(Pa)；d_II为离子的自扩散系数(m^2/s)；d_WW为水分子的自扩散系数(m^2/s)。

一般形式 NP 方程考虑了扩散、对流以及两种组分的相互耦合引起的通量。以离子通量公式为例，$-d_\mathrm{II}\left(\nabla C_\mathrm{I}+\frac{Z_\mathrm{I}FC_\mathrm{I}}{RT}\nabla\phi+\frac{V_\mathrm{I}C_\mathrm{I}}{RT}\nabla P\right)$描述了浓度梯度、电势梯度、液体压力梯度引起的离子自扩散，$-\frac{C_\mathrm{I}}{C_\mathrm{W}}n_\mathrm{dW}d_\mathrm{II}\left(\nabla C_\mathrm{W}+\frac{V_\mathrm{W}C_\mathrm{W}}{RT}\nabla P\right)$为水分子在浓度和压力条件下引起自扩散继而携带的离子运动，而$-C_\mathrm{I}K\ \nabla P$ 描述了液体压力梯度引起对流效应产生的离子通量。

为了分析界面对 IPMC 质量传递的影响，本章使用的方程忽略压力引起的离子和水分子扩散等小量项，且考虑到离子水合效应机理，将水合作用产生的水通量和自由水由离子扩散产生的电渗拖拽通量进行分离，即

$$\vec{J}_\mathrm{I}=-d_\mathrm{II}\left(\nabla C_\mathrm{I}+\frac{Z_\mathrm{I}FC_\mathrm{I}}{RT}\nabla\phi\right)-N_\mathrm{dI}d_\mathrm{WW}\nabla C_\mathrm{FW}-C_\mathrm{I}K\ \nabla P \tag{9-3}$$

$$\overrightarrow{J_\mathrm{FW}}=-d_\mathrm{WW}\nabla C_\mathrm{FW}-N_\mathrm{dW}d_\mathrm{II}\left(\nabla C_\mathrm{I}+\frac{Z_\mathrm{I}FC_\mathrm{I}}{RT}\nabla\phi\right)-C_\mathrm{FW}K\ \nabla P \tag{9-4}$$

式中，参数下标 I、FW 和后文将使用的 TW 分别指的是阳离子、自由水分子和总水分子。

并根据 Onsager 互易定理定义动态阳离子拖拽系数 N_dI和动态自由水分子拖拽系数 N_dW如下[2]：

$$N_\mathrm{dI}=n_\mathrm{dI}\cdot\left(\frac{C_\mathrm{I}}{C_\mathrm{FW}}>\frac{C^-}{C_\mathrm{FW0}}\right)+\frac{C_\mathrm{I}d_\mathrm{II}}{C_\mathrm{FW}d_\mathrm{WW}}n_\mathrm{dW}\cdot\left(\frac{C_\mathrm{I}}{C_\mathrm{FW}}\leqslant\frac{C^-}{C_\mathrm{FW0}}\right) \tag{9-5}$$

$$N_\mathrm{dW}=n_\mathrm{dW}\cdot\left(\frac{C_\mathrm{I}}{C_\mathrm{FW}}\leqslant\frac{C^-}{C_\mathrm{FW0}}\right)+\frac{C_\mathrm{FW}d_\mathrm{WW}}{C_\mathrm{I}d_\mathrm{II}}n_\mathrm{dI}\cdot\left(\frac{C_\mathrm{I}}{C_\mathrm{FW}}>\frac{C^-}{C_\mathrm{FW0}}\right) \tag{9-6}$$

其中

$$n_\mathrm{dI}=\frac{C^-}{C_\mathrm{FW0}}\cdot\frac{d_\mathrm{II}}{d_\mathrm{WW}}\cdot n_\mathrm{dW} \tag{9-7}$$

值得注意的是，此处 N_dW是每个水合阳离子通过体积效应，如体积排斥效应(volume exclusion)或泵动效应(pump effect) 而携带的自由水分子数量[3]，而总水浓度 C_TW还应该考虑水合作用引起的浓度分布：

$$C_\mathrm{TW}=C_\mathrm{FW}+n_\mathrm{hy}C_\mathrm{I} \tag{9-8}$$

式中，n_hy为阳离子水合数。

此外，通量公式中 P 为聚合物网络弹性压力引起的静水压力[11]：

$$P=\frac{E_{\mathrm{dry}}}{3}\left[\left(\frac{1+w_V}{1+w_{V0}}\right)^{-\frac{4}{3}}-\left(\frac{w_V}{w_{V0}}\right)^{-\frac{4}{3}}\right] \tag{9-9}$$

式中，E_{dry}为干态 IPMC 的弹性模量(Pa)；w_V为局部水分子所占体积分数，与水分子浓度分布关系见式(9-10)；w_{V0}为其初始值：

$$w_V=\frac{C_{\mathrm{TW}}}{\dfrac{\rho_{\mathrm{H_2O}}}{M_{\mathrm{H_2O}}}-C_{\mathrm{TW}}} \tag{9-10}$$

式中，$M_{\mathrm{H_2O}}$为水分子摩尔质量(kg/mol)；$\rho_{\mathrm{H_2O}}$为水的密度(kg/m^3)。

9.1.2　电极界面粗糙特征几何模型的建立

由前面章节分析可知，光滑电极界面的 IPMC 性能低劣，而粗糙电极界面具有优良的力电响应特性。IPMC 粗糙电极界面由两个因素构成，一是糙化工艺，二是浸泡还原镀工艺以及与电镀工艺的组合。本章仅以糙化工艺产生的电极界面粗糙特性对 IPMC 性能的影响开展讨论。

表面糙化对 IPMC 几何特征的影响主要是两个方面：界面粗糙性变化(粗糙形状以及粗糙度)以及基体膜厚度减小，本章将重点分析界面粗糙特征变化对材料内部微观质量传递的影响。为此，除了建立传质模型，还必须建立电极界面的几何表征模型。由于前述研究已证明，致动性能良好的 IPMC 表面电阻率接近于块状金属，因此，本章忽略其表层电极对电势分布的影响以及内部渗入电极的影响(可以参考 Akle 等的研究内容[4])，仅在二维的基体膜几何模型范围内进行仿真，根据实际几何尺度，所有几何模型均由厚 180μm、长 30mm 的矩形 Nafion 117 基体膜区域内衍变而来。

为了表征电极界面的不同粗糙特征，第 5 章采用表面轮廓算术平均偏差 Sa、比表面积 SSA、平均粗度 Sz 来表征离子膜糙化界面的粗糙度。本章为了简化理论建模，对界面采用对称处理，即假设两个电极界面具有相同的几何分布特征，然后，基于实际界面 SEM 图，对 IPMC 粗糙界面进行简化，提取出三种形状的微观特征，分别表示为 A、B、C，如图 9.1 所示，即特征 A 为三角形状，特征 B 为半圆形状，特征 C 为凹凸半圆组合形状[5]。

对于上述三种微观形状，均可采取两个特征参数——高度 h_s以及相关长度 l_s对其描述。根据实际 IPMC 样片的尺度变化范围，对这两个参数进行取值，即可建立一系列具有不同粗糙特征的几何模型，参数取值范围如表 9.1 所示，其中，在模型代号 A、B、C 后面的第一个数字表示 l_s的大小，第二个数字表示 h_s的大小，而 F 指的是平电极模型。

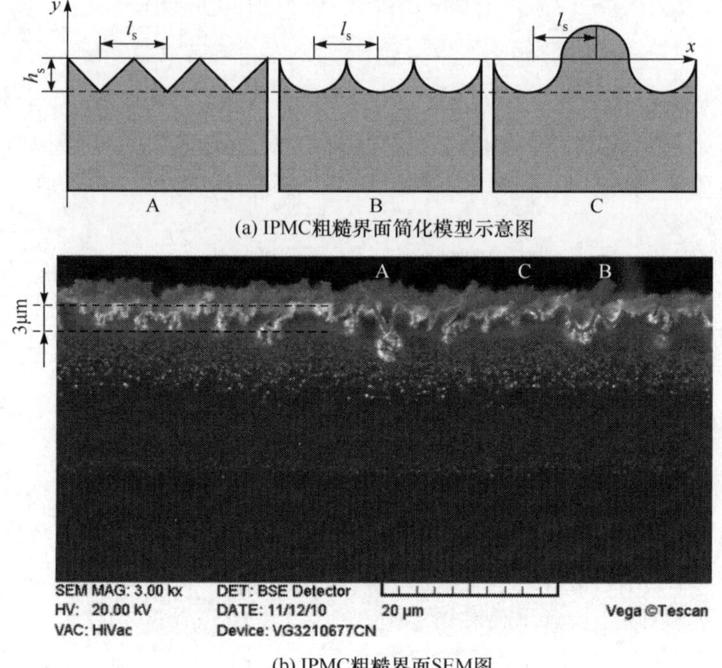

(a) IPMC粗糙界面简化模型示意图

(b) IPMC粗糙界面SEM图

图 9.1 IPMC 粗糙界面及其简化模型

表 9.1 IPMC 电极界面结构模型参数

模型	$l_s/\mu m$	$h_s/\mu m$	R'
A 1-1	1	1	$\sqrt{5}$
A 2-1	2	1	$\sqrt{2}$
A 2-2	2	2	$\sqrt{5}$
A 2-3	2	3	$\sqrt{10}$
B 2-1	2	1	$\frac{\pi}{2}$
C 2-1	2	1	$\frac{\pi}{2}$
F -1	10	0	1

定义每个几何界面的粗糙系数为 R'，即真实表面积 s_{real} 与名义表面积 s^* 的比值为

$$R'=\frac{s_{real}}{s^*} \tag{9-11}$$

通常用于 IPMC 电致动测试的样片厚度为 180μm，自由长度约为 30mm，长宽比约为 167。而界面微观形状的尺度在 1～3μm，对于这种超大长宽比的数值仿真

会非常耗时，且对硬件的要求极高。因此，为了提高计算速度，在进行质量传递仿真的时候，几何模型采用长度为 20μm，而在进行力学计算仿真时将使用延伸耦合变量将其扩展至 30mm。

9.1.3 电极界面粗糙特征对 IPMC 传质影响的分析方法

为了分析不同几何模型下电场、离子与水浓度的分布，本小节将给出基于全耦合状态下的有限元方法（finite element method，FEM），使用多物理场软件 Comsol Multi-physicsc 对 IPMC 在电场作用下沿厚度方向的传质分布进行数值分析。

1）求解模块

电场的控制方程由 Poisson 方程[式(9-1)]描述，化学场（离子和水的分布）由 NP 方程[式(9-3)，式(9-4)]描述。在 Comsol 软件中，前者由 Poisson 方程模块求解，后者由两个参数模式 PDE 模块求解，通过求解离散单元域的偏微分方程组，可以实现对 IPMC 质量传递过程的仿真。

2）网格划分

对于粗糙界面的几何模型，可采用三角自由网格（variable non-structured triangular meshing）划分，而对于平坦界面的几何模型，推荐采用映射网格（mapped meshing）。由于质量浓度梯度以及电势梯度在阳极和阴极边界层区域急剧变化，所以需要对上下边界附近进行加密处理。

图 9.2 所示是表 9.1 中定义的 C2-1 和 F-1 模型的网格划分结果。图中，y 轴为厚度方向，原点在厚度方向的中间层上。计算中，在下方电极（$y<0$ 方向）施加电压，上方电极进行接地处理。

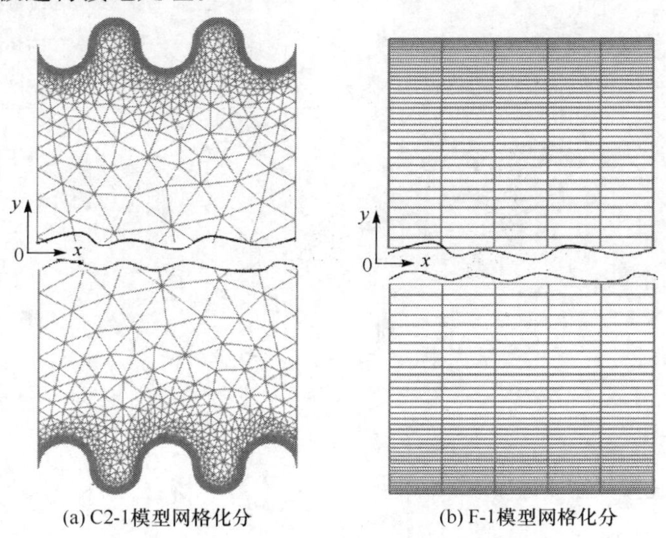

(a) C2-1模型网格化分　　(b) F-1模型网格化分

图 9.2 网格化分及坐标轴示意图

3）仿真常数

仿真参数按照 Nafion 117 的实际物理性质给出，见表 9.2。

表 9.2　仿真常数列表

参数	值	描述
$F/(C/mol)$	96485	法拉第常数
V_{ap}^*/V	1	施加驱动电压
ε_r	5×10^7	相对介电常数
$\varepsilon_0/(F/m)$	8.854×10^{-12}	真空介电常数
$C^-/(mol/m^3)$	1393	固定阴离子浓度
$C_{TW0}/(mol/m^3)$	19405	水浓度初始值，由下式计算：$\rho_{H_2O}w_{V0}/(M_{H_2O}(1+w_{V0}))$
$M_{H_2O}/(kg/mol)$	18×10^{-3}	水分子摩尔质量
$E_W/(kg/mol)$	1.1	Nafion 等效质量
T/K	300	温度
$d_{II}/(m^2/s)$	2×10^{-11}	阳离子自扩散系数
$d_{WW}/(m^2/s)$	8×10^{-11}	水分子自扩散系数
n_{hy}	2.8	阳离子水合数
n_{dW}	1.2	自由水拖拽系数
n_{dI}	0.027	阳离子拖拽系数
$K/[m^2/(Pa\cdot s)]$	2×10^{-17}	水渗透系数
w_{V0}	0.5368	水分子体积分数初始值
E_{dry}/Pa	5×10^8	干态 IPMC 的弹性模量
$\rho_{H_2O}/(kg/m^2)$	1×10^3	水的密度

4）边界及初始条件

求解边界条件如下。

(1) Poisson 方程。

阳极边界条件：

$$\phi_A=V_{ap}=\begin{cases}0, & t<0.2\\ V_{ap}^*, & 0.2\leqslant t<10\end{cases}\tag{9-12}$$

阴极边界条件：

$$\phi_C=0\tag{9-13}$$

其他几何边界施加 Neumann 边界条件：

$$\frac{\partial\phi}{\partial n}=0\tag{9-14}$$

(2) NP 方程。

所有几何边界均施加零通量边界，即 Neumann 边界。同时，为了求解浓度分布，NP 方程还需要利用质量连续方程，即

$$\frac{\partial C_{\mathrm{I}}}{\partial t}=-\nabla\cdot\overrightarrow{J_{\mathrm{I}}} \tag{9-15}$$

$$\frac{\partial C_{\mathrm{FW}}}{\partial t}=-\nabla\cdot\overrightarrow{J_{\mathrm{FW}}} \tag{9-16}$$

式中，$\nabla\cdot$ 为散度符号。

在整个基体膜区域内，初始条件为

$$C_{\mathrm{I}}|_{t=0}=C^{-} \tag{9-17}$$

$$C_{\mathrm{FW}}|_{t=0}=C_{\mathrm{TW0}}-n_{\mathrm{hy}}C^{-} \tag{9-18}$$

9.1.4　电极界面粗糙特征对基体膜质量传递的影响规律

在上述几何模型以及传输模型的基础上，本节主要从粗糙界面形状和尺度变化角度分析不同电极边界形貌对 IPMC 基体膜内电势分布梯度、水分子动态分布以及电势、离子和水分子稳态分布的影响。其中，电势分布梯度在加电压后的变化规律可以反映材料感应电势的变化规律乃至离子运动的速度；水分子动态分布可以反映材料的应变动态变化规律以及内部水势变化；而电势、离子和水分子的稳态分布可以间接看出 IPMC 的最大变形、累积电荷等电致动性能。

1. 粗糙界面特征对基体膜内电势分布的影响

图 9.3 为模型 C2-1 与模型 F-1 的阳极电极附近区域在 $t=0.25\mathrm{s}$，$0.5\mathrm{s}$，$0.75\mathrm{s}$ 时的等电势图。

由图可以看出，在 IPMC 阳极加上电压之后，随着材料内部电荷(离子)的重分布，感应电势逐渐增加，从而致使阳极附近局域电势逐渐降低，这与电容器理论相吻合。此外，在 $t=0.25\mathrm{s}$ 时两种样片的电势梯度分布区别不大，这是因为在加电压瞬间，内部质量未来得及进行重分布，材料为电荷均布状态，电势梯度在厚度方向也是均匀的，故而在加电压初期，离子分布不平衡也处于初期，界面微观尺度对电势分布的影响较小。随着时间的增加，在阳极附近，特别是靠近电极边界的区域，阳离子以很快的速度缺失，使得电势降低，因此该区域电势梯度快速增加，此时粗糙界面样片由于界面局部离子运动的有效面积较大，离子浓度降低速度相对平电极样片来说更加缓慢，所以其电势的降低也相应更慢。值得注意的是，粗糙界面对等势图曲线的影响仅在界面附近区域(微米级别)，而对于更深层的离子膜基体，其电势在整个长度方向仍为均匀的。

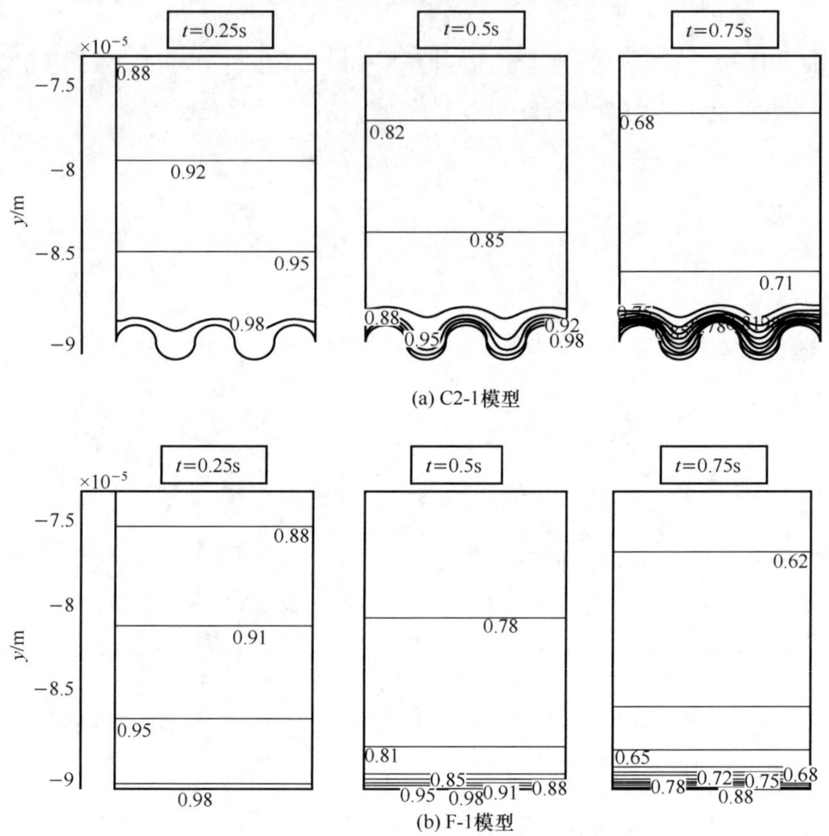

图 9.3　模型 C2-1 与 F-1 阳极电极附近区域在 $t=0.25$s，0.5s，0.75s 时的等电势图

2. 粗糙界面特征对基体膜内水分子浓度动态分布的影响

图 9.4 与图 9.5 分别为模型 C2-1 与模型 F-1 沿厚度方向切面的水分子浓度动态分布图。从图中可见，水分子在厚度方向基本为线性分布(边界层区域除外)，而不是传统理论认为的仅在电极附近极窄的双电层区域内形成很高的浓度梯度，该计算结果与 Park 利用中子成像方法对水分子分布的实验研究结果是一致的[6]。而水分子在厚度方向边界层处浓度梯度没有完全反对称，主要是因为在阳极区域附近存在水分子平衡层。

此外，由两张图对比可知，总体上粗糙电极界面和平面电极的模型，其水分子动态分布的形状大体相似。区别在于，粗糙电极增加了边界层厚度，同时，使得边界层的水浓度梯度变化更为平缓。在此基础上，由图中水分子动态分布特征也可以大致推断出 IPMC 内总水势的动态变化趋势，即加电压后在阴极产生的总水势先增大后减小，而在阳极则相反；静水压力在芯层内部呈近似线性分布，而在两电极附近形成相对较高的压力梯度。

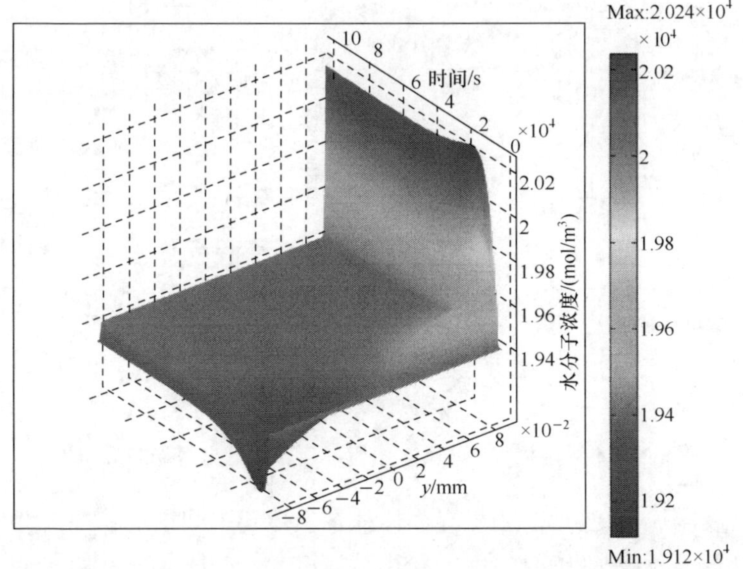

图 9.4　模型 C2-1 水分子动态分布图

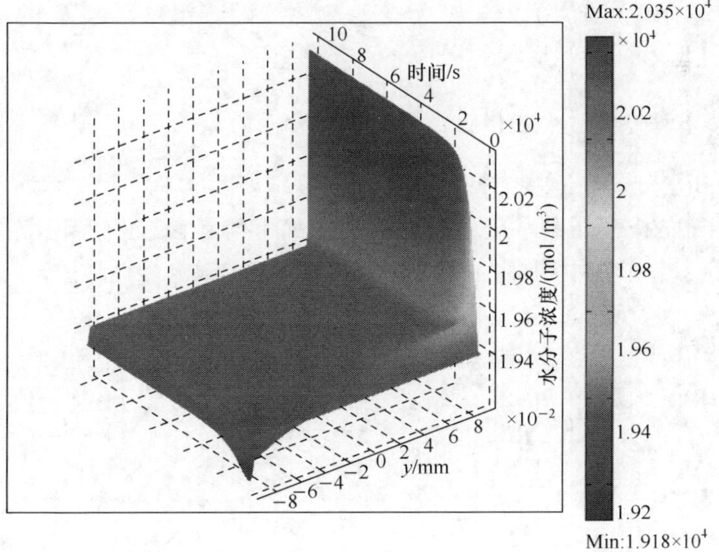

图 9.5　模型 F-1 水分子动态分布图

3. 粗糙界面特征对于基体膜内电势稳态分布的影响

电势随厚度的稳态分布如图 9.6 所示。

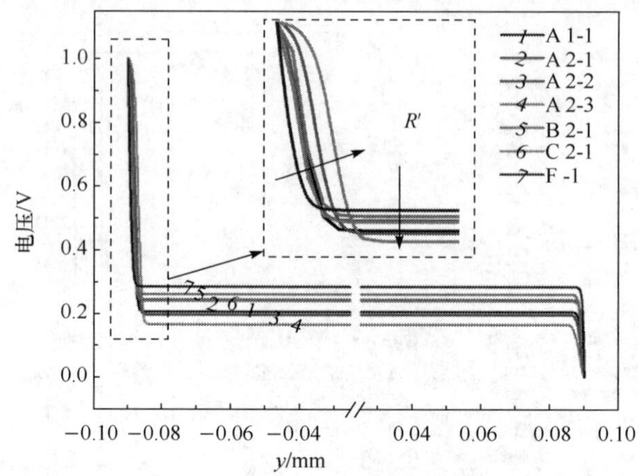

图 9.6 不同电极界面 IPMC 沿着厚度方向的电势稳态分布图

与平电极样片对比可知，粗糙界面样片在基体膜中间层的稳态电势较低，即阳极有效电势差更高，阴极的有效电势差更低；同时阳极的边界层厚度明显增加，而阴极边界层也有少许增加；在两个电极边界区域的电势梯度相对较平缓。这意味着粗糙界面的存在可以使感应电势的增加变缓，从而使更多的离子可以发生移动，对于质量传递有利。此外，总体来说，这些趋势均随着粗糙系数 R' 的增加而更为显著，而相同 R' 不同微观形状的样片之间存在差别。

4. 粗糙界面特征对于基体膜内质量稳态分布的影响

阳离子和水分子在厚度方向的稳态分布分别如图 9.7 与图 9.8 所示。由图可见，IPMC 内部的阳离子和水分子在加电的情况下均在阳极边界耗散而在阴极边界聚集，且稳态分布图中均存在阳极平衡层(对于离子，也是耗尽层)。

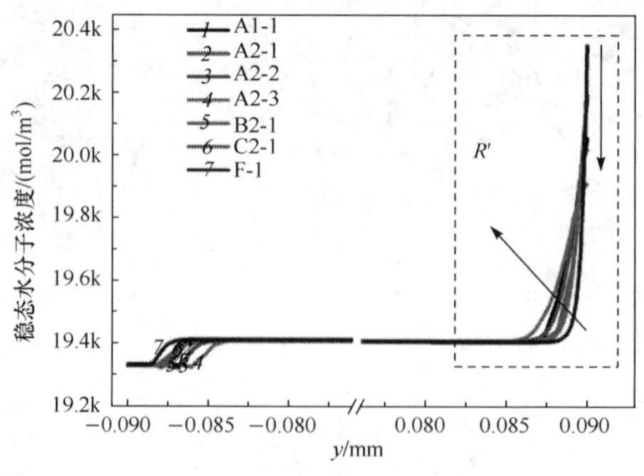

图 9.7 不同界面 IPMC 沿厚度方向离子浓度稳态分布

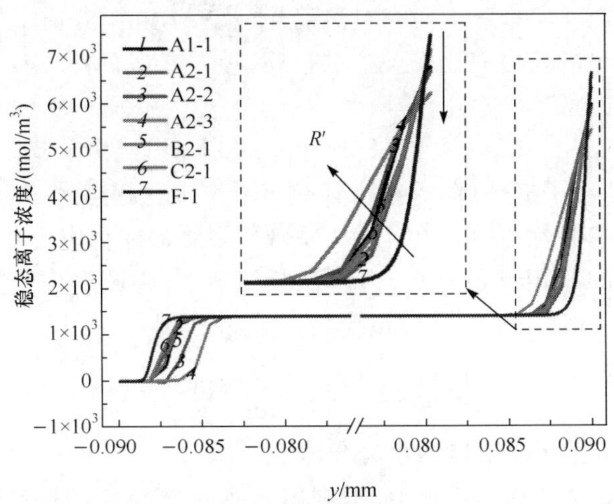

图 9.8　不同界面 IPMC 沿厚度方向水浓度稳态分布

随着 R' 的增加，阳极平衡层的厚度显著增加，意味着更多的阳离子和水分子进行了有效移动，这个现象可以归因于粗糙边界导致的电势边界层厚度的增加。此外，质量分布阴极边界层厚度也有所增加；同时，边界层最高浓度以及浓度梯度均降低，该现象分别与阴极电势边界层增加、电势差降低及电势梯度减缓相关。

9.2　电极界面粗糙特征对材料电致响应的影响研究

9.1 节从微观角度介绍了电极界面粗糙特征对材料内部质量传输的影响规律，本节将建立材料微观质量分布与材料宏观响应之间的联系，分析比较 IPMC 的应力应变模型以及电流响应模型，并基于 Ramo-Shockley 理论分析电极外电路电子电流与离子电荷分布的耦合关系，推导 IPMC 电响应的一般形式；然后基于仿真计算，分析电极界面粗糙特征对材料电致响应的影响规律。

9.2.1　IPMC 电致响应理论模型

IPMC 的电致响应包括力学响应（材料应变）以及电流响应（电荷积累）。

1. IPMC 应变响应理论模型

通过内部微观质量的不平衡分布计算 IPMC 的大变形，需要深入分析由质量分布引起的 IPMC 内部的应力应变分布。由前面几章的分析可知，对 IPMC 致动行为的认识中，有两种机理的认可度比较高，即离子与聚合物网络的静电力作用机理以及随离子重分布的水分子溶胀作用机理。尽管基于静电机制和溶胀机制的应力应变模型均能在一定程度上对材料的局域应变与质量分布的关系给出解释,但由于基于溶胀理论的应力应变模型更加直观,涉及参数简单,应用也更加简便,相对来说具有更高的推广价值[7]。

本节基于 Nemat-Nasser[8] 和 Shahinpoor 等[9] 对于 IPMC 多相结构的分析,假设固相(聚合物高分子链)只存在弹性变形而不产生迁移运动,其弹性变形相对于液相体积变化可忽略,而液相不可压缩,微观单元体的体积应变即为单元体内水分子浓度改变引起的液相体积应变,则体积应变 ε_V 与局域水分子体积分数的关系如下:

$$\varepsilon_V=\frac{V_W-V_{W0}}{V_S+V_{W0}}=\frac{1}{1+w_{V0}}(w_V-w_{V0}) \tag{9-19}$$

式中,V_W为 IPMC 微观单元体内水分子体积瞬态值(m^3);V_S为 IPMC 微观单元体内固态部分体积(m^3);V_{W0}为 IPMC 微观单元体内水分子体积初始值(m^3);w_V为 IPMC 微观单元体内水分子所占体积分数瞬态值;w_{V0}为 IPMC 微观单元体内水分子所占体积分数初始值。

w_V与水分子浓度分布关系见式(9-10)。基于小应变[11] 以及各向同性变形假设,可得到材料的线应变为

$$\varepsilon_{ii}=\frac{1}{3}\varepsilon_V=\frac{1}{3(1+w_{V0})}(w_V-w_{V0}) \tag{9-20}$$

2. IPMC 电荷响应理论模型

IPMC 的电荷响应事实上就是材料在加电后外电路产生的电流。关于 IPMC 电流响应的研究工作中,有重要的一类研究是对材料建立不同的电路模型,以电阻、电容元件(极少数研究中也提到了 IPMC 响应中的感抗特征)表征材料的电学响应规律,其中最典型也是最广泛使用的模型代表是 Shahinpoor 建立的 *RC* 电路模型[9],然而这类模型不涉及 IPMC 内部的质量运动,本质上是种灰箱模型,因此在这里不予展开分析。

基于微观空间电荷感应的 IPMC 电响应理论主要有两种思路,一种是基于静电场感应电荷理论(结合电容器理论)推导,另一种是基于空间电荷的感应电荷和电势满足格林互易定理的条件(Ramo-Shockley 理论)进行推导。为了考虑电极粗糙界面的影响,就需要对二维空间内电荷分布对外电路电响应的模型进行推导。为此,本节将基于 Ramo-Shockley 理论的一般形式给出具体的推导方法。

当直流电压加载在 IPMC 上时,电场力驱动离子电荷运动,离子电荷重新分布形成空间电荷,反过来又改变局域电场。局域电势分布与空间电荷密度关系可通过 Poisson 方程计算。离子电荷的运动过程产生离子电流,离子电流则通过产生

感应电荷的形式使得外电路产生电子电流。单元体内的离子电荷如下：

$$\rho \mathrm{d}x\mathrm{d}y\mathrm{d}z = Z_{\mathrm{I}}FC_{\mathrm{I}}\mathrm{d}x\mathrm{d}y\mathrm{d}z \tag{9-21}$$

依据 Ramo-Shockley 理论[10,11]，这些离子电荷的迁移产生的感应电子电流为

$$\mathrm{d}I = \frac{1}{V_{\mathrm{ca}}^{*}}\rho\vec{E}\cdot\vec{v}\mathrm{d}x\mathrm{d}y\mathrm{d}z \tag{9-22}$$

式中，$\vec{E}$ 为外加电压在 IPMC 微观单元体处产生的电场；$\vec{v}$ 为 IPMC 微观单元体的迁移速度。

因此，可以得到大小为 V_{ca}^{*} 的直流电压作用下，IPMC 产生的电子电流 I 的一般形式：

$$I = \frac{1}{V_{\mathrm{ap}}^{*}}\oiiint \rho\vec{E}\vec{v}\mathrm{d}x\mathrm{d}y\mathrm{d}z = \frac{1}{V_{\mathrm{ap}}^{*}}\oiiint Z_{\mathrm{I}}FC_{\mathrm{I}}\vec{E}\cdot\vec{v}\mathrm{d}x\mathrm{d}y\mathrm{d}z = -\frac{Z_{\mathrm{I}}F}{V_{\mathrm{ap}}^{*}}\oiiint \nabla\tilde{\phi}\cdot\vec{J}_{\mathrm{I}}\mathrm{d}x\mathrm{d}y\mathrm{d}z \tag{9-23}$$

式中，$\oiiint$ 为体积分。

需要特别注意的是，$\vec{E}$ 和 $\tilde{\phi}$ 分别为外加电压在单元体处产生的电场和电势，不包括离子迁移引起的感应电场和电势。

在二维模型中，可以得到名义电流密度 i^{*} 如下：

$$i^{*} = \frac{I}{s^{*}} = -\frac{Z_{\mathrm{I}}F}{V_{\mathrm{ap}}^{*}s^{*}}\oiint(\nabla\tilde{\phi}x\,\vec{J}_{\mathrm{I}}x + \nabla\tilde{\phi}y\,\vec{J}_{\mathrm{I}}y)\mathrm{d}x\mathrm{d}y \tag{9-24}$$

式中，$\oiint$ 为面积分。为了对比起见，后面在一些计算中也给出了实际电流密度 $i' = I/s_{\mathrm{real}}$ 的计算结果。

在此基础上，对电流积分可以得到电极上的感应电荷：

$$q^{*}(t) = \int_{0}^{t} i^{*}\mathrm{d}t \tag{9-25}$$

9.2.2　IPMC 电致动响应仿真计算方法

根据前面章节的分析，可以将 IPMC 基体膜内的多物理场耦合关系简化为图 9.9。即阳极施加的电压 V_{ap} 在基体膜内形成电势梯度分布 $\nabla\phi$，从而产生离子和水的电迁移，引起局域质量浓度的变化。一方面离子浓度 C_{I} 的不平衡分布将反过来引起局域电势梯度的改变，另一方面水分子浓度 C_{TW} 变化将由溶胀作用引起材料产生弹性应变。而材料弹性网络的应变将以弹性力的形式与液相压力相平衡，进一步影响离子和水的迁移过程。可见，IPMC 的电致动行为是一种多场耦合的复杂物理过程。

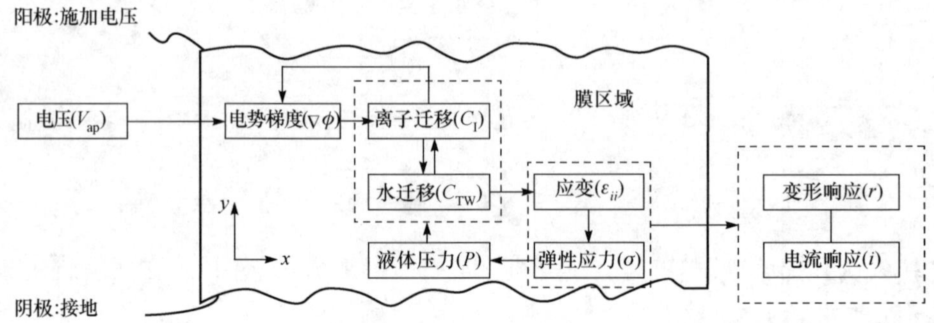

图 9.9　基体膜内的多物理场耦合关系示意图

在 9.1 节阐述的电极界面粗糙特征几何模型以及质量传递动力学计算基础上,加入应变模块,可计算材料的最终变形,并通过 Comsol 软件中“积分变量”计算材料产生的电荷和电流响应。其中应变模块计算的边界条件为图 9.10 所示的一端固定的悬臂梁模式,将式(9-20)作为初始值即可进行计算。

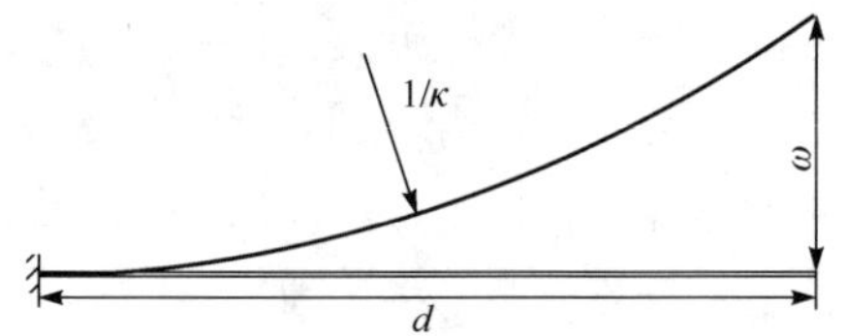

图 9.10　IPMC 变形图

图中,d 为悬臂梁长度;ω 为悬臂梁端部位移;κ 为材料的变形曲率:

$$\kappa=\frac{2\omega}{d^2+\omega^2} \tag{9-26}$$

9.2.3　电极界面对 IPMC 电致动响应的影响规律

同样,本小节也将从粗糙界面形状和尺度变化分析电极界面对 IPMC 电致动响应的影响。

1. 粗糙界面特征对于 IPMC 电响应的影响

图 9.11 与图 9.12 分别展示了不同粗糙电极界面 IPMC 的电流响应以及电荷响应计算结果。其中,名义电流密度如图 9.11(a)～(d)所示,它们依次为 9.1 节中定义的所有样片、形状 A 所有样片、形状 A 相同粗糙系数不同尺度样片以及 A、B、C 三种形状相同尺度样片的计算结果。为了参考,图 9.13 给出了各个样片的实际电流密度。由图可见:①具有粗糙界面特性的 IPMC 比平电极样片的电流响应最大值更大,而松弛更加缓慢,意味着粗糙界面会在电极上产生更快更多的

电荷积累；对于相同形状的粗糙界面，随着粗糙系数 R' 增加，上述效应会加强。定量分析可以发现，通过糙化界面，可以达到电荷积累量近乎翻倍的作用。②从图 9.13 可以看出，粗糙界面对电流的影响并不是与粗糙系数(实际面积的增加)线性相关的。具有相同粗糙系数的样片，即便有相同的粗糙形状，IPMC 的电响应仍然不尽相同。例如，A2-2 由于界面的凹陷尺度更大，比 A1-1 样片产生更大的电流，也更利于电荷积累。③图 9.12 中的虚线箭头表示达到稳定电荷积累的时间。由图可见，达到稳定电荷积累的时间随着稳定电荷量的增加而增加。④粗糙形状以及微观凹陷或凸起的形状同样会影响 IPMC 的电响应。当微观形貌不同时，增大 R' 不一定意味着更好的电荷积累。在本章提取的三种不同形状中，双向凹凸圆弧形与其他两种相比更有优势。

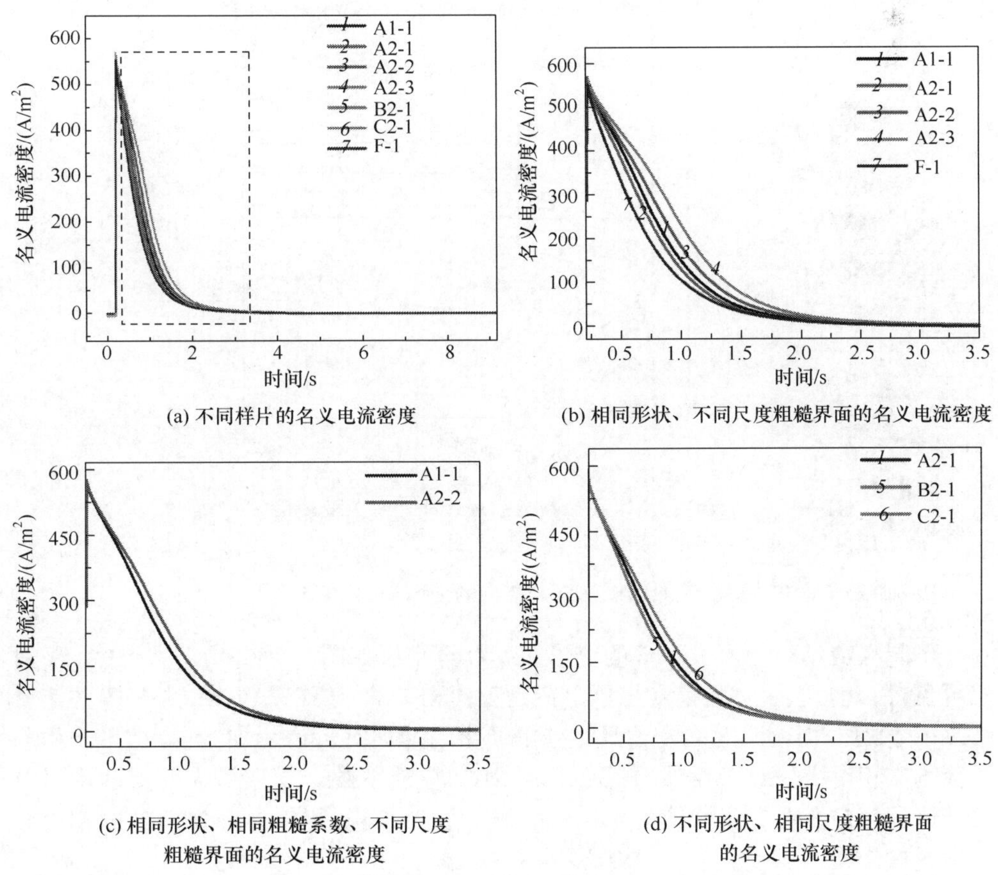

图 9.11　不同粗糙界面 IPMC 电流响应计算结果

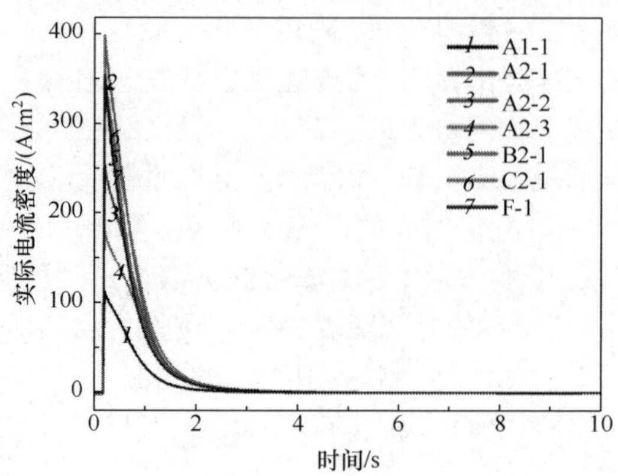

图 9.12 不同粗糙界面 IPMC 电极的名义电荷密度

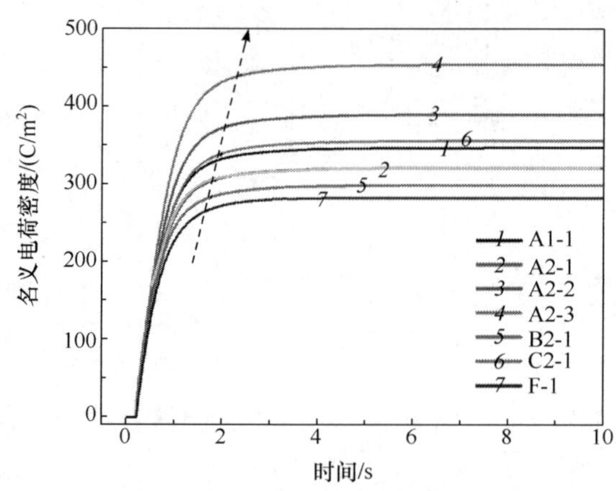

图 9.13 不同粗糙界面样片的实际电流密度

2. 粗糙界面特征对于 IPMC 变形曲率的影响

不同粗糙界面特征 IPMC 的变形曲率计算结果如图 9.14 所示。与图 9.12 对比可见,最大变形曲率与稳定积累电荷是正向相关的,该结果与 Kikuchi 等的实验结果[12]相符。而响应时间随着最大变形曲率的增加有少许增加,这个结果同样与电荷响应相对应。对于相同的粗糙形状,增加粗糙系数会导致最大变形曲率以及松弛后的稳定变形有所增加。相比平电极 IPMC 来说,粗糙界面材料的曲率松弛更加缓慢。

此外,值得注意的是,粗糙界面会使材料的响应变慢,这一点与上述电荷的累积速度有关,这可以进一步追溯到 9.1 节中电势梯度的变化结果,即由于粗糙界面会使界面处离子运动变缓,导致感应电势的增加也变慢,从而致使局域电势梯度的有效作用时间变长。

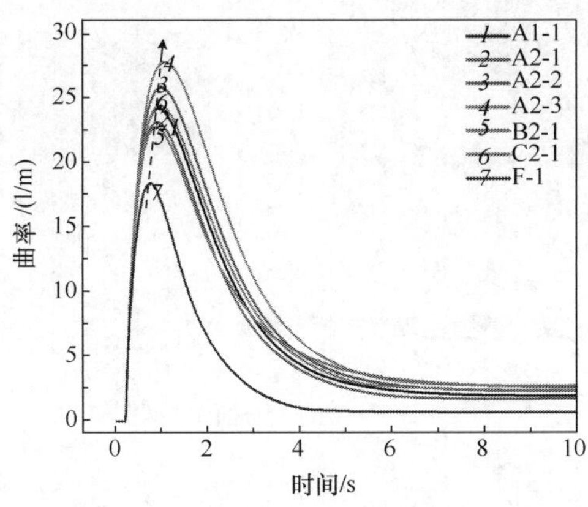

图 9.14　不同粗糙界面 IPMC 的变形曲率

9.3　电极界面对 IPMC 力学性能的影响

本节重点讨论电极对 IPMC 溶胀应力状态的影响。第 7 章分析 IPMC 应力状态时为了简化，近似认为 IPMC 溶胀应力满足各向同性。但事实上，电极存在会导致 IPMC 的溶胀表现为各向异性。为此，本节将建立各向异性溶胀应变模型，然后通过 Mori-Tanaka 模型推导出电极的实际弹性模量计算公式。接着给出实验结果验证理论预测模型。在此基础上，通过数值仿真分析各向异性溶胀对 IPMC 电致变形的影响。

9.3.1　考虑电极的 IPMC 应变模型

由前面的介绍可知，具有较为理想致动性能的 IPMC 通常具有以下共同特征：截面具有三个明显不同的特征层，中间为离子交换膜基体层，电极表层虽然粗糙但相对来说是由较为平整紧实的电极颗粒组成的，基体膜与电极之间为具有高扩散率的金属颗粒过渡层，且颗粒的体积分数在深度方向逐渐降低[13]。

可建立 IPMC 的结构模型如图 9.15 所示。值得注意的是，由于形成的金属电极是由晶粒堆叠而成的，所以其弹性模量与块状金属有所不同。过渡层为体积分数向内逐渐下降的复合体，该部分的主要结构参数是电极颗粒的体积分数。第三层为基体层，通常为 Nafion 或 Flemon 系列离子交换膜。z 为 IPMC 的厚度方向，x 和 y 为面内两个方向，其原点位于厚度方向的中心点[13]。

对于 IPMC，其溶胀的过程必然伴随着样片尺寸的变化。基于基体膜高分子链和电极均不可压缩的假设，当 IPMC 变形时，可以得到 Nafion 膜的局部体积应变公式如下：

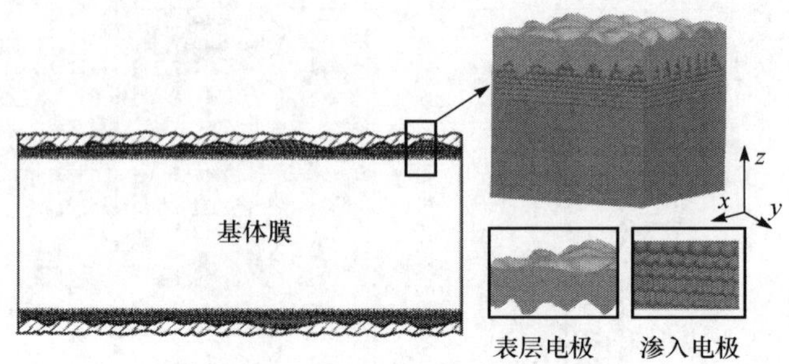

图 9.15　IPMC 结构示意图

$$\varepsilon_V^{\mathrm{p}}=\frac{V_1^{\mathrm{p}}-V_0^{\mathrm{p}}}{V_0^{\mathrm{p}}}=\frac{V_1^{\mathrm{t}}-V_0^{\mathrm{t}}}{V_0^{\mathrm{t}}-V_0^{\mathrm{e}}} \tag{9-27}$$

式中，V 为体积；在本节中，上标 p、t 和 e 分别代表基体膜、IPMC 整体以及电极部分，而下标 1 和 0 分别代表溶胀后和溶胀前的状态(后文中将对饱和含水和完全干燥状态标记为 w 和 d)。

膜中的线应变 $\varepsilon_{ii}^{\mathrm{p}}(i=x,y,z)$ 与体积应变的关系如下：

$$(1+\varepsilon_{xx}^{\mathrm{p}})(1+\varepsilon_{yy}^{\mathrm{p}})(1+\varepsilon_{zz}^{\mathrm{p}})-1=\varepsilon_V^{\mathrm{p}} \tag{9-28}$$

当没有电极的时候，Nafion 膜的溶胀基本是各向同性的[14]，因此膜内的线应变接近特征应变 ε^*，其中：

$$\varepsilon^*=\sqrt[3]{1+\varepsilon_V^{\mathrm{p}}}-1 \tag{9-29}$$

对于 IPMC，由于电极的存在，在 x 和 y 方向的变形会被电极层束缚。假设电极层和基体膜之间紧密结合，在溶胀过程中不存在脱离，则电极和基体膜在 x 和 y 方向上的线应变是相同的，这意味着材料需要在膜的收缩和电极的膨胀之间达到平衡。定义 $\varepsilon_{ii}^{\mathrm{e}}$ 与 $\varepsilon_{ii}(i=x,y,z)$ 分别为 IPMC 电极层及 IPMC 的整体线应变，基于 x 和 y 方向的应力平衡，可以得到其与 $\varepsilon_{ii}^{\mathrm{p}}$ 的关系如下：

$$\varepsilon_{ii}^{\mathrm{p}}=\varepsilon_{ii}^{\mathrm{e}}=\varepsilon_{ii}\quad(i=x,y) \tag{9-30}$$

$$\varepsilon_{zz}^{\mathrm{e}}=-\frac{\varepsilon_{xx}^{\mathrm{e}}}{\nu^{\mathrm{e}}} \tag{9-31}$$

$$(\varepsilon^*-\varepsilon_{ii})E_1^{\mathrm{p}}V_1^{\mathrm{p}}=\varepsilon_{ii}E^{\mathrm{e}}V^{\mathrm{e}*}\quad(i=x,y) \tag{9-32}$$

式中，ν^{e} 为电极的泊松比；E 为弹性模量；$V^{\mathrm{e}*}$ 为有效电极体积：

$$V^{\mathrm{e}*}=\sigma*V^{\mathrm{e}} \tag{9-33}$$

其中，σ 为修正系数，用以考虑基体膜的多孔特性以及高分子链和膜内颗粒的滑动等作用(不同样片 IPMC 拟合出的 σ 通常在 0.12～0.17 范围内,因此后文的计算中取其值为 0.15)。假设 IPMC 渗入电极在 x 和 y 方向均匀分布,将电极颗粒在厚度方向的体积分布记为 $\overline{\varphi(z)}$,则总电极体积 V^{e} 可由下式获得:

$$V^{\mathrm{e}} \approx l_{\mathrm{d}}^{\mathrm{t}} \cdot h_{\mathrm{d}}^{\mathrm{t}} \cdot t_{\mathrm{d}}^{\mathrm{e}} = l_{\mathrm{d}}^{\mathrm{t}} \cdot h_{\mathrm{d}}^{\mathrm{t}} \cdot \int_{-t_{\mathrm{d}}/2}^{t_{\mathrm{d}}/2} \overline{\varphi(z)} \mathrm{d}z \tag{9-34}$$

由于 $\overline{\varphi(z)}$ 通常在干态测量(可以避免水分影响仪器的可靠性),所以计算中使用的 IPMC 长度、宽度和厚度均为干态值,分别记为 $l_{\mathrm{d}}^{\mathrm{t}}$、$h_{\mathrm{d}}^{\mathrm{t}}$ 和 $t_{\mathrm{d}}^{\mathrm{e}}$。

在 z 方向,根据 IPMC 的放置方向不同,膜的溶胀通常是不受或者仅受单侧电极的重力作用,即 $\frac{1}{2}\rho^{\mathrm{e}} V^{\mathrm{e}*} g$($\rho^{\mathrm{e}}$ 为电极密度,g 为重力加速度),而膜的溶胀应力 $\varepsilon^* E^{\mathrm{p}}$ 在厚度方向的总值要远远大于材料本身的重力作用。因此可以认为 IPMC 膜区域总溶胀体积应变是与纯 Nafion 等效的。基于该假设,可以由式(9-28)得到 z 方向的线应变。

将式(9-34)与式(9-33)代入式(9-32)中,可以得到 IPMC 线应变的特征参数 k^* 如下:

$$k^* = \frac{\varepsilon^*}{\varepsilon_{ii}} = 1 + \frac{E^{\mathrm{e}} \sigma l_{\mathrm{d}}^{\mathrm{t}} h_{\mathrm{d}}^{\mathrm{t}} \int_{-t_{\mathrm{d}}/2}^{t_{\mathrm{d}}/2} \overline{\varphi(z)} \mathrm{d}z}{E_{\mathrm{w}}^{\mathrm{P}} \left(V_{\mathrm{w}}^{\mathrm{t}} - \sigma l_{\mathrm{d}}^{\mathrm{t}} h_{\mathrm{d}}^{\mathrm{t}} \int_{-t_{\mathrm{d}}/2}^{t_{\mathrm{d}}/2} \overline{\varphi(z)} \mathrm{d}z\right)} \quad (i = x, y) \tag{9-35}$$

k^* 为表征电极存在条件下 IPMC 应变特征的重要参数,其值增加意味着 IPMC 实际应变状态偏离各向同性应变状态增加,即材料在 x 和 y 方向的应变与 z 方向应变的差值越大,从而意味着电极对基体材料的束缚作用也越大。忽略 z 方向电极应变对总体应变的微弱影响,可以得到 IPMC 在三个方向的实际应变分别为 ε^*/k^*、ε^*/k^*、$k^{*2}(\varepsilon_V^{\mathrm{p}}+1)/(k^*+\varepsilon^*)^2-1$。

9.3.2　电极层弹性模量计算模型

在应变模型中,基体膜和电极的弹性模量是两个重要的物理参数。其中由于 Nafion 膜的弹性模量研究非常多,在 DuPont 公司的官网产品信息里可以查阅。而电极弹性模量在现有文献中均采用的是块状金属的参数,这种近似导致多数文献基于复合材料方法计算的 IPMC 弹性模量要远远大于实际测量值。实际上,以 Pd 电极为例,化学方法形成的 IPMC 电极是由多孔微晶粒堆叠而成的,这一点与纯金属(文献报道其弹性模量为 121GPa[15])相差很大。因此本节通过复合材料分析方法确定电极的实际弹性模量求解模型。

由于电极颗粒在厚度方向的体积分数呈分散特征,IPMC 的局域弹性模量也

呈现出层次特征。基于抗弯强度的等效，可以求出 IPMC 的整体抗弯模量为

$$E_{\mathrm{d}}^{\mathrm{t}}=\frac{1}{I_{\mathrm{d}}}\int_{-\frac{t_{\mathrm{d}}^{\mathrm{t}}}{2}}^{\frac{t_{\mathrm{d}}^{\mathrm{t}}}{2}}E(z)h_{\mathrm{d}}^{\mathrm{t}}z^{2}\,\mathrm{d}z=\frac{12}{t_{\mathrm{d}}^{\mathrm{t}3}}\int_{-t_{\mathrm{d}}^{\mathrm{t}}/2}^{t_{\mathrm{d}}^{\mathrm{t}}/2}E(z)z^{2}\,\mathrm{d}z \tag{9-36}$$

式中，I 为截面惯性矩。根据 Mori-Tanaka 模型[16]，定义 IPMC 在 z 方向的局域弹性模量为 $E(z)$(MPa)：

$$\begin{aligned}E(z)&=E(\overline{\varphi(z)})\\&=3(1-2\nu^{*})K^{*}(\overline{\varphi(z)})\\&=3(1-2\nu^{\mathrm{t}})K^{\mathrm{p}}\left[1+\frac{\overline{\varphi(z)}\left(\frac{K^{\mathrm{e}}}{K^{\mathrm{p}}}-1\right)}{1+\alpha(1-\overline{\varphi(z)})\left(\frac{K^{\mathrm{e}}}{K^{\mathrm{p}}}-1\right)}\right]\end{aligned} \tag{9-37}$$

式中，$\alpha=1+\nu^{\mathrm{p}}/3\cdot(1-\nu^{\mathrm{p}})$，$\nu^{\mathrm{p}}$ 为基体膜泊松常数(电极和基体膜分别为 0.39[15] 和 0.487[17,18])；K 为体积模量，其与 E 的关系如下：

$$K^{i}=\frac{E^{i}}{3\cdot(1-2\nu^{i})}\quad(i=\mathrm{e},\mathrm{p},\mathrm{t}) \tag{9-38}$$

将式(9-37)与式(9-38)代入式(9-36)后，即为电极弹性模量 E^{e} 与 IPMC 弯曲模量以及电极分布的隐性关系式。由于$\overline{\varphi(z)}$和 $E_{\mathrm{b}}^{\mathrm{t}}$均可以通过实验方法获取，从而就可以根据式(9-36)计算出 E^{e}。

9.3.3　电极对 IPMC 线应变的影响

为了获得电极作用下 IPMC 的实际线应变特征，本节给出四种具有明显不同电极特征样片在吸水过程中的尺寸变化以及应变状态。四个样片的工艺组合见表 9.3。其中样片 D 为只经过了纯化的 Nafion 膜。三个 IPMC 样片的截面形貌如图 9.16所示。

表 9.3　具有典型电极特征的样片工艺组合

样片	是否糙化	浸泡还原镀次数	自催化还原镀次数
A	是	3	0
B	是	3	2
C	否	3	2
D	—	—	—

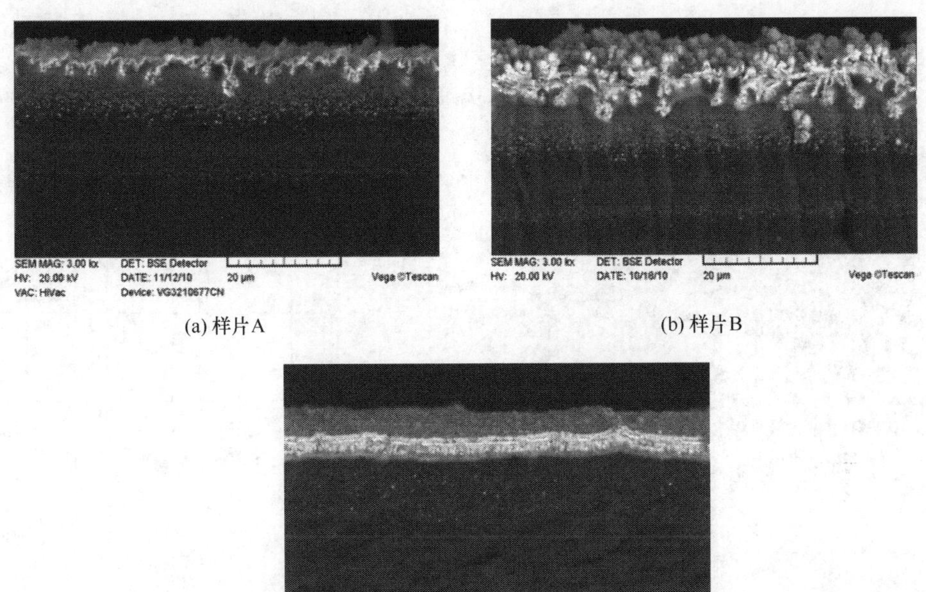

(a) 样片A　(b) 样片B

(c) 样片C

图 9.16　典型样片的截面电镜图

1. 计算参数获取方法

由式(9-35)可见，IPMC 应变状态主要由电极的体积分数，电极和基体膜的弹性模量决定，而实际应变由样片在吸水过程中的尺寸变化决定。对于这些参数的实验获得方法简述如下。

1）IPMC 样片尺寸变化测量方法

为了避免驱动离子的影响，将所有样片置换成 Na^+ 状态，并置于真空干燥箱中在 80℃条件下干燥 10h。取出后迅速测量样片三个方向的尺寸以及样片的质量，然后放入去离子水中浸泡超过 24h，使样片饱和含水，取出后去除样片表面水分，同样记录下尺寸和质量。

考虑到空气湿度对 IPMC 尺寸变化的影响，上述两个状态的测量结果均采用瞬态值，且干燥和浸泡各重复三次，以三次测量平均值作为最终结果。

2）电极颗粒沿厚度方向的体积分数测量方法

电极颗粒体积分数可由能谱扫描法(EDS)或者灰度方法获取。其中 EDS 由截面一条窄线进行线扫获取，随机误差较大。灰度法则由一段设定区域的统计值计算得到，因此对于 IPMC 这种二相材料(电极与膜)，结果更为准确。具体测量方法如图 9.17 所示，即首先获得 IPMC 全截面 SEM 图，用 Image Pro Plus 软件获得指定区域的灰度分布图。再对灰度进行二值化，最终求得指定区域内电极颗粒沿厚度方向的体积分数平均分布值。根据经验认为，Pd 体积分数大于 95%时为表层电极。因此，图 9.17(c)中 X_1 和 X_2 之间为界面及基体区。

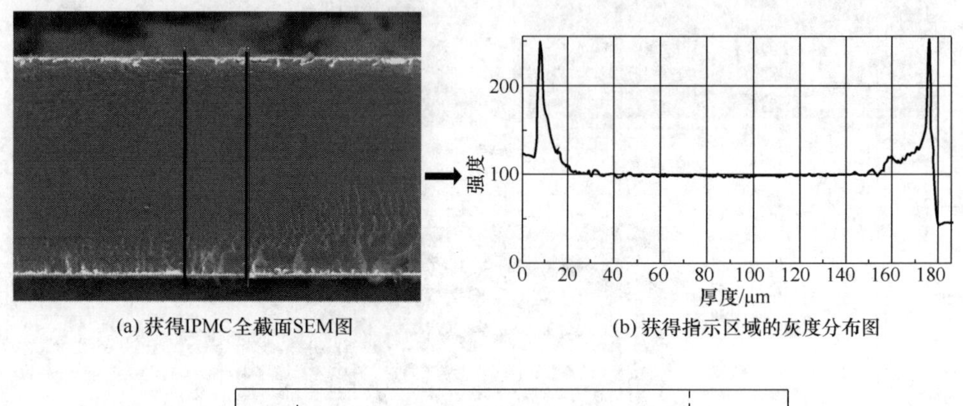

(a) 获得IPMC全截面SEM图　　(b) 获得指示区域的灰度分布图

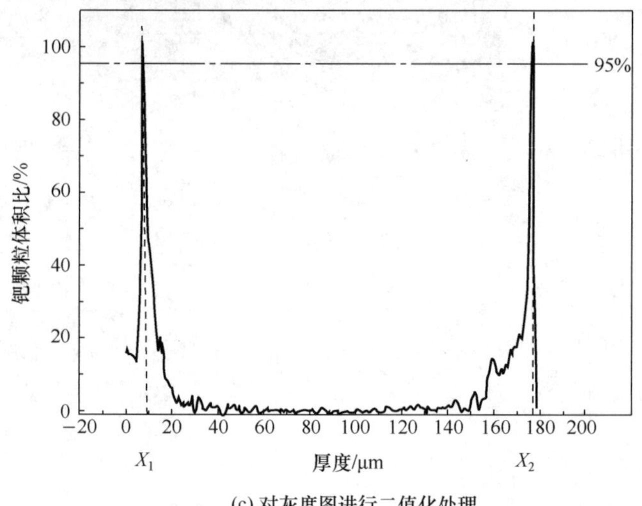

(c) 对灰度图进行二值化处理

图 9.17　截面电极体积分数获取方法

图 9.18 给出了通过灰度方法获得的 A、B、C 样片电极体积分数在厚度方向的分布图。

3) 电极弹性模量测量方法

为了获取电极的弹性模量，除了要得到电极在厚度方向的分布，还需要测量 IPMC 样片的等效弯曲模量。材料的弹性模量可采用第 3 章给出的自由振荡法测出[12]。结合电极体积分数的分布曲线结果，通过式(9-36)可以求出三个样片的电极弹性模量。

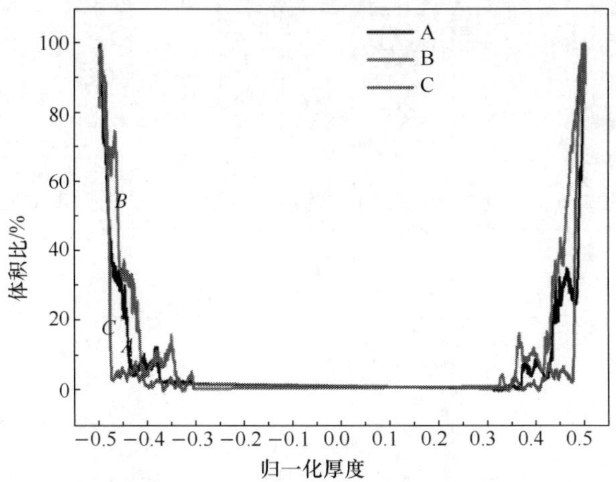

图 9.18　A、B、C 样片电极体积分数在厚度方向的分布图

上述四个样片在溶胀过程中的尺寸、重量变化以及样片弹性模量的实验值和电极弹性模量的计算值列于表 9.4。

表 9.4　四个典型样片的尺寸、质量变化以及弹性弹量值

样品	长度/mm		宽度/mm		厚度/μm		质量/g		杨氏模量/MPa			电极厚度/μm
	l_d^t	l_w^t	h_d^t	h_w^t	t_d^t	t_w^t	m_d^t	m_w^t	E_d^t	E_w^t	E^e	t_d^e
A	60.2	66.9	59.5	66.6	168	192.5	1.026	1.308	732.6	—	2007.7	12.4
B	59.2	64.1	50.9	55.1	155.16	190.0	1.105	1.337	1025.3	—	21892.5	18.73
C	61.25	65.6	60.5	64.9	153.4	188.7	1.285	1.552	1492.1	—	5226	6.97
D	59.8	67.2	59.5	67.1	177	200	1.376	1.659	570[19]	114*	—	—

*标数据由 DuPont 公司官方提供(23℃,饱和含水条件)。

2. 不同电极特征 IPMC 在溶胀过程中的线应变

IPMC 样片在溶胀过程中的实际线应变可根据下式进行计算，为了与上述理论模型预测值相区别，实验结果参数在模型参数符号上标记“～”。

$$\widetilde{\varepsilon_{xx}}=(h_w^t-h_d^t)/h_d^t \tag{9-39}$$

$$\widetilde{\varepsilon_{yy}}=(l_w^t-l_d^t)/l_d^t \tag{9-40}$$

$$\widetilde{\varepsilon_{zz}}\approx(t_w^t-t_d^t)/(t_d^t-t_d^e) \tag{9-41}$$

由此可以得到实际特征系数$\widetilde{k^*}$：

$$\widetilde{k^*}=\frac{2\varepsilon_{ii}^*}{\widetilde{\varepsilon_{xx}}+\widetilde{\varepsilon_{yy}}} \tag{9-42}$$

线应变的实验结果与上述理论模型计算结果列出如表 9.5 所示。作为参考，表中也给出了理论体积应变$\overline{\overline{\varepsilon_V^p}}$的结果。

$$\overline{\overline{\varepsilon_V^p}}=\frac{m_w-m_d}{\rho_{H_2O}(V_d^t-V_d^e)} \tag{9-43}$$

表 9.5 不同电极特征样片的溶胀应变实验及模型预测值

样片	体积应变/%		x,y,z 方向的线应变/%						特征系数	
	ε_V^p	$\overline{\overline{\varepsilon_V^p}}$	$\widetilde{\varepsilon_{xx}}$	$\widetilde{\varepsilon_{yy}}$	$\varepsilon_{xx}(\varepsilon_{yy})$	$\widetilde{\varepsilon_{zz}}$	ε_{zz}	ε^*	$\widetilde{k^*}$	k^*
A	44.81	50.6	11.13	11.93	11.35	15.75	16.11	12.92	1.12	1.14
B	47.48	56.55	8.27	8.49	8.73	25.55	24.75	13.83	1.65	1.58
C	45.01	49.20	7.1	7.27	6.50	24.11	25.70	12.55	1.75	1.93
D	43.18	43.98	12.37	12.77	12.71	12.99	12.71	12.71	1.01	1

由表 9.5 的对比可见，尽管由于化学方法形成电极的不均匀性使得弹性模量、电极体积分数等测量中均存在不可避免的扰动因素和误差，但通过模型预测的线应变 ε_{ii} 仍与实际测量的线应变$\widetilde{\varepsilon_{ii}}(i=x,y,z)$非常接近，从而证明了本节理论模型的可靠性。同时可以看出，IPMC 在实际溶胀过程中平面方向的应变$[\varepsilon_{ii}(i=x,y)]$接近相等，远远小于厚度方向的应变 ε_{zz}，体现出明显的各向异性。特别是样片 B 和 C，电极厚度较大，严重影响了材料的均匀应变，导致 ε_{zz} 约为 $\varepsilon_{ii}(i=x,y)$的三倍。此时，若用特征应变 ε^* 来统一表征三个方向的变形，会严重偏离 IPMC 的实际应变特征。

由体积应变直接测量值 ε_V^p 和由水分子质量变化计算值$\overline{\overline{\varepsilon_V^p}}$对比可见，Nafion 膜(样片 D)的两种体积应变接近相等，表明 Nafion 膜在干燥后，其内部有非常密集的亲水区域，而不是由大量的多孔网络组成的；然而 IPMC(样片 A、B、C)的两种体积应变差别很大，实际体积应变比理论体积应变小 15%～20%，这个现象是由于电极的存在使得 IPMC 在干燥过程中分子链不能自由收缩聚集，而是在内部形成大量孔洞，这些孔洞使得干态 IPMC 在吸水的初期样片体积变化小于吸收水的体积。另外，值得注意的是，IPMC 的体积应变明显高于纯 Nafion，这可归因于电极的支架作用(bracket effect)在材料内部产生多孔特征。

9.3.4 各向异性应变对 IPMC 电致动位移的影响

由于仅平面线应变会对材料的电致动位移有贡献，所以刚性大、密度大的电极对材料电致变形的限制作用一致体现在弹性模量的增加上，二是形成各向异性应变。

为了研究各向异性应变对材料电致位移的影响，本节基于 9.1 节中的 IPMC

质量传递模型和 9.2 节中的应变模型，在忽略弹性压力引起的对流项时，对具有不同特征系数 k^* 的 IPMC 电致动位移进行仿真计算，以便了解其规律。

基于小应变假设，$\varepsilon^* \approx \frac{1}{3}\varepsilon_V^p$，因此局域应变张量可以简化为

$$S=\frac{\varepsilon_V^p}{3k^*}\begin{pmatrix}1 & & \\ & 1 & \\ & & 3k^*-2\end{pmatrix} \tag{9-44}$$

如前所述，k^* 的增加意味着 IPMC 实际应变状态偏离各向同性应变状态增加。从 1 到 2 之间选取不同 k^* 研究各向异性应变对 IPMC 电致动位移的影响，根据其取值，分别标记为 $ki(i=1,1.2,1.4,1.6,1.8,2)$。在其他所有仿真参数保持不变的情况下，计算材料在阳级施加下述公式描述的电压 ϕ_A 后的位移响应，结果如图 9.19 所示。

$$\phi_A=\begin{cases}0, & t<0.2, 10<t\leqslant 15\\ 1, & 0.2\leqslant t\leqslant 10\end{cases} \tag{9-45}$$

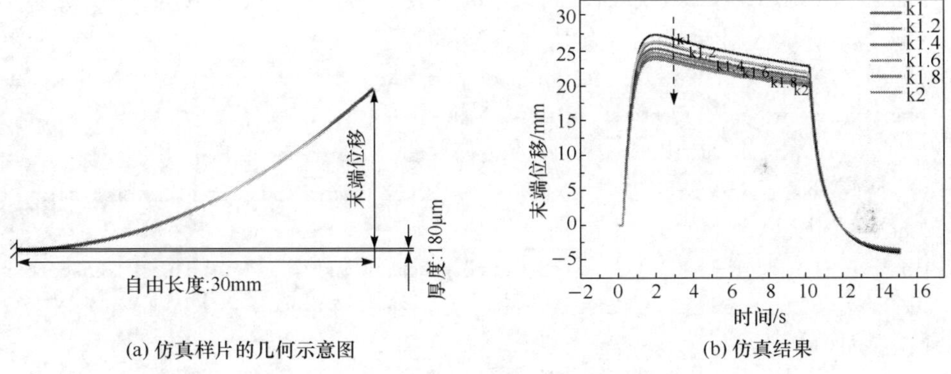

(a) 仿真样片的几何示意图　(b) 仿真结果

图 9.19　不同 k^* IPMC 样片的电致动位移

可见，当 k^* 从 1(各向同性)变化到 2 时(各向异性)，材料末端位移会减小 10%～15%。因此可以认为，电极对 IPMC 应变具有制约作用，过厚或过密的电极会对材料的电致动变形性能不利。

9.4　本章小结

本章通过理论建模和数值分析方法，从微观质量传递、应变分布以及力学性能三个角度分析了电极界面对材料性能的影响规律，重点介绍了界面简化及数值分析方法。

首先建立了 IPMC 的传质模型，并依据真实的 IPMC 界面提取了主要粗糙特

征，分析了其对材料传质过程中动态和稳态分布的影响，表明了粗糙界面对电势等势图曲线的影响仅在界面附近区域，而对更深层的离子膜基体影响较小；粗糙界面增加了质量分布边界层的厚度，对 IPMC 内部质量传递有利。还基于 IPMC 的传质模型，建立了力电响应模型，分析了粗糙界面对于材料力电响应的影响，表明粗糙界面会使电极产生更快更多的电荷积累，糙化界面可以达到电荷积累量近乎翻倍的作用；对于相同形状的粗糙界面，粗糙系数 R' 增加对电荷积累有利，而材料电响应并不是与粗糙系数线性相关的。

最后，本章介绍了电极对材料弹性模量乃至力电响应的影响规律，表明电极的存在会使 IPMC 产生各向异性变形；电极对 IPMC 应变具有制约作用，过厚或过密的电极会对材料的电致动变形性能不利。

参考文献

[1] Zhu Z C, Chen H L, Chang L F, et al. Dynamic model of ionic polymer-metal composites. AIP Advances, 2011, 1(4): 040702

[2] Zhu Z C, Asaka K J, Chang L F, et al. Multiphysics of ionic polymer-metal composite actuator. Journal of Applied Physics, 2013, 114: 084902

[3] Okada T, Xie G, Gorseth O, et al. Ion and water transport characteristics of Nafion membranes as electrolytes. Electrochimica Acta, 1998, 43(24): 3741-3747

[4] Barbar J A, Wassim H, Thomas W. High surface area electrodes in ionic polymer transducers: Numerical and experimental investigations of the electro-chemical behavior. Journal of Applied Physics, 2011, 109: 074509

[5] Chang L F, Asaka K J, Zhu Z C et al. Effects of surface roughening on the mass transport and mechanical properties of ionic polymer-metal composite. Journal of Applied Physics, 2014, 115: 244901

[6] Park J K, Jones P J, Sahagun C, et al. Electrically stimulated gradients in water and counterion concentrations within electroactive polymer actuators. Soft Matter, 2010, 6(7): 1444-1452

[7] 朱子才. 离子聚合物-金属复合材料的大变形机理与多物理场模型研究. 西安：西安交通大学博士学位论文，2013

[8] Nemat-Nasser S. Micromechanics of actuation of ionic polymer-metal composites. Journal of Applied Physics, 2002, 92(5): 2899-2915

[9] Shahinpoor M, Kim K J. Ionic polymer-metal composites: III. Modeling and simulation as biomimetic sensors, actuators, transducers, and artificial muscles. Smart Materials and Structures, 2004, 13(6): 1362-1388

[10] Pugal D, Kim K J, Aabloo A. An explicit physics-based model of ionic polymer-metal composite actuators. Journal of Applied Physics, 2011, 110: 084904

[11] Shockley W. Currents to conductors induced by a moving point charge. Journal of Applied Physics, 1938, 9(10): 635-636

[12] Kikuchi K, Tsuchitani S. Effects of environmental humidity on electrical properties of ionic polymer-metal composite with ionic liquid. Proceedings of ICROS-SICE International Joint Conference in Japan. New York: IEEE, 2009: 4747-4751

[13] Chang L F, Asaka K, Zhu Z C, et al. Electromechanical performance of ionic polymer-metal composite under electrode constraint. Journal of Reinforced Plastics and Composites, 34(14): 1136-1143

[14] Murthy M. Proton conducting membrane fuel cells III. Proceedings of the International Symposium, Pennington: Electrochemical Society, 2005: 132

[15] Winter M. The periodic table on the web. http://www. webelem- ents. com/. [2014-10-24]

[16] Weng G J. Some elastic properties of reinforced solids, with special reference to isotropic ones containing spherical inclusions. International Journal of Engineering Science, 1984, 22(7): 845-856

[17] Jiang Y L, Nemat-Nasser S. Micromechanical analysis of ionic clustering in Nafion perfluorinated membrane. Mechanics of Materials, 2000, 32: 303-314

[18] Lee S, Kim K J. Design of IPMC actuator-driven valve-less micropump and its flow rate estimation at low Reynolds numbers. Smart Material and Structures, 2006, 15: 1103-1109

[19] Majsztrik P W, Mechanical and transport properties of nafion-for pem fuel cells: Temperature and hydration effects. Princeton: Princeton University, 2008

第 10 章　IPMC 性能的稳定性

前面几章主要从 IPMC 制备工艺、机电响应特性、大变形机理、界面电极特性以及提高材料力电响应特性等角度展开讨论。然而对于 IPMC，使用过程中保持材料性能稳定仍然是一个重要的、需要深入探讨和解决的问题。

针对这一问题，本章首先介绍 IPMC 电极性能对其稳定性的影响规律并给出相应的对策，然后讨论含水量对 IPMC 的力电性能的影响，介绍不同含水量条件下 IPMC 力电参数的变化规律；接着，对驱动离子和溶剂种类对 IPMC 的稳定性影响进行深入分析。在此基础上，介绍 IPMC 的封装技术，为 IPMC 的实际应用奠定基础。

10.1　IPMC 金属电极稳定性分析

IPMC 力电性能的稳定性受多重因素影响。其中，电极性能是一个重要的影响因素。为此，本节重点分析表面金属电极对 IPMC 稳定性的影响。

作为 IPMC 的关键组成部分，表面金属电极担负着传导电流的重要功能。通常表面电极选用贵金属材料，如 Pt、Au、Pd、Ag 等，也有采用复合金属材料，如 Pt/Pd、Pt/Ni、Pt/Cu、Ag/Au 等。近年来，一些非金属导电材料，如多壁碳纳米管、石墨烯等，也用作 IPMC 电极材料。

正如前面章节所指出的，对于 IPMC，表面电极性能的主要评价参数是表面电阻率（或表面电导率）。一些金属不能用于 IPMC 电极的原因在于其在空气中，尤其是在电压作用下极易被氧化，从而导致在驱动过程中 IPMC 表面电阻率迅速增加。表 10.1 给出了不同金属的电导率和标准电极电位[1,2]，其中标准电极电位可以反映金属在空气中的氧化还原能力。由表可以看出，Au 和 Pt 的氧化还原电位分别达到了 1.498V 和 1.18V，而 Cu、Ni 的氧化还原电位就比较低，这也说明了为何 Pt 和 Au 作为 IPMC 电极材料最为常用。

表 10.1　IPMC 金属电极材料在 20℃ 时的电导率和标准电极电位

类型	Au	Pt	Pd	Ag	Cu	Ni
电导率/(10^6/cm)	0.0452	0.0966	0.095	0.63	0.596	0.143
标准电极电位（酸性溶液），E/V	1.498	1.18	0.951	0.7996	0.3419	0.257

一般而言，金属氧化快慢还与金属颗粒的尺寸效应有关。由于依靠化学方法将金属离子还原并沉积到基体膜表面形成 IPMC 的电极层，其电极形态相对于金属导体更为疏松，多呈颗粒状分布。由于金属颗粒的比表面积比实体金属明显增大，此时，即使化学惰性的金属 Pt、Pd 性质也变得不太稳定，与空气接触时，其氧化速度比实体金属明显加快。将 Pt、Pd、Ag、Cu 四种金属类型的 IPMC 样品在空气中放置大于 10 天后的表面形貌如图 10.1 所示。由图可以看出，样品电极表面均不同程度生成了典型的针状氧化物。其中，Cu 型和 Ag 型 IPMC 表面针状结构明显，尺寸较大且密集，说明电极材料氧化较为明显，这与它们具有较低的电极电位有关。

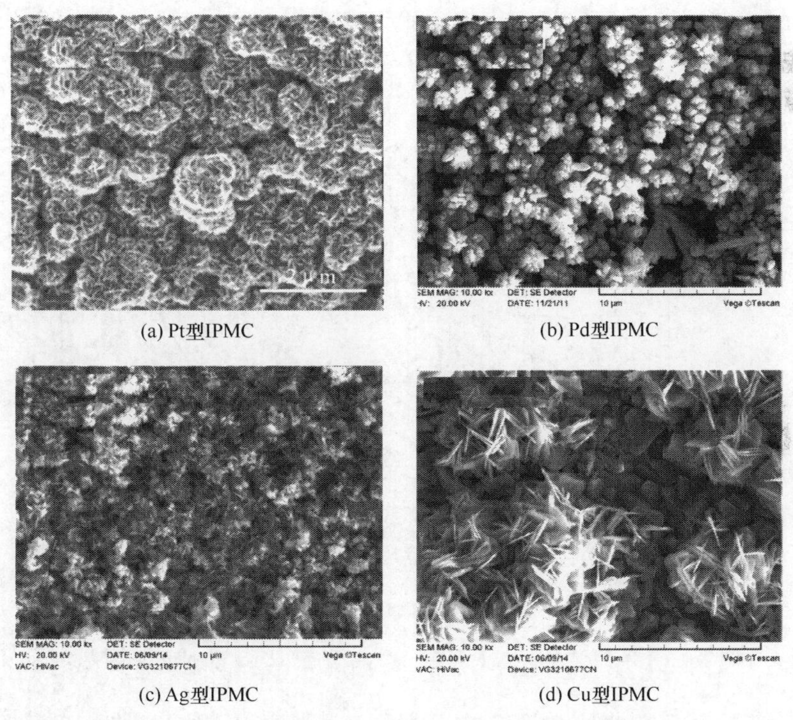

(a) Pt型IPMC　(b) Pd型IPMC

(c) Ag型IPMC　(d) Cu型IPMC

图 10.1　四种金属类型 IPMC 的表面氧化电极形貌

因此，为了提高 IPMC 电极性能的稳定性，最外层电极材料应该尽可能选择电极电位高的惰性金属材料。

为了缓解金属电极的氧化问题，本节提出一种采用活泼金属对 IPMC 进行包裹的保存方法，目的是使氧化反应发生在容易氧化的包裹材料上，保护内部 IPMC 不发生氧化，而在使用过程中，IPMC 可采用封装工艺保护外层电极，这一部分将在 10.4 节介绍。

图 10.2 所示是利用三种不同的保存方法考察 Pd 型 IPMC 样品表面电阻率随

时间的变化关系。其中A样品直接放到空气中保存，B样片置于去离子水中保存，而C样片用锡箔包裹保存。由图可以看到，随着时间推移，A样品表面电阻有明显的衰减，B样品前期衰减不明显，后期衰减较快，而C样品基本没有衰减。这主要是由于空气中存在氧气，当样本放在空气中时，表面与空气直接接触，导致表面电极快速氧化；样本置于去离子水中保存，初期去离子水中并没有氧气，材料表面电阻变化不大，随着氧气逐步扩散到去离子水内部，表面金属电极、水分子以及微溶于水的氧气共存，这些因素构成原电池系统，促进电极氧化，导致表面电阻率逐渐升高；采用锡箔包裹的样品，金属锡与钯紧密接触，而金属锡的活泼性远远高于钯金属，在空气湿度共同作用下，构成微电池系统发生电化学腐蚀，金属锡因被腐蚀而损耗，而金属钯被保护。因此，就Pd型IPMC保存来说，本节提出的锡箔包裹是一种很好的保存方式。

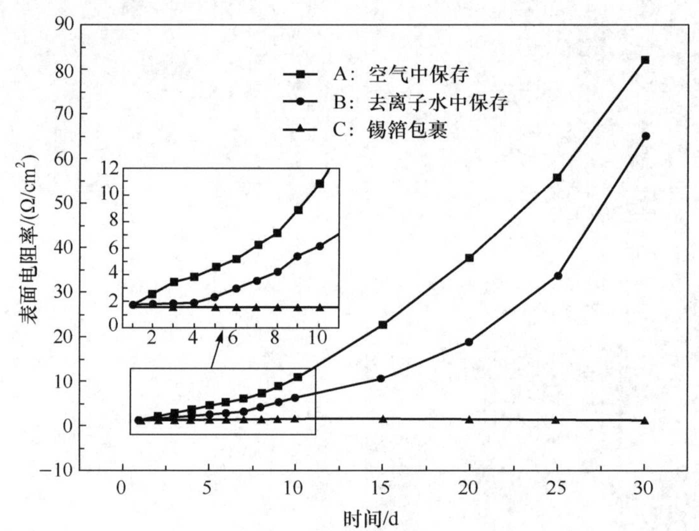

图 10.2　不同保存状态下 IPMC 样品表面电阻率随时间变化关系

总体来看，对于以水作为溶剂的IPMC，表面电极电阻的变化和溶剂挥发是应用过程中影响IPMC性能稳定性的首要问题。为了解决这一问题，10.2节重点探讨含水量对Au型和Pd型IPMC变形性能的影响，以及材料内部水分变化对IPMC表面形貌、物理参数等的影响。

10.2　含水量对IPMC稳定性的影响

由6.1节的介绍可知，含水量的变化会引起IPMC变形特性发生显著变化。IPMC如果在空气中工作，则随着空气的风干作用，其含水量必然发生变化，从而导致其性能发生变化,本节详细分析含水量变化对 IPMC 物理参数及变形特性的影响。

10.2.1 IPMC 含水量对其物理参数的影响

本节采用 Au 型和 Pd 型 IPMC 作为研究对象,分别由日本产业技术综合研究所(AIST) Asaka 教授提供和本书作者根据第 2 章给出的工艺制备的 IPMC,通过实验结果阐述含水量对 IPMC 力电参数的影响。

1) 含水量变化对材料弹性模量的影响

本节利用悬臂梁自由衰减的方法测量了上述两种 IPMC 弹性模量随含水量的变化关系,如图 10.3 所示,其中 0s 对应于材料饱和含水时刻,4800s 对应于材料与空气湿度达到动态平衡的时刻。由图可以看出,饱和含水量条件下,两种材料的弹性模量分别达到 270MPa 和 590MPa 左右,达到平衡含水量后,弹性模量分别为 1300MPa 和 1700MPa。在材料整个脱水历程中,Au 型 IPMC 的弹性模量总体高于 Pd 型 IPMC。Nemat-Nasser 等[3]采用微小力拉伸机测试了 Nafion 117 膜弹性模量随含水量变化的关系,其所对应的湿态和干态弹性模量分别为 80MPa 和 500MPa。可见,附着于 Nafion 膜上下表面的电极层大大增加了材料的弹性模量。

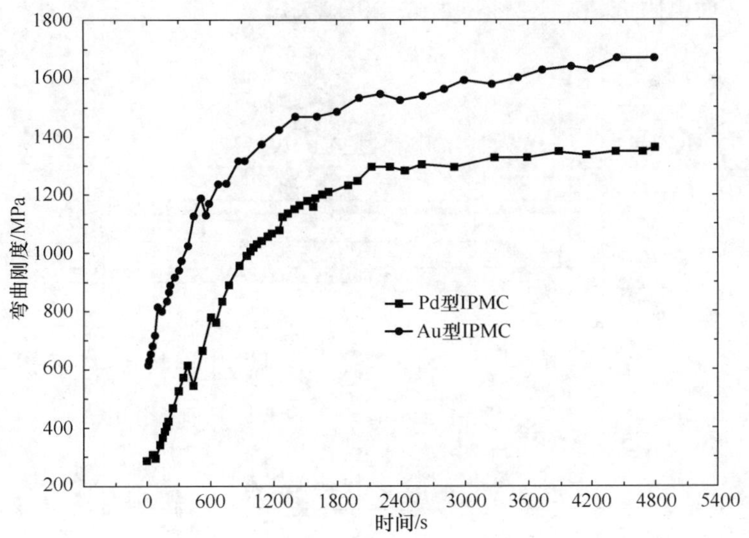

图 10.3 两种 IPMC 弹性模量与时间的关系

两种 IPMC 弹性模量区别的原因可观察图 10.4 给出的两种类型 IPMC 的表面电极形貌。由图可以看出,Au 型 IPMC 的表面较为平整,电极层致密;而 Pd 型 IPMC 表面多孔,电极层疏松。显然,光滑致密使其弹性模量大,而疏松使其弹性模量小。

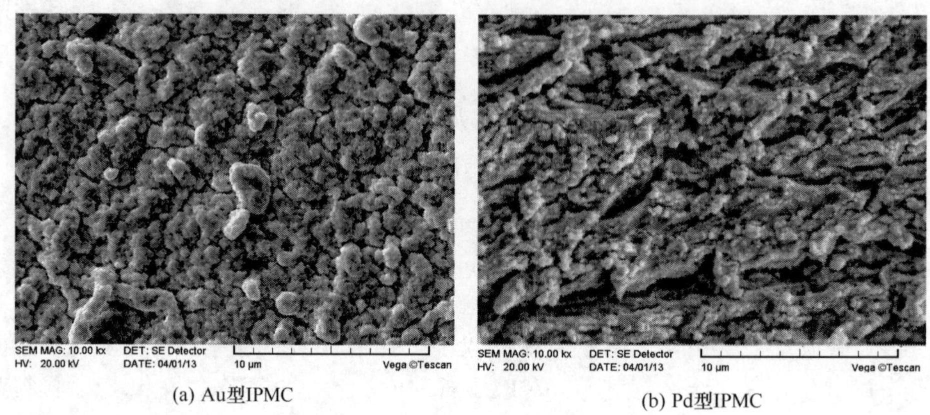

(a) Au型IPMC　　(b) Pd型IPMC

图 10.4　两种材料表面电极比较

2）含水量变化对材料表面电极形貌及表面电阻的影响

一般来说，IPMC 可以用如图 10.5 所示的等效电路模型来描述。图中，x 为 IPMC 长度方向。学者 Shahinpoor 等[4]认为 IPMC 可由四个电学元件组成的单元 U_{it} 描述：表面电阻 R_{is}、界面电阻 R_i、基体膜电阻 R_p 和基体膜电容 C_i。对于典型的 IPMC，表面电阻 R_{is} 的重要性可由式(10-1)决定。

$$\frac{\sum R_{is}}{R_i} \approx \frac{L}{t} \gg 1 \tag{10-1}$$

式中，L 为 IPMC 样本长度；t 为界面电极渗入深度。

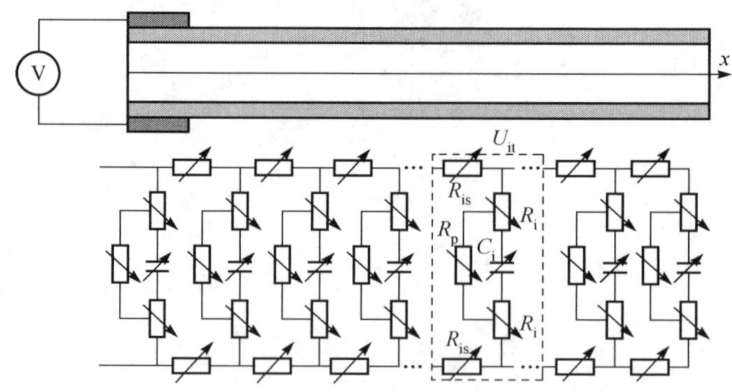

图 10.5　IPMC 等效电路模型

对于 Au 型和 Pd 型 IPMC，t 值的范围一般为 5～20μm。由于远远小于 L 值，说明表面电阻相对于界面电阻更为重要。由于存在较高的表面电阻，电压将无法有效地施加到 IPMC 表面。表面电阻 R_i 与表面电极形态密切相关，而表面电极形态与含水量和驱动状态也相关。Punning 等报道了表面电阻与驱动状态下样本弯曲曲率的关系，揭示了样本表面收缩时的电阻远远低于样本表面扩张时的电阻[5]。同样的，由于 IPMC 干态和湿态样本尺寸变化超过 8%，因此，在 IPMC 含水量变化过程中，必然伴随着表面电极颗粒的拉伸或挤压。

为了进一步证实这种变化，本节采用共聚焦显微镜(CLSM)对 Au 型和 Pd 型 IPMC 的表面电极形态进行实时观测，结果如图 10.6 所示。由图可以看出，微观尺度下 IPMC 表面存在大量的微裂纹。无论对于 Au 型 IPMC 还是 Pd 型 IPMC，随着含水量逐渐减少，微裂纹慢慢收缩最后几乎消失(见图中圆圈和椭圆圈标记处)，逐步收缩靠近的电极必然降低材料的表面电阻。另外，由于受观测仪器景深的限制，同一高度上电极形貌清晰，不同高度上电极形貌会比较模糊。比较图 10.6(a)和(b)的清晰度可以看出，Au 型 IPMC 表面比 Pd 型 IPMC 更加平整。对于相同电极类型的 IPMC 样本，随着样本含水量减少，同一图片显示在不同部位出现模糊，这意味着样本表面发生了不同程度的扭曲变形。在 IPMC 制备过程中，材料表面内应力已得到充分缓解，而含水量改变必然会使样本表面内应力重新分布，从而引起材料表面的扭曲变形。

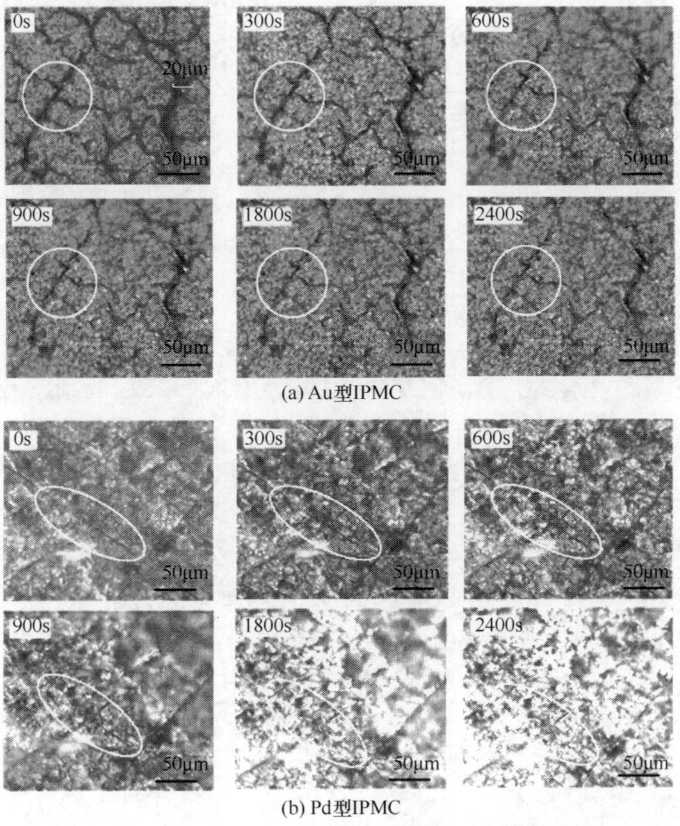

图 10.6　不同时刻 Au 型和 Pd 型 IPMC 表面形态的演变关系

图 10.7(a)所示为样本表面电阻随含水量的变化关系。由图可以看出,Pd 型 IPMC 的表面电阻远远高于 Au 型 IPMC,这归因于其疏松的表面电极结构。随着含水量减少,两种电极类型的 IPMC 表面电阻降低均较为明显,Au 型 IPMC 表面电阻从 0.335Ω/□下降到 0.16Ω/□,Pd 型 IPMC 表面电阻从 2.64Ω/□下降到 0.81Ω/□,样本整体表面电阻变化趋势与弹性模量相反。图 10.7(b)所示是两种材料的电势分布,图中标注的 0s 与 4800s 分别对应于材料饱和含水时刻以及与空气湿度达到动态平衡的时刻。由图可见,在两个时刻,IPMC 沿样本长度方向的电势分布显示出较大的差距,说明 IPMC 的电学性能由于空气中失水而发生显著变化。

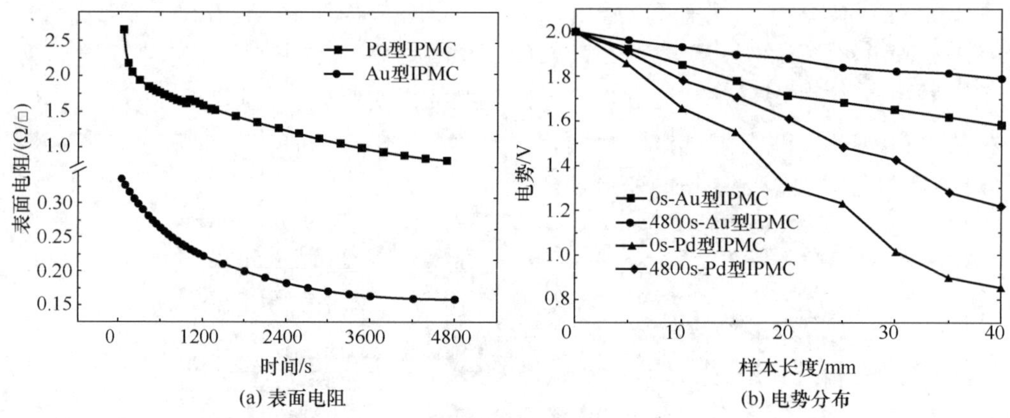

(a) 表面电阻　　(b) 电势分布

图 10.7　两种 IPMC 含水量对表面电阻和电势分布的影响

3) 含水量变化对材料电容特性的影响

除了弹性模量和表面电阻,电容值也是反映 IPMC 变形性能的重要参数。为了认识样本电容值变化的规律,本节采用型号为 CM7115A 的精密数字电容计在 8Hz 频率下测试样本电容值随时间的变化关系。

图 10.8 给出了两种 IPMC 电容值随时间的变化关系。由图可以看出,饱和含水状态下,Au 型 IPMC 的电容值超过 1.7mF,Pd 型 IPMC 也达到了 0.4mF。对于两种材料,样本的电容值均随着含水量的减少而降低,Pd 型 IPMC 的电容值甚至衰减到 0.01mF 以下,随着达到平衡含水量,电容值逐渐达到恒定值。分析可知,在失水过程中,由于表面电极的支撑作用,样本的表面面积变化不大,而厚度将会变小,所以本节认为 IPMC 失水过程中,中间层的介电常数发生了重要改变,即水分挥发大大降低了中间层的介电常数,从而导致样本整体电容值的减少。

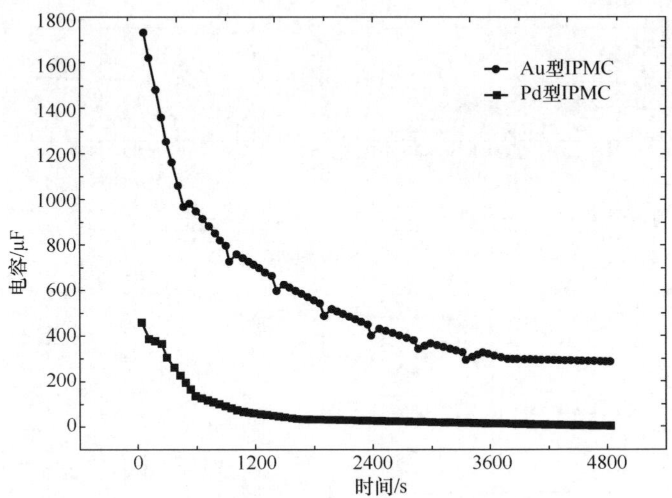

图 10.8　两种 IPMC 的电容值与时间的关系

10.2.2　IPMC 含水量对其变形的影响

10.2.1 小节分析了 IPMC 含水量对其物理参数的影响，显然，其随含水量变化的属性必然影响其变形特性。本小节利用第 3 章给出的力电响应性能测试平台[6]，采取悬臂梁测试方法测量了两种材料的末端变形。样品测试尺寸为 40mm×5mm，材料夹持长度为 5mm，自由长度为 35mm，测试电压为直流 2V，持续时间为 50s。

图 10.9 为 Pd 型 IPMC 电致变形随含水量变化的演变过程，其中 W1～W6 分别为湿态样品在空气中脱水过程中不同时刻的测量结果。由图可以看出，Pd 型 IPMC 的变形演变规律可以分为三个阶段：①当样品饱和含水时（W1），IPMC 初始快速向阳极变形，然后表现出明显的松弛现象，且松弛变形向阴极方向的变形超过初始平衡位置；②随着含水量的减小（W2～W3），样品的松弛变形消失，而且阳极变形增大，最大变形达到 10.5mm；③在进一步的失水过程中（W4～W6），阳极变形呈减小的趋势，松弛变形逐步消失。图 10.10 为 Au 型 IPMC 电致变形随含水量变化的演变过程。总体来看，这两种材料的含水量与变形的演化规律具有相似性，均存在三个过程：全湿态状况下的松弛变形（W1）；松弛变形消失位移增大（W1～W2）；位移减小（W2～W6）速度变慢的过程。由此可以说明，IPMC 存在一个最佳含水量，在此条件下，材料变形可以达到最大。

比较两图还可以看出，在相同的含水量条件下，Au 型 IPMC 变形明显高于 Pd 型 IPMC，最大位移达到 17.4mm，这主要是由于 Au 比 Pd 金属具有更好的导电性，且 Au 型 IPMC 电极层更加致密，进一步降低了表面电阻。

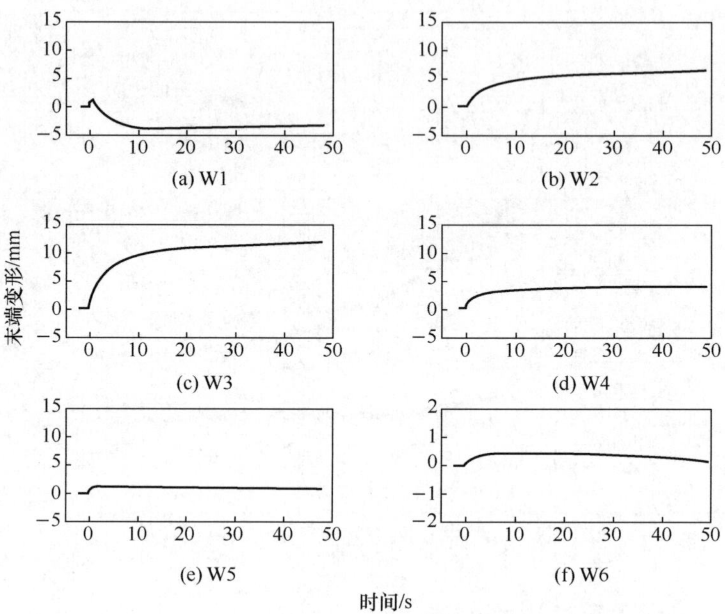

图 10.9　Pd 型 IPMC 的随含水量减小的变形演化图

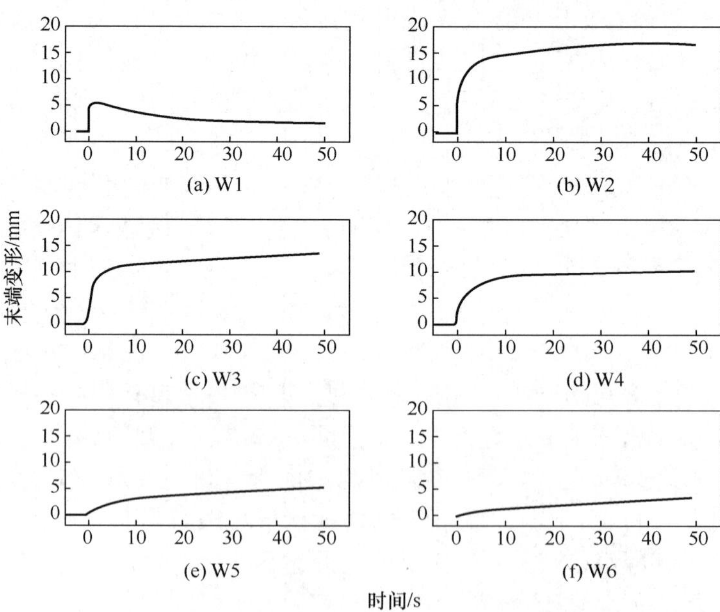

图 10.10　Au 型 IPMC 的随含水量减小的变形演化图

从本节的实验结果来看，含水量变化除了影响 IPMC 的弹性模量，还影响 IPMC 的表面电阻和电容值，进而影响其变形特性。总体来说，随着含水量增加，IPMC 弹性模量减小，电容值增加，这有利于 IPMC 变形。在脱水过程初期，IPMC 表面电阻降低，导致沿样本长度方向的施加电压升高，致使 IPMC 变形增加，这一阶段表面电阻发挥主要作用。随着含水量进一步减小，样本弹性模量持续增加和电容值继续减小，表面电阻减小幅值则不大，导致 IPMC 总体变形减小，这一阶段弹性模量和电容值起主导作用。

10.2.3　空气湿度对 IPMC 稳定性的影响

由于 IPMC 性能受内部含水量的影响，显然，如果 IPMC 在空气中工作，空气湿度会影响材料含水量的演化过程进而影响其稳定性。

为了认识空气环境湿度对 IPMC 电致变形特性的影响，首先需要弄明白不同空气湿度条件下 IPMC 的含水量及其变化规律。本节通过称重法测量不同湿度条件下 IPMC 的平衡含水量，即将 IPMC 试样放在一定湿度环境中，经过一段时间达到交换平衡后测量其平衡质量 m_{RH}，以经过 12h 80℃的真空干燥处理后的平衡质量作为干态质量 m_{dry}，利用式(10-2)计算 IPMC 不同条件下的平衡含水量。测量结果如图 10.11 所示。由图可以看出，IPMC 的平衡含水量随着相对湿度增加而增大。

$$w=\frac{m_{RH}-m_{dry}}{m_{dry}} \tag{10-2}$$

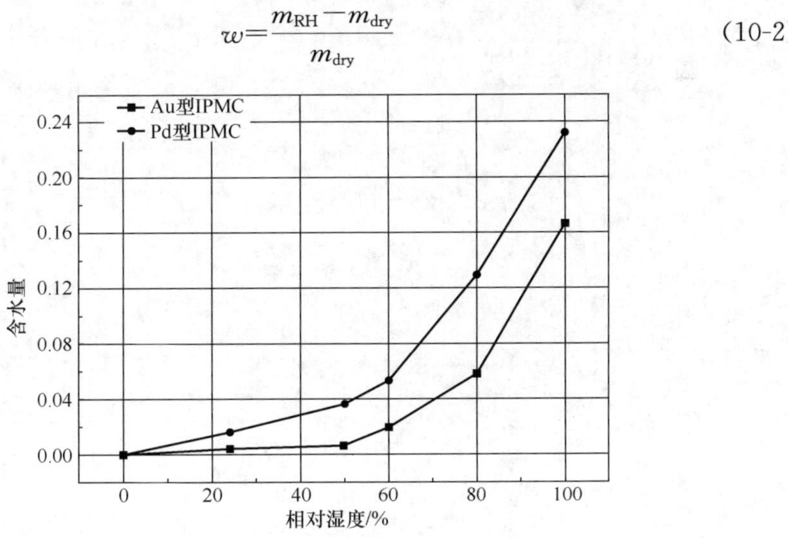

图 10.11　不同湿度条件下 IPMC 的平衡含水量

图 10.12 给出了 Au 型 IPMC 和 Pd 型 IPMC 变形随环境湿度的变化关系。由图可见，与 Pd 型 IPMC 不同的是，Au 型 IPMC 的理想变形的最佳湿度为 95%

RH左右，而Pd型IPMC最佳变形湿度环境为85%RH左右。从图还可以看出，在不同湿度条件下材料性能的差异性较大。通常空气中的湿度与天气变化季节等相关，湿度变化范围为30%～80%RH，因此，IPMC裸露置于空气中或在空气中工作，性能难以保证稳定。可见，为了确保材料性能的稳定性，保证其内部含水量的恒定尤为关键。

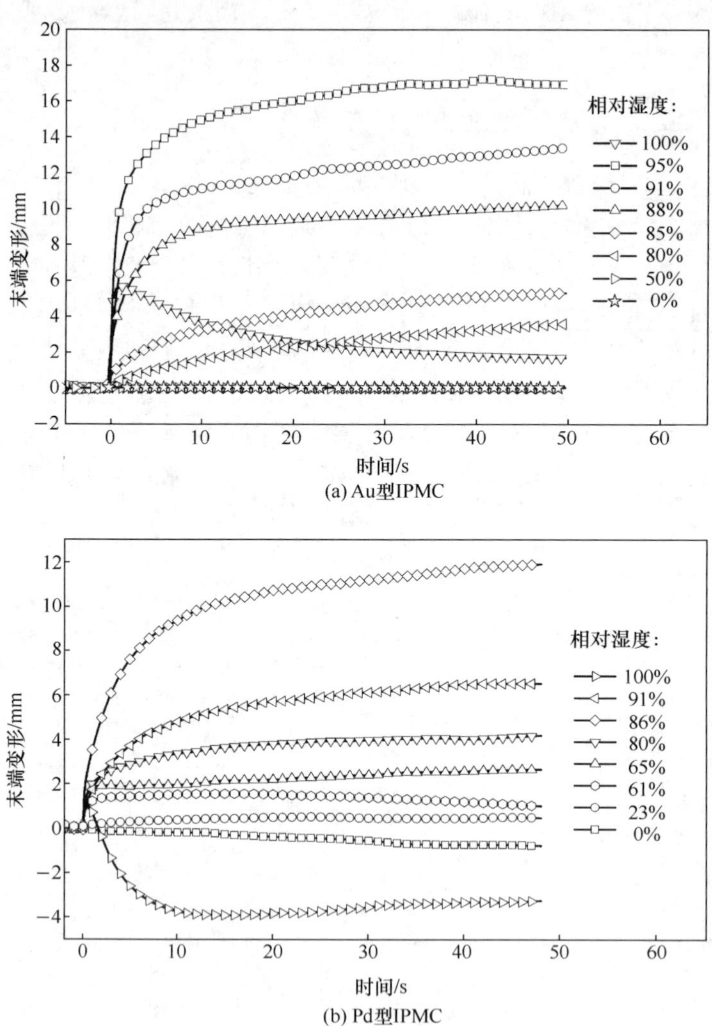

图 10.12　两种 IPMC 环境湿度与变形的依赖关系

10.3　驱动离子与溶剂种类对 IPMC 稳定性的影响

除了电极和含水量，驱动离子和溶剂种类也会对 IPMC 的稳定性产生重要影响。目前常用的驱动离子包括碱金属离子（Li^+、Na^+、K^+、Rb^+、Cs^+ 等），有机铵离子[四甲基铵离子（TMA^+）、四丁基铵离子（TBA^+）、$(CH_3)_4N^+$、$(CH_5)_4N^+$]等[7,8]，不同驱动离子具有不同的离子半径，它是影响 IPMC 力电响应的重要因素。用于 IPMC 中的溶剂主要有水、乙二醇、甘油、冠醚和离子液体等[9]，不同溶剂对 IPMC 的性能影响也不同。本节主要针对驱动离子与溶剂种类对 IPMC 稳定性的影响进行介绍。

10.3.1　驱动离子对 IPMC 稳定性的影响

1) 驱动离子对 IPMC 物理属性的影响

如前所述，IPMC 制备结束后，需将 IPMC 浸泡到高浓度的酸溶液中交换成 H^+ 形式，然后在含有一定离子浓度的相应溶液中进行离子交换，这时 IPMC 才具有驱动能力。一般而言，不同尺寸大小的驱动离子进入 IPMC 内部，改变了 IPMC 的组成成分，势必对 IPMC 造成一定影响。Nemat-Nasser 等[8]介绍了含有不同碱金属离子的 Nafion 材料的干态密度、体积增量（含水前后）以及微纳尺寸下材料内部的离子簇半径，见表 10.2。由表可以看出，随着离子半径尺寸的增大，Nafion 材料的干态密度增加，体积增量和离子簇尺寸反而减小，由于 IPMC 与 Nafion 材料的区别仅是是否具有金属电极，因此，上述规律也适用于 IPMC。

表 10.2　不同阳离子种类所对应的特征参数

阳离子种类	H	Li	Na	K	Rb	Cs
干态密度/(g/cm^3)	2.075	2.078	2.113	2.141	2.221	2.304
体积增量/%	69.7	61.7	44.3	18.7	17.9	13.6
离子簇半径/nm	4.74	4.49	4.21	3.45	3.56	3.5

进一步测试材料的弯曲刚度发现，随着驱动离子的尺寸增加，Nafion 膜的弯曲刚度逐渐增大，见表 10.3；而对于 IPMC，弯曲刚度增加的趋势并不明显。这可能是由于附着的电极作用降低了离子尺寸的影响，并且这种趋势与材料的含水量关系不大。

表 10.3　干湿状态下不同离子种类的 Nafion 和 IPMC 的弯曲刚度

阳离子种类		H	Li	Na	K	Rb	Cs
Nafion	湿态	—	70	80	120	—	210
	干态	—	300	500	1010	850	1200
IPMC	湿态	140	90	90	70	—	190
	干态	340	650	—	—	—	1270

2）驱动离子对 IPMC 变形性能的影响

图 10.13 给出了 Na^+（碱金属离子）和 $(C_4H_9)_4N^+$ 烷基铵盐离子作为驱动离子的 IPMC 的变形特性。从图中可以看出，方波电压下，碱金属驱动的 IPMC 具有松弛特性，并且响应速度较快，在毫秒级别；对于烷基铵盐离子驱动的 IPMC，其松弛现象消失，但是响应速度明显变慢，在秒级别。Nemat-Nasser 和 Asaka 等[7,10]认为阳离子在 Nafion 膜内移动会受到离子簇的限制，对于较小尺寸的碱金属离子，它们在离子簇中运动时受到的阻力较小，在外加电场的作用下，很快从阴极侧迁移到阳极侧；而对于大尺寸的烷基铵盐离子，其运动会受到离子簇的极大限制，进而导致了其缓慢的响应速度。从位移幅值上可以看出，后者明显高于前者，显然这也是由于驱动离子尺寸的影响，IPMC 的弯曲变形主要是由于两侧的不均匀溶胀而发生变形的，尺寸较小的碱金属离子最终引起的 IPMC 两侧溶胀率的差值必然小于烷基铵盐离子所引起的变化。可见，对于 IPMC，小尺寸的驱动离子能够获得快速响应的 IPMC，然而具有严重的松弛现象以及变形较小的缺点；大尺寸的驱动离子有利于获得位移性能相对稳定且变形较大的 IPMC，当然也牺牲掉 IPMC 快速响应的特性。因此，在 IPMC 应用中，可根据实际性能的需求选择适当的驱动离子。

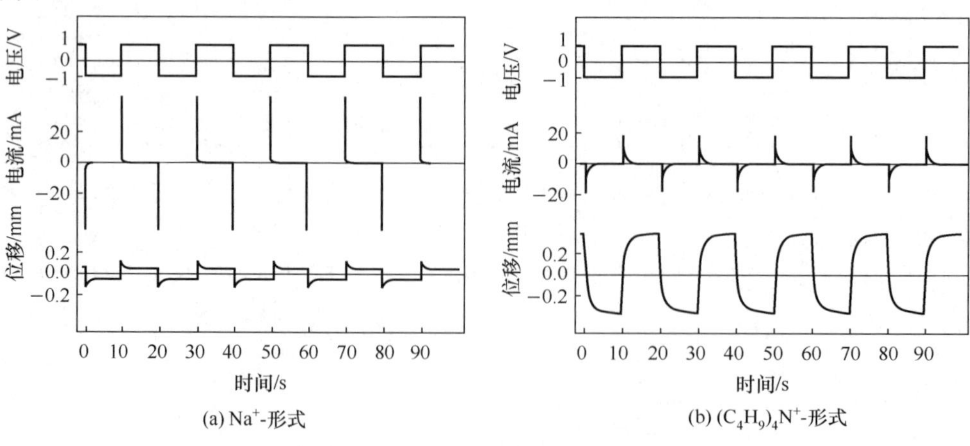

图 10.13　Na^+ 和 $(C_4H_9)_4N^+$ 驱动的 IPMC 的变形特性

10.3.2　溶剂种类对 IPMC 稳定性的影响

虽然以水作为溶剂的 IPMC 响应迅速，但它在直流电压下的响应会发生松弛效应；此外，水溶剂的窄电化学窗口（高于 1.23V，水将发生电极）以及在空气中的挥发性使 IPMC 应用受到一定限制。因此，许多研究者尝试寻找新的溶剂以取代水。

Nemat-Nasser 等[9]最先介绍了乙二醇作为溶剂对 IPMC 稳定性的影响。乙二醇在室温下的黏度比水高约 16 倍，比水的分子量更大，且属于极性分子，因此可以用于 IPMC 的溶剂。表 10.4 所示为乙二醇的典型特性。

表 10.4　乙二醇的典型特性

密度(20℃)/(g/cm^3)	分子量/(g/mol)	介电常数(20℃)	黏度(25℃)/cP*	熔点/℃	水溶性(17.5℃)
1.1088	62.07	41.4	16.1	−13	10g/100ml

* 1cP＝1mPa · s。

本节给出两种将乙二醇作为溶剂的形式，一种是离子液体和乙二醇的混合溶剂，其体积比为 2∶1；另一种是纯乙二醇溶剂。在直流电压作用下两种形式溶剂作为传输介质的响应，如图 10.14 所示。

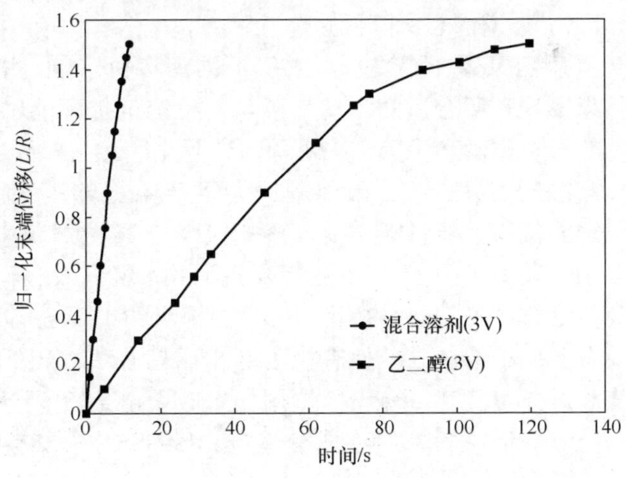

图 10.14　用乙二醇与离子液体混合溶剂作为传输介质在直流下的响应

从图 10.14 可知，采用乙二醇作为溶剂，响应速度很慢但无松弛现象发生，但乙二醇溶液对 Nafion 膜的溶解度过大，容易对材料的金属表面有拉伸损伤，会导致溶剂泄漏而影响其致动性能。采用离子液体与乙二醇的混合溶剂，可以减少金属表面的损伤，从而使材料的寿命大大增加，位移响应也相对单纯的乙二醇溶液有增大的趋势，其机理是离子液体的阳离子迁移，携带着更多的乙二醇分子，导致其位移增大。表 10.5 给出了两组实验的性能比较结果，其中测试样本的尺寸为 20mm×5mm，驱动电压 3V。

表 10.5 乙二醇和乙二醇与离子液体 EMI-Tf 的混合溶剂的性能比较

试样	响应速度		变形		稳定性
	响应时间/s	速度/(mm/s)	最大位移/mm	最大位移（归一化）	
混合溶剂	10	3	30	1.5	无松弛
纯乙二醇	120	0.25	30	1.5	无松弛

Farinholt 等[11]采用丙三醇与水的混合溶剂作为传输介质，发现随着丙三醇体积比的增加，松弛现象减缓，当丙三醇占据混合溶剂的比例达到 90%时，其松弛现象消失。文中同时采用乙腈、醋酸丁酯作为溶剂进行研究，发现其在短时间内无反向变形的情形，但是醋酸丁酯在空气中容易挥发，显然不适合长时间工作。Chia 等[12]在其文献中将丙三醇作为溶剂，发现在空气中测量环境对其影响很小，基本能够保持其原有的变形量不变。韩国 Nam 等[13]分别使用 1mol/L 的重水、DMSO（二甲基亚砜）、NMP（甲基吡咯烷酮）、DMF（二甲基甲酰胺）和 PEG200 作为溶剂。结果表明，重水和 1mol/L DMSO 能够提高电解稳定性，但使用这些溶剂的 IPMC 变形性能相比水来说都有所降低。

Zamani 等[14]采用乙二醇、丙三醇、冠醚等不同的有机溶剂，测定了其在直流激励下的响应，结果发现采用合适的驱动离子与有机溶剂搭配能够获得较好的稳定力学性能。例如，材料驱动离子为 Li^+ 或者 Na^+ 且采用丙三醇作为溶剂时，其加载电压与位移呈现较好的线性关系；采用 Na^+ 为驱动离子与 15-冠醚-5 作为溶剂时，能够获得较稳定的位移性能且无松弛，而采用 K^+ 与 15-冠醚-5 进行搭配，其稳定性急剧下降，采用驱动离子 Li^+ 与 12-冠醚-4 搭配并不能有效缓解松弛现象。

如前所述，离子液体是另外一种替代 IPMC 内部水的重要溶剂，它完全由离子组成，室温下呈液态。离子液体同其他有机溶剂相比具有蒸气压低、毒性小、热稳定性好、不易燃烧和爆炸等优势。离子液体用作 IPMC 溶剂，由于其不易挥发，具有较好的稳定性，能够保证材料的组成成分稳定。Bennett 等[15]首次采用离子液体尝试解决 IPMC 的位移松弛问题，并且在 2005 年申请了美国专利。

目前文献中采用的离子液体有 BMI-PF_4、BMI-BF_6、BMI-BF_4、EMI-PF_4、EMI-Im、EMI-Tf 等，基本处理步骤如下。

(1) 去除材料内部的水分：将制备好的 IPMC 置于干燥箱中真空干燥>6h。

(2) 量取适量的离子液体，将去除内部水分的 IPMC 置于离子液体中进行浸泡，并进行超声处理，浸泡时间大于 6h。

(3) 将浸泡离子液体后的 IPMC 置于真空干燥箱中 75℃进行干燥，时间>6h。

图 10.15 所示是选取离子液体 EMI-Tf 作为 IPMC 的溶剂，按照上述步骤对 IPMC 进行处理后，在 2V 电压下测量的 IPMC 变形行为，其中将水溶剂 IPMC 作为对照组。从图中可以看出，直流电压下 IPMC 以水作为溶剂时存在明显的松弛变形，而采用离子液体替代水作为溶剂之后，在直流电压下 IPMC 的松弛变形消失，但材料响应速度明显变慢，在 50s 后达到的位移为 3mm，相对于水溶剂 IPMC 的阳极最大变形有所衰减。由于离子液体相对于水能够承受更高的驱动电压，将试件的加载电压提高到 6V，材料的响应速度明显变快，并且输出位移增加到 4mm，与水溶剂 IPMC 在 2V 时的变形位移大小相当。

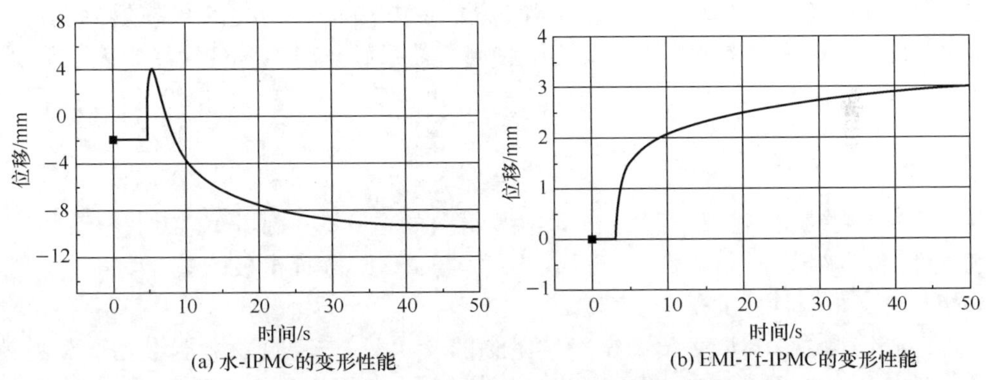

(a) 水-IPMC的变形性能　(b) EMI-Tf-IPMC的变形性能

图 10.15　不同溶剂类型 IPMC 的直流位移响应

通过比较不同离子液体作为溶剂的 IPMC 发现，采用阳离子型为 BMI^+ 的离子液体相对于 EMI^+ 的离子液体作为溶剂时，位移较大，响应更加迅速；而 BMI-BF_6 比 BMI-PF_6 的位移大且响应迅速。

Kim 等[16]对离子液体与水作为溶剂的 IPMC 输出机械效率进行了比较，发现采用水作为溶剂机械效率低，一般为 3%到 4.5%，而采用离子液体高达 20%。由于离子液体在常温下不易挥发，能够适应各种复杂的环境。Bennett 等[15]对离子液体作为传输介质的寿命进行了研究，发现其循环次数明显高于水及有机溶剂。

一般水作为溶剂时，考虑到水解作用驱动电压需限制在 3V 以内，离子液体作为溶剂时，驱动电压可以适当提高到 8V 以内。然而，离子液体作为溶剂也有缺陷，由于其具有较大的黏度，离子液体的阳离子一般为咪唑类有机阳离子，具有较大的尺寸，因而在电场力的驱动下，质子传导率较低，相对于水作为溶剂位移响应速度变慢，到达最大位移需要的时间较长。

总而言之，离子液体作为溶剂，由于稳定性好，寿命长，无松弛等独特的优势，从而在对上述性能有要求的应用场合具有潜力。目前韩国已经将其应用到光学镜头的驱动中，其为 IPMC 在驱动器方面的应用展示了前景。

10.4 IPMC的封装工艺

由前面分析可知,IPMC如果在空气中工作,会由于与环境湿度的交换而发生失水现象进而影响其性能稳定性,因此,对其进行封装以防止失水是必需的。

国内外一些学者对IPMC的封装工艺进行了研究。Kim等采用了Parylene膜对IPMC进行封装以保持其含水量[17];马春秀等探讨了对IPMC表面涂抹密封油进行封装[18];Barramba等则采用Dowcorning 3-4154介电凝胶对IPMC进行封装[19],以获得长期工作的稳定性。不同的封装方法具有不同的封装效果,且给IPMC带来的影响也不同。本节介绍一种封装效果好且对IPMC性能影响小的套子封装工艺。

10.4.1 IPMC封装方式的确定

IPMC封装工艺探究过程首先是封装材料的选择。一般来说,封装材料要求气密性高,弹性模量低,柔性,自身稳定性高,与IPMC表面电极的黏合度高。一般采用具有高阻隔特性的聚合物膜。

在确定封装材料后必须确定封装时刻的含水量,以保证材料封装后无松弛。前面的分析表明,IPMC随着含水量的减少材料存在着无松弛现象和最佳变形性能两个点,图10.16是其示意图。图中,①②③点对应的含水量不一样。当封装前的含水量小于图中②所对应的含水量时,材料封装后便能够取得无松弛现象发生的变形效果;当封装前的含水量大于或小于图中③所对应的含水量时,就不能取得最大变形。因此,准确控制材料的内部含水量在图中③点,便能获得大变形且无松弛的材料。

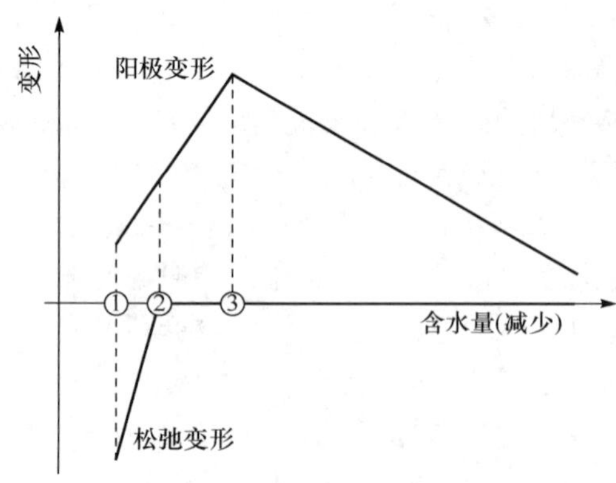

图10.16 含水量减少过程中阳极变形和松弛变形演变示意图

当然，不同类型的 IPMC 在图 10.16 中的①②③点对应的含水量不一样，本节选择的封装对象是 Pd-Nafion 117 型 IPMC，图中①②③对应的含水量分别是 $W_{t1}=21\%$、$W_{t2}=14.1\%$、$W_{t2}=10.76\%$，因此，对于此材料，封装时材料的最佳含水量为 $W_{t2}=10.76\%$。

封装方式可以采用如图 10.17(a)所示的紧密贴合方式封装，其简化后的封装过程分别为：将待封装的 IPMC 放于两层涂有黏结剂的封装膜之间，然后将两层封装膜压紧贴合并引出电极。

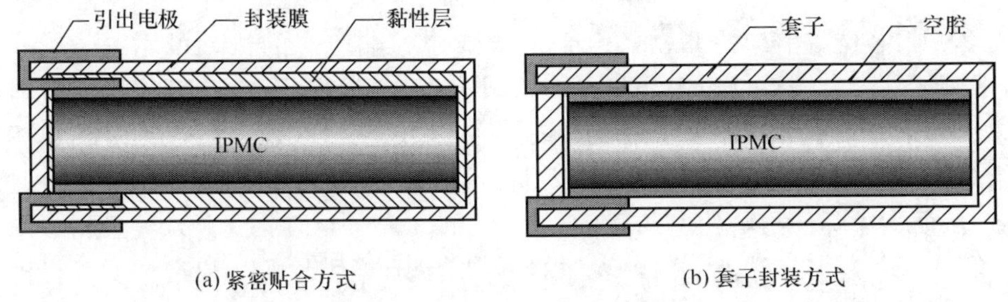

(a) 紧密贴合方式　(b) 套子封装方式

图 10.17　不同的封装方式

另一种封装方式是如图 10.17(b)所示的套子封装方式，其简化后的封装过程为：首先制作与待封装 IPMC 同等大小的套子，然后将 IPMC 放入套子内，引出电极并采用黏结剂封口。

为了比较这两种封装方式的优劣，本节对其进行简单的数值计算。分析中设定 IPMC 的弹性模量为 200MPa，封装膜的弹性模量为 1GPa，其他条件保持一致，分别向 IPMC 的电极表面施加 0.001N/m^2 的等效分布力载荷，其位移响应结果如图 10.18(a)和(b)所示。

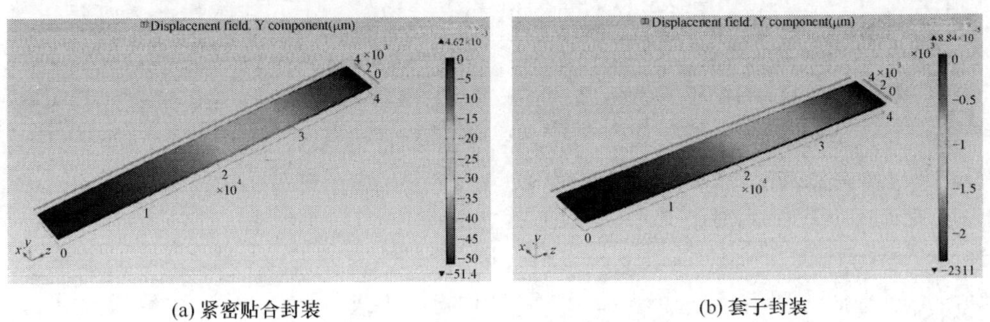

(a) 紧密贴合封装　(b) 套子封装

图 10.18　两种封装方式的位移响应

由图可以看出，两种封装方式的 IPMC 末端位移数值模拟结果分别为 51.4μm 和 2311μm。可见，套子封装的 IPMC 位移响应要比紧密贴合方式封装的 IPMC 高出接近 45 倍。

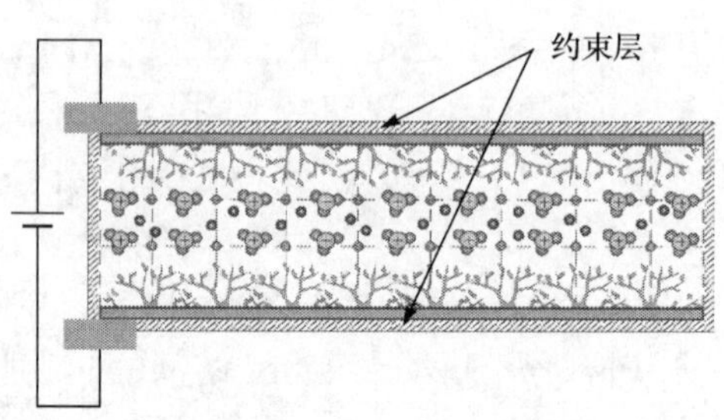

图 10.19 紧密贴合方式

套子封装位移响应比紧密贴合封装方式位移响应高的机理可用图 10.19 解释，即密切贴合方式致使电极层与封装层成为一体，根据 IPMC 变形机理：材料内部离子和水分子迁移导致上下两个表面的不均匀溶胀，而紧密贴合的阻隔膜相当于给 IPMC 施加了一层约束，那么必然限制 IPMC 一侧的收缩，同时限制另一侧的溶胀，从而大大降低材料的弯曲变形。比较而言，套子封装方式并未约束材料内部离子和水分子迁移导致上下两个表面的不均匀溶胀，因此，变形性能要明显优于紧密贴合的封装方式。

10.4.2 不同驱动离子 IPMC 的含水量与其变形关系

不同离子影响饱和含水 IPMC 变形性能的研究表明，离子电荷、半径和水合数等对变形的性质和幅度均有影响。从离子水合特性探讨变形特性及机理，选择具有相同电荷数的碱金属离子 Li、Na、K 和 Cs，制备好的 Nafion-IPMC 样品分别经过 0.2mol/L 相应的氢氧化物浸泡，获得对应离子型 IPMC。

通过给不同离子型 IPMC 施加连续等间隔直流电压测量其变形响应，获得如图 10.20 所示变形响应图。不同离子型 IPMC 的变形响应都表现出与 10.2.2 小节中相似的特性规律，差异在于不同的风干变形趋势。不同含水量测点整体上来看，不同 IPMC 阳极变形大小顺序为 Li＞Na＞K＞Cs。但是，获得的实验数据中 Na-IPMC 在 400s 处比 Li-IPMC 在 600s 处的最大阳极变形要大，是由于实验选择的测点不能保证恰好为该材料发生最大变形时的含水量点。

图 10.20 也给出松弛消失的大概时间范围，可进一步通过称重实验确定临界含水量。将 IPMC 从去离子水中取出，擦去表面明水后夹持在测试平台夹具上测试其变形，测试结束后迅速取下放入称量瓶，称量该时刻湿重；如果发生松弛现象，则浸泡吸水后重新夹持并经过 Δt(约 50s)时间后再进行测试，并再次称量湿重，重复这一过程并累加 Δt 时间，直至不发生松弛；在松弛与不松弛确立的时刻中间，再次测量变形与湿重。采用这种方法确立的松弛临界含水量如图 10.21 所示，其中点为饱和含水量，而块为临界含水量范围，方块上下边界确立临界含水量范围。随着离子的原子序数增加，饱和含水量和临界含水量都呈一种线性递减关系，证明了松弛特性与含水量的紧密相关性，进而可以指导 IPMC 的封装工艺。

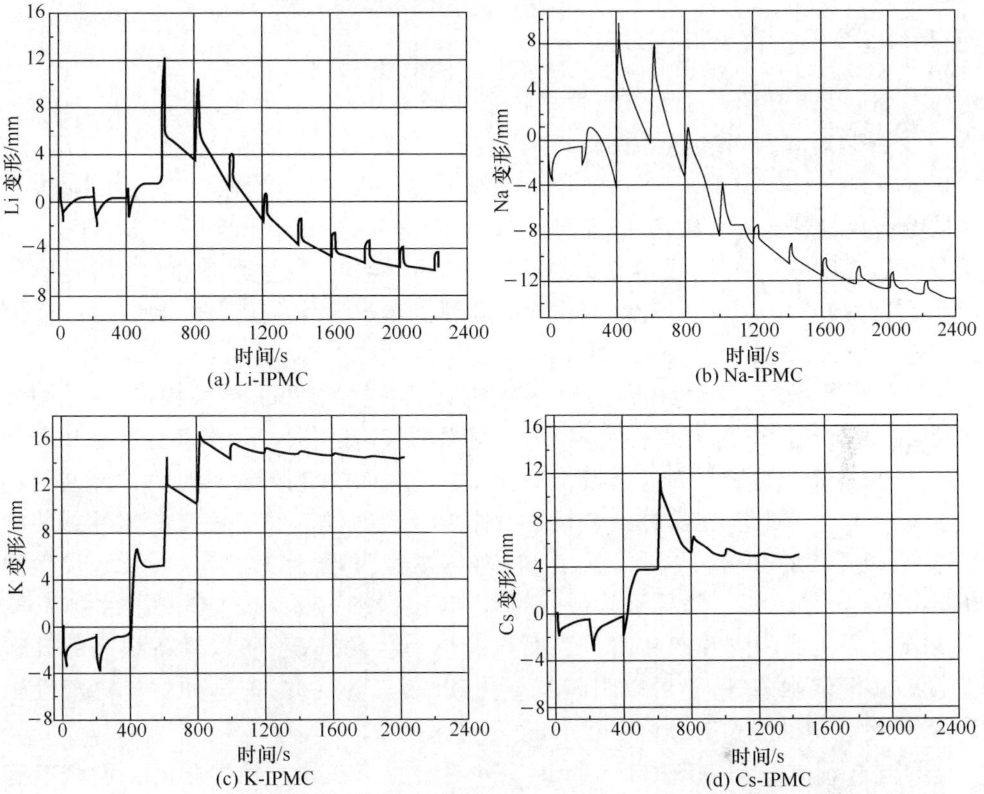

图 10.20 不同离子型 IPMC 连续工作时变形演变

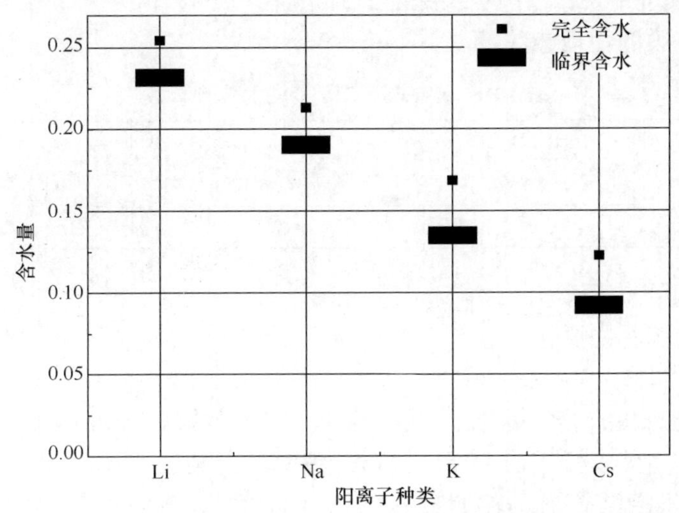

图 10.21 不同离子型 IPMC 的饱和含水量和松弛变形临界含水量(块状确定上下边界)

10.4.3　IPMC 的套子封装工艺

本小节重点介绍基于高气密性材料套子封装 IPMC 的封装工艺。

1）封装时间和封装材料的确定

本节封装对象为 Pd-Nafion 117 型 IPMC，由 10.4.1 小节可知，其达到最大变形且无松弛的最佳含水量是 10.76%左右。根据 10.2.2 小节实验可知，对于 Pd-Nafion 117 型 IPMC，在去离子水中浸泡时间＞12h 后达到饱和含水态，取出 IPMC 样片放置于空气中，大约 10min 时即达到最佳含水量，因此，封装时间点取出 10min 较为合适。

如前所述，选择 IPMC 的封装材料要求其具有气密性高、弹性模量低、热塑性好及自身稳定性高等特点。然而实际上，材料的气密性与模量、热塑性往往相互矛盾，即气密性高的封装材料通常模量高、热塑性差，而模量低、热塑性好的封装材料一般气密性差。因此，在选择封装材料时需要综合考虑。对于现有的柔性封装材料，如聚四氟乙烯、PVC 膜、PE 膜（保鲜膜）等柔性膜，虽然其具有模量低、热塑性好的特性，但气密性不足，导致封装后的 IPMC 保水性较差，不适合制作封装套子；H-Barrier 系列高阻隔膜产品由于表面溅射了一层 SiO_x层，所以具备很高的气密性，不仅能阻隔水蒸气，还可以阻隔二氧化碳、氧气等气体，但这种材料热塑性较差，无法通过热封技术制作封装套子，也不宜采用。

美国 Amcor 公司生产的 Ceramis 系列封装膜只在聚丙烯薄膜的一面溅射有 SiO_x层，这种设计不仅使封装膜具有较高的气密性，而且未溅射 SiO_x 的一面具有较好的热塑性，能够满足作为封装套子的条件。表 10.6 为本节选择的 Ceramis CPP-004 封装膜的物理参数。

表 10.6　Ceramis CPP-004 的典型参数

厚度/μm	拉伸模量/MPa	水蒸气渗透率(WVTR)/(g/100in²/24h)	氧气透过率(OTR)/(g/100in²/24h)
18	217	＜0.0065	＜0.0065

2）封装工艺流程

套子封装工艺主要包括以下三个步骤。

（1）套子制作。

根据所要封装的 IPMC 尺寸，裁剪两片一定大小的 Ceramis CPP-004 封装膜，并在其中一片封装膜标记出 U 形热封线；将两片封装膜未溅射 SiO_x层的一面贴合，采用热封机沿贴合后的热封线进行热封处理，裁剪处理后得到可用于封装 IPMC 的套子，如图 10.22(a)所示。

(2) 引出电极。

引出电极使用铜箔材料，首先采用导电胶将两根引出电极与 IPMC 一端的上下表面分别黏结，然后将整体放入去离子水中充分浸泡，电极黏结后的结构如图 10.22(b)所示。

(3) 封装处理。

将充分吸水后的 IPMC 从去离子水中取出，用滤纸擦除表面明水，置于空气中等待 10min(含水量降至约 10%)后，迅速将其放入套子中，并使用黏结剂进行封口处理，得到封装后的 IPMC 如图 10.22(c)所示。

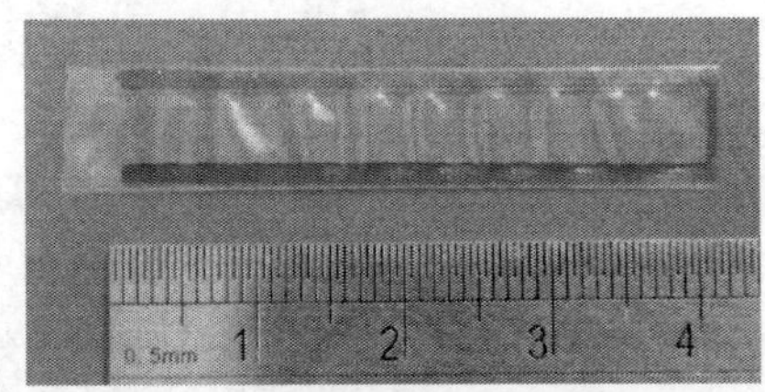

(a) 套子制作

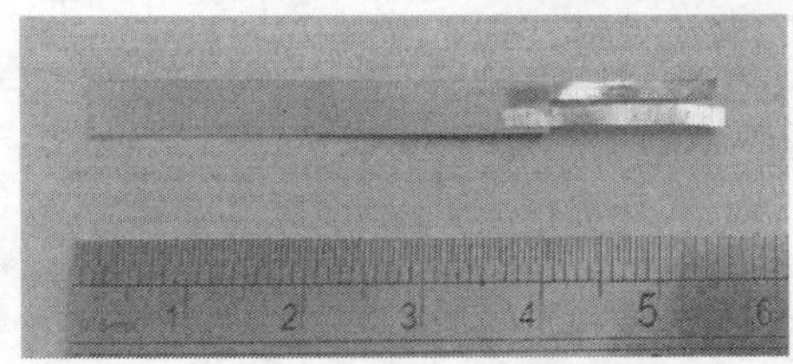

(b) 引出电极

(c) 封装后的IPMC

图 10.22　套子封装方式操作流程

10.4.4　IPMC 封装后性能

1) 不同封装方式的保水性比较

为了验证套子的封装效果，将无封装样本、单纯采取 PDMS 热固化封装样本、基于紧密贴合方式的高阻隔膜封装样本以及套子封装样本的保水性数据进行对比，如图 10.23 所示，其中图中数据进行了归一化处理，实验室环境湿度约为 50%。

从图中可以看出，无封装样本质量衰减迅速，经过 24h 后质量保持基本不变，显然，这是由样本中水分在空气中迅速挥发所导致的；对于 PDMS 封装的样本，PDMS 封装层减缓了样本中水分的挥发过程，但由于 PDMS 层阻隔能力有限，其质量仍在快速减少，经过大约一周的时间，样本与环境湿度交换平衡，质量不再发生变化；对于套子封装的样本，由于 Ceramis CPP-004 的高阻隔作用，样本的质量变化趋势不大，说明其有利于长时间维持 IPMC 的性能；采用 H-barrier 紧密贴合方式封装的样本质量变化最小，经过 10 天测试，其质量基本没有变化。表 10.7 给出了几种封装方式带来的厚度及弹性模量变化。由表可以看出，几种封装方式带来的厚度变化相差不大，但带来的弹性模量变化相差却很大，其中，H-barrier 紧密贴合方式封装样本的弹性模量超过了 2GPa，这将严重阻碍 IPMC 的变形性能。对于 PDMS 封装样本，虽然材料弹性模量的增加不大，但由于在空气中保水性一般，所以不宜采用。

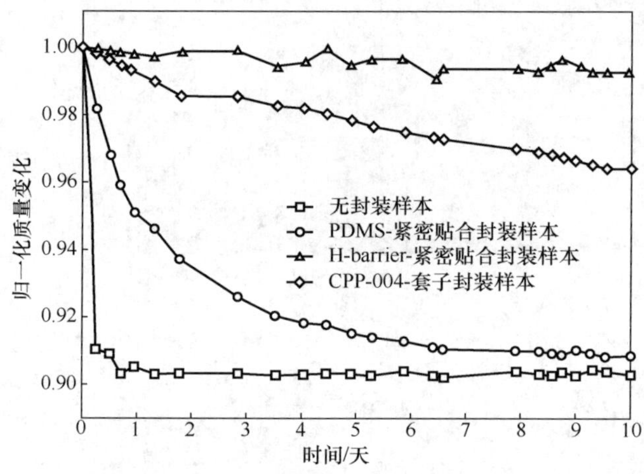

图 10.23　不同样本在空气中的质量变化

表 10.7　不同封装样本的厚度和弹性模量

参数	无封装	PDMS 固化封装	H-barrier-紧密贴合封装	CPP-004-套子封装
厚度/μm	195	260	250	238
弹性模量/MPa	664	732	2310	867

2）套子封装后 IPMC 变形性能

图 10.24 给出了采取 Ceramis CPP-004 材料、套子封装方式封装后，IPMC 在相同测试条件、不同测试时刻下末端位移的测试结果。

比较图 10.24(a)和(b)可以看出，封装前 IPMC 具有明显的松弛变形，最大变形为 4.62mm，通过控制内部含水量，封装后的 IPMC 的松弛变形基本消失，稳定变形约为 7.5mm。可见套子封装方式虽然部分增加了材料的弹性模量(表 10-7)，但仍然提高了 IPMC 的变形性能；从图 10.24(b)和(c)可以看出，封装 5 天时，材料性能有所衰减，稳定变形降到 6mm 左右。由图 10.23 质量变化图可知，套子封装样本长时间放置在空气中仍有少量的水分散失，但其变形特性整体变形趋势基本相同，即缓慢阳极变形后均存在轻微的松弛变形。从图 10.24(d)来看，材料封

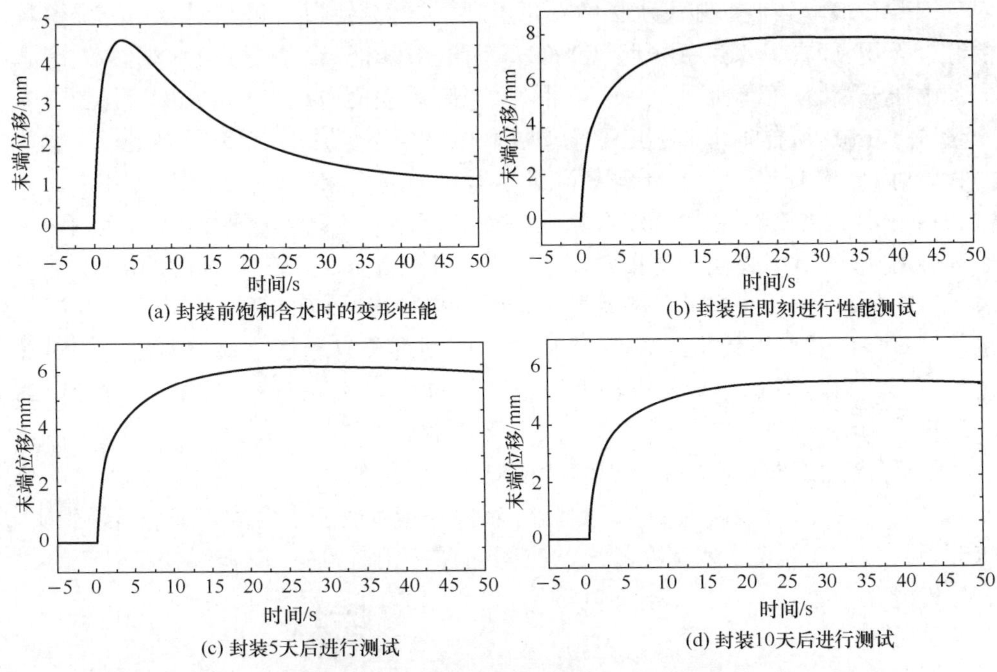

图 10.24 样本变形性能随时间的变化关系

装 10 天后松弛现象完全消失，但是变性能进一步降低，稳定变形约为 5.2mm，但仍高于饱和含水时的最大变形。

由以上分析可以看出，采用套子封装方式封装 IPMC 样本，对材料整体弹性模量影响较小，并且由于 Ceramis CPP-004 封装膜的高阻隔作用，大大降低了 IPMC 内部水分的挥发速度，保证样本的含水量在较长的时间内保持相对恒定，能够使 IPMC 样本获得较好的变形性能。

当然，进一步发现更好的封装方式及工艺是以后一个重要研究方向。

10.5 本章小结

本章首先分析了影响 IPMC 稳定性的因素，认为表面电极氧化和基体膜材料内部溶剂变化是 IPMC 性能不稳定的主要原因。为了有效防止氧化作用，本章给出一种利用活性电极材料包裹 IPMC、使活性材料发生电化学腐蚀而对 IPMC 表面电极进行防护的方法。结果表明，30 天内锡箔包裹的 Pd 型 IPMC 的表面电极电阻没有变化，证实了该方法的可行性。

然后，本章以水作为溶剂，重点介绍了 Au 型和 Pd 型 IPMC 性能随含水量的变化规律。指出在 IPMC 脱湿过程中，电容值和表面电阻减小而弯曲刚度增加。

对于 IPMC 的电致变形随失水量的变化出现先增大后减小,可归因于这三个参数的综合作用,即在失水过程初期,IPMC 表面电阻降低,致使沿 IPMC 样本长度方向的电压升高,从而增加了 IPMC 变形,这一阶段表面电阻发挥主要作用;随着含水量进一步减少,样本弯曲刚度逐渐增加和电容值逐渐减小,而表面电阻减小幅值不大,从而导致 IPMC 总体变形减小,此阶段弯曲刚度和电容值起主导作用。

接着,本章介绍了驱动离子和溶剂种类对 IPMC 稳定性的重要影响,重点阐述了碱金属离子、有机铵离子等以及用于 IPMC 中的溶剂对 IPMC 性能的影响;然后通过分析比较,指出小尺寸的驱动离子能够获得快速响应的 IPMC,然而具有严重的松弛现象以及变形较小的缺点,大尺寸的驱动离子有利于获得位移性能相对稳定且变形较大的 IPMC,当然也牺牲掉 IPMC 的快速响应特性。相比于水溶剂,离子液体作为溶剂,具有稳定性好、寿命长、无松弛等独特的优势。

最后,基于 IPMC 存在一个最佳含水量的现象,本章提出一种固定含水量的套子封装工艺,并对封装后的 IPMC 进行保水性和持续的变形性能测试。结果表明,该套子封装方法可使含水量在较长的时间内保持相对恒定,使 IPMC 获得较好的变形性能。

参 考 文 献

[1] 曲喜新,李言荣,恽正中. 电子材料导论. 北京:清华大学出版社,2001

[2] 吴维昌,冯洪清,吴开治. 标准电极电位手册. 北京:科学出版社,1991

[3] Nemat-Nasser S. Micromechanics of actuation of ionic polymer-metal composites. Journal of Applied Physics,2002,92(5):2899-2915.

[4] Shahinpoor M,Kim K J. The effect of surface-electrode resistance on the performance of ionic polymer-metal composite(IPMC) artificial muscles. Smart Materials and Structures,2000,9(4):543

[5] Punning A,Kruusmaa M,Aabloo A. Surface resistance experiments with IPMC sensors and actuators. Sensors and Actuators A:Physical,2007,133(1):200-2010

[6] Chang L,Chen H,Zhu Z,et al. Manufacturing process and electrode properties of palladium-electroded ionic polymer-metal composite. Smart Materials and Structures, 2012, 21(6):065018

[7] Onishi K,Sewa S,Asaka K,et al. The effects of counter ions on characterization and performance of a solid polymer electrolyte actuator. Electrochimica Acta, 2001, 46(8): 1233-1241

[8] Nemat-Nasser S,Wu Y. Comparative experimental study of ionic polymer-metal composites with different backbone ionomers and in various cation forms. Journal of Applied Physics, 2003,93(9):5255-5267

[9] Nemat-Nasser S,Zamani S. Experimental Study of nafion-and flemion-based ionic polymer metal composites(Ipmcs) with ethylene glycol as solvent. Smart Structures and Materials.

International Society for Optics and Photonics, 2003: 233-244

[10] Nemat-Nasser S. Micromechanics of actuation of ionic polymer-metal composites. Journal of Applied Physics, 2002, 92(5): 2899-2915

[11] Farinholt K M, Leo D J. Effects of counter-ion, solvent type, and loading condition on the material response of ionic polymer transducers. Smart Structures and Materials. International Society for Optics and Photonics, 2004: 1-11

[12] Chia C, Shih W P. Effects of water content on the actuation performance of ionic polymer-metal composites. Smart Materials and Structures, 2010, 19: 124007-1-8

[13] Nam B K, Yoo Y. Study on bending behavior of ionic polymer metal composites with various organic solvents and cationic species. Smart Structures and Materials. International Society for Optics and Photonics, 2005: 525-533

[14] Zamani S. The effect of various solvents on the mechano-electrochemical response of ionic electro-active composites. San Diego: Uiniversity of California, San Diego PhD, 2005

[15] Bennett M D, Leo D J. Ionic liquids as stable solvents for ionic polymer transducers. Sensors and Actuators A, 2005, 115: 79-90

[16] Kim D, Kim K J. Experimental investigation on electrochemical properties of ionic polymer-metal composite. Journal of Intelligent Material Systems and Structures, 2006, 17(5): 449-454

[17] Kim S J, Lee I T, Lee H Y, et al. Performance improvement of an ionic polymer-metal composite actuator by parylene thin film coating. Smart Materials and Structures, 2006, 15(6): 1540

[18] 马春秀，张玉军．Nafion/金属的制备及电形变性能研究．宇航材料工艺，2007，37(4)：34-36

[19] Barramba J, Silva J, Branco P J C. Evaluation of dielectric gel coating for encapsulation of ionic polymer-metal composite(IPMC) actuators. Sensors and Actuators A: Physical, 2007, 140(2): 232-238

第 11 章　IPMC 在光学装置及柔性操纵器中的应用

自从 IPMC 发现之日起,就伴随着大量的应用研究。鉴于 IPMC 具有优良的换能特性,低驱动电压下表现出优异的变形特征,并且能够结合不同的制备工艺制作成任意形状,因此广泛用于致动器、传感器和能量回收等装置的开发研究,主要涉及生物医学、航空航天、仿生学以及光学等应用领域。本章重点介绍 IPMC 在光学聚焦致动器和医学小型柔性操纵器方面的应用研究。

11.1　基于 IPMC 驱动的光学装置

11.1.1　光学镜头调焦的 IPMC 驱动结构

在光学系统中,致动器通常用来实现变焦、改变光路、聚光或散光等功能,是非常重要的部件之一。基于 IPMC 的独特优势,可以设计不同的致动器结构以满足上述功能。Lee 等报道了用 IPMC 作为致动器的便携相机聚焦模块[1],如图 11.1 所示,将 IPMC 裁剪成 U 形结构,镜头模组放置于对接的 U 形结构之上[图 11.2(b)],在电压驱动下,U 形结构的 IPMC 发生弯曲变形,从而将镜头模组托起,实现焦距的改变。这种结构对 IPMC 的输出力要求较高,并且驱动部位需要特殊的工艺处理。

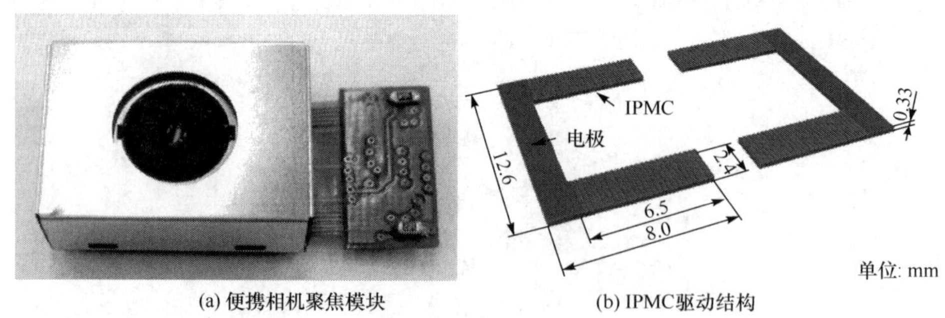

(a) 便携相机聚焦模块　(b) IPMC驱动结构

图 11.1　U 形 IPMC 光学镜头调焦驱动结构

随后,Kim 等提出了基于 IPMC 的钩形致动器驱动镜头运动[2],如图 11.2(a) 所示。4 片 IPMC 钩型致动器分布于运动部件周围,运动部件底部固定有弹性装置,当驱动 IPMC 时,钩型驱动器的输出力与弹性装置的弹力平衡,从而实现位置偏移,电压撤销,运动部件靠弹力恢复到平衡位置。在此基础上,Kim 通过热压工艺制备了具有一定曲率的钩形致动器，将其按图 11.2(b)组装，发现输出力增加到了 0.78N，远远高于传统片状 IPMC。另外，对四片钩形致动器分别施加不同的电压，可以实现运动部件的偏转，进而可模拟眼球的转动。

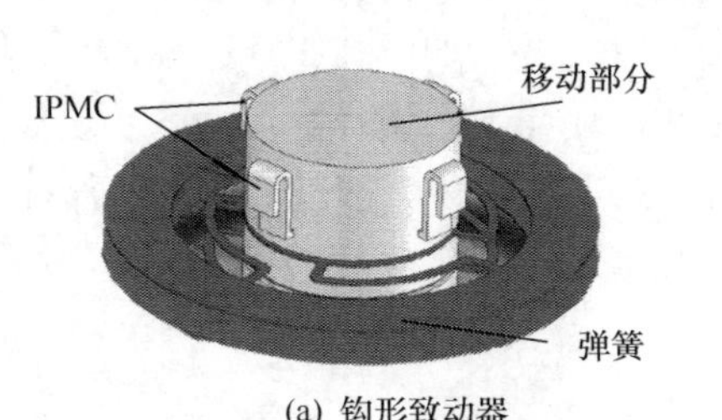

(a) 钩形致动器

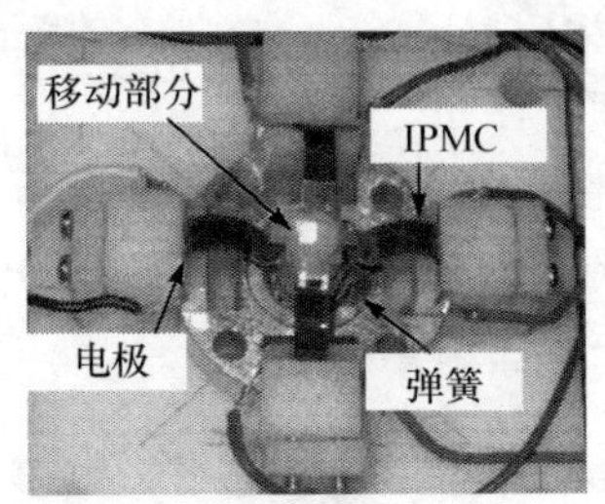

(b) 钩形致动器实物图

图 11.2　基于钩形 IPMC 驱动的调焦结构

Shimizu 等介绍了基于 IPMC 的液体变焦镜头[3]，如图 11.3(a)所示。将透明液体密闭在方形容器中，上部采用 PDMS 封装，中间留有类似瞳孔的孔隙，安装有上下可移动的圆滑盘，滑盘上方分布有片状 IPMC。当材料变形后压迫滑盘，滑盘挤压液体，导致孔隙部位 PDMS 凸起，从而产生具有一定曲率的表面。与此原理相同，EAMEX 公司最早开发了商品化的光学聚焦装置[4]，如图 11.3(b)所示，该装置采用凝胶做镜头，瓣形 IPMC 致动器压迫凝胶变形，导致凝胶表面曲率发生变化，从而改变凝胶镜头的焦距。

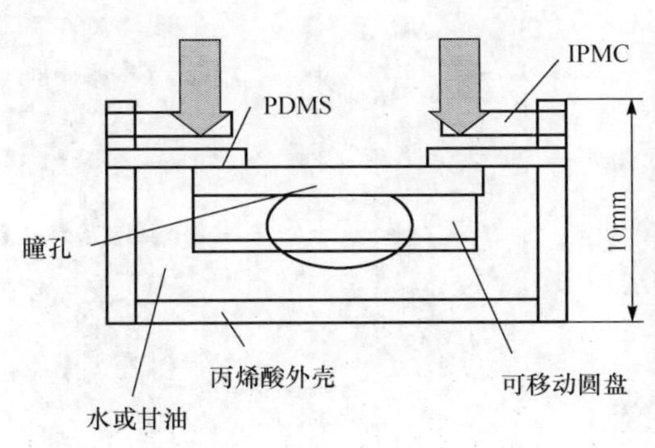

(a) 液体变焦装置

(b) 凝胶变焦装置

图 11.3　基于 IPMC 驱动的液体变焦结构

光束控制是 IPMC 光学应用的另一重要领域。Wei 等和 Tsai 等利用 IPMC 开发了可变形镜面[5-8]，结构如图 11.4(a)所示，当向 IPMC 三个臂状凸出位置施加电压时，将导致其另一端产生弯曲变形，此时光束照射到材料表面，光束会发生汇聚现象。制备 IPMC 工艺中，一个必要环节是表面糙化，这不利于形成光滑的镜面。因此，当用于可变形镜面时，获得的 IPMC 表面需要经过特殊处理。Feng 等设计了光纤维导向装置，主要用于眼部手术辅助设备[9,10]。如图 11.4(b)所示，四面镀有电极的柱状 IPMC，在不同的电压控制下，能够产生不同方向的弯曲变形，从而带动包埋于基体膜内部的光学纤维实现转向。这种柱状结构的 IPMC 主要通过铸膜工艺制备。Yun 等利用 IPMC 设计了一种微镜旋转控制装置[11]。为了增大旋转角度，IPMC 制作成半圆形，两片对称布置，如图 11.4(c)所示。测试表明，2V 电压下，微镜旋转角度超过 10°，展现了角度控制的独特优势。在此基础上，EAMEX 公司设计了一款商业化产品，如图 11.4(d)所示，该产品以结构设计为突破，实现了多向光束控制，不过偏转角度降低到 2.9°，角度响应速度为 14.13°/s。

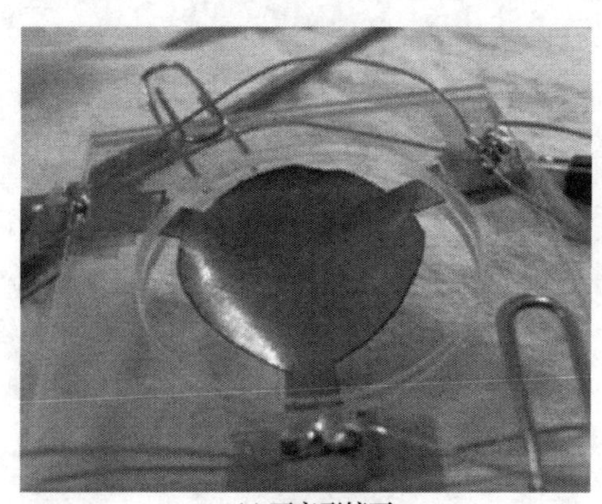

(a) 可变形镜面

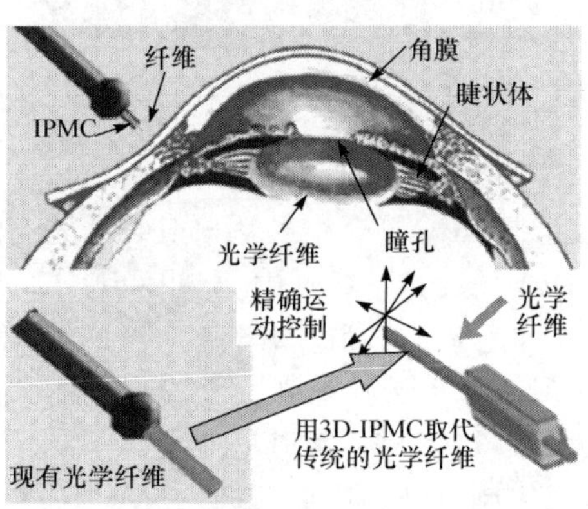

(b) 光纤维导向装置

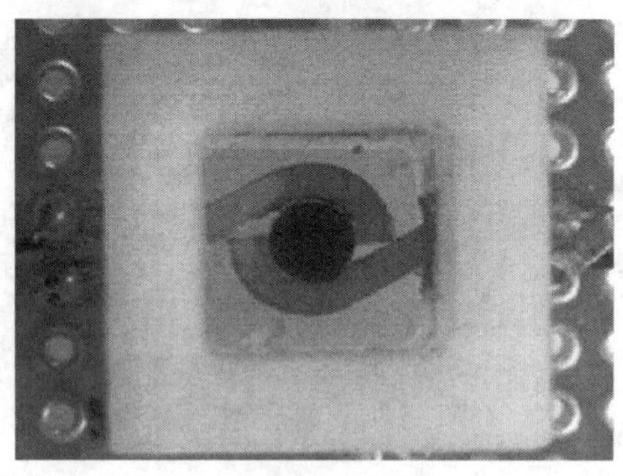

(c) 微镜旋转控制装置

(d) 多方向光束控制装置

图 11.4 基于 IPMC 的光束控制装置

11.1.2 新型 IPMC 直线驱动器

相机的调焦方式因光学系统的不同而各有差异[12]，目前实际应用于手机相机光学镜头驱动系统中的调焦元件主要有音圈马达（VCM）、步进马达和超声波马达等。

图 11.5 分别给出了三种调焦元件的驱动结构[13-15]。如图 11.5(a)所示，音圈马达的驱动原理是利用来自永久磁钢的磁场与通电线圈导体产生的磁场，使磁极间的相互作用产生有规律的运动；步进马达是直流无刷马达的一种，具有如齿轮状凸起相契合的定子和转子，如图 11.5(b)所示，可借助切换定子线圈中的电流，以一定角度逐步转动的马达；超声波马达是基于功能陶瓷产生超声波频率的振动实现驱动的驱动器，如图 11.5(c)所示，由于激振元件为压电陶瓷，所以也称为压电马达。

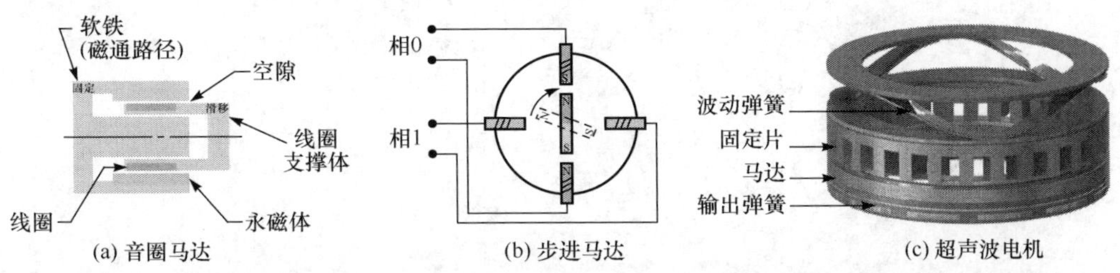

图 11.5　不同相机光学系统的驱动结构

鉴于 IPMC 具有质量轻、驱动电压小的优势，本节借助现有的镜头自聚焦结构形式，给出一种新型瓣形和环形结构的 IPMC 驱动器，并以此为对象给出理论分析、结构优化及实验结果，为将 IPMC 应用于实际光学镜头的驱动奠定基础。

1. IPMC 新型直线驱动器的构型设计

对于照相机或其他光学仪器，光学调整焦距的过程是通过镜头与物体的位置发生变化而实现的。理想凸透镜成像公式如下[16]：

$$\frac{1}{u}+\frac{1}{v}=\frac{1}{f} \tag{11-1}$$

式中，u 为物距；v 为像距；f 为焦距。

改变镜头的焦距 f 称为变焦，也就是改变视角；改变像距 v，也就是改变镜头光心到底片平面距离的过程称为调焦或对焦。在光学镜头的自聚焦结构中，无论变焦还是调焦，其运动均为一种直线运动形式，因此，这就需要将 IPMC 典型的弯曲运动转化为直线运动。

IPMC 是一种柔性致动材料，可以方便地将其制作成各种形状以满足不同的驱动需求。为了实现由弯曲运动转变为直线运动的目的，本节设计了环形和瓣形两种形式的 IPMC 驱动器，其优势在于能够充分利用空间，产生更大的驱动能力，如图 11.6(a)和(b)所示。其中，点阵密集处为约束部分，点阵稀疏处为自由变形部分，内部空白处的材料均被切除。根据现有手机相机的结构尺寸，同时为了便于讨论，本节将驱动器的总体尺寸确定为：外圆直径 $\Phi_1=14$mm，虚线圆直径$\Phi_2=$

10mm;对于瓣形驱动器,瓣形边界为 NURBS 样条曲线,瓣形顶端到虚线圆圆心的距离设置为 $d=2\text{mm}$;对于环形驱动器,内圆直径初步设置为 $\Phi_3=4\text{mm}$。当向材料约束部分上下表面施加电压时,内部自由部分将会产生弯曲变形,如果将镜头模组放置到瓣形或环形驱动器中心位置,在材料变形部分的作用下,镜头模组便会产生沿驱动器轴线的直线运动,从而实现变焦或调焦过程。可见,IPMC 的弯曲变形能够直接转变成镜头模组的直线运动。

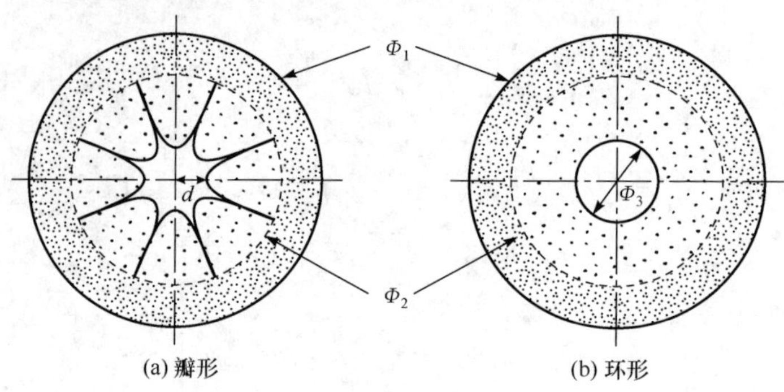

图 11.6 直线驱动结构设计图

2. IPMC 变形理论分析

1) 等效热模型的推导

正如前面几章所述,IPMC 的变形过程非常复杂,能够精确描述其变形过程的理论模型尚不完善。目前,在具体应用器件设计方面比较流行的理论模型主要是韩国 Konkuk 大学和美国 Nevada 大学的 Lee、Kim 等[17,18]提出的等效压电双晶片模型,国内清华大学的李龙土等[19]也对该模型进行了理论分析与实验验证。但是,对于本节给出的瓣形和环形复杂形状结构,此处利用等效热模型,通过有限元软件 ANSYS 中的等效热分析模块对其进行数值仿真分析。

等效概念是将压电变形与热变形等效,这样就可以借助压电理论与热分析的关系分析 IPMC 复杂结构的变形。在材料力学中,线(热)膨胀系数定义为单位温度变化下物体线性尺寸的变化率。在压电模型中,横向压电系数的物理意义是:在 z 向施加单位电场强度时,压电材料沿 x 方向的应变,如图 11.7 所示。由此可见,材料的线膨胀系数 α_1(下角标 1 指沿 x 方向)和横向压电系数 d_{31} 的定义很相似,均指材料受外界因素影响而改变尺寸,区别在于前者是在温度作用下变形,而后者是在电压作用下变形。因此,IPMC 在电压下的变形完全可以用材料在温度下的变形来等效。

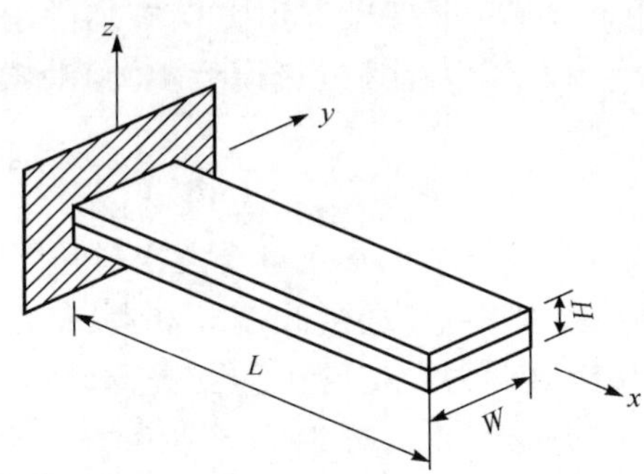

图 11.7　压电材料悬臂梁结构示意图

为了建立电压、横向压电系数、温度、线膨胀系数四个参数之间的等效关系，不考虑其他参数的影响，仅考虑横向压电系数 d_{31} 和等效线膨胀系数 α_1，使压电材料 z 向受单位电场强度变化所产生的变形等同于等效热膨胀材料受单位温度变化所产生的变形，用公式可表达为

$$d_{31}^{*}\Delta V_3/t=\alpha_1\Delta T \tag{11-2}$$

式中，d_{31}^{*} 为 IPMC 的等效横向压电系数；ΔV_3 为 IPMC 等效压电双晶片的 z 向电压；t 为 IPMC 等效压电材料的 z 向尺寸；α_1 为 IPMC 的等效线膨胀系数；ΔT 为 IPMC 等效热膨胀材料体上所受的温差。

设定等效压电双晶片上的 1V 电压对应于等效热膨胀材料上的 1℃温差，式(11-2)可简化为

$$d_{31}^{*}/t=\alpha_1 \tag{11-3}$$

在压电双晶片材料 z 向施加 2V 电压，由于该电压贯穿了上下两层压电晶片材料，而由式(11-3)计算的等效压电系数 d_{31}^{*} 是针对单层压电片的，因此式中 $t=H/2$。

根据等效压电理论进行计算，d_{31}^{*} 可以表述为

$$d_{31}^{*}=\frac{2H^2s}{3L^2V} \tag{11-4}$$

式中，s 为悬臂梁末端的位移；V 为上下表面施加的电压。

实验中制备的 IPMC 悬臂梁的结构尺寸为 $L=30\text{mm}$，$W=5\text{mm}$，$H=0.2\text{mm}$，当施加 2V 电压时，测得悬臂梁最大末端位移为 $s=7\text{mm}$。将以上参数代入式(11-4)，可推导出等效横向压电系数为 $d_{31}^{*}=1.037\times10^{-7}\,\text{m/V}$，取等效弹性模量为 $E_x^{E}=280\text{MPa}$，由此可以计算出等效线膨胀系数为 $\alpha_1=d_{31}^{*}/t=1.037\times10^{-7}/(0.1\times10^{-3})=1.037\times10^{-3}$，其中弹性模量保持不变。

值得注意的是，温度不同于电压，电压是施加在面上的，在相同的电压下，不同厚度材料中的电场强度不同，而温度是施加在体上的，材料的温度不会因为厚度的

变化而变化。因此，在压电双晶片悬臂梁厚度方向施加的电压为2V，对应到单层压电片上的电压值应该为1V，所以在等效热模型中，驱动器上施加的温度梯度应该为1℃。

2）数值优化分析

为了比较驱动器瓣数、半径等结构参数对最大变形性能的影响，本节选择瓣形数目n和环形内半径Φ_3为优化参数，通过改变n和Φ_3获得最优的变形性能。利用上面建立的等效热模型对这两种类型的驱动器进行数值分析，将瓣形组瓣形数目依此定为4、6、8、10、12；相应的将环形组环形驱动器内半径分别定为1.0mm、1.5mm、2.0mm、2.5mm、3.0mm。

有限元分析中单元类型选择大变形单元Solid 45。在后续实验测试中，驱动器需驱动30mg的镜头，为了保证理论分析与实验测试条件一致，模型中需施加同等外力，即向驱动器主动变形部分施加大小为3×10^{-4}N的压力。瓣形和环形驱动器约束部位固支，整体施加1℃的温度梯度，等效热模型的建模参数见表11.1。

表11.1　建模参数

参数	符号	数值
线膨胀系数	α	1.037×10^{-3}
密度/(g/cm³)	ρ	2.390
弹性模量/MPa	E	280
泊松比	μ	0.346
温度梯度/℃	ΔT	1

为了减小计算量，考虑到讨论对象的对称性特点，模型采用部分建模的方式，图11.8为八瓣形驱动器1/8模型和内径为2mm的圆环形驱动器1/4模型的分析结果，图11.9是末端位移随瓣形驱动器瓣数、环形驱动器内径变化的数值分析结果。

由图11.9可见，两种形状的驱动器位移性能都存在一个最优值，且瓣形驱动器总体位移性能高于环形驱动器。由图11.9(a)可见，随着瓣形数目的增加，位移并不呈现递增趋势，当瓣形数目为8时，瓣形驱动器达到最大位移0.56mm，其后反而降低；从图11.9(b)可以看出，当圆环内径为2mm时，环形驱动器存在最大位移0.26mm，当内径减小或增大时，位移反而降低。

3. 实验结果与讨论

由于IPMC具有柔顺性，对于复杂形状常规切割方法比较困难，本节采用激光切割技术切割IPMC。鉴于IPMC的吸水、失水特性，直接控制材料含水量较为困难，可以通过调节环境湿度来改变材料的含水量。

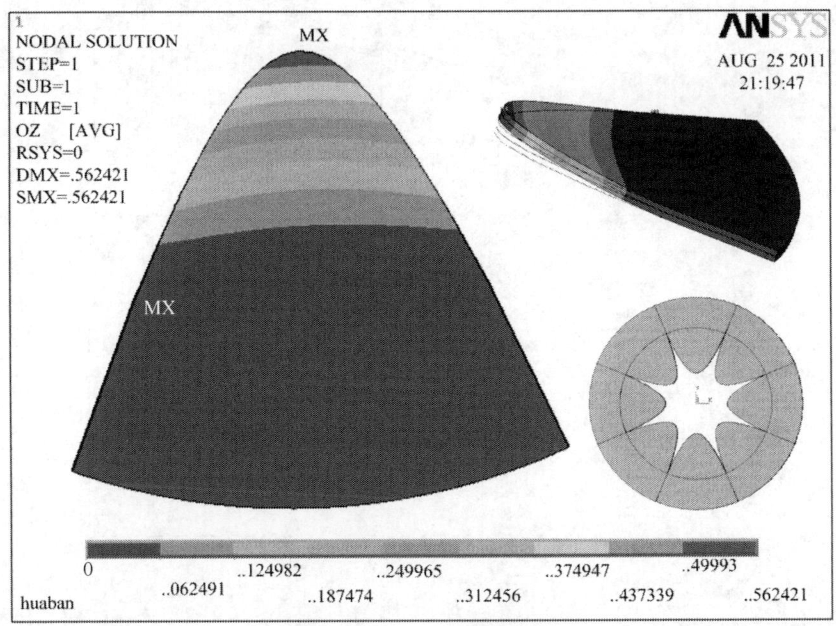

(a) 瓣形数目为8的驱动器分析结果

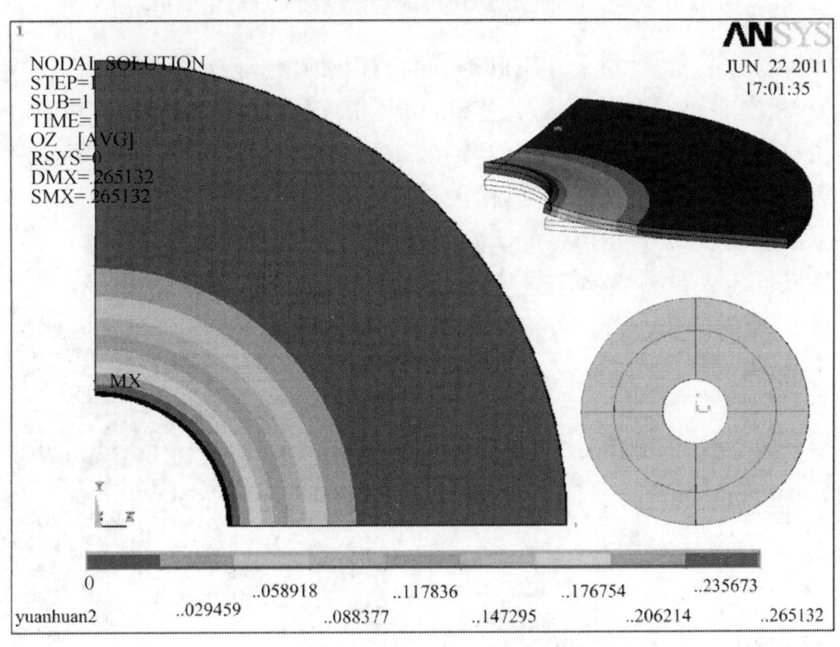

(b) 内径2mm的环形驱动器分析结果

图 11.8　ANSYS 仿真分析结果

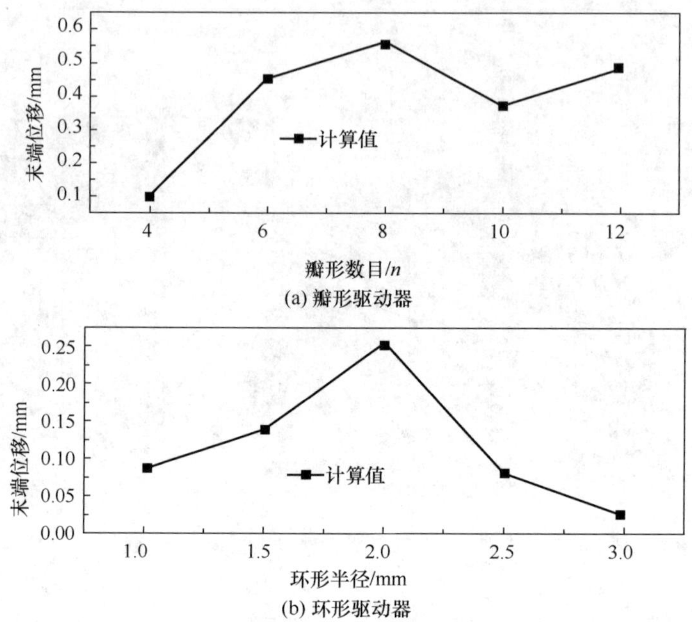

(a) 瓣形驱动器

(b) 环形驱动器

图 11.9　不同参数的瓣形、环形驱动器变形性能数值分析结果

具体实验方法为：针对上述不同形状的瓣形和环形驱动器，首先将其浸泡在去离子水中，浸泡时间不少于 30min，使材料充分吸水；然后置于特制容器中，控制环境湿度在 60%左右，放置时间不少于 10h，使驱动器内部的含水量与环境湿度达到交换平衡。在如图 11.10 所示的性能测试平台上测量 2V 直流电压下加载 50s 的驱动器位移响应，采用日本 Keyence 公司生产的 LK-G80 型激光位移传感器对驱动器位移进行非接触测量，通过 DAQ2214 采集卡将采集的数据保存在计算机中。为了比较电压变化对位移的影响，同时测试了 3V 电压下驱动器的位移响应，每个样品测量五次，取平均值。

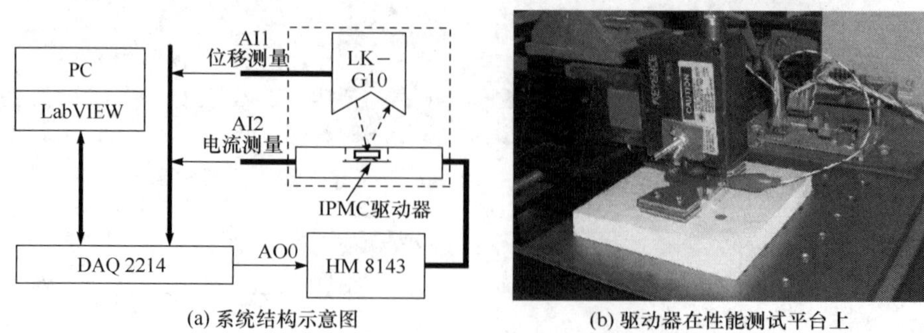

(a) 系统结构示意图　　(b) 驱动器在性能测试平台上

图 11.10　IPMC 驱动器性能测试平台

由于在驱动器驱动过程中无法对其输出力进行动态测量，本节采用等效方法测定，即用与某型号相机镜头质量相同（30mg）的等重物代替实际驱动镜头，在实验过程中驱动器驱动该等重物。

实验测试结果如图 11.11 所示。由图 11.11(a)可以看出，对于瓣形驱动器，当瓣形数目为 8 时，位移取得最大值；而由图 11.11(b)可见，对于环形驱动器，当圆环内半径为 2mm 时，位移亦存在最大值，此时两者位移性能最佳，这与数值分析结果具有较好的一致性。此外，随着驱动电压的升高，位移呈增大趋势。2V 电压下，瓣形数目 $n>4$ 或圆环内半径 $d=2\text{mm}$ 时，驱动器位移高于 200μm；3V 电压下，位移均高于 500μm。总体来看，瓣形驱动器位移性能高于环形驱动器。

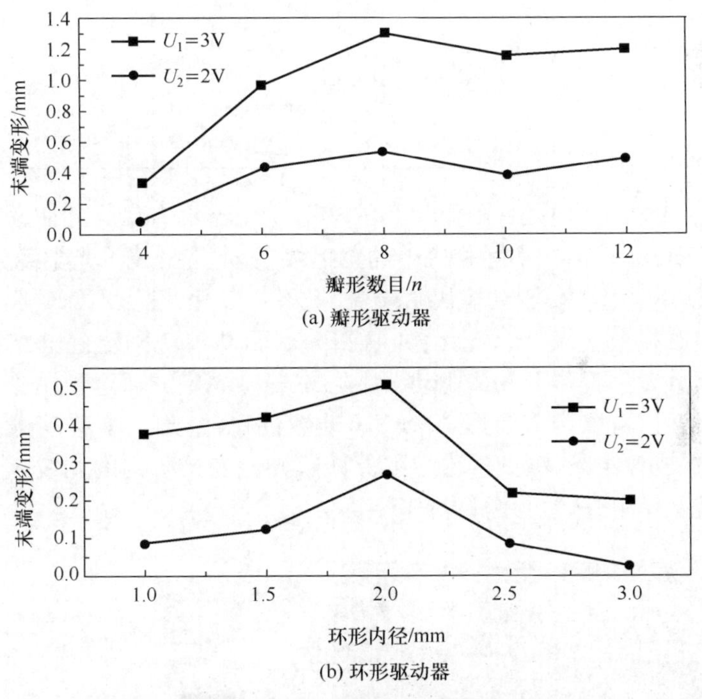

(a) 瓣形驱动器

(b) 环形驱动器

图 11.11　瓣形、环形驱动器位移性能实验分析结果

表 11.2 给出了不同参数下两种驱动器理论分析与实验结果的对比。由图可以发现，理论值与实验值基本一致，存在误差的主要原因是 IPMC 制备过程中浓度、温度等不稳定因素的影响，以及制备成的 IPMC 薄膜性能存在一定差异；在驱动器制作过程中，由于激光切割技术属于热切割，对材料表面性能也会产生一定影响；此外，基于压电双晶片原理的等效热模型是一种理想化模型，计算时未考虑非线性大变形的影响，从而导致理论计算值与实际值之间存在一定差异，但其位移理论计算的变化趋势与实际的变化趋势基本相同，误差率均在 10%以内，从而证实了本节给出的等效热模型的合理性。

表 11.2　驱动器位移的理论分析与实验结果对比

驱动器类型	瓣数 n	理论位移/mm	实测位移/mm	相对误差/%
瓣形驱动器	4	0.0920	0.0879	4.5
	6	0.4589	0.4316	5.9
	8	0.5632	0.5408	4.0
	10	0.3706	0.3806	2.6
	12	0.4863	0.5086	4.4
驱动器类型	半径 r/mm	理论位移/mm	实测位移/mm	相对误差/%
环形驱动器	1.0	0.0863	0.0879	1.9
	1.5	0.1376	0.1254	8.9
	2.0	0.2533	0.2688	6.1
	2.5	0.0793	0.0861	8.6
	3.0	0.0268	0.0265	1.0

通过以上分析可以看出，瓣数为 8 的瓣形驱动器具有最优的驱动性能。为了检验瓣形 IPMC 驱动器在实际相机中的聚焦效果，本节搭建了光学镜头聚焦系统，如图 11.12 所示。IPMC 驱动模块由端盖、上下电极片、瓣形 IPMC 驱动器和底座组成，集成电路板上集成有感光元件，将 IPMC 驱动模块固定到电路板感光元件上，镜头模组放置到瓣形 IPMC 驱动器中心位置并固定。通过控制施加到上下电极片的电压信号，可以调节瓣形 IPMC 驱动器位移，达到上下移动镜头模组的效果。为了确保成像清晰，测试过程中需保证感光元件接收到的光线全部来自镜头模组，即除镜头模组外，端盖需保持密闭。

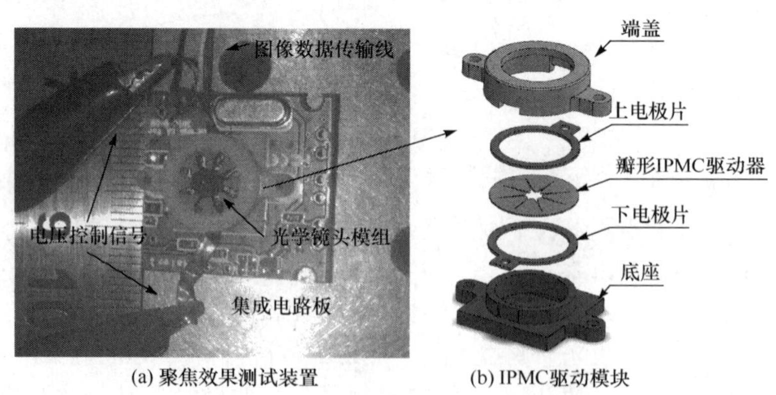

图 11.12　基于 IPMC 驱动的光学聚焦系统

为了获得清晰的图像信号，数据采集时需要使镜头模组与感光元件保持恒定距离，因此本节仍采用直流电压信号测试。图 11.13 为在 1.64V 和 0.58V 电压下观测到的图像信号。由图可以看出,1.64V 电压下图像显示远景模糊,近景清晰[图 11.13(a)],而 0.58V 电压下图像显示远景模糊,近景清晰[图 11.13(b)],由此可见,达到了调节图像清晰度的效果。

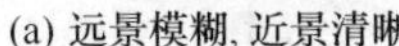
(a) 远景模糊, 近景清晰

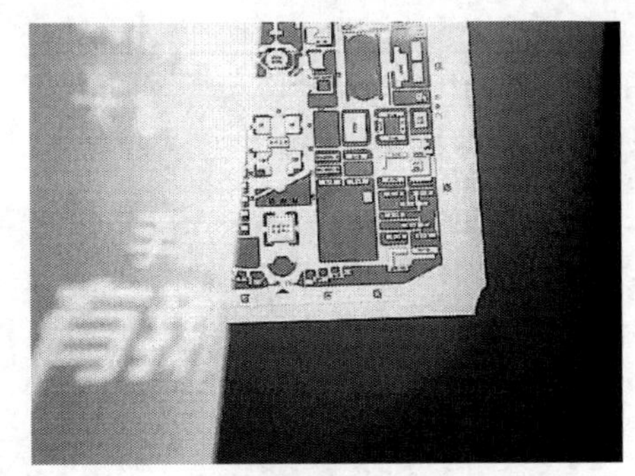

(b) 近景模糊, 远景清晰

图 11.13　1.64V 和 0.58V 电压下观察到的图像信号

11.2　基于 IPMC 的小型柔性智能操作器

一般复杂的操作器包括操作手和操作臂。在一些特殊应用场合,人们希望操作手和操作臂不仅要小型化,而且应具有一定的柔韧性,且其操作力及位移可控,从而可以执行如抓取、移动和释放等功能的智能化操作。鉴于 IPMC 容易小型化,具有柔韧性,且可由电压控制其变形等特性,显然可用于一些小型智能操作器的开发。因此,已有一些研究者基于 IPMC 研究不同类型的柔性智能操作器,下面将分别从操作手和操作臂进行介绍。

11.2.1　基于 IPMC 变形的小型柔性操作手

操作手主要是为了实现物体的抓取和释放功能,这对于能够产生弯曲变形的 IPMC 具有得天独厚的优势。IPMC 的柔韧性,使得基于 IPMC 的操作手在抓取物体时具有自适应性。EAMEX 公司和 ERI 公司早期曾分别设计了与人手类似的五指操作手,即采用五片 IPMC 分别模拟五个手指,实现抓取功能[20,21],如图 11.14(a)所示,据公开的视频资料显示,该操作手能够轻松举起纸杯。这种结构完全仿照人手的设计功能,通过适当的控制,可以实现人手的复杂动作。随后,Shahinpoor 等将五指操作手简化为四指操作手,外形上也由原来的人手形变为爪形,如图 11.4(b)所示,这种结构同样可实现释放、抓取等功能。将上述结构倒置,并且增加 IPMC 的厚度以提高输出力,则能够将其用于心脏起搏辅助装置[图 11.14(c)]。实验测试发现,尺寸为 10mm×40mm×2mm 的加厚 IPMC 可产生 0.2N 的输出力，能够有效地挤压心脏[22]。Yun 等进一步将四指操作手简化为三指爪形操作手，并且讨论了操作手系统的表征和位置控制[23]，通过测试闭环响应，证实了操作手能够实现精确操作。国内学者彭瀚旻等[24,25]也对基于 IPMC 的四指型操作手进行了探讨，并分析了结构参数对操作手抓取功能的影响，表明四指 IPMC 操作手能够抓取重量约为 16.84mN 的物体。此外，他还设计了三指及改进型的 IPMC 操作手，主要目的是从结构上进行简化。

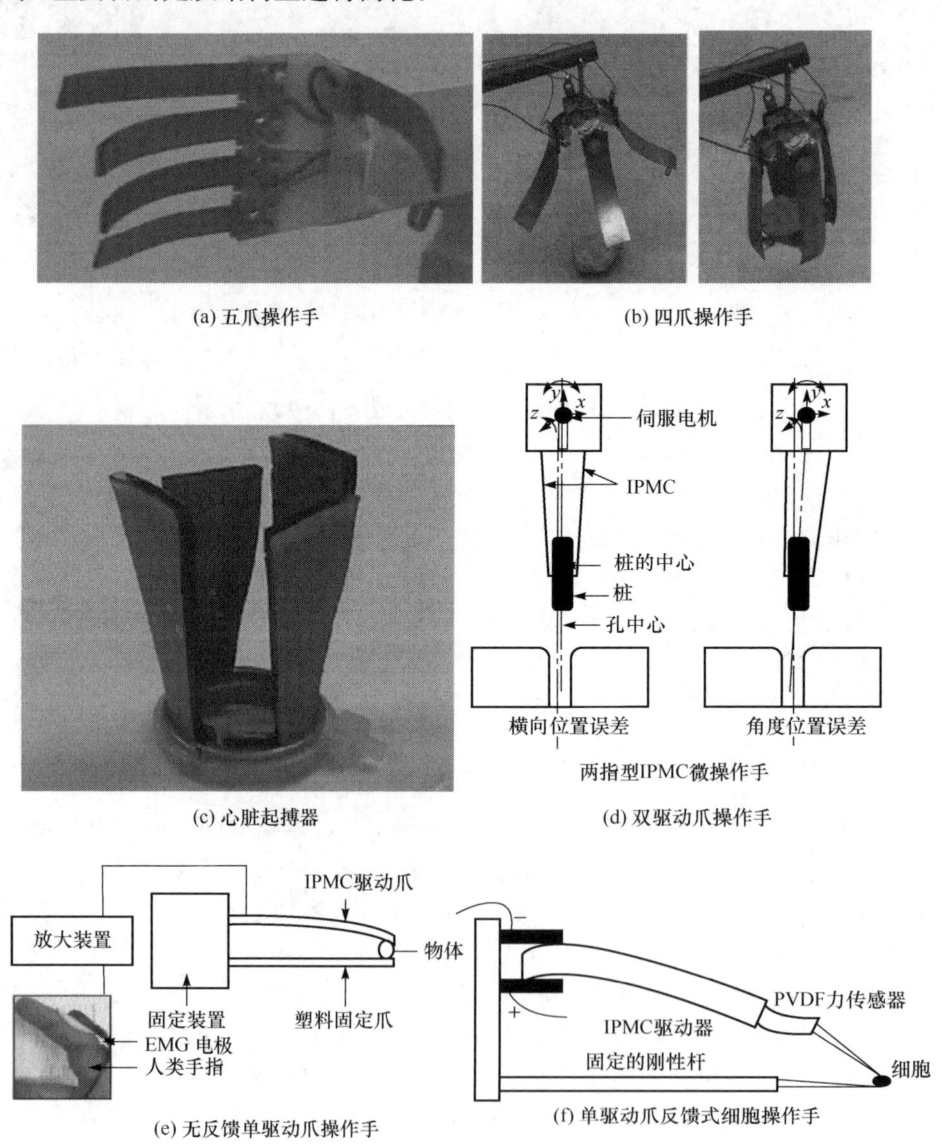

图 11.14 基于 IPMC 变形的端部操作手

Deole 等利用两片 IPMC 将操作器设计成类似镊子的结构[26,27]，如图 11.14(d)所示，通过伺服电机和 IPMC 的协同驱动，实现了将桩放置到基座上的已知孔位置。在此基础上，Jain 等利用单片 IPMC 和具有弹性的硬质塑料片构成操作手，依靠单片 IPMC 的弯曲压迫硬质塑料片实现夹持物体[28-31]，如图 11.14(e)所示。为了感受夹持时物体承受的压力，Sun 等采用 PVDF 作为传感器集成到单爪操作器的 IPMC 末端[32]，如图 11.5(f)所示，并通过鲁棒自适应控制算法实时检测并调整操作器的驱动力。

综上所述，基于 IPMC 的操作手从仿人手开始，逐步发展到单臂驱动的操作手。从功能实现上来说，这些结构均可以实现抓取、释放等基本功能。从操作手爪型数目的演变来看，爪型数目过多将导致结构复杂，反之则稳定性和灵活性降低。

11.2.2　基于 IPMC 的多自由度柔性操作臂

1. 微创手术对柔性操作臂的需求

随着科学技术发展和人们对医疗服务质量要求日益增长，微创手术作为临床治疗新模式正逐步获得广泛应用。微创手术相对于传统开放式手术具有创口小、出血少、疼痛轻、术后恢复快等优点，已经成为医疗手术的主流方式。未来微创手术向着自然腔道和伤口更少的方向发展，这一发展趋势对微创手术器械提出了更高的要求，要求器械具有柔性驱动功能，具有安全可靠的机械稳定性和对生命组织接触无损伤性以及优良的生物抗菌性。

如前所述，微创手术器械不仅需要精准可靠的操作手，而且需要多自由度弯曲变形的操作臂。目前商业化微创手术设备中应用最为广泛的就是直杆操作臂和采用直臂加关节实现的 Da Vinci 操作系统，如图 11.15 所示。显然，图 11.15(a)所示的直杆操作臂的操作空间有限；图 11.15(c)所示的直臂加关节的操作臂自由度有限；同时，过多的机械结构体装配会形成许多缝隙，易成为细菌和病垢的藏匿区，即使采用灭菌措施也很难彻底消毒。近年来，柔性操作臂的应用越来越广泛，类似的器械中，图 11.15(b)所示的腹腔镜就是采用柔性管深入体内进行部分手术，这类内窥镜采用钢丝牵引可以控制内窥镜头部的弯曲运动。

作为一种典型的 EAP 材料，在外界电压作用下，IPMC 可以产生弯曲变形，外电撤消后又能恢复原形。相反，若对 IPMC 施加机械变形或者载荷，在 IPMC 电极之间可以产生电势差，因此它是一种具有传感和致动双重功能的新型智能材料。IPMC 由于具有驱动电压低(<5V)、变形大、柔韧性好、反应迅速、不易疲劳等特点，其生物兼容性、形状易塑性以及液体环境适应性强使 IPMC 在生物医学领域展现了广泛的应用前景。

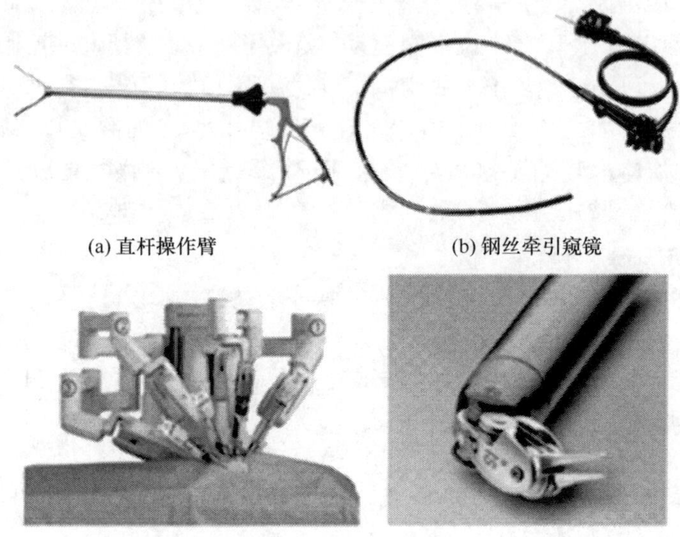

(a) 直杆操作臂　　(b) 钢丝牵引窥镜

(c) Da Vinci手术系统

图 11.15　现有不同结构的微创手术操作臂

操作臂属于杆状结构，作为一种探索研究，EAMEX 公司首先开发了方柱状 IPMC，其弯曲变形达到 45°，如图 11.16 所示，它除了可用作多自由弯曲驱动，还可用于传感领域。

图 11.16　柱状 IPMC

2. 一种基于 IPMC 驱动的新型柔性操作臂

本节给出一种基于柱状 IPMC 的新型柔性操作臂结构，其概念如图 11.17 所示。它采用柱状 IPMC 和柔性硅胶管相结合，且采取分段布局的方式实现柔性操作臂的多自由度弯曲变形。

具体实施中，首先依据第 4 章及第 2 章给出的制备工艺制备柱状 IPMC，柔性硅胶管由快速成型技术制造反模后灌制硅胶固化脱模制造，然后将柱状

IPMC 插入柔性硅胶管即可构成图 11.18 所示的单段多自由度弯曲变形的柔性操作臂复合结构，本节实验中制备的操作臂长度 20mm，硅胶管内径 8.5mm，外径 10.5mm。

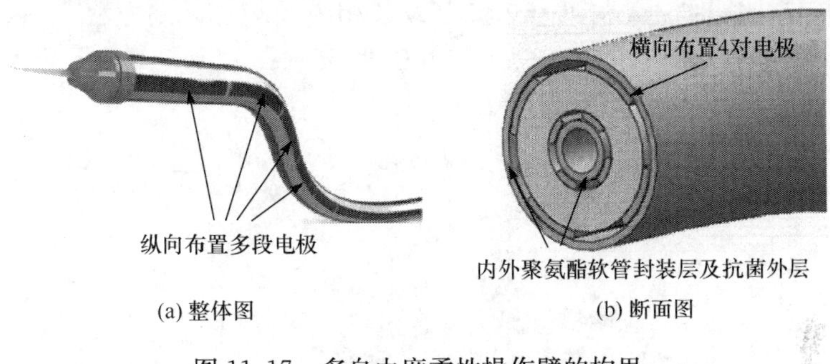

图 11.17　多自由度柔性操作臂的构思

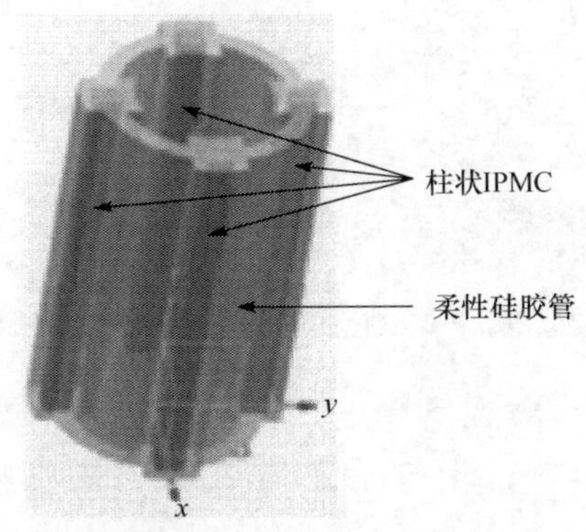

图 11.18　柔性操作臂复合结构

为了实现该操作臂的多自由度弯曲运动，每个柱状电极均应该能在两个相互垂直方向实现弯曲运动，为此，在每个柱状 IPMC 四个侧面上均布局了电极，构成两对电极。在测试单段复合结构性能时，将 16 片与导线焊接的铜片分别固定在硅胶基座上进行测试，如图 11.19 所示。

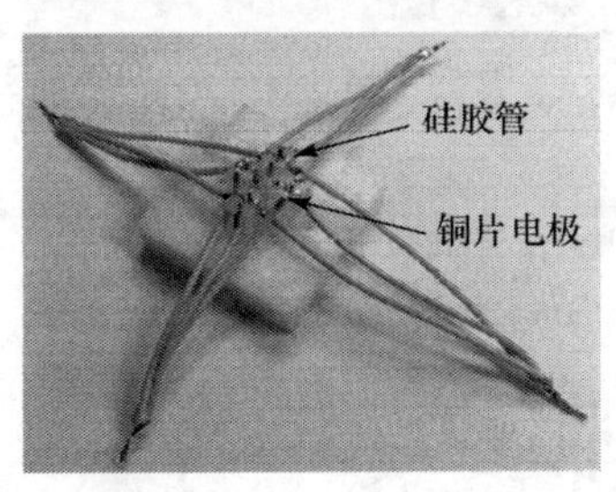

图 11.19　多自由度弯曲柔性操作臂的电极夹持装置图

通过 16 个铜片可以控制四根柱状 IPMC 的加电，从而控制柔性操作臂沿八个方向的多自由度弯曲。即如果需要柔性操作臂沿正向弯曲，将相同的电压信号同时加载在四个柱状 IPMC 相应的一对电极上；如果控制柔性操作臂沿斜向弯曲，将相同的电压信号同时加载在四个柱状 IPMC 相应的相邻两对电极上，这两种情况下对应的柔性操作臂的驱动方式如图 11.20 所示。

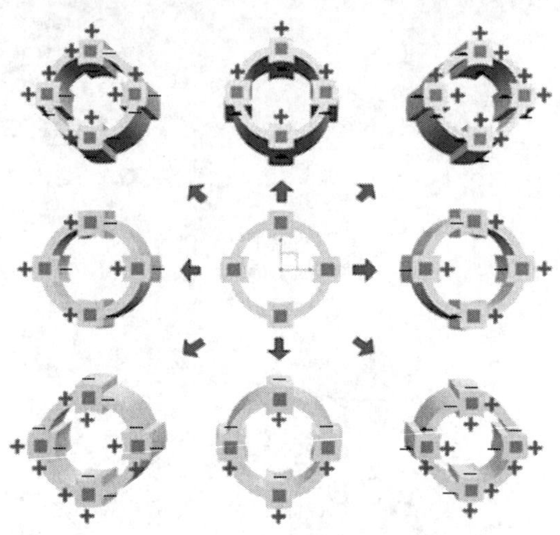

图 11.20　柔性操作臂沿正向和斜向驱动时的电压加载方式

图 11.21 为柔性操作臂在不同电压信号下沿正向弯曲的末端位移。其中图 11.21(a)为 0.2Hz、0.5～2V 的正弦电压信号激励响应，电压变化间隔为 0.5V；图 11.21(b)为 0.2Hz、0.5～2V 的方波电压信号激励响应，电压变化间隔为 0.5V。由图可见，随着电压的增加柔性操作臂的输出位移增大，而且在相同的频率和幅值下，柔性操作臂在方波电压驱动时比在正弦电压驱动时输出位移更大。这一现象与 IPMC 本身驱动原理有关，由于 IPMC 的弯曲变形是由内部阳离子结合水分子迁移实现的，方波电压驱动相比于正弦电压驱动，能够使 IPMC 内部阳离子和水分子向阳极移动更为充分，因此所产生的位移更大。2V 方波驱动时，正向最大位移达到 0.53mm。

图 11.22 为柔性操作臂在不同电压信号下沿斜向弯曲的末端位移，其中图 11.22(a)为 0.2Hz、0.5～2V 正弦电压信号下激励响应，电压变化间隔为 0.5V；图 11.22(b)为 0.2Hz、0.5～2V 方波电压信号下激励响应，电压变化间隔为 0.5V。同样可以观察到随着电压的增加柔性操作臂的斜向输出位移增大，而且在相同的频率和幅值下，方波电压驱动比正弦电压驱动时输出位移更大。还可以观察到在相同的驱动电压信号下，斜向位移小于正向位移，2V 方波驱动时，斜向最大位移达到 0.4mm。

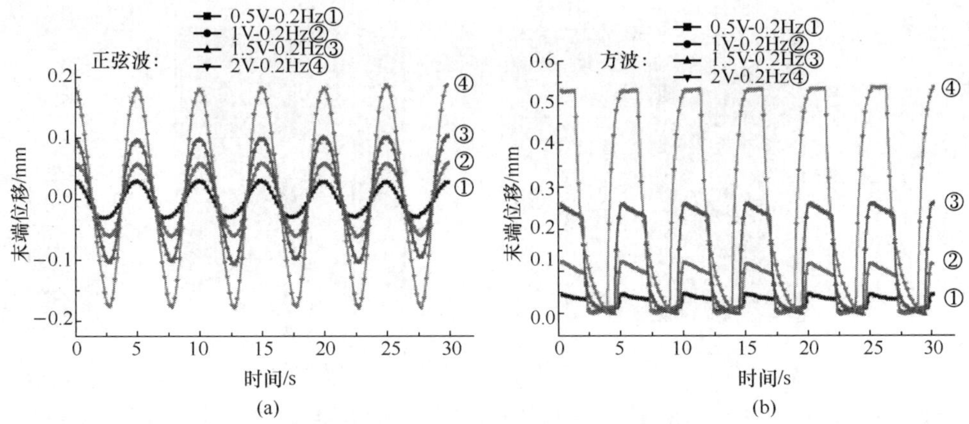

图 11.21　柔性操作臂在不同电压驱动时的正向末端位移

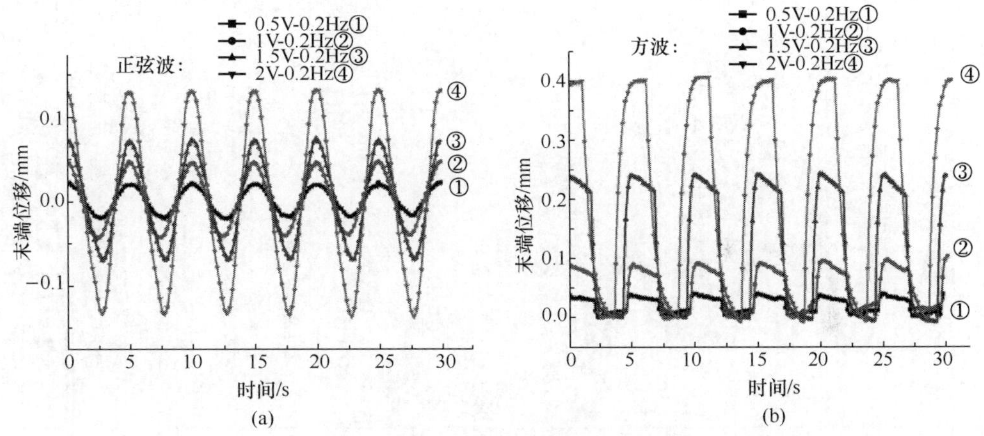

图 11.22　柔性操作臂在不同电压驱动时的斜向末端位移

为了测试柔性操作臂的末端输出力,采用快速成型技术制造了一个圆形盖帽,将盖帽置于柔性操作臂上段,同时使盖帽与微力传感器接触,这样在柔性操作臂弯曲时,可以测得整个柔性操作臂沿正向和斜向弯曲时的末端输出力,如图 11.23 所示。盖帽的材料为光固化树脂材料,质量小,不会对柔性操作臂的变形产生显著影响。

图 11.24 为柔性操作臂在不同电压信号下沿正向弯曲的末端输出力,其中图 11.24(a)为 0.2Hz、0.5～2V 正弦电压信号下的激励响应,电压间隔为 0.5V;图 11.24(b)为 0.2Hz、0.5～2V 方波电压信号下的激励响应,电压间隔为 0.5V;图 11.24(c)为 0.025Hz、0.5～2V 方波电压信号下的激励响应,电压间隔为 0.5V。由图可见,随着电压增加,柔性操作臂的输出力增大,同样,在相同的频率和幅值下,柔性操作臂在方波电压驱动时比在正弦电压驱动时输出力更大。在

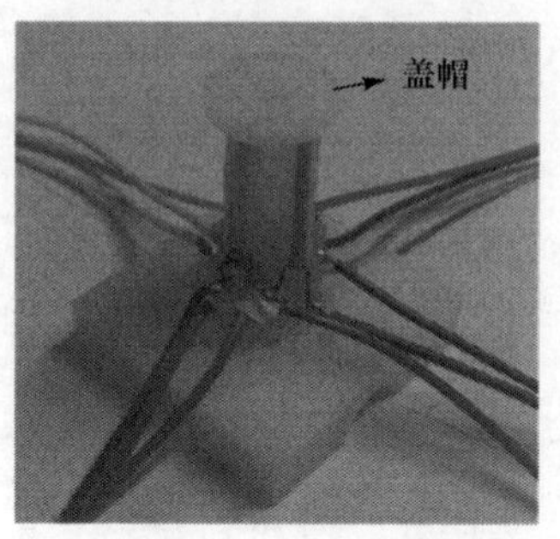

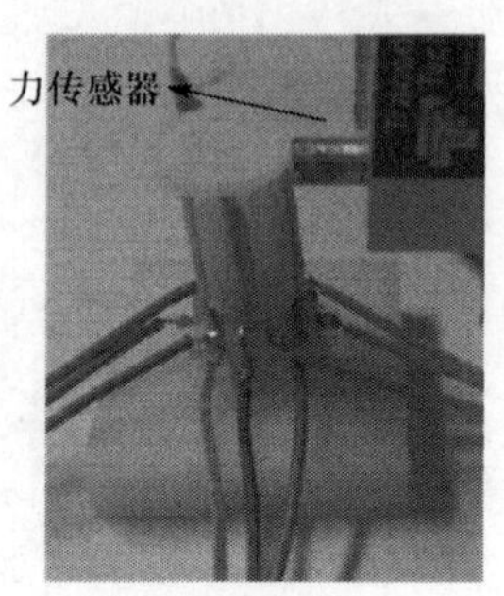

图 11.23　测量柔性操作臂末端输出力测试装置

图 11.24(b)中还发现，柔性操作臂末端输出力并没有达到最大值，当电压信号开始下降时末端输出力还在处于上升阶段，并没有达到该驱动电压下的最大末端输出力。而由图 11.24(c)可见，在 0.025Hz、2V 方波驱动时，正向最大输出力可达到 11.4mN。

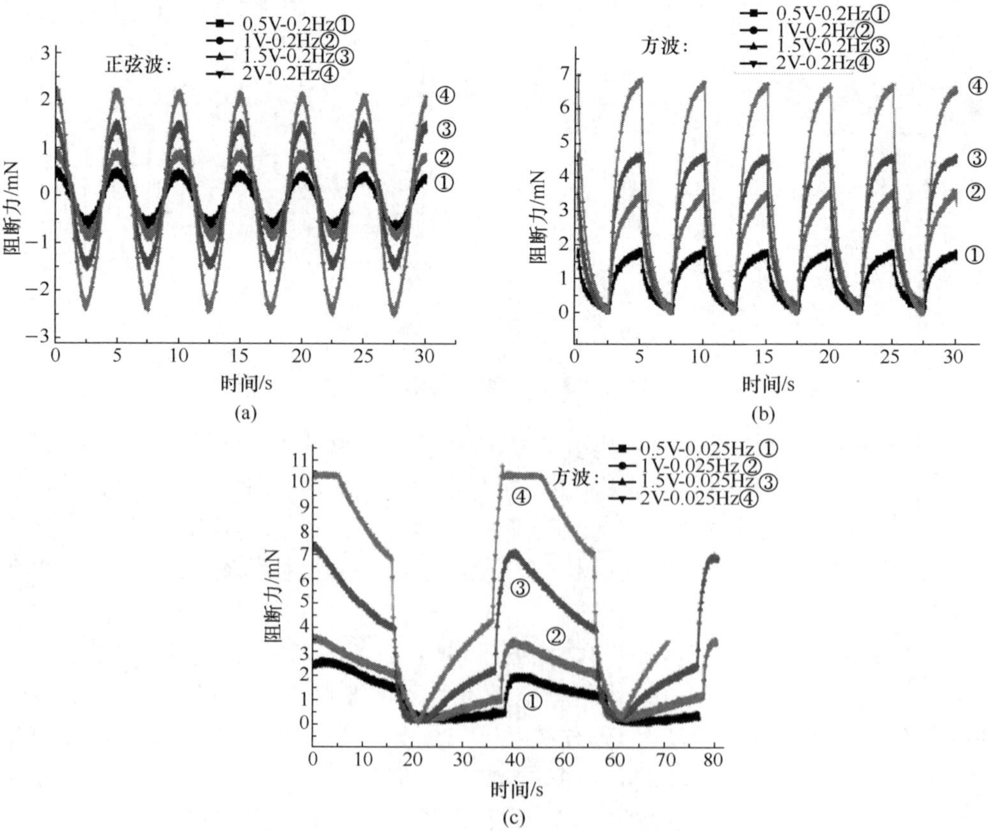

(a)

(b)

(c)

图 11.24　柔性操作臂在不同电压驱动下正向末端输出力

图 11.25 为柔性操作臂在不同电压信号下沿斜向弯曲的末端输出力。其中，图 11.25(a)为 0.2Hz、0.5～2V 正弦电压信号下的激励响应，电压间隔为 0.5V；图 11.25(b)为 0.2Hz、0.5～2V 方波电压信号下的激励响应，电压间隔为 0.5V。对比以上测试结果可知，在相同电压信号下，柔性操作臂的斜向末端位移输出力小于正向末端位移输出力，2V 方波驱动时斜向最大末端输出力为 3.38mN。由图 11.25(a)可以观察到，在加载电压幅值大于 1V 时，柔性操作臂斜向末端输出力并没有达到最大值，这是因为盖帽与微力传感器之间在测试之前由于接触而存在一个初始压力，当柔性操作臂朝向力传感器弯曲时，微力传感器可以精确测得柔性操作臂的末端输出力，当柔性操作臂离开力传感器方向弯曲时，柔性操作臂与力传感器分离，从而使力传感器无法测到柔性操作臂的末端输出力。因此，柔性操作臂的斜向末端输出力在电压幅值大于 1V 时并没有测到最大值，同样的现象可以在图 11.25(b)中观察到。

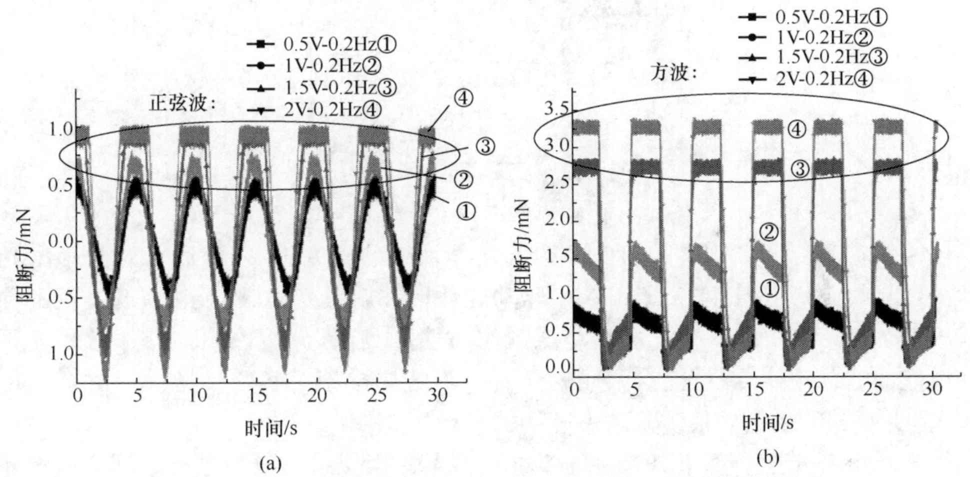

图 11.25　柔性操作臂在不同电压驱动下斜向末端输出力

由测试结果可以看出，由柱状 IPMC 和柔性硅胶管组合形成的柔性操作臂，可以实现八个方向多自由度的弯曲。在 2V 方波电压驱动下，柔性操作臂沿正向和斜向的末端最大位移分别为 0.53mm 和 0.4mm，相应最大末端输出力分别为 11.4mN 和 3.38mN。

本节给出的柔性操作臂采用四根柱状 IPMC 结构，为了提高其弯曲或输出力，进一步的发展还可以增加其数量，当然，其控制策略的选择及优化也是必须研究的一个方向。

如前所述，一般复杂操作器由操作臂和操作手组成，因此，进一步的发展方向是将两者有机结合。最近，Feng 等学者就探讨了一种可以实现多自由度运动的基于 IPMC 的智能微钳结构[33]，其结构如图 11.26 所示。由图可以看出，该微钳由两部分组成：移动部分和夹持部分，前者具有类似于方柱状 IPMC 的功能，后者为两爪型操作手。

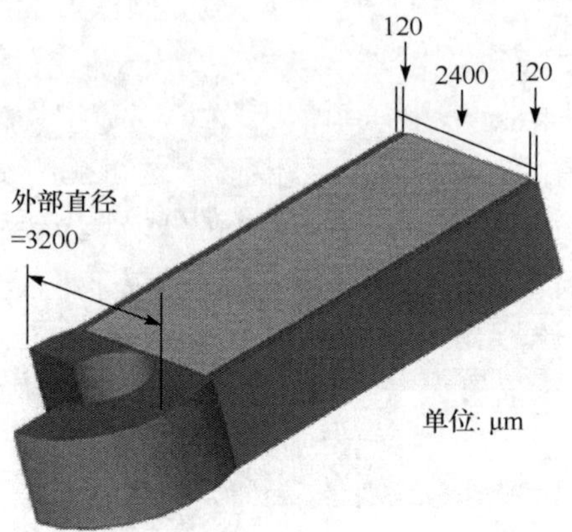

图 11.26 基于 IPMC 的一体化微钳

11.3 本章小结

本章首先介绍了现有的 IPMC 用于光学系统的研究进展，然后针对微小型光学聚焦系统，分别设计了基于 IPMC 驱动的环形和瓣形光学驱动结构，通过对一种基于 Pd 型 IPMC 的小型光学驱动器制作和性能测试，分析该驱动器外形尺寸对其性能的变化规律，并借助有限元软件通过等效热模型对实验模型进行仿真优化等，表明 IPMC 在光学系统驱动中应用的可行性。

本章接着介绍了基于 IPMC 的各种小型柔性操作手的研究进展。然后针对传统片状 IPMC 难以实现空间多自由度运动，提出一种柱状 IPMC 作为柔性操作臂，并将其集成到柔性硅胶管中实现了多自由度弯曲的结构，该种主动驱动硅胶管已初步具备柔性操作臂的功能，但要真正应用于实际还需进一步提高位移和驱动力。

参考文献

[1] Lee H K, Choi N J, Jung S, et al. Application of ionic polymer-metal composites for auto-focusing compact camera modules. The 15th International Symposium on: Smart Structures and Materials & Nondestructive Evaluation and Health Monitoring. International Society for Optics and Photonics, 2008: 69271N-69271N-7

[2] Kim S J, Kim C J, Park N C, et al. Design and control of 2-axis tilting actuator for endoscope using ionic polymer metal composites. SPIE smart structures and materials + nondestructive evaluation and health monitoring. International Society for Optics and Photonics, 2009:

729005-729005-9

[3] Shimizu I, Kikuchi K, Tsuchitani S. Variable-focal length lens using IPMC. ICCAS-SICE, IEEE, 2009: 4752-4756

[4] Online EAMEX Inc. Technology products. http://www.eamex.co.jp/features/koubunshi/ion/gel.html[2014-11-25]

[5] Wei H C, Su G D J. A low voltage deformable mirror using ionic-polymer metal composites. SPIE Optical Engineering + Applications. International Society for Optics and Photonics, 2010: 77880C-77880C-11

[6] Wei H C, Su G D J. A large-stroke deformable mirror by gear shaped IPMC design. 2011 IEEE International Conference on Nano/Micro Engineered and Molecular Systems(NEMS), 2011: 113-116

[7] Wei H C, Su G D J. Design and fabrication of a large-stroke deformable mirror using a gear-shape ionic-conductive polymer metal composite. Sensors, 2012, 12(8): 11100-11112

[8] Tsai S A, Wei H C, Su G D J. Polydimethylsiloxane coating on an ionic polymer metallic composite for a tunable focusing mirror. Applied Optics, 2012, 51(35): 8315-8323

[9] Feng G H, Tsai J W. Micromachined optical fiber enclosed 4-electrode IPMC actuator with multidirectional control ability for biomedical application. Biomedical Microdevices, 2011, 13(1): 169-177

[10] Feng G H, Tsai J W. Investigation of electrical to mechanical energy conversion of a three-dimensional four-electrode multidirectional-controllable IPMC transducer with/without an optical fiber enclosed. Smart Materials and Structures, 2011, 20(1): 015027

[11] Yun H U, Kim C J, Kim S J, et al. Design of micromirror actuator by ionic polymer metal composites. Microsystem technologies, 2009, 15(10/11): 1531-1538

[12] 宗光华, 裴 旭, 于靖军, 等. 一种新型柔性直线导向机构及其运动精度分析. 光学精密工程, 2008, 4: 630-636

[13] Ko M J, Park J, Lee J H, et al. Apparatus for driving voice coil actuator of camera and method thereof: US, 8, 379, 903. 2013

[14] Bendjedia M, Ait-Amirat Y, Walther B, et al. Position control of a sensorless stepper motor. IEEE Transactions on Power Electronics, 2012, 27(2): 578-587

[15] Shi Y, Zhao C. A new standing-wave-type linear ultrasonic motor based on in-plane modes. Ultrasonics, 2011, 51(4): 397-404

[16] 钟锡华. 现代光学基础. 北京: 北京大学出版社, 2003

[17] Paquette J W, Kim K J, Nam J D, et al. An equivalent model for ionic polymer-metal composites and their performance improvement by a clay-based polymer nano-composite technique. Journal of Intelligent Material Systems and Structures, 2003, 14(10): 633-642

[18] Lee S, Park H C, Kim K J. Equivalent modeling for ionic polymer-metal composite actuators basedon beam theories. Smart Materials and Structures, 2005, 14(6): 1363-1368

[19] 李龙土, 邬军飞, 褚祥诚, 等. 压电双晶片的有限元分析及实验. 光学精密工程, 2008, 12:

2378-2383

[20] http://www.eamex.co.jp/features/koubunshi/[2015-8-30]

[21] http://www.environmental-robots.com/products.html[2015-8-30]

[22] Shahinpoor M, Kim K J. Ionic polymer-metal composites: IV. Industrial and medical applications. Smart Materials and Structures, 2005, 14(1): 197

[23] Yun K, Kim W. System identification and microposition control of ionic polymer metal composite for three-finger gripper manipulation. Proceedings of the Institution of Mechanical Engineers, Part Ⅰ: Journal of Systems and Control Engineering, 2006, 220(7): 539-551

[24] 彭瀚旻,丁庆军,李华峰,等. IPMC 型柔顺手爪作动器的设计与性能测试. 光学精密工程,2010 18(4):899-905

[25] 彭瀚旻,李华峰,惠耀,等. 应用人工肌肉 IPMC 的三指微型柔性手爪设计. 振动、测试与诊断,2010 30(4):347-352

[26] Deole U, Lumia R, Shahinpoor M. Grasping flexible objects using artificial muscle microgrippers. Proceedings of World Automation Congress(IEEE), 2004, 15: 191-196

[27] Deole U, Lumia R. Measuring the load-carrying capability of IPMC microgripper fingers. IECON 2006-32nd Annual Conference on IEEE Industrial Electronics, 2006: 2933-2938

[28] Jain R K, Patkar U S, Majumdar S. Micro gripper for micromanipulation using IPMCs(ionic polymer metal composites). Journal of Scientific and Industrial Research, 2009, 68(1): 23

[29] Jain R K, Datta S, Majumder S. IPMC based micro gripper for miniature part handling. 2010 International Conference on Mechatronics and Automation (ICMA), 2010: 1414-1419

[30] Jain R K, Datta S, Majumder S. Design and control of an EMG driven IPMC based artificial muscle finger. Computational Intelligence in Electromyography Analysis-A Perspective on Current Applications and Future Challenges. Rijek: InTech, 2012

[31] Jain R K, Datta S, Majumder S. Design and control of an IPMC artificial muscle finger for micro gripper using EMG signal. Mechatronics, 2013, 23(3): 381-394

[32] Sun Z, Hao L, Chen W, et al. A novel discrete adaptive sliding-mode-like control method for ionic polymer-metal composite manipulators. Smart Materials and Structures, 2013, 22(9): 095027

[33] Feng G H, Tsai J W. Three-dimensional multielectrode-controlled two orthogonal direction bendable IPMC actuator with an active clasp. Polymer Engineering and Science, 2013, 53(9): 2004-2017